中国美术家协会　主办

中国美术家协会环境设计艺术委员会、太原理工大学艺术学院　承办

为中国而设计

第九届全国环境艺术设计大展入选作品论文集

中国美术家协会　编

徐 里　　苏 丹　主编

U0172965

中国建筑工业出版社

图书在版编目（CIP）数据

　　为中国而设计：第九届全国环境艺术设计大展入选作品论文集/中国美术家协会编；徐里，苏丹主编. —北京：中国建筑工业出版社，2020.10
　　ISBN 978-7-112-25454-5

　　Ⅰ.①为… Ⅱ.①中… ②徐… ③苏… Ⅲ.①环境设计－作品集－中国－现代 Ⅳ.①TU-856

　　中国版本图书馆CIP数据核字(2020)第183993号

　　本书以"木"为主题，把环境设计置于优秀的中华传统文化背景和自然环境之中，关注生态、聚焦生活、破解难题，并通过作品和论文的组合，集中展现了"为中国而设计"第九届环境艺术设计大展的成果，以及当下环境设计专业的发展和创新。本书适用于环境设计相关专业在校师生、从业者以及对环境设计感兴趣的读者阅读参考。

责任编辑：唐　旭　吴　绫　张　华
文字编辑：李东禧
助理编辑：吴人杰
责任校对：党　蕾

为中国而设计
第九届全国环境艺术设计大展入选作品论文集
中国美术家协会　编
徐　里　苏　丹　主编
＊
中国建筑工业出版社出版、发行（北京海淀三里河路9号）
各地新华书店、建筑书店经销
北京市密东印刷有限公司印刷
＊
开本：880×1230毫米　1/16　印张：24$\frac{1}{4}$　字数：826千字
2020年10月第一版　2020年10月第一次印刷
定价：168.00元
ISBN 978-7-112-25454-5
　　　（36460）

序

习近平总书记在 2020 年新年贺词中说：2020 年我们将全面建成小康社会，实现第一个百年奋斗目标。在这具有里程碑意义的一年，秉持"为中国而设计"理念的全国环境艺术设计大展暨学术论坛，即将迎来第九届活动的举办。

21 世纪开始，我国进入了全面建设小康社会，加快推进社会主义现代化的新的发展阶段。成立于2003 年的中国美术家协会环境设计艺术委员会，以及两年一届持续举办的全国环境艺术设计大展暨论坛，虽然每届的主题都伴随时代的热点问题而略有不同，但人居生活、社会民生、文化建设、创新发展、生态文明和美丽中国，等等，始终是活动的观照因素，几乎一直参与着小康社会这一具有鲜明中国特色的现代化道路的铺设与构建。

本届大展活动结合新时代设计领域的社会热点，在中华优秀传统文化和自然环境两个层面寻找交叉点和切入点，将主题定为环境艺术的"木"营造，以期探寻中国传统木构物文明对于中国人民生存、繁衍、发展、传承的精神象征，再次凸显创新、协调、绿色、开放、共享的发展理念，从而促进人与环境的和谐发展，构筑中国人民的美好生活图景，为实现小康社会取一方木、添一块砖、树一根梁、加一片瓦。

中国人对"木"有着深厚的情感，自古以来居住的房屋、家具、生产劳动工具和生活用具等都取材于树木。阴阳五行的民俗观，植根沃土、奉献桑梓的养育观，十年树木、百年树人的教育观，春华秋实、生生不息的奋斗观……无不与"木"有着千丝万缕的情感联系。借"木"寓情，指"木"代人，树木的生长情态与人的成长成才、与民族的繁衍生息、甚至与国家的繁荣昌盛水乳交融，"木"的物性及其被赋予的精神属性成为中华文明的重要组成部分。中国山西现存有最早的木构建筑，其古代建筑遗存数量居全国首位，第九届全国环境艺术设计大展暨学术论坛在山西的举办，既是对中国传统文化的回顾与追溯，更是希望通过展览呈现"木"的精神特质，启发当代中国人继承传统与创新的根本，在全球化的语境中树立文化自信，为构建人类命运共同体的生态环境开出"中国药方"！

本届大展活动创新地鼓励以"影像"为主要表达手段，区别于传统单纯展板的展陈方式，更能立体化地展现环境艺术的"木"营造的设计之美。征集的作品除了以往的室内设计、室外环境设计、家具设计以外，更增加了公共艺术设计和大地艺术设计，与时俱进地拓展环艺概念的外延。展览自启动以来，得到了全国各大、中专院校的学生、教师，以及企事业单位、独立设计师等广大设计从业者的关注，共征集到投稿作品近 500 余件、投稿论文 100 余篇。评委会本着公平、公正、透明的评审原则，在中国美协规范的评审程序，以及监审委员会严肃认真的监督下，共评出 187 件入选作品和 39 篇入选论文。这些作品和论文在此结集出版，将为本届活动留下珍贵的学术成果。

合抱之木，生于毫末，希望全国的环境艺术设计从业者，在"为中国而设计"理念的指引下，紧跟时代的步伐，倾听时代的声音，肩负时代的责任和使命，用心浇灌中国艺术设计事业的参天大树，为实现中华民族伟大复兴中国梦贡献智慧与力量。

最后，感谢中国美术家协会环境设计艺术委员会对本次展览的学术策划，对展览作品和研究论文的学术把关，感谢太原理工大学艺术学院、山西省平遥县政府、中国平遥天鹭湖、中国建筑出版传媒有限公司对本次活动的大力支持。

预祝"为中国而设计"第九届全国环境艺术设计大展暨学术论坛圆满成功！

中国美术家协会分党组书记、驻会副主席、秘书长

2020 年 10 月

前言

"木"是一种环境观念

  阴阳五行说是中华民族先人以一种特定视角透视世界的发现，属于独特的对环境分类的方式。金、木、水、火、土在大自然的循环往复中，拥有着截然不同又相互依存的关系。万物被这种归纳而规定属性，它们相生、互噬，彼此扮演着对立和统合的角色。

  这次"为中国而设计"以"木"为主题，展现近年来中国的专业领域在教育、社会实践方面的成果。可以看作一次把几十年来环境艺术设计的思考总体层次提升的努力，即鼓励让人们适度脱离现实的泥沼，在一个能够时刻感知环境的视野中总览世界，审视自身，并仰望星空。这其实是我们这个专业再一次回到起点的位置，表达了我们自觉的诉求。

  主题"木"的选择有其必然性，因为它是我们无法回避的历史事实，在漫长的历史中，"木"一直是我们人居环境的主要元素，森林、房屋、船舱，这些环境的、空间的载体，还有从水车到木犁，再到轮毂这些认识世界、改造世界的工具，还包括构成生活环境中的家具和许许多多的生活道具。木构架的建筑营造体系为我们遮风避雨，大庇天下寒士；在寒冷的夜里，当一堆篝火点燃的时候，我们会从燃烧的"木"得到温暖，"煤"也是如此，它是木的转化方式。

  "木"由于其独特的物理性能，还扮演着呈现人类思想模型的作用，不仅建筑模型使用木材，人居环境中的许多寓意美好生活的装饰也大都雕刻在木上。历史上许多艺术家、工程师的奇思妙想也都是通过"木"来加工实现。因此"木"可以展示思考的能力，阐释世界的奥秘，还可以打造我们的生活。它是形而上的，和思考、逻辑、文化相联结；也是形而下的，和劳动、体会相关。

  相信在这次展览的作品中，我们不仅可以看到生活美学的样式，也可以看到工程、工艺的美学，还会看到更加宏大、整体和深刻的思辨。

薛丹

中国美术家协会环境设计艺术委员会主任、清华大学美术学院教授

目录

序
前言

[木 · 道]

环境设计的专业特征与学科建设 / 宋立民 / 2

行动的物质呈现:"木"营造毕业创作教学实录 / 傅祎　韩涛　韩文强 / 5

传统木构建筑榫卯结构虚拟仿真实验室之构建 / 周伟　孔庆权 / 10

千山古刹的建筑文化研究 / 赵芸鸽 / 16

中国传统人居环境营造——土与木的生生世界 / 王晓华 / 20

传统造物与农耕文明:汾河流域台骀庙建筑营造技艺探究 / 王文亮 / 24

楠德艺术馆"金丝楠木营造"中的"器"与"道" / 张强 / 31

浅谈古今木构建筑的营造技术与设计研究 / 王宇旸 / 34

浅析室内设计中木材的生态美 / 张曼莹 / 38

文人画与文人园林间的缘起关系概论 / 陆天启 / 42

优秀作品 · 专业组

木构"太空舱"书席——致敬原始创造力 / 兰京 / 46

入围作品 · 专业组

林夕之幻 / 刘皎洁　蒋雨辰　张力　刘宇 / 47

执子之手 · 与子偕老 / 秦文志 / 48

山麓悦舍——武汉青龙山地铁小镇站公共艺术品设计 / 吴珏　胡琦 / 49

自然椅趣 / 吴松　潘蔼庭 / 50

"国色天香——紫禁城里赏牡丹"故宫菏泽牡丹展 / 余深宏　张悦 / 51

入围作品 · 学生组

新疆喀什噶尔乡村儿童乐园"木"构集成模块设计研究 / 郝薇 / 52

砍伐的声音 / 黄梓瑜　颜敏瑄　吴昭儒　黄沛君 / 53

云隐 / 李俊　伊光宇　张淮婷 / 54

袅袅食香——木构造下的美食节装置 / 刘宇　周于加　张苏洋　陈雨菲 / 55

Cycles·轮回 / 秦蕾 / 56

上海虹桥国际机场装置雕塑——燕归巢 / 许逸雯 / 57

承 / 张嘉禾　张蓉鑫　成雅楠 / 58

木语 / 张志涛 / 59

〔木·境〕

木材资源稀缺环境下现代景观应对策略探析 / 龚立君　白可 / 62

明清北京私家园林建筑探析 / 谢明洋 / 66

城市口袋公园的设计策略探讨——以上海市胶州路街心公园为例 / 陈圣泽 / 72

中国传统建筑空间的"间架性设计"特征 / 李瑞君 / 78

低碳居住之本源——海南黎族民居生态与居住环境考究 / 张引　吴昊 / 82

浅析传统木结构在乡土景观中的应用策略——以四川美术学院亭廊为例 / 杨逸舟 / 88

人机环境同步甄选设计方案方法研究

——以"红楼梦·陈晓旭纪念馆"环境设计为例 / 罗曼 / 94

木元素在新型实体书店室内设计中的运用研究 / 陈安琪 / 99

优秀作品·专业组

"笙生不息"——沈阳"7212"城市书房

空间环境设计 / 卞宏旭　吕一帆　朱梓铭　邹明霏　程宇翀　徐铭泽 / 104

中国传统民居"木"营造的结构展示性设计 / 胡乾 / 105

重建——模块化板式安装移动生活舱 / 胡书灵　包钰琨　葛怡宁 / 106

"昆虫木居"——重庆三河村萤火谷农场

"昆虫研学基地"景观设计 / 黄红春　陈雪梅　何菲　冯宇航 / 107

城市木器——江津双福商业街公共艺术广场 / 黄洪波　王依睿　杨玉梅

吴小萱　刘世勇　朱猛　王珺　冯巩　刘怡文 / 108

银谷山居 / 刘涛　谢睿　孙继任　肖洒　赵瑞瑞　李思懿　胡燮承 / 109

木之隐——凯里艺术·生态创意谷艺术小镇

总体规划及景观设计 / 刘俨卿　柳棱棱　黄蔚萌　钟欣颖 / 110

"水木同生，运河新音"——京杭大运河(京津冀段)典型遗产点文旅开发景观规划

设计 / 刘宇　师宽　王阁岚　周雅琴　周小舟　王炤淋　蒋娟　罗太 / 111

工业遗迹艺术化再生设计——刚与柔的

交汇 / 庞冠男　孔繁婷　张思怡　李奕霏 / 112

2019年中国北京世界园艺博览会"延波小筑" / 邢迪 / 113

木构新生——重庆传统街区

"山城巷"公共环境再生计划 / 熊洁　陈杰斯睿　李思懿　罗玉洁 / 114

禅语——禅意手势景观构筑物设计 / 杨吟兵　曹悬　熊雨华 / 115

再造烟雨 / 于博　胡书灵　杜鑫 / 116

初保村美丽乡村改造 / 张引　秦文权　欧春恒　麦旭镇　黄星莹 / 117

优秀作品·学生组

"融"——阿尔山国家森林公园博格达旅游客服中心概念设计 / 包清华 / 118

土生木长 / 梁军　王珩珂 / 119

尺树寸泓 / 马鑫　张鹏　贾璐 / 120

环木"聚"场 / 裴新华　李瑶　褚一凝 / 121

土与木——高昌故城遗址博物馆建筑设计 / 彭江南 / 122

历史建筑的"木"营造——重庆市万州区

"金玉满堂"建筑设计方案 / 邱松　马思巧 / 123

卷云居 / 汤强　陈子健 / 124

为农业设计——稻屋 / 唐嘉蔓　杨强　翟宇阳 / 125

"迭叠而遇"——云南诺邓村"桥市"景观更新设计 / 王晓晗　姚姗宏 / 126

永不消逝的声音 / 武文浩　黄盈盈 / 127

CLOISTER AND CHAPTER 木制搭建 / 杨叶秋　丛新越
Paulina Sawczuk　Catriona Hyland　Effy Harle　Evelyn Osvath
Lucy Lundberg　Jung Attila　Emma Shaw　Simon Feather
Barbara Drozdek　Thomas Leung　Jennyfer Dos　Santos Vidal / 128

水神庙 / 叶雨仪 / 129

寄畅园的X维空间 / 于梦淼　刘美名　孟昭　伍汶奇　钱瑾瑜 / 130

廊榭舫 / 张顾一　郭大松　邵菲菲　宗韬 / 131

入围作品·专业组

Balance 平衡 / 陈俊男 / 132

大战地·东山书院 / 陈淑飞 / 133

"梦溪湉园"民宿空间设计 / 陈中杰 / 134

莲波摇曳，竹木林立 —— 藕相

博物馆设计 / 董津纶　谭人殊　邹洲　向坤 / 135

水畔·稻香 / 郭晓阳　范佳鸣　姜嫄　刘立伟 / 136

广西南丹白裤瑶乡土建筑的在地性设计 / 金科　况锐　周上 / 137

隐城——南京汉中门广场瓮城写意 / 李至惟 / 138

传承——新旧对应，相互辉映 / 林春水　张会薪 / 139

和合而生——榫卯系列城市家具系列 / 刘谯　何悦 / 140

"红楼梦·陈晓旭纪念馆"环境设计 / 罗曼 / 141

"魔方森林"——装置艺术展馆中心概念设计 / 吕帅　胡妍秋 / 142

"贵州商会馆"——重庆市南山黄桷垭正街入口戏楼建筑方案设计 / 孟凡锦 / 143

生态·诗意·印象——沈阳卧龙湖滨水区（城市段）

景观设计 / 潘天阳　张世卓　潘颖 / 144

城市·山·林 / 施济光　王剑秋 / 145

希望之光——施光南故里

景观提升设计 / 施俊天　朱程宾　徐成钢　石姿娴 / 146

森林之镜 / 石璐　张思远　杨洋 / 147

生生不息——重庆市精神卫生中心老年（失智）

康复花园景观设计 / 谭晖　龙梓嘉　丁松阳　肖宛宣 / 148

百年建筑的新生——奉果花园酒店设计 / 王浩宇　宁晓蕾　周雷 / 149

穿越街屋——西南腹地美学下的旧城景观建筑空间营造 / 王平妤 / 150

大盘地窑卧云伴——大盘村老杨家

地窑院环境设计改造 / 王晓华　王昕　田孟宸　慕青　王翌轩 / 151

水滨之木民俗酒店概念设计 / 席田鹿　李佳洋 / 152

原零-ONEPARK / 徐博雅 / 153

"家"印象——新疆乡村留守儿童康体景观设计 / 闫飞　史博文 / 154

花载时分倚东风——弥勒东风韵花海景观规划设计 / 杨春锁　穆瑞杰　王雯

张潇予　徐晨照　袁敏　彭梅平　薛啸龙　邹鹏晨 / 155

城市的角落——楫界 / 杨帆　李抒桥　王茜　陈杰 / 156

北戴河游客接待中心　尹航　张晨露 / 157

一纸桃花扇——中国古典文学与园林

的实验性空间设计 / 张倩　卫洁　陈晓碟 / 158

虎溪炮校旧址文化创意产业园 / 张为民　胡银辉　程熠　袁浩东 / 159

朴 / 张宪梁 / 160

以木造景·以木造屋——重庆云阳龙缸游客服务中心

概念设计 / 赵一舟　任洁　杨静黎　刘霁娇　傅有余 / 161

"木·匠"——李奎安故居历史文化空间再生设计 / 卓文佳 / 162

入围作品·学生组

花博会天津展园设计 / 白可 / 163

一山一木——白马雪山科普教育空间 / 曹彦箐　张明月　王千意 / 164

竹下蘑生——木结构仿生形态营造与为农设计 / 陈珂宇 / 165

影人·影魂——陕西关中华县魏家塬皮影村非物质文化

景观改造设计 / 陈雨果　王城　姚云娜　黄梓薇 / 166

西安市灞桥区东风村美丽乡村

规划设计 / 高篓篓　叶丘陵　朱小强　伍泽凡 / 167

穿墙透壁——信息组织下的城中村环境空间

集结再设计 / 管正权　韦百　李宏博　顾均娟 / 168

基于"互承结构体系"创新的人行景观桥概念设计 / 韩意博 / 169

"心"的开始 / 黄丽娟 / 170

"山居湫暝"弥勒太平湖森林公园景观规划设计 / 江卓山　杨璐鲒　龙嘉嘉

刘妍婷　高胜寒　窦世宇　朱志裕　李元勋　索潇遥　李彦奇 / 171

且听风吟"木"营造——传统木结构建筑的探索 / 况杰　魏雪 / 172

山地木构美学的当代转换——合美术馆 / 李超越　季山雨 / 173

居·聚——年羹尧故居改造 / 李岚　马文政 / 174

木的N次方——探索传统木结构下的模块化设计 / 林宏瀚　金盾 / 175

西安市灞桥区东张村美丽乡村规划设计 / 鲁建　黄奎　蒲玉林　张育鑫 / 176

木下赏味 / 穆怡然 / 177

希望之菌——木结构模块书屋 / 唐珑心　蔡克柯　赵雨生　刘哲铭 / 178

畅响红色足迹——南泥湾炮兵学院旧址

景观提升设计 / 王明朗玥　李雨珊　贾诗莹　林逸哲 / 179

溯洄·垄上 / 王爽　施海葳　郭晓媛　可凯勒　郑雅馨 / 180

坐忘山居 / 王天奇　叶安楠　张诺　武娜娜 / 181

千秋·童梦 / 郭诗瑶　李瑞 / 182

"濞游之路"——乡村振兴视角下博南古道活化

与保护设计 / 吴春桃　熊启迪　王璐　刘月媛 / 183

文化再现·民族信仰的重构——基于象滚塘老寨

公共文化空间的营造与反思 / 吴宗辉　杨彬彬 / 184

巴山竹语 / 席妮 / 185

新疆集市"巴扎"模块化空间与弹性搭建设计空间

的营造与反思 / 谢玖峰　周启明 / 186

履游圣之迹　舒性灵之本——霞客文化谷

规划设计方案 / 张召航　叶凯琳　沈家如　薛杨　王旭真 / 187

田间的演出——重庆渝北杨家槽乡野

木构设计 / 赵宇　张驰　柳国荣　梁倩 / 188

城市老街的"木"营造——重庆市南岸区

黄桷垭二期风貌改造项目 / 赵悦天　史芸成 / 189

〔 木 · 居 〕

客家传统民居建筑木作装饰艺术研究 / 谭旭 / 192

明清时期东阳古民居"牛腿"的视觉审美 / 周岑洁 / 195

木材在现代室内设计中的应用研究 / 邢玉婷 / 199

浅析办公空间语境下"木"元素的应用 / 姜民　赵芮佳 / 203

木材在当代建筑表皮中的建构研究 / 魏敏　丁昶 / 207

文化造木之——喀什高台民居木构件取样 / 张琪　詹生栋 / 213

木在现代空间设计中的语意营造 / 王秀秀 / 217

木构的意匠·传统梁柱结构对博物馆展陈空间设计的启示 / 赵囡囡 / 220

新疆传统民居建筑木构件的文化基因谱系及数字化保护研究 / 姜丹 / 224

黔东南苗侗族民居建筑特征比较研究化研究 / 靳文祎　李瑞君 / 228

优秀作品 · 专业组

悦彩城营销中心室内外

装饰设计 / 陈任远　张大为　郭小冬　刘志明　侯江涛 / 234

高楼今语——高楼金站空间一体化设计 / 郭立明　张俊青　王哲　牧婧 / 235

归巢 / 韩风　李楠　李学慧　陈志康 / 236

大木之美——2019"一带一路"国际茶产业发展论坛暨第五届中国茶业大会

主会场室内设计 / 何凡　付强　黄曦 / 237

听·苏酶艺术空间设计 / 李建勇　陈超　张建勇　王兆宗　李鹏 / 238

红墙咖啡

Red Wall Cafe / 梁雯　周芸　谢俊青　郭铠瑜　魏建雪　杨文浩 / 239

归棋 / 刘哲 / 240

泗溪桥屋——浙江泰顺县泗溪镇文化中心设计方案 / 马浩燃　徐思维 / 241

未知已至 / 彭一名　郑斌 / 242

小木大作——中国传统木营造研究基地 / 孙艳鑫　王蓉　刘健　王海亮 / 243

景德镇市御窑周边配套提升装饰

项目——遗产酒店设计 / 王志勇　曹雅楠　崔晟铖　刘筠慧　郭玥妮 / 244

密林探险——亲子酒店室内概念设计 / 许牧川 / 245

喵町汤泉生活馆空间设计 / 薛晓杰　张豪　吴雪　牛佳欣　刘中山 / 246

古代水利博物馆——大运河展厅空间

及展陈设计方案 / 杨满丰　金常江　赵时珊　王泓月 / 247

中国泛土家博物馆（彭家寨）——游客换乘中心

室内设计 / 张贲　贺诚　尹传垠　晏以晴 / 248

南京市芳草园小学架空层改造设计 / 张菲　洪淼 / 249

根号三·艺术商业新生综合体设计 / 张旺　胡歆可 / 250

优秀作品 · 学生组

神木博物馆"中国传统木文化特展"展陈设计 / 骆佳 / 251

"随园食单"火锅料理店 / 沈泳男　张玉雪 / 252

入围作品 · 专业组

云山墨戏——云山文化中心场馆设计 / 白文昊　王乐怡 / 253

森海文屿——云南省沧源佤族自治县翁丁村文化
综合体设计方案 / 丁向磊　陈博闻　郭仕德龙 / 254

书店"＋"——基于旧教堂改造的现代书店空间设计 / 姜民　马丽竹 / 255

山水谣——沁源韩家窑精品民宿设计 / 姜鹏　李惠楠　焦惠洁　刘婕 / 256

万物生长　生生不息 / 李博男　肖宏宇　巴云燕　孙悦 / 257

苗与"木"——中国苗木科普博物馆概念方案 / 李永昌 / 258

以史而新——川南大安寨民居风貌承续与再生设计 / 卢睿泓　曹洧铭 / 259

子午·良栖——窑洞民宿设计 / 路艳红　脱涛涛 / 260

以木之名绘造乡村 / 罗夏　徐博雅 / 261

麒麟金狮 / 钱缨 / 262

觅云巢 / 汪行雨　黄沁　周婕 / 263

圆明园观澜堂复原设计 / 王欢　李文　谢明洋 / 264

生生不息——中国国家博物馆母婴室空间设计 / 王欣然 / 265

东方新意——素本道净素茶餐厅设计 / 王秀秀　沈沛 / 266

"森林木语"——重庆铁山坪度假别墅室内设计 / 魏婷　李正阳　韩雪玲 / 267

黄河之势——旅游综合体设计 / 魏言哲　范蒙　戈力平 / 268

溯·椽山西历史文化木构艺术展览馆 / 文一雅　刘蔓 / 269

中铁安居文旅城冠子山度假酒店室内设计 / 夏青　李刚　邹建　刘偲 / 270

嘉兴湘家荡君澜度假酒店 / 肖莺　林春莉　艾嘉　姚荣楠 / 271

西安市沣东新城诗经里城市精品民宿酒店 / 杨剑峰 / 272

土木同构，别有洞天——山西大寨国际旅行社旧址
石锢窑活化改造记 / 杨自强　相静　王春雨　刘宇轩 / 273

《老家》民俗生活馆 / 张璇　范蒙　韩海燕 / 274

周风遗韵——陕西刘家洼考古成果展展陈设计 / 赵囡囡 / 275

入围作品 · 学生组

"道尽兴声，破而后立"——大理漾濞博南古道
振兴改造项目 / 曾晖　林嘉伟 / 276

积木社区——基于美院学生的
众创社区设计 / 丁琳铭　林忆琳　戴佩慈　代学熙 / 277

合——师生共享咖吧 / 费陈丞 / 278

观·和——陕西袁家村民俗艺术
公社环境设计 / 郭贝贝　降波　屈炳昊　毛晨悦　张豪 / 279

召合柒善酒店设计方案 / 韩海燕　武英东　苑升旺　李娜 / 280

南宁梅花艺术中心 / 李其舟　柯惠雅　陈家莲 / 281

守望"四点半" / 李秋云　方毓文 / 282

良栖·乌院 / 廖杨　李欣蓉　陈思梦 / 283

木本水源 / 刘高睿　项泽　李浩宇　董倩雯 / 284

择木而栖——木构民宿设计 / 罗媛　赵子杰　张哲睿 / 285

遇见最美的本草——中医药类文化展示空间设计探索 / 米悦 / 286

《觅陶》陶艺体验店概念设计 / 沈理　吴柳红 / 287

"归苑"禅修中心建筑室内设计 / 谭亚利 / 288

城市儿童活动中心叙事性
空间设计——塔西儿童梦境世界 / 王治锟　李金阳　崔铭娜 / 289

天府星站——成都地铁18号线
天府新站室内设计 / 王梓宇　赵睿涵　何嘉怡 / 290

陶源记——基于陶文化体验视角下景德镇
天宝龙窑陶塑工坊设计更新 / 谢啊凤　赵建国 / 291

木伴酒语——汾酒文化苑
博物馆设计 / 张龄月　吴和平　梁雅祺　武一杰 / 292

古木新舍——废弃工厂
餐厅改造项目 / 张毛毛　牟紫菡　张艺琼　闫光宇 / 293

悦木之源——咖啡店的"木"营造 / 张美娜 / 294

竹缘——创意居住空间设计 / 张梦姚　程蓝翔　陈子豪　李姝彤 / 295

记忆与传承——闽西客家民居空间再生设计研究 / 张楠翔　吴嘉楠 / 296

木垣艺韵——安居古镇游客接待中心 / 张一飞　孟琳 / 297

时间不止·空间共生——沈阳莫子山
城市书房设计 / 赵腾达　李艳　杨娅琴 / 298

暮春山间 / 周晟 / 299

[木·艺]

乡村智慧的结晶：羌族木锁的营造解析 / 龚博维　杨一丁 / 302

佛寺建筑中平棊与藻井的曼荼罗图像设计美学 / 杨婷帆 / 306

新疆维吾尔民居建筑中的木制装饰艺术初探 / 刘菲 / 311

叠合的时空——传统长窗环境营造的透明性研究 / 黄迪 / 316

清代家具委角形态的传统造物观 / 周志慧　刘铁军 / 322

建造的诗意——传统农耕木作器具的重构实验研究 / 张浩 / 328

借古开今，盛木为怀——刍议榫卯技艺对博物馆展陈的影响 / 崔仕锦 / 333

木构建筑彩画在当代艺术设计中的创新应用探索 / 韩风　李沙 / 336

养心殿后殿内檐木隔断设计手法研究 / 郝卫国　牛瑞甲 / 340

宝瓶莲花图像在中国家具中的应用 / 徐小川 / 345

新疆柯尔克孜传统游牧民族家具文化内涵探究 / 郭文礼 / 349

优秀作品·专业组

双鞋·鱼 / 胡耀宇 / 353

CHAIR U / 于历战 / 354

能量木 / 周洪涛　张小彤 / 355

优秀作品·学生组

椅·房 / 戚诗潇 / 356

木之格 / 施灏 / 357

入围作品·专业组

归一 / 丁晓峰 / 358

土木乡愁——基于山西传统民居生活情境营造的
系列家具设计 / 郭宗平　王佳丽 / 359

静涵虚清 / 江文 / 360

境物——人椅 / 梁靖　肖爱彬　肖雯晨 / 361

太湖石装饰柜 / 莫娇 / 362

拱 / 王俊磊　张一品 / 363

拆一根销，解得一件家具 / 薛文静 / 364

山·水——茶艺家具 / 张念伟 / 365

入围作品·学生组

当代大学生社交回避心理的公共家具设计 / 曹琳 / 366

圈中凳 / 黄柏杰　刘石保 / 367

和合而生 / 柯曼　陈亮　刘石保　何慧琳 / 368

鹤风 / 林婉玲 / 369

"传统与当代共生"百家姓交互式灯具设计 / 罗浩月　魏雪 / 370

樱原 / 肖少鹏　陈亮 / 371

木体——装配式移动摆摊街区装置 / 姚林周　顾文浩　尹祥至　徐廉发 / 372

归来榻 / 张权臻　陈振益　梁洽维 / 373

木·道

环境设计的专业特征与学科建设

宋立民

清华大学美术学院

摘　要：艺术学门类下环境设计专业的跨学科特征使其与工科门类下的建筑设计形成"不解之缘"。两个学科体系对环境设计专业理念既有不同诠释，也有相似诉求。环境设计专业在艺术学领域与工学领域具有"双栖"特征。在艺术学学科内，环境设计专业因其"工程性"尤显特殊；而在建筑设计与风景园林学等工学学科语境下，环境设计以其"艺术因子"作为对工科学科影响力的载体。在学科与专业两个维度建设方面，环境设计应探讨学科"自洽"理论，完善基于自身特征的实践知识体系；关注并拓展基于当代科技的"虚拟空间设计"领域，以使环境设计专业在物理空间与虚拟空间两个空间设计维度均有所建树。

关键词：环境设计 双栖特征 学科建设 物理空间与虚拟空间

1　三次快速发展

中国教育体系由学科门类、一级学科、二级专业3个层级构成。"门类"是形而上、哲学与价值观层级的表述；"学科"是学术综合与管理层级表述；"专业"是技术、社会需求与就业层级表述（中国的学科建设由13个学科门类、近百个一级学科、数千个二级专业构成，每年动态调整）。本文所指"环境设计专业"是属于艺术门类内设计学科（代码1305）下的环境设计专业（代码130503）。

环境设计专业的设立始于1957年中央工艺美术学院室内装饰系的成立，至今已有63年的历史。在发展中，它曾几易其名，先后有"室内装饰""建筑美术""建筑装饰""室内设计""环境艺术设计"等名称，一个学术实体在发展中频繁更名对于社会认知的连续性非常不利，但由于名称与专业定位的调整属于学科成长中的"核心事项"，更名也就属于不得已而为之的举措，正如它的上位学科——设计学，也经历过"图案""工艺美术""美术设计""设计艺术""艺术设计"等名称更迭一样。

环境设计专业在其不长的历史中，三次快速发展都得益于与国家重大社会需求的紧密合拍，"踩到时代鼓点上"：第一次在1957年中国"十大建筑"建设时期，跨美术与建筑学科的中央工艺美术学院室内装饰系师生团队对十大建筑具有"中国风格、民族特色"的设计诠释获得国家肯定；第二次在1980年前后改革开放时期，由于全中国大兴土木、建筑繁荣，环境设

专业以大众对进步生活方式的需求为己任，在室内设计领域得到社会的普遍认同；第三次在1990年前后，配合国家城市化与乡村振兴战略，环境设计专业在景观设计领域做出了具有自身特色的贡献。几个数据可以描述环境设计专业60余年的增长之势：设立环境设计专业的院系由中央工艺美术学院1所增至800余所；毕业生由1957年7人增至每年约2万人；专业共同体相关从业人数近2000万人，对国家建设GDP的贡献在2010年前后达到近2万亿元。

环境设计的三次快速发展从时间上对应了专业名称的更迭，20世纪50年代的"建筑装饰"对应"十大建筑"建设时期；20世纪80年代的"室内设计"对应了改革开放初期；20世纪90年代前在全国教育委员会备案的专业名称"环境艺术设计"为该专业在景观设计领域的开拓做了"正名"。应该说，环境设计专业在三次"与时代共舞"中为国家和社会做出过出色的贡献，交出过合格答卷。

2　具"双栖功能"的环境设计

环境设计专业（二级学科）的上位是设计学（一级学科），设计学的上位是艺术门类。可能是基于艺术门类设计学科"天生的"跨学科属性，环境设计专业从创始之初就在工科门类下的建筑设计领域（室内设计）"别人家的田里"工作。虽然环境

设计和建筑设计从名称上都有共同的后缀"设计",但在中国教育与学术体制中,它们是分属于两个"上级领导",具有不同表述的专业学科。艺术学门类设计学科对"设计"的解释带有"艺术因子"与"美学导向",而工学门类下的建筑设计带有"科学因子"与"工程导向"。

谈到设计学科中的艺术因子,首先要指出设计中的"美术情节",[1]美术与设计的复杂关系,来自于二者的相似性:其一,二者具有相似的造型形态和形式;其二,它们都接受一般的美学原则;其三,二者都具有艺术创新的基本特征。环境设计专业在1957年初创时期,正是美术与建筑设计的结合为专业学科地位的确立迈出了重要第一步。

再讨论一下工科门类下的建筑设计。在建筑设计维度,理性、效率、客观性与实证性是其优先考虑的系统或方法。"在工程设计中,科学理性的显现形式是科学语言。科学语言是表达科学知识、进行科学思维的符号系统,它具有两个基本特征:①单义性(每个词或词组都有确定的含义,所表示的对象必须确定、严格);②语法结构严谨:体现在句子中的逻辑关系比较明显,可以把比较复杂的事物'严谨而清晰'地表达出来。科学语言具有三种基本形式:专用术语;图形语言(图表、几何图形等);符号语言(各种公式)。科学语言的优点在于:结构紧凑、推理可靠、表达准确。"[2]

环境设计专业是一个从艺术学的设计学科"跨"到工学建筑学科的跨学科专业。跨学科实验的第一次成功实践是美国在第二次世界大战时的"曼哈顿工程"。而在中国,1957年中央工艺美术学院庞薰琹、张仃、奚小彭等艺术家与梁思成等建筑家的合作开启了中国学术领域跨学科的最早实践。自此,环境设计专业具有了在艺术学领域与工学学科领域"双栖"的特征、能力与"特权"。虽然在设计学科影响下的环境设计专业自带美术基因,其对室内设计、景观设计的设计诠释一直有着浓厚的"艺术句法",但从另一个视角分析,环境设计专业因其具有的"工程设计特征",也始终保持着与美术学的适当距离,以防其自由意识对"工程设计特征"的干扰。

同时,环境设计专业也在探索两个学科具有的相同价值观与标准。"①强调自由想象,思路不断地变化、翻新,提倡标新立异,最好能提出别人料想不到的离奇古怪的想法。②鼓励不同见解,不要急于把相反的意见挡回去,应把不同意见结合起来。③异质信息的结合。不同信息相互碰撞时才会有灵感。要利用偶然性,在交叉点上寻找突破口。④最多情报数量。⑤善于运用类比,采取各种方法,让自己产生联想。⑥亲自动手,是训练直觉和想象的重要手段。⑦催眠和冥想,在思想松弛的情

况下,容易获得有意的暗示,摆脱成见的困扰。"[3]如果不加注释,很难区分它是艺术学科设计师的标准,还是工程学科工程师的标准。其实,设计学科环境设计与建筑设计两个学术门类体系对"设计"的诠释有殊途同归的相同或近似标准。

虽然艺术学升级为门类始于2002年,之前在文学门类下(设计学为二级学科,环境设计为三级学科),但本文所探讨的相关几个专业学科间交叉规律大致如此。在艺术学学科内,环境设计专业因其"工程性"尤显特殊;而在建筑设计与风景园林学等工学学科体系中,环境设计又是以其"艺术因子"作为学科影响力支撑运行。

3 两个维度建设:学科与专业

中国经济社会经过几十年的快速发展,教育领域各个学科专业之间的跨学科理论与实践已经日趋常态化,环境设计专业曾经的跨学科优势已渐成昨日辉煌,如何继续紧跟或引领设计学科的改革与发展,是环境设计专业同仁面临的新课题。

由于体量庞大、涉及面广,环境设计兼具学科建设与专业建设两个维度的工作。学科建设体现在学术与理论层面;专业建设体现在实践与设计环节。作为设计学科下的二级"学科",环境设计要形成和完善自身规范化、专门化的知识体系,维护学科研究目标下结成的学术团体,为专门化知识的教育与再教育提供平台。在大学教育中,研究、传播高深专门知识是学科最基本、最主要的现象与活动形式。而在"专业"维度,要为培养特定社会职业专门人才服务。专业(Profession)"是指任何有声望的职业。一般来说,从事专业的人员不仅报酬丰厚,而且需要具有系统知识体系的长期学术(Academic)训练,在日常工作中能行使自由的抉择,认识活动的伦理准则,服务于社会,在实践专业时能继续学习并发展专业等。"[4]学科与专业有所区别:"第一,基点不同。学科以知识为基点,按照学术门类开展知识传播与研究;专业是以职业为基点,按照社会特定需求培养专门人才。第二,根据不同。学科根据知识特点与发展规律,主要关注知识体系的内在联系;专业根据国家与社会需求设置。"[5]

关于学科理论建设。环境设计专业应加强自身理论建设,构建"自洽"(不证自明)的学科学术体系。在学科体系建构中,环境设计在哲学与价值观层面的理论建设尤为重要。作者认为,生态学与"深生态学"、当代环境美学[6]应成为环境设计专业的理论支撑且应成为环境设计专业从业者共同的价值观认同。"一般而言,设计师不是哲学家,但这不妨碍设计师从哲

学的高度考虑自己的设计目的与设计过程。哲学是对人生的态度（包括世界观、人生观、价值观、道德观等），是再现生存意义的方法体系，是一种具有洞察力的思维方式。事实上，在共同面对'人的心灵'的时候，设计与哲学是一个自然的、有机的整体。"[7]

阿瑟·普洛斯（Arthur Pulos）指出，"设计是人们经过深思熟虑后的行动结果，他们面对一个问题，然后以顾全全体最大利益的方式解决了这个问题。"在当代，这里指的"顾全全体"应该不只指人类，也包括全体动物、植物等生命共同体。

关于专业建设。环境设计专业要关注与拓展基于当代科技的"虚拟空间设计"领域。上文分析，环境设计专业曾抓住历史机遇期，在建筑装饰、室内设计、景观设计等三个设计维度上拓展了学科的边界，这三个设计维度的共同特征是基于实体物理空间的设计。当代，环境设计专业应该立足设计学科，在空间设计维度向虚拟空间设计领域延伸。虚拟空间设计领域（AI、游戏空间、虚拟影视空间、人工智能空间等）的设计规律、方法与模式与物理空间设计的相关理论与实践有共通之处，也有需要探索与研究的特殊之处，对此课题的深入探讨将为环境设计专业带来新的发展空间。物理空间设计与虚拟空间设计将成为环境设计专业两个专业领域。

4 结语

分析历史的作用在于为未来探索可借鉴的有用资讯。艺术学门类下的设计学科和工学门类下的工程设计学科对环境设计专业有不同的解释与诉求，这一现象丰富了环境设计专业的外延边界，也使其具有了在艺术学门类与工学门类下"双栖"的特性。这一特性促使环境设计专业尝试从设计学"艺术导向"和工学"工程导向"两个方面吸收养分，逐渐形成自身独特的学术范式与专业语言。在专业实践中，环境设计专业深刻理解学科专业分隔带来的学术壁垒，并始终秉承学科交叉、学科交融理念，强调环境设计作为一个综合整体的理念。"设计教育的分隔培育了因不同设计类型而不同的思维模式，它们也导致了设计定义的支离破碎，并且因此也阻碍了设计在社会中成为一门更加综合全面的学科的大胆构想。"[8]

环境设计的基本定位是设计学科中的"空间设计分支"，设计学科涉及空间设计的部分由环境设计负责。在学科理论建设上，加强价值观层面的建构，以环境美学、深生态学研究为理论支撑；在专业领域开拓上，将虚拟空间设计作为环境设计专业新的研究与实践领域，秉持物理空间设计（室内设计、建筑设计、景观设计等）与虚拟空间设计（AI、VI、游戏空间、虚拟影视空间等）并行互补的方式与理念。

"每一种文化现象、每一个单独文化行为，都有着具体的体系；可以说，它连着整体却是自立的，或者说它是自立的却连着整体。"[9] "设计应当是并列于'科学'和'艺术'的第三种人类智力范畴"。[10]在不远的将来，中国教育体系中的设计学科必将由一级学科升级为与科学、艺术并列的门类，相关学科与专业体系可能会有新的调整，但"综合与整体"一定是大势所趋。

基金项目：本课题受"北京市社会科学基金项目——重点项目《北京延庆区景观评价与环境整体设计问题研究》"资助。

参考文献
[1] 林志远.艺术设计学科特征研究[D].北京:中国艺术研究院,2009.
[2] 林志远.艺术设计学科特征研究[D].北京:中国艺术研究院,2009.
[3] 于光远.自然辩证法百科全书[M].北京:中国大百科全书出版社,2007:989.
[4] (英)德·郎特里.西方教育词典[Z].陈建平等译.上海:上海译文出版社,1988:248.
[5] 万力维.控制与分等——权力视角下的大学学科制度理论研究[D].南京:南京师范大学,2005.
[6] 钱中文主编.巴赫金全集[M].第1卷.贾泽林等译.石家庄: 河北教育出版社,1998.324.
[7] 林志远.艺术设计学科特征研究[D].北京:中国艺术研究院,2009.
[8](美)维克多·马格林.设计问题:历史·理论·批评[M].柳沙等译.北京:中国建筑工业出版社,2010,3.
[9] 钱中文.巴赫金全集[M].第1卷.贾泽林等译.石家庄:河北教育出版社,1998:324.
[10] (英)奈杰尔·克罗斯.设计师式认知[M].任文永,陈实译.武汉:华中科技大学出版社,2006.

行动的物质呈现："木"营造毕业创作教学实录

傅祎　韩涛　韩文强

中央美术学院建筑学院

摘　要： 本文是对中央美术学院建筑学院十工作室2016～2017、2017～2018这两个学年毕业设计教学的纪录与思考，是基于对建筑教育泰勒模式的反思，针对目前建筑与环境设计教学的一些缺陷，在毕业设计教学环节所采取的行动。木构营造课题从结构、行为、身体三个角度的设计研究开始，以此转化为设计行动的学术资源，以木为材的小型构筑物设计与足尺搭建活动，是十工作室教学模型方法的进一步实验，带来了室内设计毕业创作从方案性到作品性的成果转化。同时探索了协同社会资源，创新建筑与环境设计专业人才培养机制的可能性。

关键词： 模型方法　设计行动　木构营造　毕业创作　实验

"纸上得来终觉浅，绝知此事要躬行。"——（宋）陆游

1　背景思考

文艺复兴时期随着维特鲁威《建筑十书》的重见天日，与数字、几何、透视科学、抽象思维紧密勾连的投影方法让图成为中介，建筑师从而获得了独立的身份，从工匠行会中脱离，这加速了设计与建造分离的趋势，在属于建筑师的新知识架构中，艺术与科学方面的知识凌驾于基本的建造知识与技能。17世纪，法国巴黎布扎学院（Ecole des Beaux-arts)和国立公路与桥梁学校（Ecole Nationale des Ponts et Chaussées）双双成立，建筑教育机构化，和土木工程脱离，进入美术学院。20世纪初泰勒式流程管理和福特制生产流水线诞生，此后其影响从生产领域逐步扩展到消费领域（比如机场免税店模式）和教育医疗等领域，成为现代性社会的主流形态。

工匠时代建造的每一个过程中都是在一种被审视，然后被重新调整设计的状态下完成的，这个过程包含了一个设计、建造、审视、再设计、继续建造的反馈。如果说完成建筑教育后必须通过实践与建造才能成为建筑师，那么实践与建造的阶段在现代建筑教育体系中比较难于做到有机的结合，建筑学生比较少有机会让自己的设计成为一种物质的存在。对此20世纪30年代赖特创办了塔里埃森（Taliesin）建筑学院(SOAT)，以"边做边学"为主旨，"从建造入手"，实行"师徒制"体验式教学模式；由查尔斯·摩尔创建的耶鲁大学建筑学院一年级夏季建造课程，从1967年开始延续至今；中国美院建筑教育从开始，手工艺传统的基因就有着重要的位置；近些年来张永和主持的同济大学建筑城规学院研究生课程系列"建筑学前沿：手工艺（Craft）"，回到建筑学本体，探讨"绘"与"造"的关系，这些实验是对主流建筑教育模式之外的自然建筑和工匠传统的重视，也是全球化背景下在地文化身份意识的觉醒。而数字化条件下的定制设计与建造的发展，使这一支脉得以延续壮大，同济大学创办的数字未来工作营，历时十年发展成为全球性数字设计与智能建造的学术与实践平台。

2　"模型"方法

工作室教学模式是中央美术学院本科高年级教学的传统，建筑学院十工作室成立于2008年，教师团队包括傅祎、韩涛和韩文强，教学工作主要围绕本科最后一年毕业设计教学和室内建筑学方向的研究生指导。十工作室成立之初提出以城市研究为基础的建筑及室内空间一体化设计作为教学主导方向，思考的基础是认为，建筑设计有一种维度是组织具有内在逻辑的整体的空间系统，在递进的尺度层级上操作逐步放大的空间分辨率和越来越清晰的颗粒呈现度，因此十工作室主张用"模型推进设计"，这也可以突破传统室内设计"图式教学"的局限，从而在方法上保证实验性。

图1 中央美院毕业季建筑学院十工作室展区（左图是2017年的展场，前景为1：5模型，中间1:1的模型是于佳涵的《积微书屋》，由几个简单的单元木构件的重复积累构成最终的建筑体量。右图是 2018年的展场。）

"模型（Modeling）"方法是通过实物的总体模型、体量模型、空间模型、结构模型、材料构造模型，比例逐步放大，将设计的总体问题解构成不同的部分和步骤，纯化和强化具体的小问题，通过制作、观察、记录、试验、比较、取舍、修正、概念整理和提炼的反复过程，边做边思考，心手合一，这是数字模型不能替代的部分。在模型推进设计的过程中，图像的作用是作为想法的雏形、"实验"过程的记录，以及分析和表达的功能。相较于图像（Drawing）方法，模型方法不失为一条在当下移动互联网和新媒体发展背景下，抵抗以视觉为中心的"屏幕性设计"，而强调具身性和体验感的空间环境设计的有效路径（图1）。

3 课题设置

2016年，韩文强老师设计的唐山乡村有机农场项目落成，使用的是胶合木装配式结构，设计在业界引起反响，与之合作的北京欣南森木结构工程有限公司愿意为我们工作室的毕业设计教学从材料、加工到技术支持提供无条件的援助。这给了我们一个契机，深入和延展十工作室"模型推进设计"教学方法的实验，将模型方法推进到1：1足尺模型的搭建，尝试建筑专业的毕业创作从方案性到作品性的转型。从2016到2018这两个学年度，十工作室以木为材进行毕业创作空间建构的教学实验，木材易于加工和运输，现场施工周期短，自带自然和文化的信息，与人有亲近感，LSL（层叠胶合木）、PSL（平行胶合木）、LVL（单板胶合木）、胶合木等结构工程木合成材料的特性相对稳定耐久，能兼顾一定的耐候和审美的需求。

第一年毕业创作的题目为"3×3×3"，课题要求每个学生通过参与一个具有围护要求的小型构筑物从概念设计到实施建造的全过程，从而获得尺度、材料与使用三方面的真

实性体验，以结构的方式塑造空间，用材料和节点来表达结构，通过空间氛围的营造而获得身体的感知体验。手工感和现场感、物质性与体验性、浸润式教学与体悟式训练相结合，最终的成果要呈现形态与结构、材料与构造、空间与氛围之间的有机整合。把课题的规模控制在3米×3米×3米的尺寸范围，一方面是把结构设计的难度控制在可能实现的范围，另一方面能将设计往纵深发展，同时也有成本控制和展览场地条件的考虑。

第二年的题目增加了主题限定，为了适度降低结构难度，尺寸限定较前一年有缩减，要求以"庇护所"为题构筑公共空间中的"身体建筑"，通过构筑微型"乌托邦"，表达对现实的抵抗；"庇护所"还有另一层含义，就是借助在现场的、物质性的、身体性的劳动，每个学生建构一段属于自己的时间，探讨阿伦特所说的"劳动、工作与行动"的关系，思考今天的智力劳动者如何自觉地跨越社会规范与工具理性的职业分工？如何在使用技术中超越技术？如何重新返魅到不可量度的身体劳动与场所感知？如何在身体力行中把建造实践转化为心性的磨砺？如何在持续的自我否定中完成对自我的最终重塑——在毕业的最后一刻重新成为一个新人？（图2）

图2 穆怡然《木下赏味》（26×22块180毫米×180毫米等大木方，由软性的钢索串联而成的一个柔性曲面空间，空间依宽窄形成高低变化，左图为方案模型，人通过时能与木墙面产生一定的互动，右图为最终成果，连接节点做了调整。）

图3 张艺《织山》(利用绳子和木条编织成一座山，面对当代工业化的标准型材，通过延续传统的编织手法，形成褶皱化的有机形态空间。)

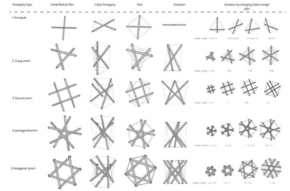

图4 胡悦《一墙之亭》(基于对富勒发明的张拉结构的谱系研究，对这种轻质平衡结构的原型进行发展，升降、扭曲、旋转，以适应特定的场地条件。)

图5 王铁棠《障碍物》(聚焦身体与空间的关系，这个超越常规的极窄长的木屋具有带领人暂时逃离集体无意识状态的潜能，单元木片的构筑应和巴赫12平均律，形成节奏，编辑光影。)

4 设计研究

对于极小尺度木造构筑物设计、家具化和装置化木构营造来说，课题开始我们要求学生从结构、行为与身体三个角度出发，收集案例，研究木构营造的源流、演进与创新，设计研究的目的是为了激发学生们自己毕业创作的独特角度。

首先是对于框架、互承、叠涩、张拉等结构形式以及现代轻木复合体系和重木结构体系等木结构类型；榫卯、钢构、钉铆等构造节点类型；实木、集成木、竹钢等材料类型的了解，以及西方建筑院校近十年来在数字创新技术下木构营造方面的突破性尝试，比如哈佛大学、美国麻省理工学院（MIT媒体实验室）、苏黎世联邦理工学院（ETH）、德国斯图加特大学、英国AA school、UCL巴特雷建筑学院等，聚焦在轻型的、灵活的、适应性的、单元装配、空间表演等方面的数字设计与建造实验。以此为知识背景，作为对照组，思考在我们已有的学术准备和教学条件框架内如何实现小微的创新突破（图3、图4）。

其次，强调地点与事件的特殊性，这类木构作品的案例中，或以行为诱导作为空间形式发生的依据，通过改变场地、改变空间来改变行为，总结归纳为"停"与"流"两类行为：停留是人群的聚集，事件发生的容器，比如剧场空间、冥想空间、个人蜗居的空间、对坐交谈的空间等，私密空间与公共空间常常发生嵌套。流动，表现为通道性空间，但要强调行为方式与构筑物形式之间的互动关系。案例研究还聚焦在微型构筑物搭建设计，关注特殊的场地条件所诱发的空间类型，包括如楼梯空间、夹缝空间、斜坡空间、下沉空间、树林空间等（图5）。

强调"身体"是课题的重点，作为身体的展示，我们研究表演的历史谱系，以及受传统、宗教、科技、媒介等诸多因素影响的关于身体认知的观念史，从身体惩罚到身体塑造，从身体表演到身体空间，以及赛博化趋势，具身性案例研究总结出三个方向的设计策略：①"针灸"方法，微小的改变带来放大的扰动，通过人与人之间的关系交互来改变日常的经验与感知，形塑个人与众人之间的动态关系所带来的感知上的变化；②以现象作为媒介，如奥拉维尔·埃利亚松的环境艺术作品和卡普尔的镜面装置作品，将体验者的视觉、听觉、触觉加以延伸，得到陌生的、非常的、反相抑制的感知；③"极限"方法，在有限的容积里实现功能最大化，契合"城市游牧"、"隐居"、"蜗居"等概念（图6、图7）。

图6　陈建盛《源涧舍》(兼及景观与观景双重功能。)　　　图7　莫奈欣《雾林》(是喧嚣城市里的心灵"隐居"。)

5　设计行动

汉娜·阿伦特用积极生活（Vita Activa）的术语，来指示三种根本性的人类活动：劳动（Labor）是为了维持人作为生物的生存，劳动的人之条件是生命根本。工作（Work）生产了一个完全不同于自然环境的人造物的世界，这个世界成为每个个体的居所，工作的人之条件是世界性。行动（Action）不以物或事为中介，是直接在人们之间进行的活动，行动的人之条件是复数性，不是单个的人，而是人们，这就是人活着的事实。面对现代化带来的人的异化和自然的异化，阿伦特主张积极的行动，而十工作室木构营造课题的设置，就是尝试作者、作品和行动合而为一的"身体力行"，作为对人才培养"福特制生产"模式的反思的回应。

整个毕业创作过程，模型推进分为三个阶段，先是1∶10方案模型，多方案比较实验，整体性和逻辑性非常重要，这一点在过往的其他类型的课题设置中并不明显。再是1∶5的中期模型，这步很关键，方案的结构基本成型，学生还必须思考材料和加工工艺，以及工序要求，"欣南森"的技术员也会到学校参与教学，从方案实现的可能性上提出建议，同时教师根据当年的展览条件，按照每个方案的特点向学校落实具体场地，学生们根据场地条件和技术限定来调整改进方案，出加工图纸。1∶1实体搭建的部分要到工厂加工定制，并在工厂里预搭，这个过程学生一直在厂子里盯着，和技术工人一道，检验施工工序，调整节点设计，一切调试完成后，将1∶1的模型拆解运回学校，在展位上再次搭建，时间控制和人员组织是这一阶段学生们要处理的重点，"柔软"、"装配"、"轻质"、"脱离机械"、"降低成本"、"开箱即用"……成了设计的关键词。我们要求学生用视频记录过程，最终剪辑成展览成果，作为与非专业人士沟通传播的有效手段。

空间设计不仅是文字、图纸、图解和效果图，核心目标是指向建造。一个建造结果既包括概念、尺度、结构、材料、构造，又包括造价、工期、人员、工具等，它们共同构成设计师完整的知识系统。课题的挑战在于如何将不可量度的最初意象，经过一个可量度的过程，最终回到不可量度的现实。在被计划过的偶然中，时间重新变为空间，那些经过工业化技术的标注、量度、切割、加工、连接、运输等诸多过程之后，仍无法被约简的东西，才是目标与价值所在。课程的设置像一条不可回头的路，学生们在哪些地方绕道了，最后都将明明白白地呈现出来，在无数个困难决策中历练心性与决断力；体察所有因素之间的内在关系，感受自我边界和极限的状态；努力、用力、尽力、不遗余力，从而格物致知、知行合一；技巧、能力、态度得到锤炼，感知力、决断力、忍耐力、控制力，协作能力得到提升。美院的传统敬重手艺，手艺不只是制作方法，更是工作方式，其中包含了身体的劳动、专业的工作以及社会介入的行动。

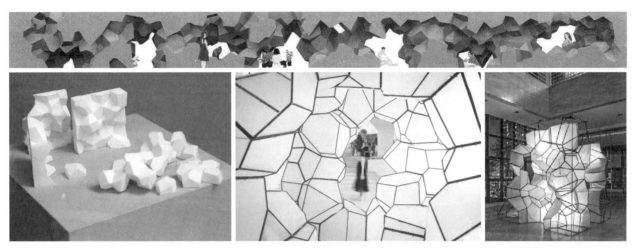

图8　栗韵清《近山形石》(取太湖石鉴赏类别6要素中的"形姿"与"洞穴"之意，营造具身体验空间，以3D Voronoi的算法将51个体块组织成不易察觉然而有规律的变化模块。由于未突破木构节点的设计，最终成果改用钢筋焊接和螺丝固定，但保留了模件思维和装配特点。)

6　效果与反思

　　十工作室木构营造毕设课题的成果形式喜闻乐见，毕业展期间观展群众积极参与，特别是小朋友们非常喜欢，常常找到作品最合适的"打开"方式，超出了设计者的预想，这给了学生们以特别的经验。还有一些茶文化商业品牌将毕业展场选作拍摄场地。作为建筑学院室内设计专业毕业选题的新的尝试，获得了学校大力支持，特别在展览场地和施工条件方面，教学成果也获得学校教学委员会的认可，并形成建筑专业的毕设作品与其他专业间更广泛的交流。

　　十工作室这一课题的毕业设计教学成果受邀参展2017年和2018北京设计周展览、第24届北京国际图书博览会文创展区的展览。学生栗韵清、刘璇、穆怡然作为独立艺术家受邀，将其毕业作品在今日美术馆展出。学生张艺的作品获得2017金点奖概念设计奖、中国环境设计高等院校优秀作品展技术创新奖，其作品分别在台北和上海展出，并被中央美院美术馆永久收藏。

　　architizer、archdaily、gooood、domus web、ArchiExpo、arqa、archidust、retail design blog、Wood in Architecture Asia、WA COMMUNITY、Gigantic Forehead、BERLOGOS、《Construction+》(201708)、《INTERIORS monthly》《CA Press Publishing》《装饰》(201707)、《艺术与设计(理论)》(201706)、《中国建筑装饰装修》(201708)、《设计》(201709)、《出色trends》(201708)、有方、HI设计、建筑学院、网易家居、专筑网等十几家国内专业杂志和网络媒体对此进行报道。

　　我们的教学实验引来了社会资源的继续介入，北京欣南森木结构工程有限公司、北京西海四十八文化创意中心、北京腾龙博艺雕塑艺术中心、上海农道乡村规划设计有限公司、中国建筑学会室内设计分会给我们教学以各种形式的支持。北京西海四十八文化创意中心还同学生签约，尝试将他们的作品进行产品转化和展览推广。

　　这一段毕业创作旅程对学生们来说，体验极致，终生难忘；对老师们来说角色有些转移，除了学术把关、设计辅导，还要整合调配资源、给学生做心理"按摩"。木营造课题的教学要有所创新，则需要在三个方向上有所精进：①对木构营造成体系的研究整理与发展创新；②从在地的手工艺传统，结合工业化加工和机械化施工，迈向数字化应用；③创新人才培养机制，从一间教室就是一座学校，到一座学校就是一间"教室"，最后整个社会就是一间"教室"。最终探讨的是在技术全球化趋势下，如何因地制宜存留文化基因得到可持续发展(图8)。

参考文献

[1] 汉娜·阿伦特.人的境况 [M].王寅丽,译.上海:上海人民出版社,2017.

[2] 傅祎."实验十年:室内建筑教学思考"[C]//中国设计40年——经验与模式国际学术研讨会论文集 [M].石家庄:河北教育出版社,2019.

注：本文为中央高校基本科研业务费专项资金资助课题"室内设计及其理论教学研究"(20KYZYO25)中期成果。

传统木构建筑榫卯结构虚拟仿真
实验室之构建

周伟　孔庆权

四川师范大学美术学院

摘　要：为了激励当代大学生自觉成为弘扬和传承中华优秀传统文化的践行者，实现我国人才培养的宏观战略目标。本文通过传统建筑榫卯结构虚拟仿真实验，引入环境艺术设计专业下《模型设计与制作》课程中。以"互联网+实践教学"的方式，依托于开放的国家虚拟仿真实验空间平台，通过网络数据接口无缝对接，让学生能够随时随地将自己的设计构想通过虚拟仿真实验变为可见的设计"成果"，以拓宽学生环境艺术设计思路，提升当代大学生的艺术设计想象力与创新力。

关键词：传统木构建筑　榫卯结构　实践研究

引言

"榫卯"，是古代中国传统木构建筑、木质械具与家具结构的主要结合方式，是在几个木构件上运用凹凸部件进行组合的一种插接方式。其中凸出结构叫"榫"，凹进结构叫"卯"。利用榫卯加固木构建筑与物件，是我国传统木构建筑的核心和精华，体现了古老的中国传统文化和创造智慧。

实现国家人才培养的宏观战略目标，激励大学生自觉成为传承和弘扬中华优秀传统文化的践行者，是当下高校环境艺术设计课程教学改革发展的趋势。为让互联网电子技术服务于课程教学，我们将传统建筑榫卯结构引入环境艺术设计专业下《模型设计与制作》课程教学中，并依托于国家虚拟仿真实验教学管理平台实现共享。

1　构建传统建筑榫卯结构虚拟仿真实验室的意义

中国木构建筑体系形成于汉代，成熟于唐代，宋代在成熟化的基础上精致化，明清则达到一定高度。如果说古代建筑的木结构不用一根钉子，这种说法实际上是一种夸大的说法。但如果单指大木结构的榫卯则是完全正确的。

传统木构建筑在国内遗存已经不多，保留至今最久远的木构建筑可追溯至唐代，现存的唐代木构建筑保存较完好的有四座且都位于山西省，分别是佛光寺东大殿、天台庵、广仁王庙、南禅寺。佛光寺大殿的建造时间为唐大中十一年（公元857年），距离梁思成先生发现佛光寺时的1937年已整整1080年。至此，日本学者关于中国已无唐代木构建筑的说法是无根据的。唐宋以后的木构建筑现今遗存绝大多数都是宗教寺院，都是属于文物古迹保护范畴，学生想通过到现场进行建筑榫卯的测绘与结构研究几乎是不可能的。

而现行《模型设计与制作》课程，全部由学生手工制作。其课程时间短、耗材巨大、工作繁杂、工具繁多且有一定的危险性。所以，学生通常都只能够设计制作较为简单的模型作品，而无法了解更多如榫卯这样的中华优秀且独特性的传统建筑文化。故，构建传统建筑榫卯虚拟实验室成为必然。

1.1　丰富课程资源

首先，本实验室利用Html+Javascript技术建立仿真实验教学平台，同时基于计算机Unity3D引擎的实时3D渲染技术，将传统榫卯结构进行了3D高精度建模，完整还原了唐代佛光寺的木构建筑。学生可以通过三维全景式的互动观察建筑的外观，也可深入建筑内部观察建筑的梁架结构，极大地提高课堂教学的直观性、互动性、参与性。

其次，通过榫卯虚拟仿真实验室的仿真教学，不仅能够丰富学生对中华传统建筑榫卯的非遗营造技艺原理的认知，而且能够引导学生进一步了解中国传统建筑的发展历史，理解感受传统木构建筑榫卯结构的独特艺术魅力，自觉成为传承和弘扬中华优秀传统文化的践行者。

1.2 创新课程虚拟教学模式，激发学生学习兴趣

本虚拟仿真实验室坚持"学生中心、问题导向、学科融合、创新实践"的实验教学理念。在《模型设计与制作》课程中，帮助学生了解榫卯结构这一知识点时，可通过虚拟实验让学生快速了解中国传统建筑榫卯的构造方法。结合学校的实际教学情况，并实行了沉浸式、问题式、交互式、自主式、支架式、反思式实验教学方法，致力于培养学生的问题意识、创新精神、主动学习和自我反思的能力。

同时，在虚拟的环境中，学生可以通过直观的三维模式观察佛光寺东大殿的建筑、榫卯与斗栱结构。同时也可以通过欣赏板块了解中国传统建筑的丰富知识。这种直观、实时和互动的特点能大大激发学生了解传统建筑的自主学习兴趣。

1.3 提升学生创新学习技能，提高课程教学质量

虚拟仿真实验解决了真实传统榫卯实验不可逆的问题。在虚拟环境中，学生可以针对不同榫卯、斗栱与建筑进行反复练习操作，既能深化对已有理论知识的理解，又能获得传统木构建筑的学习与设计能力；学生可选择学习模式或制作模式，这种灵活的方式既能够激发学生养成主动掌握知识和不断反思的学习习惯，又能推动学生将实验知识应用于实践。在实验与实践交替过程中，学生的设计能力得到不断提升。

与此同时，实验室还为学生提供了虚拟的网络实验场景和24小时在线的"空中课堂"，使学生可以不受时间和空间限制，学生沉浸其中，能够随时随地进行实验，大大缩短了实验周期。系统自动评分功能有助于学生得到及时反馈，从而及时发现问题和解决问题，学习效率也因此大幅度提高。

2 传统建筑榫卯结构虚拟仿真实验室建构思路

虚拟仿真教学平台，是基于使用数据采集师生的教学痕迹，以通过对大量的学习行为、教学行为以及过程数据进行大

数据分析，为师生提高学习效率、提高教学效果、体现教学成果提供依据，各模块的核心功能如图1所示。

图1 实验室构建思路图

2.1 实验素材的特殊

传统木构建筑工艺是中国古老的传统非遗营造技艺。传统木构建筑是以木构框架为主的建造体系，以木、砖、土、石、瓦为基本建造材料。木构建筑按专业分工主要包括：大木作、小木作、砖作、土作、瓦作、石作、油作、搭材作、裱糊作、彩画作等，大木作乃诸"作"之首并占据主要地位。古代工匠在营造过程中积淀了丰富的经验，这种木构技艺以师徒口传心授的传统方式传承至今。

2.2 实验资源的稀缺

现在建筑方式的城市化与全球化的改变，传统营造技艺下的木构建筑的生存空间正被严重地挤压。虽然木构建筑在传统宫殿与寺庙修复、园林景观建筑营造中还得以传承，少量的木构技艺还得以延续，但我们不能轻视城市化与全球化进程所导致的传统非遗技艺性文化遗产的快速消失给中国传统技艺所带来的冲击。同时从传承与弘扬我国优秀传统技艺的角度看，若传统的木构建筑营造方式在当今城市化与全球化的进程中逐渐失传，甚至会导致传承了几千年具有独特性的优秀中华文化彻底消亡。

2.3 实验环境的匮乏

建筑与环境艺术设计专业开设有《模型设计与制作》课程。但由于该课程中所涉及的传统建筑榫卯结构的复杂性与工艺要求性极高，且在制作的过程中会耗费大量的木材与时间，

使得学生无法真正在课程学习中理解并实际操作榫卯的制作，而只能在平面的图片与历史遗存的建筑图片里面纸上谈兵。

有鉴于此，依托四川师范大学艺术实验教学中心，我们积极创建了传统建筑榫卯结构虚拟仿真实验室。

3 传统建筑榫卯结构虚拟仿真实验室的总体结构

本虚拟仿真实验室包含自我学习与实践操作两大部分。其中自我学习分为欣赏、漫游、材料三个板块，实践操作分为制作、考核、报告三个板块。这六大板块共计137个实验步骤，需4个课时完成。其总体结构如图2所示。

如图2所示，各板块既相对独立，又相辅相成，互动功能强。每一个板块的课时分配均与其实验内容紧密相连，具体如下：

3.1 欣赏板块

基于翻转课堂的引导式、开放式的教学模式，通过教师提前布置预习任务，以预习考核方式引导学生主动预习。同时依托虚拟仿真开放式实验室，为学生提供多样的自主选择的课程内容板块，以让学生能够进入不同的历史时期，通过自主学习，了解木构建筑的历史。

3.2 漫游板块

漫游板块使用3D漫游全方位观察佛光寺大殿可分步点击顶、天花、梁架、墙面可隐藏部分，观察建筑外观与大木结构。通过放大、缩小、旋转等各种观察方法了解管脚榫、馒头榫、燕尾榫、大头榫、箍头榫、平身科、柱头科、角科共计8种不同榫卯部件的名称与结构变化。让学生能够身临其境地感受传统木构建筑榫卯结构的精彩。

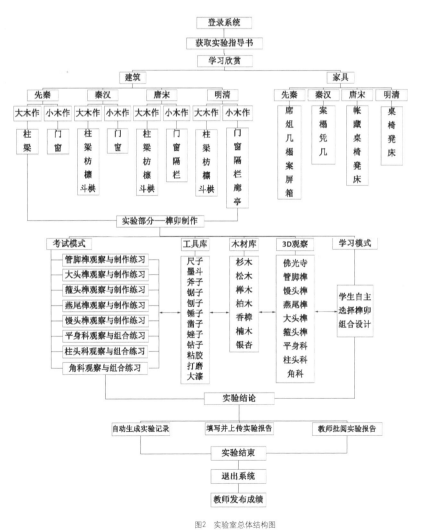

图2　实验室总体结构图

3.3　材料板块

材料板块主要包含木材库和工具库两大部分，学生点击选择界面上相对应的木材名称，即可查看各种木材的图文介绍。工具库则提供各种木工工具，学生点击选择界面上相对应的工具名称，即可了解各种工具相应的使用功能（图3）。

3.4　制作板块

本环节分为学习与考试两种模式。

学习模式在有系统提示与帮助的前提下，提供了五种榫卯（管脚榫、馒头榫、燕尾榫、大头榫、箍头榫），三种斗栱（平身科、柱头科、角科）的结构的制作与组装方法的自主学习途径。主要是为了让学生能够在充满"游戏性"的虚拟情境中，通过自己的反复实践，学习掌握传统榫卯制作与组装方法。

而考试模式则要求学生在没有系统帮助提示的前提下，独立、按时地完成8种传统榫卯的制作任务。当每个制作实验完成后，均会得到"已完成"的提示，全部制作结束后系统会自动给出分数（图4）。

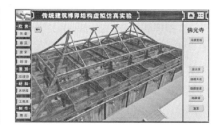
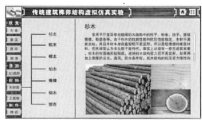
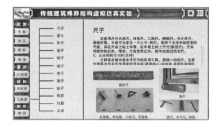
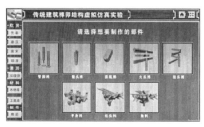

图3　实验室学习板块示意图

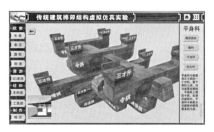

图4　实验室制作板块示意图

4 传统建筑榫卯结构虚拟仿真实验室运行构架

支撑传统榫卯虚拟仿真实验室运行的机制分为五层。每一层都是为上层提供服务，以保障本实验的顺利运行。下面按照从下至上分别阐述每一层的具体功能。

4.1 数据层

传统建筑榫卯结构虚拟仿真实验项目涉及多个类型的虚拟实验数据及组件，其中设立了虚拟实验的课程库、虚拟制作库、榫卯模型库、标准答案库、规则库、实验数据库与学生信息库等来实现对各种操作数据的自动管理。

4.2 支撑层

支撑层是榫卯虚拟仿真实验共享与教学平台的核心层，是维系榫卯实验室正常开放运行的核心基础，它负责榫卯实验系统的正常运行、数据管理与基础维护。支撑平台包括以下几个功能子系统：系统管理、服务支撑、图形数据、资源分配与系统监控、域管理、域间信息服务等。

4.3 通用服务层

通用服务层是榫卯虚拟仿真实验室的管理层，提供榫卯虚拟实验教学环境的系统支持部件，帮助学生在虚拟实验室里能够快速完成榫卯仿真制作。其通用服务包含：互动教学、环节分配、实验资源、实验报告与实验分数的自动生成、漫游学习、三维观察、互动交流、结果评估、虚拟实验室共享与开放等，集成并提供了指定接口方案，便于集成第三方软件进入并协同管理。

4.4 仿真层

仿真层的任务是对虚拟榫卯仿真项目进行建筑模型、榫卯与斗拱的构建、虚拟组合动态开发，提供完整的榫卯模型，最后为上层提供学生实验数据以及数据的标准化输出。

4.5 应用层

属于基础层服务，最终促使榫卯虚拟实验项目的实施与网络共享。通过建立良好扩展性的基础应用层，教师可根据实验教学需要，利用虚拟实验室提供的各种榫卯组合方案和提供的相应的榫卯模型，要求学生组装各种榫卯与斗拱实例。最后面向学生开展虚拟实验教学。

5 传统建筑榫卯结构虚拟仿真实验室的实践价值

基于以"学生中心、问题导向、学科融合、创新实践"的实践教学理念，按照"能实不虚、以虚补实、虚实结合"的原则，建构的"传统建筑榫卯结构虚拟仿真实验室"让学生能够在反复实践中习得传统建筑榫卯制作的实践能力与环境艺术设计的创新力，实现了课程实践技能训练内容的便捷和高效。同时，对提高学生艺术设计创新力也有着积极的促进作用。

经过3年多的正常运行，本虚拟仿真实验室已为本校1930名学生提供了课程服务。特别是面向社会开放近一年来，实验浏览量达8268人次。其中686人参与了实验，572人获得优秀，通过率87.8%。

5.1 提高人才培养质量

本虚拟仿真实验的建构打破了时空限制和传统授课模式，学生能够随时随地进行实验。通过这些大量虚拟实验环境里对虚拟实验对象的观察、记录、组合制作等环节，能够帮助学生练就富有个性的艺术设计能力。

5.2 提升课程教学质量

本虚拟仿真实验室建构了一个类真实环境，解决了古建榫卯实验不可逆、实验环境匮乏、实验资源不足等问题。学生能够在反复练习中习得传统建筑榫卯制作实践能力。并在虚拟制作与组合中，师生、学生互动交流，再将线上虚拟实验室中所学的知识应用于线下设计中。激发了学生对本专业的热爱和兴趣，提升课程教学质量。

5.3 降低课程教学成本

本虚拟仿真实验室的建构，能够让学生足不出校，在三维互动中了解、感受、学习和掌握中国传统建筑的榫卯结构及传统建筑文化，节省学生往返全国各地寻访古建遗存的时间、交通成本以及材料的购置费用。

6 结语

目前，本虚拟实验室已可通过"国家虚拟仿真实验教学项目共享平台"访问使用（http://www.ilab-x.com/details/v5?id=3692），对开展大范围实验教学提供了便利。该虚拟仿真教学资源不仅惠及本学院环境设计专业的师生，同时也支持其他相近专业的虚拟仿真实验教学，实现资源共享。在培养专业化设计人才和吸引社会人员主动接受该项目的培训尤显优势，能够快速提升从业人员的专业化水平。同时还能吸引非设计专业学生主动参与其中，能够让更多的人了解和喜爱传统建筑，进而对推动中华传统建筑文化的传承有着积极的现实意义。

参考文献

[1] 梁思成.中国建筑史 [M].北京:生活·读书·新知三联书店,2011.

[2] 梁思成.清式营造则例 [M].北京:清华大学出版社,2006.

[3] 中国营造学社.中国营造学社汇刊 [M].北京:国际文化出版公司,1997.

[4] 刘敦桢.中国古代建筑史 [M].北京:中国建筑工业出版社,1980.

[5] 张荣.佛光寺东大殿实测数据解读 [J].故宫博物院院刊,2007(02).

[6] 郑云.TD-LTE基站安装虚拟仿真实验设计与管理 [J].实验技术与管理,2018(10).

[7] 周伟.传统建筑榫卯结构虚拟仿真实验 [DB/OL].http://www.ilab-x.com/details/v5?id=3692,2019.

千山古刹的建筑文化研究

赵芸鸽

大连艺术学院

摘 要： 千山乃辽东著名游览胜地，历史悠久，留存不少建筑和文物，建筑主要以木架构结合砖砌外墙为主，其中有若干处为国家级文物保护单位和省级文物保护单位。文章首先，介绍了千山佛教和道教共居一山释道同源的起源；其次，从古刹选址、布局与建筑特征三个方面详述千山古刹的建筑文化特征；然后，从古刹的诗词、楹联与彩绘三个方面阐述了建筑的诗画内涵；最后，提出了对千山古刹建设与发展的对策。

关键词： 千山古刹 建筑 文化 风景

千山又名千华山，乃长白山余脉，为我国东北著名的国家级自然风景区，位于辽宁鞍山。30亿年前，千山是一片汪洋，后地壳运动隆起，沧海化为陆地，最后形成山脉。千山的地质结构主要是太古时期的变质岩系和震旦纪时期的石英岩系，四亿年前，千山便已形成现今的基本轮廓，今千山的岩石上还留存贝壳化石的痕迹。之后，千山地壳又不断运动，又受到大自然经年不断地冲刷和侵蚀，形成了谷窄沟深的特征，至今千山仍留有第四纪冰川时期的巨石遗迹。千山奇峰连绵、峡谷幽深，呈千峰之壮美；奇松叠翠、怪石嶙峋，呈秀丽之画卷。所谓"深山藏古寺"，在千山的千岩万壑中，藏有众多古刹，古刹深幽，与自然融成一体。由于北方冬季保暖的需求，古刹主要为木营造结合砖砌外墙的结构。

1 千山古刹"释道同源"之特征

佛教和道教共居于千山相互间渗透，是千山古刹"释道同源"的特征。千山古刹中的佛教建筑以香岩寺、大安寺、祖越寺、中会寺、龙泉寺等"五大禅林"最具代表，道教建筑在明清鼎盛时期原有"九宫、八观、十二庵"之称。如今，现存的主要道教古刹有无量观、五龙宫、普安观、慈祥观、太和宫和鎏金庵等，其中以无量观为首。

魏晋南北朝时期，佛教在中国迅速发展起来。北魏时期，佛教徒便踏至千山；隋唐时期，佛堂和禅堂等小型寺庙建筑已逐渐修建起来；辽金时期，寺庙建筑已有相当的规模，"五大禅林"便是在这时期兴建，并成规模。清代，道教建筑兴盛，无量观建于清康熙年间，是最早兴建的道观，也是"释道同源"的起源。

2 千山古刹的选址、布局与建筑特征

2.1 千山古刹的选址

千山古刹皆建于群山的半山之腰，依山而建，因地制宜，周围山峦起伏、千沟万壑、树海叠翠，建筑皆与自然融合在一起。站在古寺庙建筑群中，便能纳层层山峦和悬崖深谷于眼底，烟云缭绕于苍茫云海中，四季景致不一。

"五大禅林"中的龙泉寺位于山峦环抱之中，盛林古松之间，龙泉寺北为弥勒峰和如来峰两峰对峙，南有"卧狮"和"宝杵"，东有"象山晴雪"，西有"石瀑垂帘"，泉水经寺中流过，有诗云："奇峰环抱隐古寺，古树参天绕风云，龙泉潺流溪水啸，白鸟啼谷崖散花"，这正是龙泉寺选址和环境最好的写照。中会寺的选址也位于崇山峻岭之中，背靠五老峰，前有笔架山，左为净瓶峰，右乃海螺峰，寺中多植梨树，每值春季，繁花雪白，景致斐然。香岩寺距千山第一高峰仙人台仅有二里，也是四面诸峰环绕，举目可望仙人台，俯视可一览众山，春夏之际花开满山，香气弥漫。千山古刹纳自然于建筑，也将建筑融于自然，成浑然一体之感。

2.2 千山古刹的布局和建筑特征

千山古刹的建筑群主体采用四合院或三合院形制，对称或近于对称，两进院落或一进院落，周围有配建或零星的建筑。龙泉寺内有现存碑文记载："始建于唐，盛于明清"。到清康熙、乾隆年间已有如今规模。龙泉寺建筑主体为两进四合院，法王殿、韦驮殿和大雄宝殿自南向北依次布置，三座大殿位于两进院落的中轴线上，大雄宝殿南，东西两侧各有三间禅房，韦驮殿南，东西各有三间配堂。龙泉寺古建均为灰瓦，木架构梁柱体系，上有斗栱，外墙砖砌。大雄宝殿面阔五间，进深三间，梁枋之上有彩绘，歇山式屋顶，正脊有五龙雕刻，两端各有一鸱吻，垂脊有走兽。韦驮殿开间进深均为一间，硬山式屋顶。法王殿面阔三间，进深亦为三间，梁枋上有彩绘，正脊有五龙戏珠之雕刻，两端有鸱吻，垂脊有走兽。禅房与配堂均为硬山式屋顶。法王殿东为钟楼，西有鼓楼，独立建制于古建主体四合院外。另，钟楼东北为藏经阁，藏经阁乃明万历十二年（1584年）所建，鼓楼西北有西阁，大雄宝殿北有毗卢殿。

祖越寺原规模很大，被无量观占去部分地界后，规模就小了很多。明代以前，祖越寺由于选址低洼，因山洪暴发导致寺庙被毁，也于明代，在原址上方重建寺庙。清乾隆十四年（1749年）、道光四年（1824年）和光绪年间相继对祖越寺进行了修缮。祖越寺现存的南塔（无幢塔）和北塔（玲珑塔）均为金代所建，可见原祖越寺建寺之早。

现如今，祖越寺由东西两进院落组成，西院为主院，宗教仪式场所，东院为僧侣居住区。西院呈四合院布局，建筑均为木梁柱结构砖砌外墙。主殿为释迦殿，明代所建，坐北朝南，建在台基之上，面阔五间，进深三间，歇山顶，有外廊，明间和次间面阔均为3.8米，梢间面阔为1.6米，五架梁，前后再各加一架。大殿前有一对石狮，明代以前之物，还有清乾隆十四年（1749年）和道光四年（1824年）所建的两座石碑，以纪念祖越寺修缮。大殿南，东西两侧各有一座面阔五间，进深三间的配殿，配殿均为硬山式，清代所建。主殿正对韦驮殿，韦驮殿面阔三间，进深两间，歇山式屋顶。韦驮殿东为钟楼，西为鼓楼，钟鼓楼为攒尖顶。韦驮殿和钟鼓楼均为明代建筑，韦驮殿前为山门，山门较小，山门两侧墙垣分别与钟鼓楼连接。祖越寺有南北二塔，两塔均为六角十三级密檐式花岗石石塔，北塔建于寺东南方向的山冈之上，塔身有佛像雕刻。南塔建于祖越寺对面的山顶之上，与寺呈对景，塔身无雕刻，但在中上部有一青石板，上面刻着明永乐八年，太监田嘉禾出使朝鲜时，游历千山路经祖越寺并出资建塔的经过。

玉皇阁原属祖越寺，后归无量观。玉皇阁乃金代建筑，坐落在一巨大岩石的顶部，为无量观最高，视野极佳。玉皇阁无木材质，为石砌建筑，瓦顶，内无梁券顶。面阔进深皆一间，拱券门。据《辽阳县志》记载："观以砖垒成，无栋榱之志，故号无梁"。玉皇阁下有莲花座，乃明万历四十年（1612年）所建，高1米。

道教庙宇鎏金庵是清乾隆皇帝因其妹妹在千山修行所建，其正殿三清殿及东边的配殿建于清乾隆年间，三清殿坐南朝北，南向东西两侧各有配殿，殿南为正门，呈四合院形制。三清殿面阔三间，进深一间，硬山式屋顶，木梁架砖砌外墙结构，有前廊，前廊两端墙壁上各有一龛位，鎏金庵最初瓦檐用金包裹，因而得名"鎏金"，如今已是灰瓦，正脊有双龙戏珠的雕刻，两端有鸱吻，垂脊末端有走兽。三清殿的梁架上和殿内墙壁上皆有彩绘。三清殿与东配殿的角落上有一株古树。该四合院东侧诸多庙宇及附属建筑乃今曾建。

可见，千山古刹是历代相继修建才至今天的规模，古刹形制为中国传统寺庙的布局形式，建筑朝向和布局结合山体和地势随地形而变化；建筑和风景相互融合，寺庙内外注重园林，某些寺庙的围合与半围合院落内还栽植植物；建筑之间相互呼应，例如上文所提的祖越寺南塔位于寺庙对面的山上，在视线上，寺庙与塔互成对景，构成了彼此间的风景线，且寺庙为主体建筑，塔为配建，主次分明。

3 千山古刹的诗词、楹联与彩绘

3.1 千山古刹的诗词与楹联

文人墨客、高僧仙道在千山留有众多叙事、抒情以及描写千山风景等各种类型的诗词。仅《千华山志》中所收录的诗人就有166人，诗词近800首，游记16篇。无量观慈祥道人有诗云："仰溯康熙壬午年，千山道院记开先。贵人赞助非常绩，始祖焚修有夙缘。殿阁至今增气象，峰峦依旧绕云烟。观中廿四标佳景，我友郭公已咏全。"此诗叙述了无量观建观的始今，通过之前对无量观建观经过的叙述，此诗便不难理解了，郭公乃智光道人郭永慧，他在无量观中留下诸多诗句，多以描写无量观景观为主，郭永慧咏伴云庵："翠岩高筑小山旁，隔断红尘入渺茫。到此便为仙世界，何人老住白云乡。"仙风道骨蕴含此诗中。陈桂生咏中会寺，诗云："峰回路转入花丛，此地风光又不同。院内无尘香自妙，石间幻影画难工。仙泉只向空阶汲，佛殿新从曲径通。更喜东南山突兀，云烟缥缈接长空。"陈桂生乃光绪举人，此诗是对中会寺风景的描写。

千山诗词中对古刹环境及其周围风景描写具居多，诗人在诗中直抒内心的淡然和畅然，再现了古人身处千山的心境。我们从诗词领略得更多的是千山的风光。

千山古刹中均有楹联，数量近千副之多，楹联内容很多有宗教寓意，如中会寺中的"暮鼓晨钟惊醒世间名利客，经声佛号唤回迷途知返人。"此副对联不仅说明了钟鼓楼在佛教建筑中的功能价值，也道出了佛教思想中世间名利其性本空的实质以及经声佛号乃渡世人之法门。大安寺中留有光绪年间的楹联："紫气东来锁住白云开阆苑，黄峰北拱环连绿水胜蓬莱。"佛教寺院大安寺中有此副楹联，体现了千山"释道同源"的特征。

千山楹联中也有一部分是描述自然风光的，如龙泉寺中大雄宝殿上王尔烈书写的楹联："龙之为灵昭昭降雨出云何必独推东岳，泉之不舍混混烟波柳浪无难更作西湖。"王尔烈为乾隆时期的进士，历官御史和内阁侍读，于四库全书馆以及三通馆纂修，清嘉庆时期，掌管沈阳书院，善诗文和书法。王尔烈长期在龙泉寺读书，对此处风光了然于胸，通过比较道尽龙泉寺风光不逊于东岳与西湖。千山古刹的有些楹联乃当今所书，如无量观中的"门前绿水开明镜，窗外青山列画屏"乃1986年书写的，鎏金庵正殿三清殿虽为清代建筑，但其楹联也乃当今所书。

3.2 千山古刹的彩绘

千山古刹彩绘丰富多样，主要绘制在木材和砖墙上。彩绘能够减弱自然对木材的侵蚀以及减少蚂蚁的啃噬，有保护和装饰木材的功能。千山古刹彩绘以旋子彩绘和苏式彩绘为主，偶尔有和玺彩绘和宝珠吉祥草彩绘中的元素，没有海墁彩绘的踪迹。旋子彩绘于明清时期已相对成熟，清代旋子彩绘以弧度螺旋纹为基础，按一定的规律排列组合，形成基本纹样。苏式彩绘源于苏州，以山水、人物、花鸟、界面为主。

大安寺大雄宝殿的彩绘天花，以莲纹作为样饰；五百罗汉堂藻井达九层之多，有"九霄"之意，龙纹一层，云纹一层，层层交错，深浅有致，各处的贴金图案纹饰异常精致。底层藻井为方形，中间层为八棱形，顶层为圆形。中会寺藻井有三层，底层为矩形，周围有众多三角形和莲花形样式作陪衬，顶层为圆形，圆内以斗栱作装饰，斗栱尺寸小而密集，圆内为莲花图案装饰，藻井色彩以橘色为底，图案纹饰配色有绿色、金色和红色等，气氛浓厚。千山古刹的斗栱很多采用间色叠加，如龙泉寺中大雄宝殿和山门的斗栱一组蓝一组绿，二色相互交替。

千山古刹彩绘多以动植物元素为主，也有传说和典故性的彩绘。动植物元素有龙、凤、松鹤、鲤鱼、蝙蝠、莲、牡丹、葡萄、松以及梅、兰、竹、菊四君子等。古寺中常见垂莲柱；在大安寺、龙泉寺、三清阁、香严寺、大雄宝殿等处均有"龙"纹饰彩绘，"凤"纹饰在大安寺和龙泉寺主殿的梁枋、藻井、雀替和门板上以及香岩寺的石雕上均有出现。

4 千山古刹建设与发展的对策

4.1 千山古刹扩建建议

千山古刹至今仍在传承，有部分寺庙扩建。寺庙的扩建应该传承古刹的建筑技术和材料，认真总结和研究古寺庙的诗词、楹联和彩绘，书撰新的诗词和楹联，创造新的彩绘，使新建寺庙传承和发展古寺庙的文化，并赋予新建寺庙更多的内涵。寺庙的建设与发展也应该注重寺庙园林的营造，弘扬诗画园林的特色，积极利用千山秀美风光，应用借景手法将风景纳入寺庙的景观中。

4.2 构建千山特色化产业体系

每逢千山旅游高峰，千山自然风景体系便承载过多的人流量。构建千山特色化产业体系，加强古刹建筑文化体系建设，以便减少自然风景体系的压力。发展千山古刹文创，完善千山古刹的标识系统，对建筑、历史和文化应详尽介绍，以便宣传。

4.3 推动千山古刹数字化遗产保护

构建千山古刹信息化平台，利用现代科学技术形成照片、视频、历史文献和图文资料、访谈等成果形式，并对其进行系统分类和整理。可将千山故事、庙会、仪式等通过虚拟现实计划展现出来，也可有参与性的文化体验。构建千山古刹数据库，通过数字化对建筑遗产进行保护和推广。

5 结语

千山古刹承载着丰富的建筑历史和文化，因此，要加强千山古刹的研究，挖掘文化内涵，构建数据库并推动千山古刹数字化建设，将千山古刹活化，使其更加具有系统性和整体性，以此更好地保护千山建筑遗产，构建千山特色化产业体系。传承和发扬千山古刹的历史文化，有助于提升千山文化艺术的质量，形成千山的区域文化。

参考文献

[1] 刘伟华.中华千山志 [M].沈阳:辽宁民族出版社,2000.

[2] 中国人民政治协商会议鞍山市委员会,文史资料研究委员会.鞍山文史资料选辑 [M].1986.

[3] 王崇道,辛鑫.千山无量观 [J].中国道教,2010.

[4] 李向东,陈金梅.千山无量观 [J].辽宁大学学报(哲学社会科学版),1995.

[5] 翟边.神仙幻境话千山 [J].中国宗教,1995.

[6] 吴聪.旋子彩画探源 [J].故宫博物院院刊,2000.

[7] 刘亦兵.千山寺庙旋子彩绘研究 [D].锦州：渤海大学,2015.

[8] 李巍,杨富银,李东泽.文化景观视角下高寒民族地区风景区规划研究——以郎木寺风景区为例 [J].安徽农业科学,2020.

[9] 张亚丽,覃京燕,林海斌,邓芳亚.文化遗产法海寺壁画艺术的文创产品设计研究 [J].包装工程,2019.

中国传统人居环境营造
——土与木的生生世界

王晓华

西安美术学院建筑环艺系

摘 要： 在中国传统人居环境营造的理念中，土与木不仅仅是构成物质世界的两大要素，从竖穴演变中发展起来的土木建筑结构，而且阐释着华夏民族在农耕文明时期形成的万物一体的有机文化、生命哲学、空间伦理观念，以及建筑审美价值取向等。

关键词： 人居环境 木与金 生生世世 生命对话

1 生生的物质世界

人居环境一词虽为吴良镛先生在20世纪末提出的一个学术概念，然而作为一种有关人类栖息地的思想意识早已从穴居时代开始觉醒。许多旧石器时代居住遗址的考古发现告诉我们，一处合适人类永久性居住的原始洞穴除了具备洞口朝向便于采光，洞内空气通畅便于众多人口居住和生火排烟，以及接近生活水源等条件外，至关重要的是栖息地的附近必须具备一种可持续为整个氏族提供食物资源的生态环境。例如，根据周边植物覆盖状况和大量出土的动物化石说明，重庆市巫山县玉米洞旧石器遗址之所以能够维持40万年之久的人类居住史，正是由于它附近存在植物茂盛的大片盆地和山坡地。到了原始农业时期，适合耕作的肥沃土地从而显得尤为重要。例如，具有持续两千多年定居历史的西安半坡仰韶文化聚落遗址的东南面，当时不但有原始森林茂密的白鹿原，而且整个聚落坐落于浐河和灞河交汇冲击形成的一片土地肥沃的河岸二级台地上。

综合各种迹象，到新石器时代的原始农耕文明时期，人类已经意识到阳光、水源、土地、火和可供自己采集和捕猎食物的大片森林成为他们在考量栖息地时缺一不可的基本要素。在此基础上，他们逐渐总结出诸如面南背北、负阴抱阳、枕山临水等经营居住环境的一系列经验。在这五大基本环境要素中，除阳光、水、土地和树木均属于纯自然资源外，火成为一种能够人工取火、控火、存火和多样化使用的半自然要素。火的发现和使用不仅为人类开启了辉煌的陶器时代，伴随着人类原始工业的诞生，而且通过对于火的延伸使用，又创造出伟大的青铜器时代。

在有关营造居住环境的理论中，最能体现人类智慧的便是中国三千多年出现的，被称为天下第一神书的《易经》。

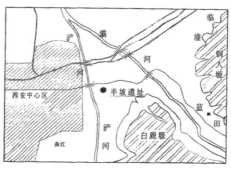

图1 重庆市巫山县玉米洞旧石器遗址全景照（来源：刘文红.关于地理环境因素对农业发生与文化发展问题的研究[D].西安：长安大学，2006）

图2 西安半坡聚落遗址地理环境示意图（来源：刘文红.关于地理环境因素对农业发生与文化发展问题的研究[D].西安：长安大学，2006）

《易经》不但与五千多年前黄帝时期的《连山经》和《归藏易》在思维方式上一脉相承，而且是神农时期《伏羲八卦》的集大成者。故此，中国人在营造居住环境方面的思想体系早在新石器时代的中期已经形成。老子被推崇为人类文明轴心时代的先哲，他以《易经》阴阳辨证为基石，开创了道家形而上的哲学体系。老子在《道德经》中将宇宙的存在高度概括为"道"，或者说"道"是宇宙的本源，是一种生生不息的有机生命体。即，《道德经·第四十二章》中"道生一，一生二，二生三，三生万物"的观念，突出体现了《易经》中"天地之大德者曰生"的核心价值观念。故此，在天地万物之间探寻人类最佳的生存关系是中国传统人居环境营造理念中的主要内涵，实现天、地、人三者之间的高度统一是这种营造理念的理想境界。

大约在殷末周初，阴阳家在《易经》阴阳二气理论的基础上发展起了"阴阳五行"之说，对于宇宙世界和生命万物的形成和构成做出了一番朴素的唯物主义观点解答。据考证，"五行"概念最早出现于周初时的《尚书·洪范》一书，是由箕子提出的"五行，一曰水，二曰火，三曰木，四曰金，五曰土"概念，并对这五大元素的物理属性和性能做出过进一步的阐释，认为是由太极中的阴阳二气在运行中的产物。周幽王时，为了强调以农业为立国之本的理念，太史伯建议将"土"最初的位置放于五行之首，由此形成了"土、金、木、水、火"的五行秩序。战国后期，道家又将"相生相克"的思维模式导入阴阳五行观念之中，并由此形成一种周而复始和循环往复的逻辑关系，认为世界万物是由"金、木、水、火、土"在彼此影响和相互转化的方式中生成和存在的。这一认知观念的产生，造就了一种以生命崇拜为核心价值的不同与世界其他文明范式的有机整体的文化思想体系。

2　生生世界中的土与木

汉字是世界上极少运用至今的象形文字，储存着大量原始文化记忆。《说文解字》云："土，吐生万物的土地。二像地的下面，像地的中间，（|）像万物从土地里长出的形状，凡是从土的部属都从土"。显然，象形字"土"给我们展示了植物从土壤中长出的情景，隐喻"土"是生命万物之母。华夏民族历来以农业为立国之本，因而是世界上农耕文明发展最为成熟和历史最为悠久的国家。中国古人对于土地属性的认知主要源自他们在长期从事农耕生产中对于土地与植物生长特征的观察，对于土地的感恩和崇拜产生于年复一年从黄土地中不断获取的食物资源。因此，中国古人将对于土地的崇拜归纳为两德，一是"承载万物"之德；二是"吐生万物"之德。在甲骨文中，

"土"字被表述为在地平线竖立着的女性生殖器符号，即，"Ω"。说明他们很早就将生生不息、承载和养育生命万物的大地比喻为大母神。因此，中国古人对于"土"的表述，蕴涵着非常原始的生命崇拜意识。

《说文解字》曰："木，冒也。冒地而生。东方之行，从草，下象其根。"从其字形的原始创意来审视，"木"好像是对"土"的进一步分解和寓意延伸，因为"土"字中的一竖"|"便是指象征万物从土里长出的"木"，而且将"木"与空间中的方位相对应，即，寓意"东方之行"。《易经》在指导中国古人从事居住环境营造的实践活动中逐渐被阴阳家发展成为堪舆学说，五行从而被纳入阴阳八卦的体系之中。

忠诚于农耕生产的中国古人，由于专注于植物生长与土地属性，以及与各种自然现象关系的思考，从而培养了他们一种观象取义、近取自身和远取万物的独特思维方式，并希望以此使天、地、人三界能够交感互通，构建起一种天然感应，万物一体的华夏民族农耕文明所独有的世界观体系。这种世界观的形成，从客观上将人类生命存在的质量寄托于一系列如何顺应自然规律的理念上，以及从感悟大自然的德行中不断使自身的生命质量得以提升。所以，五行八卦体系的建成是一种以人类自身生命为原型，将个体生命、家庭、社会与生命万物的宇宙世界统一为一种生命存在和构成的模式，阐释一种只有在阴阳合和的前提下才能实现天、地、人三界之间的贯通和同呼吸共命运的理念。这便是营造理念所规划的，中国传统人居环境最理想的环境与意境。

3　土与木的生命对话

堪舆学所诉求的理想人居环境是将建筑与环境诸要素看作一个有机生命体，一种能够关照人类自然与社会双重属性的营造理念。《黄帝宅经》曰："以形势为身体，以泉水为血脉，以土地为皮肉，以草木为毛发，以屋舍为衣服，以门户为冠带。"所以，土与木在中国传统人居环境营造理念中被看作是一对相扶共生的有机关系，有机整体和五行俱全乃是数千年来中国营造人居环境的指导思想。自发现甲骨文以来，古汉语中但凡涉及房屋和居室时均以"室""宫"或"宅"称谓，而"建筑"一词直到晚清时才得以出现，说明中国人对于建筑空间的认知主要来源于穴居生活的体验。《礼记·礼运》篇云："昔者先王未有宫室，冬则尽营窟，夏则居橧巢。"告知我们，华夏先民为适应生存环境，因地制宜地采取了两种不同的创建居住空间的物质形式。

图3 从竖穴居住空间到地面房屋进化过程中的土与木结合（来源：《中国古代居住图典》）

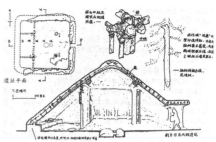

图4 西安半坡仰韶聚落遗址四根木柱架构的"四阿屋顶"
（来源：《建筑考古学论文集》）

图5 陕西关中地区的夯土墙

图6 河姆渡干阑式建筑遗址复原

图7 福建客家土楼土与木混合结构实景

　　黄土高原是华夏文明的发源地，人居空间经历了人工横穴、竖穴、半竖穴，到地面房屋的进化。正是由于木的参与及与土的紧密结合，从而改变了华夏先民的居住形式，并终使中国原始的居住空间完成了三段式外观的建筑形成（图3）。考古发现证明，木材介入人居空间的创建是从竖穴开始的。华夏先民在挖掘横穴的实践中发现了黄土高原土体结构良好的整体性，垂直壁面不易崩塌等优势，从而摆脱了横穴对于特殊地形的依赖，走向了有利于农耕生产的地势平坦的平原地带，探索出向下掏挖竖穴空间的居住形式。为保护洞穴不受雨水倾入和方便居住者上下，用木椽、树枝和树叶搭建的洞口顶盖和支撑顶盖的立柱兼登梯出现了。随着竖穴居住面的不断抬升和空间尺度的增大，覆盖半穴居洞口的顶盖由最初的圆锥形演变为方锥形，由单根的顶盖立柱改进成四根，由四根木椽捆扎搭建成的方锥形大叉手顶盖结构、保护出入口的大叉手木结构雨篷也相继出现了（图4）。当居住面被抬高到地平面以上后，架高顶盖的梁柱结构也随之产生了，而顶盖（四阿屋顶）与地面之间的落空部分便出现了用于围合的木骨泥墙（房身），并与夯土台基一起构成了三段式的中国建筑形式。

　　在木与土的结合中，以生土竖穴空间之"屋身"与保护洞口的木构架顶盖（屋面）为起点，相继形成了木骨泥墙、草筋泥屋顶防雨抹面、白细泥内壁防火处理等土与木相互依存的关系，这种关系属于一种骨骼（木）与肌肤（土）的有机生命体

结构模式。随着木材加工技术的提高，由原来捆扎方式搭建的屋顶和墙体，最终发展成为具备梁、柱、檩条、椽等基本构件的框架体系的榫卯结构。与此同时，黄土高原上的先民们从夯实房屋基础和柱洞的夯土技术中不断总结经验，发展到可以用于承重的夯土墙（图5）。他们在发挥土壤蓄热保温和防火性能的基础上，又促使原始木骨泥墙中密集排列的木椽捆扎结构向科学合理的榫卯结构的梁柱体系发展，从而推动了承重与支撑体系走向自我独立的"房倒屋不塌"的抬梁式，土木混合结构房屋的最终形成。此外，为了保护木结构屋顶不受雨水侵蚀而腐朽，人们又从制陶技术中获得启发，用土烧制成的瓦和瓦当来代替原始的草筋泥屋顶抹面。

　　在木结构方面，7000年前的河姆渡文化已经发展出适合于湿地居住的榫卯结构的干阑式建筑（图6）。这种最初将居住面架空，起源于原始"橧巢"的房屋结构，在一些气候潮湿、起伏多变的山地、滨水河岸等复杂地形的条件下，可以进行空间延展、分割、加层、组合或局部伸出、退缩和抬高等，表现出很强的适应性，并以此发展成与北方抬梁式结构相得益彰的穿斗式结构。这两种木结构通过南北方文化的不断交流与融合，优势互补，相互促进，特别是秦汉时期大一统格局的形成，基本确立了中国木构建筑的两大类型。随着中原人的不断南迁，夯土技术也随之被带到江南各地，最为典型的例子便是穿斗式木结构与夯土技术结合而创建的客家土楼（图7）。与

此同时，北方因丝绸之路带来的东西方文化的频繁交流和佛教的传入，使西域胡人的土坯（胡墼）制作和施工技术也传入我国，更加丰富了土与木结合的对话语言。而且，北方人在抬梁式木结构基础上，又进一步发展出最能体现中国传统木结构智慧和建筑审美特征的斗栱技术。

中华大地地大物博，中国人却没有像西方人那样发展起较为永恒的石材建筑，而是以土木为本，发展起了独树一帜的土木建筑文化体系。这种现象除了梁思成先生所分析的华夏文明的发源地，原始黄土高原充裕的森林资源和便于利用的黄土理由外，关键在于土与木体现了中国古代"天地之大德者曰生"的价值观。如，《管子·水地篇》云："地者，万物之本原，诸生之根菀也"。所以，中国古人从宅基选址、破土奠基、立柱上梁、安宅落户，到房屋结构等，都虔诚地将建筑物视为一种自然生命的诞生。在古代中国人的文化心理中，"木"不但以自己特殊的年轮和肌理表达出对于自然气候和时光流逝的阐释，因而产生了非常浓厚的"恋木"和"尚木"情节，而那些被认为缺乏生命迹象的砖、石，主要被用在了墓穴建筑之中。

此外，在传统中国人的观念中，房屋是一种微缩的小宇宙，而宇宙是由生命之树扶桑、通天之树建木和长寿之树若木构建而成的生生不息的万物世界。

传统造物与农耕文明：汾河流域台骀庙建筑营造技艺探究

王文亮

太原工业学院

摘　要： 本文选取目前尚存的四座台骀庙：侯马市高村乡西台神村台骀庙、太原市晋源区王郭村台骀庙、太原市晋祠台骀庙及宁武县石家庄镇定河村台骀庙为研究对象，试图通过田野调查、实地测绘，结合民俗学等相关知识，从设计学视角切入，运用图解文论法，对台骀庙的现存状况进行梳理，分析其建筑形制，总结其装饰内涵与文化特征，力求厘清深植于农耕文明下的台骀庙建筑营造技艺，为进一步保护传统古建筑和传承古建筑文化奠定基础。

关键词： 传统造物　农耕文明　台骀庙　营造技艺

"汾河之神"台骀的传说始于《左传》，常认为其事迹影响了汾河的发展，台骀庙作为汾河流域传承文化的重要载体，研究价值不容小觑。通过对台骀庙各界面的测绘，首先从建筑的平面、立面以及顶面对建筑的营造技艺进行分析，并选取典型的建筑装饰部件探讨其装饰内涵，其次对台骀庙承载的文化属性进行了分析，最后通过表格形式对四座台骀庙进行了对比性总结梳理。

1　台骀与台骀庙现状

《山海经》载："在河之东，其首枕汾，管涔之山，汾水出焉，西流注于河。" [1]可见汾河发源地为宁武县境内的管涔山，汾河流域按自然地形与行政划分为上游（宁武汾源——太原兰村烈石口河段）、中游（太原兰村——洪洞县石滩河段）、下游（洪洞石滩——万荣县庙前入黄口），是山西境内流域面积最大、流程最长的第一大河，人类的远祖先民就繁衍生息在汾河这片水足土沃的原野河畔，开辟了人类文明社会的新纪元，孕育了古老灿烂的三晋文明。

台骀作为"汾河之神"，其文化信仰传承久远，文献也多有记载，其中《左传·昭公元年》"晋平公问疾"一文中是对台骀身世最早的记载，"昔金天氏有裔子曰昧，为玄冥师，生允格、台骀。台骀能业其官，宣汾、洮，障大泽，以处大原。帝

用嘉之，封诸汾川，沈、姒、蓐、黄实守其祀。今晋主汾而灭之矣。由是观之，则台骀，汾神也。" [2]文中提到金天氏有一子叫昧，担任玄冥师职责，即古代五行官中的水官，其昧两子中的一子台骀子承父业，疏通了汾水、洮河(今涑水)，治理了水患，帝君为嘉奖台骀，赏赐汾川作为他的封地，因治水有功，卒后受民众建庙历代缅怀祭祀。

台骀庙坐落于汾河沿线，据文献记载，关于台骀庙的水神祭祀活动于明清时最为兴盛，庙宇数量多，分布广，如今人类控制水患能力提高，以至对水神祭祀的活动逐渐减少甚至消失。随着年代更迭，台骀庙建筑保护不及时，加以人为破坏，文化传承衰退，因此，时至今日仅有四座台骀庙得以保存，其实用功能随时代发展发生变化，承载着特定的文化活动，是农耕文明视域下研究古建筑的典型性范例。

2　农耕文明下台骀庙的营造技艺分析

在我国农业发展的进程中，农耕文明一直影响着汾河流域的发展，也关系着民众农业生产生活，国家制度、礼俗制度以及文化教育均集合于此。台骀庙作为汾河流域祭祀性文化建筑，比之于其他祭祀性建筑又有其独有的特征，从建筑形制、装饰内涵以及文化思想方面均承载着传统造物的理念。

图1 现存台骀庙现状图

1 侯马台骀庙外景
2 侯马台骀庙献殿
3 侯马台骀庙台王殿
4 晋祠台骀庙
5 晋祠台骀庙背面
6 王郭村台骀庙
7 宁武台骀庙院落
8 宁武台骀庙正殿

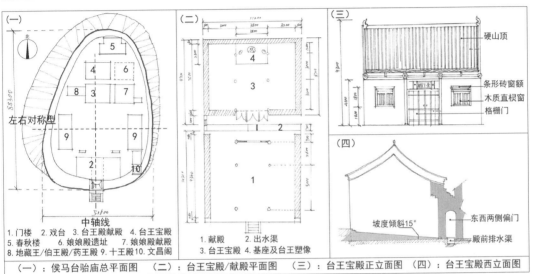

（一）：侯马台骀庙总平面图　（二）：台王宝殿/献殿平面图　（三）：台王宝殿正立面图　（四）：台王宝殿西立面图

（一）
左右对称型
中轴线
1.门楼　2.戏台　3.台王殿献殿　4.台王宝殿
5.春秋楼　6.娘娘殿遗址　7.娘娘殿献殿
8.地藏王/伯王殿/药王殿　9.十王殿　10.文昌阁

（二）
1.献殿　2.出水渠
3.台王宝殿　4.基座及台王塑像

（三）
硬山顶
条形砖窗额
木质直棂窗
格栅门

（四）
坡度倾斜15°
东西两侧偏门
殿前排水渠

图2 侯马西台神村台骀庙营造技艺分析图

2.1 尊重传统规制、突出实用和民生的建筑形制

台骀庙是一座集儒、释、道文化思想于一体，民间信仰与国家祭祀于一体的复合型文化场所，现存四座台骀庙因地理位置因素以及受农耕文化的影响，所处空间环境和界面造型上呈现传统造物思想的统一，但各自又存在差异性，尤其是建筑空间环境和建筑立面，突出实用性和民生关爱，一切围绕祭祀的实用性而展开。

（1）侯马西台神村台骀庙

侯马西台神村台骀庙位处西台神村北，始建于春秋晋平公时期（？—公元前532年），现为明崇祯八年（1635年）重修建筑，整座庙宇建在一个椭圆形城堡上，雄踞于汾河之畔，城堡四周以青砖包砌外墙，高约10米，巍峨挺拔，古朴典雅，远远望去又好像一艘巨大的古船停泊在汾河湾里，这种城堡式形制在山西本土的庙宇建筑中是独一无二的。侯马台骀庙虽外形独特，但整体建筑群院落以台王宝殿为中心，沿着纵轴线向前后延伸，建筑群周围设有墙垣、角楼（文昌阁），院落整体呈

四方形，中轴线左右设对称型耳殿，供奉"十王殿"神职，其构成模式可以看得出受传统造物"中"、"和"思想的影响（图1）。

中轴线上的台王宝殿及其献殿是整个庙宇的视觉中心，在现存几座台骀庙中，配有献殿的仅侯马这一处，纵观山西的祭祀性庙宇，配有献殿的也屈指可数，如运城的寨里关帝庙、临汾曲沃的东许三清庙等配有献殿，是隶属儒教和道教的官方祭祀性建筑，诸如祭祀性建筑除侯马台骀庙外，还未见配有献殿的先例，这与汾河流域众多台骀庙中侯马台骀庙建造年代最早、祭祀规模最大、等级最高有着密切的关系。不过在整理测量数据时发现，献殿进深要大于台王正殿，有悖于传统木建筑的等级规制，这一点上还有待于进一步研究。台王宝殿与献殿之间两侧原均有耳墙相连，耳墙下约2米高偏门，现通往东侧娘娘殿方向的耳墙于"文革"时连同娘娘殿一同拆毁，台王宝殿与献殿间距不足2米，中间设出水渠，除排水功能外也巧妙地划分了空间，突出了"为人所用、有利于人"的造物理念。祭祀过程中通过献殿，迈过水渠进入正殿，也体现了台骀治水的"神职"功能（图1、图2）。

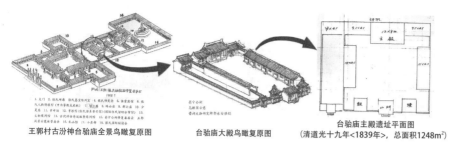

王郭村古汾神台骀庙全景鸟瞰复原图   台骀庙大殿鸟瞰复原图   台骀庙主殿遗址平面图
（清道光十九年<1839年>，总面积1248m²）

图3 王郭村古台骀庙（昌宁公祠）复原鸟瞰分析图（来源：原图摘自《张氏始祖在太原》，太原南郊区政协文史资料文员会，1995年版）

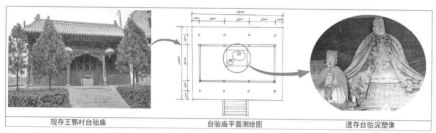

现存王郭村台骀庙   台骀庙平面测绘图   遗存台骀泥塑像

图4 现存王郭村台骀庙分析图

在立面形制上，正立面的砖砌墙垣和方形窗在祭祀类建筑中也别具一格，方形窗在造型上延续了宋代以前的直棂窗样式，窗户整体向内收，窗框上部砌条形砖窗额，窗下距地1.8米，从视觉功能上完全阻挡了从外向内观望的视线，突出了神职的神秘感和敬畏感（图2）。

（2）太原市晋源区王郭村台骀庙

王郭村骀台庙需从历史与当下两方面去解读。从宋代文献中可知，王郭村骀台庙始建于唐，兴盛于宋，于清顺治六年（1649年）、道光十九年（1839年）均重修，同时宋文献中记载："凡作正殿并东西两庑，高扉前启，子亭中峙，复设厅事于后，为待宾之所，举其成屋八十有二楹"。[3] 在《张氏始祖在太原》一书中，可窥视王郭村台骀庙曾经的鼎盛辉煌，虽为复原图，但与古籍记载相印证较为匹配，可见在20世纪80年代末期为了传承台骀文化、始祖文化，相关学者也付出了莫大的辛劳。复原图中台骀庙的建筑形制受中国传统礼制思想影响，以台骀庙正殿为视觉中心，呈中轴线对应山门，山门两侧设钟、鼓楼，其余建筑于轴线两侧对称分布，整体院落沿中轴线逐步展开建筑空间序列，使得水平与竖向相结合，变化更加丰富，环境气氛庄严肃穆（图3）。

现存王郭村台骀庙为近十余年前新建，仅一单体殿庙，对建筑营造技艺研究而言，已无太多史料价值，但其殿内两尊明代泥塑被村民保存至今，其中台骀主神塑像高2.1米，宽1.5米，副神塑像高1.2米，宽0.8米。几经修葺后，台骀塑像由原来的头戴草帽，手握锤凿，成为现在的头戴爵冠，手托玉圭。[4]

本文所举的其余三处台骀庙神像经后人重塑也是此官爵形象。可见，台骀在民众心中由朴实的农耕先民形象到官职及神职的高度转变（图4）。

（3）太原晋祠台骀庙

晋祠台骀庙的建筑营造也有其独特之处。其位居圣母殿南侧、怡处圣母殿右翼，殿宇不大，面阔三间，坐西朝东，明嘉靖十二年（1533年）创建，1956年重修，殿中央供奉台骀木雕像。[5] 晋祠台骀庙整体为一单体木构建筑，悬山顶，比之于侯马台骀庙，无献殿却设露台，推测应为祭祀仪式使用的空间场所，可见明清时期山西的祭祀活动仍处于鼎盛阶段，宽大的露台以至在视觉上殿前空间甚比圣母殿还开阔。晋祠台骀庙的建筑背面墙体形制在所有庙宇建筑中唯一特例，呈典型的"凸"字形，且顶部结构与凸出部分相匹配，据推测其主要目的在于突出殿内神像的视觉中心，依托建筑内部退让结构形成显著的视觉空间，跪拜祭奠者、三尊神像之间形成典型的三角关系，三尊神像与跪拜者成三点透视的俯视状，突出了台骀神职在民众心中的至高精神领地（图5）。

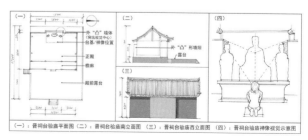

（一）晋祠台骀庙平面图（二）晋祠台骀庙南立面图（三）晋祠台骀庙西立面图（四）晋祠台骀庙神像视觉示意图

图5 晋祠台骀庙营造技艺分析图

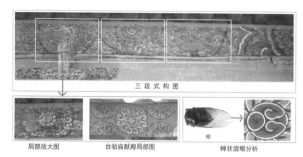

图6 侯马台骀庙彩绘技艺分析图

图7 晋祠台骀庙彩绘技艺分析图

（4）宁武县定河村台骀庙

宁武县定河村台骀庙始建金泰和八年（1208年），也称昌宁公家庙，除主殿建筑为明代修建外，其余附属建筑包括戏台均为近代所建，殿前保存一金代碑刻，大殿坐北朝南，面阔三间，进深两间，与晋祠台骀庙一致均为悬山顶。（图1）

综上，台骀庙的建筑形制，在祭祀类庙宇建筑中，有其相同点，如尊重农耕文明下的国家制度和礼俗制度，建筑顶部多为硬山顶和悬山顶，未见歇山或庑殿顶等高等级形制。

独特之处在于：其一，在平面布局上，献殿和露台的设置，突出了祭祀过程的实用性；其二，在立面形制上，沿用了宋式的高直棂窗样式以及体现视觉特效的"凸"形外墙；其三，在建筑规模上，相比于其他水神类祭祀建筑如河神庙、白龙庙、龙王庙等，台骀庙比之有余。不过规模最大的还当属侯马西台神村台骀庙，这与20世纪汾河下游水患频繁有直接的关系，加以下游农业繁盛，民众农耕思想和精神信仰较为突出，乃至对祭祀场所也提出了更高的要求。

总的建筑布局和建筑形态以民生水神祭祀活动为主，强调功能的实效性，突出"致用利人"的造物理念。

2.2 诠释农耕文明、形式与内容统一的装饰内涵

建筑最终的服务对象还是人，以至建筑装饰处处都体现着"以人为本"的设计理念，寄托着浓厚的人文思想和文化内涵。台骀庙的建筑装饰区别于其他寺庙类建筑，主要突出点体现在建筑内部梁架、撩檐方彩画、斗栱彩画、柱础纹样以及室内外壁画上，装饰内涵主要反映了台骀的典型事件，叙述并展示了以传统农耕文化为载体的农事过程及器物，构成了形式与内容、功能与装饰的完美统一。

（1）彩绘

现存台骀庙室内顶部均为抬梁式木构架方式，除侯马台骀庙内部梁架绘有简单勾线云纹外，其余台骀庙殿内梁架均不施色。彩画主要集中于建筑外部撩檐方跟斗栱等处，在装饰手法上采用了明式典型的旋子彩绘样式，如侯马台骀庙撩檐方上的明式蝉状旋子彩绘，撩檐方方心采取了三段式的构图，面阔三间的建筑中，方心尺寸占到一间，两端找头各占一间，这种构图方式为明中晚期（正德—崇祯）典型的特征，与台王宝殿脊檩处题字"明崇祯八年（1635年）重修"相吻合。据记载，台王宝殿的彩绘应为明代原物，风化比较严重，笔法较为粗糙，蝉状旋眼与常规的表现方式不同，为上下状，与后期献殿新做的彩绘有明显区别，是有意而为还是另有蹊跷，有待进一步研究（图6）。晋祠台骀庙和宁武定河村台骀庙的明代旋子彩绘，与之侯马不同的是采用了如意莲花纹饰，构图与传统明式彩绘一致，做工精巧，色彩艳丽（图7）。

（2）柱础

关于柱础的形制和装饰纹样，历来都没有等级划分，但建筑承载的功能性不同，其柱础装饰纹样也会完全不同，如王家大院、常家庄园等山西大院类建筑，柱础造型丰富，雕刻工艺精湛，纹样多以"琴棋书画""梅兰竹菊"以及"福禄寿喜"等题材为主，并且每一幅纹样多伴有主题故事性，寓意美好；再如运城万荣县后土祠、汾阳五岳庙等祭祀性寺庙，装饰纹样多以如意纹、卷草纹、莲花纹等典型传统为主，主题性纹样以狮子、龙等为主，伴有少量的动植物纹样。相比于其他寺庙类建筑，台骀庙的柱础形制和纹样更具民间性，农耕文化印记鲜明，造型有鼓形、四边形、六边形、复合形等多种样式，组合方式为一层和两层；雕饰手法自由，以浅浮雕和线刻两种为主，民间工艺特点突出；纹饰内容与百姓日常生活息息相关，以"马"纹样为首，结合植物花卉装饰，未见"梅兰竹菊""福禄寿喜"等吉祥寓意的纹样，也无超越家畜以外的"狮子""龙"等祥瑞纹样，总体以粗狂自由的表现手法，突出简

图8 台骀庙柱础样式及对比分析图

洁、明朗的视觉美感,诠释着农耕文明的内涵(图8)。

(3)壁画

壁画是寺庙建筑中常用的艺术表现形式,常以弘扬儒、释、道三教主题居多。山西作为农耕文明的发源地之一,台骀庙又是农耕文明下的集中产物,其内容主要以宣扬台骀生平事迹和展现农耕文化主题为主,重点体现于侯马骀台庙和晋祠骀台庙两处。

侯马台骀庙献殿的两幅大型壁画,其献殿左侧壁画主要反映了主人公台骀治水的英雄事迹,壁画中以"指挥抗洪""得胜归来""普天同庆"三个情节展开,画中台骀形象高大魁梧,手持耒耜,领导地位和视觉形象较为突出;其献殿右侧壁画主要反映了农耕文化的景象,壁画中分为"疏通灌溉"和"农耕采桑"两个情节,劳作者分工合作、井然有序,一片繁忙盛况。(图9、图10)

与侯马骀台庙相比,晋祠台骀庙的壁画生活化气息更浓郁。据资料载,晋祠台骀庙殿内南、北、西三面原为素壁,20

图9 侯马台骀庙大型壁画分析图1

图10 侯马台骀庙大型壁画分析图2

| 左一 农耕图 | 左二 灌溉图 | 土地神 台骀神 五道神 | 右一 捕鱼图 | 右二 狩猎图 |

图11 晋祠台骀庙全景壁画展开图

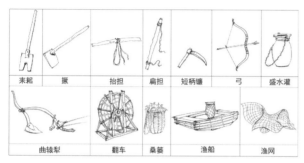

| 耒耜 | 镢 | 抬担 | 扁担 | 短柄镰 | 弓 | 盛水罐 |
| 曲辕犁 | 翻车 | 桑篓 | 渔船 | 渔网 |

图12 台骀庙壁画农具汇总图

世纪初才新绘有壁画，现三壁绘有大型渔猎耕织图，由王玉玺等人绘制。[6]画中未描绘台骀治水的事迹，也不以主人公为视觉中心，重点体现农耕文化下"农耕""灌溉""捕鱼""狩猎"的场景，人物劳作姿态生动自然，场景中风和日丽、鸟飞鱼跃、色彩绚丽，尽显丰收和平景象（图11）。

台骀庙壁画在突出的叙事性表现中，还展现了曲辕犁、翻车、短柄镰、弓箭、渔船等十多种传统造物农具，山西虽为华夏农耕发源地之一，但除新绛县稷益庙和太原六郎庙壁画中体现的教民稼穑以及表现了大量传统农具之外，像台骀庙壁画中体现众多农具的寺庙屈指可数，台骀在汾河流域主要功绩在于围堵大泽、开垦良田万顷，以至于壁画中更多表现的是农耕场景，这与汾河自然发展状况有密切的关系（图12）。

综上，台骀庙的建筑装饰主题内容鲜明，形式自由多变，功能与装饰相统一，是原始农业阶段先民征服自然、获取食物的真实写照，是对农耕文明的完美诠释。

2.3 以农耕为主、兼家族寻根及民俗文化多元并存的文化特征

台骀庙作为祭祀性建筑存在，是汾河流域传承文化的重要载体。随着社会的发展和区域的变迁，台骀庙的文化特征已从单一的祭祀文化逐渐发展为农耕文化、家族寻根文化和既定的民俗民风多元并存的形式。

（1）农耕祭祀文化

山西作为农耕文明的发源地之一，其汾水资源起到了至关重要的作用。台骀庙是当今农业社会背景下独特的文化载体，也是传统农耕祭祀文化的物质体现。

依照台骀庙的历史记载与发展脉络，台骀首要功绩当属对汾河下游（晋南地区）水患的治理，这与晋南优越的地理环境、气候环境以及农业经济的发展有着重要的关系，所以侯马的台骀庙是最能体现农耕祭祀文化的代表。此外，宁武定河村台骀庙祭祀文化也比较盛行，视台洪涝之灾祭祀、干旱无雨也祈祷，已上升为一种民众行为，成为保障农耕丰收的精神支柱，这与台骀的"神职"功能和当地传统农耕文化相契合。

（2）家族寻根文化

从《左转·昭公元年》中"台骀能业其官，宣汾、洮，障大泽，以处大原。"得以分析，太原是台骀为官的封地所在，太原所处汾河中游段，整体地势较低，纵观《汾河志》，历代历经水患和治水事件频繁，台骀文化影响也甚大。从记载张氏系源流最详细的《新唐书·宰相世系表》中，"张氏出自姬姓，黄帝子少昊青阳氏第五子挥为弓正，始制弓矢，子孙赐姓张氏……"[7]文中说张氏始祖为挥，周有张仲，张仲后裔"事晋为大夫"，后分支各地，可以推测出张氏最早的发祥地在晋，目前王郭村台骀庙，其文化特性早已从传统的农耕祭祀文化发展为张氏始祖祭祖的寻根文化。晋祠台骀庙的文化特征，保留着传统的农耕祭祀文化和东庄村高氏家族的寻根文化功能。

（3）"神职"功能影响下的民俗民风

华夏农耕文化是台骀传说信仰的基本特征，其保障风调雨顺、粮食丰收是最重要的"神职"功能。[8]年代更迭，如今的汾河流域已然没有了原始的汹涌澎湃，人们利用自然的能力提高，农牧业发展的节奏加快，以至"神职"祭祀文化功能也逐渐淡化，与其生产生活相随出现了诸多民间风俗、节日习俗，经过农耕社会长期的发展，形成了一个稳定的地域性"文化空间"。[9]老百姓基于台骀庙的历史积淀，也衍生出丰富的具有地

台骀庙建筑营造技艺分析表　　　　　　　　　　　　　　　　表1

汾河段落	现存台骀庙地域分布	建筑历史		建筑规模	建筑形制						功能与文化特征
		古	今		平面	立面	顶面	斗栱	彩画	壁画	
汾河下游	侯马西台神村台骀庙	始建春秋晋平公时期(?—公元前532年)	明崇祯八年(1635年)重修	一进院式群体建筑	1.台王殿面阔三间、进深四椽;★2.配有献殿	1.砖砌墙垣;★2.木质方形高直棂窗;3.隔扇门	硬山顶	无	1.内梁架绘勾线云纹彩画;2.撩檐方明式蝉状旋子彩绘	1.台王宝殿无壁画;★2.献殿内墙两侧台骀治水大型壁画	★1.农耕祭祀文化功能;2.元宵文化节活动地,十月十五庙会
汾河中游	晋源王郭村台骀庙	始建于唐,兴盛于宋;清顺治六年(1649年)、道光十九年(1839年)均重修	近代新建	古:多进式院落轴线分布;今:单体建筑	面阔三间、进深一间	砖砌窗台,隔扇门,花格窗	悬山顶	有	1.内梁架无彩画;2.外观明式彩绘	壁画无(殿内墙面悬挂"张氏族谱")	★寻根祭祖文化活动
	晋祠台骀庙	始建明嘉靖十二年(1533年)创建	1956年重修	单体建筑,有檐廊	1.面阔三间、进深四椽;★2.设露台	1.低窗,隔扇门,隔扇窗;★2."凸"形墙体	悬山顶	有	1.内梁架无彩画;2.外观明式旋子彩绘	★殿内三面墙绘有大型渔猎耕织图壁画	★1.农耕祭祀文化功能;★2.家族寻根文化功能
汾河上游	宁武定河村台骀庙	始建金泰和八年(1208年)	明代建筑	一进院式群体建筑	面阔三间、进深一间	无窗台,木质隔扇门窗	悬山顶	有	外观明式旋子彩绘	壁画无(殿内有一通金代碑刻)	1.农耕祭祀文化功能;2.五月十八庙会

(注:"★"为台骀庙区别于其他寺庙的主要特征)

域性"文化空间"的民俗民风,每年的元宵文化节、农历十月十五的特定日期,在侯马西台神村台骀庙均举行大型庙会,曾经还组织过"新田春秋古都文化节"等,民众聚集于台骀庙内外,张灯结彩、载歌载舞。太原晋源区每年端午有包粽子纪念台骀的习俗,曾在晋阳湖畔举办了晋阳湖端午民俗文化节,赛龙舟、包粽子,彰显龙城文化内涵。[10]

以上,通过文献梳理、图本文论分析,对现存四座台骀庙的营造技艺进行了分析,从建筑形制、装饰内涵、文化特征三方面进行了梳理,最后以图表的形式,从横向和纵向对台骀庙建筑营造技艺进一步对比总结。

3　结语

传统造物思想深受本土地域文化和宗教祭祀文化、社会意识形态等因素的影响,伴随着农耕文明的发展、演化,人类的生产生活需求、精神信仰相随趋向多元化,曾被淡化的传统建筑艺术以及以建筑为载体形成的文化集群逐渐被挖掘、传承、移植、转换和发扬,体现着生活化、艺术化的过程。在农耕文化背景下,台骀庙的建筑营造艺术在整体布局上尊重着传统建筑规制,但也展现出诸多独特的艺术形态,总体以实用和民生为主要目的,注重形式与内容、功能与装饰的完美统一,体现着农耕文明下古建筑独特的艺术魅力。

参考文献

[1] 李晓杰等.《水经注》汾水流域诸篇校笺及水道与政区复原[J].历史地理,2012,5(26):34—64.

[2] 杨伯峻.春秋左传注[M].北京:中华书局,1981:1219.

[3] 宋宝元二年(1039)掌禹锡撰《重修昌宁公庙碑记》,见道光《太原县志》卷之十二《艺文》,第627—628页.

[4] 太原市南郊区政协,文史资料委员会等.张世始祖在太原[M].太原:豪丽文稿公司,2015,3:50.

[5] 山西省水利厅.汾河志[M].太原:山西人民出版社,2006:340.

[6] 常原生,宋乃忠.晋祠彩画与壁画[M].太原:山西出版传媒集团·山西人民出版社,2012,10:228.

[7] 欧阳修.新唐书."卷七十二下·表第十二下",文渊阁四库全书,"史部·正史类",台北:台湾商务印书馆,1972.

[8] 段友文,王旭.汾河之神台骀传说信仰的文化传承与村落研究[J].民族文学研究,2013(6):91.

[9] 张宗建,邢习娇.从村落到都市:菏泽面塑技艺文化空间的地域变迁与价值重构[J].装饰,2018(7):92.

[10] 山西晋源端午节纪念台骀 系当地的治水英雄.山西晚报,2015,6—18.

基金项目:本文为2020年山西省高校哲学社会科学研究项目《区域文化视域下汾河流域台骀庙建筑艺术保护与民俗文化传承协同发展策略研究》阶段性研究成果。

楠德艺术馆"金丝楠木营造"中的"器"与"道"

张强

北京市朝阳区楠德艺术馆

摘　要： 金丝楠木是中国人最理想、最珍贵、最高级的建筑用材及木作原料。楠德艺术馆通过建筑主体的金丝楠木营造以及上百件金丝楠木器物的收藏与展示，呈现金丝楠木的木性，由器入道，传播和弘扬金丝楠木悠久的历史文化底蕴。

关键词： 金丝楠木　楠德艺术馆　木营造　木作　金丝楠木纹理

举凡天地之生物，各秉其性，各尽其才，水陆草木之花，土石金革之器，皆可鉴天地造化之功，体阴阳四时之变。金丝楠木，万木之中楠木，楠木之中桢楠。明代李时珍在《本草纲目-楠》中论述，"楠木生南方，而黔、蜀诸山尤多……巨者数十围，气甚芬芳，为栋梁、器物皆佳。盖良才也。"[①] 稍晚期的谢在杭也同样记载："楠木生楚蜀者，深山穷谷不知年岁，百丈之干，半埋沙土，故截以为棺，谓之沙板。佳板解之中有纹理，坚如铁石。试之者，以暑月做盒，盛生肉经数宿启之，色不变也。"[②]

由此观之，历代文人、匠人皆视金丝楠木为最理想、最珍贵、最高级的建筑用材及木作原料。早先在我国云贵川地区、长江流域以南各省，海拔1500米左右温暖湿润的山川河谷中，常分布着许多原生的金丝楠木大树，其树干高大、笔直、结少，其木性温润、纹理平顺、富含油脂具有金属的光泽，生长规律且大器晚成。因此，自秦以来，历朝历代在营造木结构建筑之初，皆先派官员去南方的深山密林之中搜寻这种上千年的金丝楠木。秦代巍峨的阿房宫，取材于蜀山的楠木；汉代的未央宫，是大汉天子征伐于西南山脉的楠木；唐代建造大明宫的木材，则是从千里之外的荆扬两州运来的楠木。及至明初，工部尚书宋礼在四川马湖府找寻到一片巨大的金丝楠木林，传说它们在突发大水神力的作用下"石划自开、木由中出，不假人力……一夕自浮大谷于江，天子以为神，名其山为神木山，遣官祭祀"[③]。这些金丝楠巨木借助长江、京杭运河等自然水利的条件漂流至北京，随后开启了紫禁城上乘建筑的营造。中轴线上的太和殿、中和殿、保和殿以及皇帝的家庙、佛家道教的堂场，其殿内的大柱、梁，皆为金丝楠木所构建。到了清代，由于对原木的需求远远超过其自然的生长，金丝楠更是被皇家封为御用独享之"皇木"。

自此桢楠之金丝楠，逐渐远离了众人的视线，其命运几近尘封。直到20世纪末，金丝楠木才逐渐被一些具有先见之明的匠人和文人揭开神秘的面纱。楠德艺术馆的创始人用了近20年的时间，在我国云、贵、川，特别是汶川和雅安地区，收集了数千方千年金丝楠原木、阴沉木，完全依照传统工艺、古典样式，加工精制而成了上百件具有深厚历史文化底蕴的金丝楠木作、木雕、壁画、摆件及文房器具，将其供奉展示在一座完全由金丝楠木营造的艺术空间之中，因木有仁德，且存金丝楠多为稀世难得之木料，故称楠德艺术馆。

1　楠德艺术馆"金丝楠木营造"的建筑主体

中国人自古以来讲究自然、朴素、和谐之道，古人不求建筑坚固久远，更不会简单地将建筑外形的美观作为一个目标。他们更多地是追求空间的适宜与阴阳的和合。正所谓"万物负阴而抱阳，冲气以为和"[④]。显然，与西方人关注的重点放在建筑外在的坚固与美感相反，中国人则更关注内在空间的背负与怀抱，即阴阳和合。楠德艺术馆在营建之初，首先考量的是展示之金丝楠木器物与整个建筑空间的和合，所以采用的是中国经典的纯木结构的建筑样式。

营建楠德艺术馆木结构之主体是12根（直径40厘米）金丝楠木立柱，24根金丝楠木梁椽，以及48根金丝楠木檩条。这些金丝楠木硬度适中，可谓不软不硬，恰到好处，这样的韧性决定了它能用于制作跨度较大的梁架。加之其通体笔直，枝杈少，出材率高，修整后芯材光滑，触感温润如玉，沥水性强（通过树脂隔离水分），故制作立柱可以千年不腐、万年不驻。屋宇内完全不施彩绘，因为金丝楠木的本色就是最高档的装饰。

它们全部来源于四川雅安同一座山的同一片森林，因为殿堂级木匠的心诀是："像建造堂塔的用材，不是买木料而是去买一座山。"每一棵成材的金丝楠都是大自然孕育的生命，人也是大自然中的一分子。木匠要做到了解每一棵树的生长状态并跟它对话，才能让它成为具有生命力的建筑材料。由匠人亲自到生长金丝楠木的山里选材，做好标记，将来按照它实际生长的方向使用。

生长在山南面的金丝楠木虽然略粗，但是质地软弱；生长在山北面的金丝楠木，虽然略细但都坚实且富有韧性。这里的楠木树干笔直，不易变形开裂，但生长周期却极为缓慢，只有生长上百年的树木才能成材，天然香气浓郁，纹理细密美观，质地温润柔和，切面有金属光泽。有的金丝楠木膘料好，有的芯材佳，有的向右拧着生长的木料要搭配向左拧着生长的木料一同使用……总之，建造之前木匠师傅会充分有效地发挥和利用金丝楠木的共性与个性。

纯金丝楠木结构的楠德艺术馆，往往给人的第一印象是整个艺术馆由内而外所散发的一种千年不散的淡淡的中草药香味，这不仅能使人镇定安神、神清气爽，还能带出一种香远益清、古朴典雅的人文气息。"有堂皆设井，无宅不雕花"，为了体现金丝楠木料的格调，本馆在正堂和门厅之间专门辟出一块秀逸的过渡空间，配以金丝楠木的天井干阑，这样的自然光线可以通过方寸之间的天井，从上方流泻下来，照到移步幻影的金丝楠木豆瓣纹大独板上，这样的天光通达，往往能给人以神奇瑰丽的观感。

天井下的金丝楠木九宫格及十联屏的雕刻装饰也十分考究，结构上重视牢固与美学协调统一，木材独特的凹槽与榫卯拼接，结构稳定，韧性极好。雕刻的位置也很有分寸，雕刻图案题材、构思、手法皆具有深厚的"家风文化"底蕴。金丝楠木色泽明亮而又不失庄重的本色，看上去很舒服，给人以亲近自然的质感，从美学角度看不管它与什么色调搭配，都能够与整体环境相协调，具有很强的包容性，在这一点上恰恰说明了它与中国人的审美情趣、阴阳平衡的中庸之态相匹配融合。

在金丝楠木的世界里，建筑像是一件放大的木作，而木作则被看作是一个小巧的建筑，它们彼此间始终贯穿着同样的主题：东方为木主生发。木为与它休戚与共一同生长在这片土地上的人们，提供了生生不息的人居空间，而我们正是通过"木"来平衡人体的生命环境与社会环境。

2 楠德艺术馆金丝楠木作展陈的"器与道"

如果说金丝楠木建筑的营造体现了中国人"天人合一，道法自然"[⑤]的观念，那么金丝楠木与传统木作技艺的结合，则完美地诠释和升华了金丝楠由器入道，"形而下为器，形而上为道"的人文价值观。

"埏埴以为器，当其无，有器之用。凿户牖以为室，当其无，有室之用。故有之以为利，无之以为用"[⑥]。传统匠人利用有形、有限的木料，通过榫卯把不同形制的木料结合起来形成具有无形、无限使用价值的器具。而榫卯就像隐藏在金丝楠木料中的灵魂，当工匠根据需要将多余的木料凿掉之后，两块木料便会紧紧地相握在一起，从而根据功能和形制的需要创造成各种金丝楠的木作器物。

置身于楠德艺术馆金丝楠木的建筑内部，在"传世家具厅"我们可以欣赏到上百件由金丝楠阴沉木"一木一器"制作的艺术精品。轻抚圈椅之蜿蜒流畅，依偎罗汉床之屏，祥和、平缓之心油然而起。打开鸿篇巨制的明式2.6米高的顶箱柜、3米高的将军柜，典雅瑰丽、大气磅礴，它们是明式家具一木一器的最高典范。"木曰曲直"，于一方一圆、一阴一阳之间，展示了金丝楠木器的自然之美、柔和之美。满面金丝夹杂着浓厚的中草药味扑面而来，给人以视觉和嗅觉极大的冲击，常有"人养木，木养人"之说。数百年金丝楠木料制成的金丝楠木木作至今有着鲜活生命力，与欣赏者惺惺相惜，气运相融。在日常使用过程中，通过肌肤触其表面，易生成包浆，滋润木质，越养越圆润，而入夜后，人歇于其中，家具灵性反哺于人，人的"精气神"也会越来越充盈。

木作发展到明清时期，在金丝楠木发展成为皇家独享的用材的历史条件下，金丝楠木古典家具更是发展到一个巅峰。它不仅有着明式金丝楠木家具简洁的造型，精妙与实用的做工，还洋溢着古朴雅致的美感。及至清代，金丝楠木作吸收了外来文化，形成了造型浑厚、讲究富丽繁缛的装饰美。楠德艺术馆特邀师承传统技艺的匠人，用十几年的时间，复制了几十种明清时期经典的金丝楠木家具，有明式的金包绿长条书画条案、孔雀纹圆角柜（面条柜）、顶箱柜、六屉柜、官帽椅、彭牙鼓腿的床榻；清式的连枝纹屏风、十联屏隔扇门、花几、香几、贡案、衣架、瓶托、圈椅等。

"文以载道"往往最能体现金丝楠木器之道的是文房用品，故金丝楠木也被历代文人称为"雅木"。雅木是君子内在气质的外化表现，因而，以崇尚自然、温润、细腻为要旨。作为大自然生发之物的金丝楠木，则是文房器具的最佳原材料。金丝楠木的木性与纹理兼具实用性与仪式感，故而意趣深邃，以文房用品笔、墨、纸、砚等四器为主体，进而游艺于琴鼓、香具、弈棋、茗茶、数珠、盛盘、书画笔架、碑帖印匣等文人热衷的生活雅趣和艺事所备用器。尤其是近两年来，楠德艺术馆专注于用金丝楠木，通过古法复制了一些唐代的古琴和阮咸。所谓"木因弦和，正音以正心"，金丝楠木乐器的复原成功堪称本馆文房木作又上升到了一个新的艺术水准。

与这些传世家具相得益彰、相辅相成的是"绝世木艺厅"所展示的五幅中国传世名画的木雕长卷壁画。在此，我们可以看到长达12.18米的金丝楠木浮雕《富春山居图》，于高低婉转之间展示着中国传统山水画的气韵生动；清水白线雕代表中国唐代白描人物画最高水平的《八十七神仙卷》；展示中国古代盛世气象的金丝楠镂空高浮雕《清明上河图》；反映中国农耕文明的金丝楠木浅浮雕《五牛图》；以及表现和弘扬佛法精神的金丝楠木透雕《观音讲经图》。这些不同题材的木雕，来源于不同形制、不同年代的金丝楠木料，经过能工巧匠的雕琢，循木造型，产生了不同的艺术之美，或美在其材，或美在其型，或美在其艺，或美在其韵，皆是传承中华传统木雕艺术的精华，这里有儒家文化的"天圆地方"、"天人合一"，道家思想的"上善若水"、"大道至简"，佛家教诲的"众善奉行，自净其意"，这些凝结着中国人千百年来对自然与人文社会认知的画卷，取于林，成于器，匿大美于无形，藏万象于无界；岁月不掩其华，磨砺不减其韵。

楠德艺术馆还有一间极具金丝楠木特色的"稀世原木厅"，在这里我们能够看到跨越两千年方成才的原木"金丝楠阴沉木豆瓣纹大独板"，自然曲直的线条与密密麻麻的豆瓣纹，移步幻影，好像在诉说一棵树木沧桑的历史……"有匪君子，如切如磋，如琢如磨"[7]。

这些金丝纹理，其实都是含油脂凝结物的木质纤维在不同的排列组合下所形成的，因金丝楠木的种类、油脂量、油性细胞、吸收相关矿物质能力和所生长的地区、土壤的成分等多方面因素，更重要的是在几百年甚至上千年的生长过程中，受外界物质的侵袭以及内在的病变，产生不同的肌理效果。更有甚者，两千至四千年的金丝楠阴沉木，会在特定的地理环境（水下河床或高原山涧）中，产生只属于大自然鬼斧神工的"影子"。因而庄子在其《人间世》上提出"美成在久"，世间所有的美好，都需要足够的打磨，才能够形成。这"影子"是每一根金丝楠木身上独有的"意象"，一根根金丝，就是一笔笔的线条；一块块油脂，就是一片片墨色。于笔墨的交织中，幻化出一幅幅气象万千的图景。一些高级品相的"影子"，能够得天机的授意，创造意念，确立体貌，和自然神明有暗合之处。

楠德艺术馆藏品包含豆瓣纹、龙胆纹、虎皮纹、凤尾纹、云朵纹、水波纹、葡萄瘿纹等十几种纹路，其结晶体都是非常细微的，凝结在木质纤维之间的间隙中，在金丝楠表面上的所谓金丝，也就是这些结晶体，一旦有较强的光线，这些结晶体就会有很强的反光效果，看起来就像是自然景观和动植物的体态。

正是这些幻化万千的金丝，让金丝楠木在万千树种中脱颖而出。假如不是金丝楠根虽离，灵却在，剖体仍然和天地互动，享日月精华，氧化而出缕缕金丝，何来世人有幸欣赏奇妙无穷的金丝纹理之美。假如不是它高不成、低不就，只生长在海拔1500米、气候平和、环境湿润的山腰，又何来楠木温良恭俭让的个性。假如不是古人采用顺水而流的运输，以致原木因受阻或意外而滞留途中，后随地壳变化或匿于河道或埋于江下，千百年后再次现世已经是阴沉之木，非此，何来知道楠木千年不朽，且香气幽幽，历久常在。

庄子曰："天地有大美而不言"，金丝楠原木之美正是源自它在数亿年的进化过程中，适应大自然万千变化的气象而来的。在楠德艺术馆，观金丝楠气象万千的影子、品味它散发出来的味道，人与木之间，传达的是一种温、良、恭、俭、让的气质、气息和气韵。恬淡虚无，有无相生。拥有不要忘乎所以，失去不要怨天尤人，宠辱不惊，金丝楠的味道永远在你心中。这种若有若无的味道，是一种精神附体的味道，是一种被期待的味道，它永远不会超出你的感知，却永远会快感相随。

注释

① (明)李时珍.本草纲目-木部-楠.

② 谢肇淛.五杂俎.

③ 明史-82卷.

④ 老子.道德经.

⑤ 老子.道德经.

⑥ 老子.道德经.

⑦ 诗经·国风·卫风·淇奥.

参考文献

[1] (明)李时珍.本草纲目-木部-楠.

[2] 谢肇淛.五杂俎.

[3] 明史-82卷.

[4] 老子.道德经.

[5] 诗经·国风·卫风·淇奥.

浅谈古今木构建筑的营造技术与设计研究

王宇旸

鲁迅美术学院

摘　要：本文基于《营造法式》等建筑学著作的研究，归纳"木"在传统建筑环境中的营造技术与应用方法，分析了古代木作营造技术运用于现代木构建筑设计的适用性与可行性。最后结合现代思维方式总结出适用于现代木构建筑设计原则与方法，为未来木构建筑设计提供新的设计思路。

关键词：木构建筑　古代营造技术　现代设计研究

在华夏历史长河中，中国木构建筑是世界上延续时间较长的建筑体系。智慧的古代先民创造了丰富的木构建筑技艺，将其作为中华文明的传统建筑文化发扬传承至今，留下了宝贵的财富。作为实用的技术体系，不仅包括木构结构的专业性表述，还蕴藏着"木"文化的精神特质，具有深厚的文化底蕴。因此，若要发扬中国独特的现代木构建筑文化，首要是解读研究传统木构营造技术，对现代建筑环境中设计的木构建筑设计也具有借鉴意义和指导作用。

1　古代传统木构建筑

中国传统木构建筑作为中国传统建筑文化的代表，以高超的营造手段和独特的建筑风格，成为东方建筑体系之一。"木"作为天然材料因其结构上的性能与美学上的价值受到广泛使用。从自然属性角度来看，"木"作为一种可再生的天然建筑材料，具有易打磨、易加工、轻便且密度小的特点，是在中国传统建筑中得以选用的物质前提。其内部特有的毛细孔使其具有保温隔热效果，对于室内环境的热度与湿度具有自动调节的作用。从内在属性角度来看，木材内的色泽、纹理、肌理等具有可塑性和协调性，可以通过灵活运用与加工达到不同的造型效果。从文化属性角度而言，古人善于赋予"木"与人相通的文化内涵，"岁寒三友"等赞称就足以体现出古人借木喻人的细腻情感。另外，"木"作为五行之一，在五位四灵图中被置于东方，带有生命源头之意。

同时"木"作为传统建筑材料之一，它的应用技术是随着历史发展不断改进的，是不断使用建构过程中逐步积累沉淀的

结果。中国最早的木构建筑技术在原始社会时期就已出现。在浙江余姚河姆渡文化遗址中就已发现木构建筑的构件与残片，甚至有木架连接的榫卯结构。到了西周时期就开始使用井干结构，战国时期出现由斗栱连结的柱梁式木构建筑，木构建筑施工质量和结构技术有明显提高。至秦汉时期，传统木构建筑结构体系初步形成，斗栱被广泛使用，大木作工艺已达到较高的水准。唐代初期，传统木构营造技术已经出现标准化的趋势，开始产生与此相适应的设计方案与施工方法。建于封建社会鼎盛时期的山西五台山佛光寺足以证明唐代时期的中国传统木构营造技术已趋于成熟。到了宋代，李诚所著的《营造法式》使传统木作技术有了明确的标准，也是首次正式采用文字记录官式木构建筑规范。著作中完整地记载了包含设计原则、标准规范、建筑图样的材分制，其中模数制的创造与采用也证明宋代木作营造文化高度繁荣。明清时期，以紫禁城为代表的皇宫建筑、苑囿庙宇大量兴起，建筑庄严宏伟，装饰繁华富丽，是中华民族璀璨的建筑瑰宝。

2　传统木构建筑营造技术

营造技术，是人们依据技术规范或习惯准则总结出来的具有高可行性与高可操作性的营造法则。我国传统的营造技术可通过专业分工分为：木作、瓦作、砖作、土作、石作、搭材作、油作、彩画作、裱糊作等，各"作"制度中又详细记载了传统规定或理论阐释。其中木作在其技术分工中占主导地位，大木作更是诸作之首。中国传统木构建筑的营造技术，依靠师徒之间言传身教、世代相传，在历史推进与朝代变迁过程中一直以延续和传承的状态流传至今。2009年，中国传统木结构营

造技术被正式列入《联合国人类非物质文化遗产代表作名录》，作为我国传统建筑技术的代表，是世界建筑史上光辉的一笔，灿烂辉煌的一章。

2.1 大木作结构

大木作是指我国传统木构建筑的主要构架体系和承重荷载部分，由柱、梁、枋、斗栱、檩、椽等构件组成，而木构架是中国传统建筑的骨架，是构成建筑空间和体量至关重要的因素。在各类构件之余，大木作制度还包括以"材分制"等为代表的模数制基本准则，用于统一协调构件的尺寸，增加构件的通用性，达到加快建造速度，提高施工效率的效果。

不同朝代的建筑有不同的时代特征，因此想要了解一个时期的建筑就可以通过当时建筑的木构架来研究。大木作这个称谓最早来源于宋代的《营造法式》，后有明代的《鲁班营造正式》，又发展至清代的《工程做法》等建筑学著作。虽然这些典籍因代朝代更替略有不同，但都从制度、功限、料例、图样四部分为后人留下了非常重要的技术信息，统一了古代传统木构建筑的建造标准，是研究古代建筑极具参考价值的技术法规资料。传统大木作结构解决了由木构营造大举架、大空间、大体量的技术问题，其比例与尺度对古代建筑的结构与外观也起到了决定性的作用（表1）。

大木作构件分类　　　表1

构件	用材要求	作用
大木作主要代表结构（承重）		
柱	优质风干、完整圆木	直立承重构件
枋	优质风干、完整枋材	柱上联系与承重的水平构件
梁	优质风干、完整方材	水平架在柱子上的矩形承重木构件
檩	优质风干、完整圆木	固定椽子的水平构件
椽	优质风干、小径圆木（杉圆）	联系各梁架的构件
蜀柱、驼峰托脚、叉手	优质风干木材	各架梁之间的构件
连檐、瓦口、板类		联系、承托各梁架的构件
替木		起拉接作用的辅助构件
铺作构件：栱、昂、爵头、斗		连结柱网、增加承重

宋代《营造法式》中依据构架形式的差异将大木构架分为殿阁式和厅堂式。殿阁式是一种层叠架构，由几种层次分明的木构部分在垂直空间里向上叠起来。因材分大的特点，等级最高的建筑才可采用殿阁式，最具代表性的当属山西五台山佛光寺大殿。厅堂式作为一种混合整体架构，比殿阁式更具整体性与稳定性。因材分相对较小，厅堂构架也更为灵活，是采

用最多的官式建筑木构架类型。因两种构架形式各有利弊，有许多木构建筑结合了殿阁式与厅堂式的构架形式。例如山西太原的晋祠圣母殿，整体空间为减柱造的厅堂式构造，但建筑上层构架带有殿阁式构架的特征。

2.2 小木作结构

小木作是中国传统木构建筑中非承重木构件的制作和安装装饰专业。《营造法式》中记载，小木作构件有门、窗、栏杆、外檐装饰及防护构件、地板、天花、楼梯、楣子、藻井等42种。在清代《工程做法》中小木作也称"装修作"，其中建于室外部分为外檐装修，建于室内部分为内檐装修。因为木材易锯、易打磨的物理属性，常常使用风干的小径木材雕刻制作装饰性的小木作构件。另外，漆饰也是木构建筑中重要的装饰手段与木材保护方法。运用不同形制的基本构件，通过拼接穿插的方式，辅以着色的传统图案浮雕装饰，实现审美性与功能性兼备的表现效果（表2）。

小木作构件分类　　　表2

构件		用材要求	作用
小木作主要代表结构（非承重、装饰）			
外檐	门	优质风干木材，多为红、白松	进出、通风
	窗	优质木材	采光、通风
	挂落	风干、小径木材	装饰构件
	栏杆		分隔、围护
内檐	地板	风干优质木材	房屋地面的表面层
	楼梯		楼层间垂直交通用的构件
	楣子		檐柱间的装饰构件
	天花		室内梁以上顶部构件
	藻井		

2.3 传统木构架连接方式

在传统木构建筑中，最主要的连接方式当属榫卯，其巧妙之处在于仅通过木作构件间的凹凸部位相结合的方式来完成构件连接。构件向外凸出之处即为榫，向内凹进之处即为卯。其特点是不需要制作其他辅助连接构件，直接将两个木质构件之间进行插接。经考察，最早的榫卯结构在原始时期就已出现。这种连接方式使木构建筑具有较为柔性的结构特征，既可以承受较大的荷载又有很强的抗震性，是营造周期短又富有弹性的构件。

中国传统木构架连接形式主要分为抬梁式和穿斗式。其中，抬梁式构架是我国古代建筑木构架的主要形式，这种构架是在柱顶或柱网上的水平铺作层上，沿房屋进深方向架数层叠

架的梁，梁逐层缩短，层间垫短柱或木块，最上层梁中间立小柱或三角撑，形成三角屋架，相邻屋架之间，在各层梁的两端和最上层梁中间小柱上架檩，檩间架椽，构成双坡顶屋架的空间构架。通常木材用料大，可建制跨度较大的梁，因此适用于大型的皇家宫殿以及庙宇建筑。而穿斗式构架是将建筑的结构构架竖向以柱直接承檩，沿房屋的进深方向按檩数立一排柱，每柱上架一檩，檩上布椽，屋面荷载直接由檩传至柱，不需要借助梁。横向受力主要靠水平向的穿枋贯穿起来，形成一榀构架，纵向两榀构架之间的连接，利用斗枋和纤子，形成一间房屋的空间构架。通常穿斗式构架的木材用料小，抗震能力强，因此适合用于小型建筑。

此外，在我国东北地区和西南林木地区还存在井干式结构建筑。井干式结构是一种不用立柱和大梁的房屋结构，其最早形象和文献都属汉代。因通常木材用量极大且对材料要求极高，在空间的绝对尺度和门窗开设方面上受限较大，因此运用较少，通用程度远远低于穿斗式和抬梁式两种连接形式。

3　现代木构建筑设计研究

随着社会不断发展，现代建造技术与建构体系不断提高与完善，钢材、玻璃、水泥、混凝土等人工材料被建筑师大量地运用到现代建筑设计中。因此我国木构建筑发展处于停滞不前的状态，更多的是在外观造型上利用仿古手段进行形式的模仿与元素的堆积，缺乏创新性的尝试，也缺少建筑中文化氛围的营造。作为木作营造技术在中华历史中发展高度成熟的传统大国，目前对于现代木构技术的研究还存在不足。需要自主创造性与思维转变，思考如何实现传统木构建造技术及现代设计方法相结合进行更多的木构建筑研究与实践。

值得学习的是，一些欧美国家及日本的建筑师在新型现代技术的支持下，在木构建筑建造方面取得了较大突破。随着对人文关怀思想的重视与建筑生态理念的关注，他们选用木材这一低能耗、可再生分解的天然建筑材料，通过不断的深入研究，将木材的应用范围及表现形式进行了创新演绎。苏黎世Tamedia办公大楼是由日本建筑师坂茂完全以木构体系设计的现代建筑，也是当今瑞士最大的木材框架结构建筑。坂茂利用东方独特的传统大木作建造技术，展现了东方的营造美学，是建造技术和生态持续理念的创新典范。在通透的玻璃幕墙后我们可以看到整个大型的连锁木结构，采用全木榫卯结构，加上现代木材加工技术与日本先进的合成技术，呈现出精美细致的木材结构建筑。

4　现代木构建筑设计原则

传统木构营造技术告诉我们建造的规范制度，在进行现代木构建筑设计时也必须遵循同样的应用规律与设计原则。我们可以从古人使用木材的经验中总结出如何合理用"木"来设计现代木构建筑的原则与方法。

4.1　注重选材、择材施技

选择良材是传统木作技艺的基础。不同构件所需要的木材质地不同，不同结构对木材的要求也有差异。在《营造法式》中就已总结出模数制基本准则与择材施技的必要性，例如大木架结构中的柱构件的用材要求是优质风干的完整圆木，椽构件的用材要求是优质风干的小径圆木等。进行现代木构建筑建造时，首要考虑的也是木材的选择。因材施用，物尽其用，在保证营造技艺精准的同时有效地发挥材料的作用，实现使用利益最大化。

4.2　因地适宜、气候条件

自古以来，人们讲究依山傍水，实则是追求建筑与自然环境相融合的理念。由于不同地区的地域环境差异，建筑在特定的地域环境中有不同程度的生态合理性。加上各地生态环境与物质资源具有差异性，所以我们应该考虑建造出与当地环境与地方材料相适宜的现代生态型建筑。因此建造时的木材生态选择需要考虑地域因素，应用于建筑环境中也要适宜于不同的地域文化。另外，木材易受自然气候影响而发生褪色、风化等变化，所以气候条件也是建造过程中需要考虑的重点之一。木材具有吸湿性、易潮湿腐朽的不良特性，因此从古至今木构建筑材料的选用必须为优质的风干木材，并且要考虑在一定条件下的风化作用，防止受潮。

4.3　节约资源、高效利用

如今我国提倡资源节约、环境友好型社会建设，对于珍贵的树木资源，我们应该提高其使用价值，高效利用，借助木材持久性的生态优点，延长木构建筑的使用年限。古代先民在木构建筑建造过程中也充分实现木料物尽其用的原则。虽然木材是可再生、易降解的天然材料，但是我们也需要尽可能地节约木材资源，维护其供需平衡。在现代技术方面，应提高实木获取的出材率与可重建性，减少降低加工时造成的损害。同时我们可以采用废旧木材回收再利用的方式，将回收的木材进行严格分类，通过二次利用或加工重制的方式，以实现木材资源的循环利用。

5 结论

在古代，传统木构建筑的营造技术主要依靠匠人手工完成，他们通过触觉直接地获得对木材的切身感受。在现代，营造技术依旧为古代木构建筑修缮以及现代木构建筑的设计提供理论依据与技术支持。如今，科学技术的发展本是"木"营造文化进步的基础，但是我国木构建筑文化却受到极大的冲击。在现代的木构建筑环境中，我们应当按照传统规范化的建筑形制要求，加入现代个性化的生态设计语言，让我国木构建筑朝着合理的方向发展，在创新型木构建筑实践中取得新突破。

参考文献

[1] 梁思成.营造法式注释 [M].北京:中国建筑工业出版社,1983.

[2] 刘敦桢.中国古代建筑史(第二版) [M].北京:中国建筑工业出版社,1984.

[3] 马炳坚.中国古建筑木作营造技术 [M].北京:科学出版社,2003.

[4] 毕小芳.粤北明清木构建筑营造技艺研究 [D].广州:华南理工大学,2016.

浅析室内设计中木材的生态美

张曼莹

国家开放大学

摘　要： 通过对木材的物理特性，和一般使用状况入手进行分析，从视、听、嗅、触、味的角度概述木材的天然特征，从生态美的角度发掘木材的视觉语言、文化内涵和天然表现力，并通过设计和艺术作品案例探讨木材在室内设计中的原生态属性。木材质朴的天然特征，令其在室内设计中具有不拘一格的使用方式和文化内涵，木材在不过度加工和遴选的情况下应用于设计的方法值得进一步探讨。

关键词： 木材　室内设计　生态美学　原木　意象　自然　去工业化

引言

木材是一种古老且优秀的人工环境建构材料，人们在使用石器前，应当就已经掌握了在自然中随处可见且更易加工的木材，并用它来做各种工具。国内最早的木构造建筑早在3500年前就已经出现。首先，在自然环境中的树木给人提供阴凉，净化空气，制造氧气，遮挡风沙，供人观赏，在天冷的时候也可以燃烧供人取暖。《考工记》中有云："天有时，地有气，材有美，工有巧，合此四者然后可以为良。"木材的原生态属性，有着天时地气中孕育出来的"材质美"匠人的巧技妙思，是木材转换为人工产品的关键所在。对木材过度的加工、遴选和粉饰，让市面上木材相关的设计体现出千篇一律的特征，难免带有工匠气和市井气，符合木材本身的原生态美的设计方式仍然值得进一步探讨。

1　木材的特性概述

木材之所以在建筑、室内装饰，尤其是家具设计制造中有如此广泛的应用，是因为它有许多优良的特性。首先，木材取材于自然，比较容易获得。在不同地域的森林中，树木随处可见，虽然速生木材和硬木木材在成长时间上有很大差别，然而作为一种可再生的资源，按需栽种的情况下很少会出现资源匮乏的情况。其次，木材加工方便，软硬适中，结构坚固，又具有可循环使用、可降解的环保特征。然而木材也有一些缺点，比如在加工的时候，木材部件之间不具有可焊接性，

容易腐朽、易燃，暴露在户外容易氧化分解等。为了解决这些问题，祖先发明了斗栱、榫卯、用油漆等材质让木材免于水火侵蚀。木材的这种容易降解和循环使用的特性也让它成了一些临时性的、可降解的构筑物的理想材料。在可持续化设计理念里，木材的使用将会越来越受到重视。

从材质给人的感受来讲，木材从视、听、嗅、触、味各方面都给人感觉十分亲和。视觉方面在室内设计的具备纹理美观，在撞击的时候也不会发出太大的响声，可以隔声降噪。木头质地柔软、温暖，不同木材内的某些可挥发有机物会释放出不同的精油香气。这种美好只源于自然。

2　木材"生态"之美

人是在大自然中进化的生物，人类的祖先选择生活环境的时候，会靠近资源丰富、空气清新的森林和树丛，从而让生活有保障。人们很早就学会从自然环境中识别空间和宜居的环境。当环境中有正面的知觉反馈，人的积极心态就会被调动，产生安定和愉悦的心情和对于美好生态环境的感知，自然环境中的形形色色，也带来生态美的体验。然而人类的物质生产发展到工业化阶段，对自然的过度改造也带来了生态环境的破坏和资源危机。在人们的生产造物的过程中，出现了对可持续发展和绿色环保的新要求。这就带来了生态审美范式的回归。生态的美异于工业化的美，甚至它是后工业化的，它能够通过设计的手法将生态、自然的要素合并到人工环境之中，启发人的

生态有机与现代工业化适应形态对比	表1
生态有机的形态	个性化，生命原本的形态、材质固有的存在形态、自然造物，去工业化
现代工业化适应形态	几何化，普适性，功能至上，千篇一律，人造形态

自然情怀，让人从过度工业化的场景中返璞归真（表1）。

装饰材料市场上，仿木纹表面处理的装饰材料不胜枚举，有金属表面贴木纹，瓷砖表面仿木纹，很多情况下，需要实木贴片进行装饰才能够让材料具有真实的木头质感。同时在户外的某些场景也可见用水泥和骨架对原木形态的模仿，为了表现木头树皮的粗糙、木头树枝的纹路特征。尽管十分形似，这种工业化的自然形态却因冰冷坚硬而缺乏木材的温暖质感。木材在一般的建筑和室内装饰中应用的时候，为了让其整齐美观、便于加工，需要去掉木头的枝丫、节疤、开裂等一系列缺陷，才能够让木头显得纹路光滑通顺。按照几何的形态做成方形、圆形等可以工业化生产的、舒适美观、坚固易用的家具。在原生态的设计理念之下，木头不是满足在原有的"床、桌、椅"的固定概念形态之下的工业产品，而是突出其自身的形态特点和张力，在不破坏功能的前提下保存其生长过程中自然产生的样态，并直接应用于室内。比如原生态的糙木家具，如树枝和藤条编织形成的家具，或者将原木直接用于设计之中，混淆室内与室外环境的界限感（图1）。

古文中的"材"与"不材"是树木是否能够取材加工的意思。木材按照其品性质地自然分成了三六九等，古人考察树木价值是否是"栋梁之材"，庄子的《逍遥游》关于"木"的论述中将"材"和"不材"作了辩证分析。在与梁惠王的对话中，樗木不中绳墨规矩，为匠人所不屑，却也让"不材之木"免于被伐，发挥了自然生态的价值，处于自然的"不材之木"也是

有其逍遥自在的灵魂之美。庄子认为人造物的价值不可能凌驾于自然之上，自然更几乎"道"。

自然生态美的把握与感受，是人的生命与大自然生命间的一种默契与相合，它不是一种置身自然之外的对象化感受，而是感受者与被感受对象处于同一时空境域，是一种互含互摄的、生命与生命间的平等对话与交流，是人全身心的投入与融合，是以人的全部生命熔铸于自然整体生命中而获得的一种"与天地同流，与万物合道"的超越性生命境界美。

3　木材的生态艺术设计元素

不同种类的木头的材质软硬度不同，强度和密度也不同，在使用的过程中会产生不同的表现力。木质的纹理更是作为一种天然的纹饰被印刷在瓷砖、塑料等材质上来进行仿木纹的界面处理。在设计的时候，不论木头在被用在哪里，都会给人一种熟悉的亲切感和自然的安逸状态。追求浑然天成的美学表现和手工感、朴素的美学特质，就必须运用到木材。木材散发着自然的木质精油香气，对在高度城市化的"水泥森林"生活的人来说，具有返璞归真的疗愈作用。

3.1　木材的切面的天然纹理和意境

木材不同的切割角度和方式会产生不同的纹路和意向，比如纵切的时候会产生抛物线状"山形纹"，或者是纺锤形的纹理。树干横切面所形成的年轮的不均匀的圆形脉络又很像一圈一圈的水波纹，这样的"山水"波纹由于年轮的疏密产生的流动质感颇有禅意（图2）。如果沿树干生长方向纵切，平直的纹路会形成不同分层的平行线，看起来稳定庄重。木材在分枝和树瘤处的截面也会形成纹理的变化，仿佛碎石置于溪水中产生的一个一个的"涡纹"。对木头的观赏并用各种各样的文字给其纹路命名是古已有之的习惯。一些名贵的木头，如柚木和金丝楠木等，在抛光后会泛出猫眼石一般的光泽，有金石珠玉之气。还有一些名贵的木材，如黄花梨，树瘤的剖面会呈现具有趣味的"鬼脸"形态，为木头的观赏增加很多趣味性。这样的切面运用在室内的时候，会形成各种耐人寻味的图案细节，形成一定的纹理装饰感和动态效果。富有个性的木截面，可以在设计中形成视觉的焦点、空间中耐人寻味并具有内涵的设计主体，而不仅仅是作为一种匀质的材料隐退到背景中去（图3）。

木头材质让人喜爱并常用，来自木材与人类似的生命特征。木材的温暖的颜色与人的肤色相类似，意大利艺术家Bruno Walpoth用木雕来表现人的皮肤栩栩如生的质感，这种

图1　原木在室内环境中的应用
（来源：https://www.sohu.com/a/149817098_668767）
图2　原生态木桌子

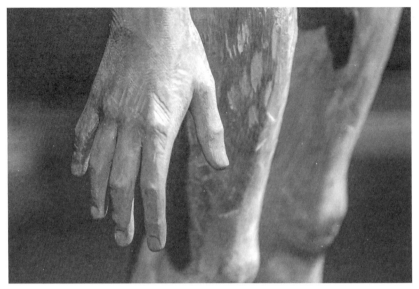

图3 天然木灯(来源:www.huaban.com)

图4 艺术家Bruno Walpoth作品局部 (来源: https://www.dgtle.com/thread-1363923-1-1.html)

图5 位于南美洲鲁姆丛林的美术馆(来源: https://bbs.zhulong.com/101010_group_3000036/detail33054464/)

图6 原生态木凳在室内设计中的应用
(来源: Interior design 中文网)

同样会生长、会缓慢呼吸的柔软材料,似乎画上眼睛就有了生命(图4)。然而由于木材的使用,雕塑被赋予了安静和忧郁的情绪特征。

3.2 树根、树瘤、树枝、废旧木质材料的运用

木头的取材一般都来自树干,树枝、树根、树瘤等都是通常意义上的"不材之木",作为原材料运用到室内家具设计中,更需要人去花时间设计和琢磨。由于木材生长受自然环境的影响,因此不会出现两个一模一样的产品。每一个作品都有唯一性,用材需要经过对材质的筛选。设计取材于自然,体现未经

深度加工的自然材质质朴天然的纹理特征,突出并放大天然材质的纹理、特征、质感,使其成为视觉焦点。

树根、树瘤等材料在制作应用的过程中,更多的是顺应"材料应当变成的样子",因材制宜,手工艺生产,而且很难用设计图纸来精确地规定这些产品的样子。树枝在设计过程中可以根据材料的直径大小决定其用途,保证制作产品稳定和安全的同时,用拼合、捆扎、盘筑、编织等方式进行巧妙的设计处理,就能得到生态感十足的创意家具。对这些木材的应用研究是对森林资源的有效节约,能够丰富家具产品的类型,取得一定的社会和经济效益。由于成品价格低廉,艺术效果丰富,且

图7 树屋内部空间（来源：www.airbnb.design）

具有质朴、环境友好的特征、因地取材的随意感适合慢节奏的休闲、度假、居家的室内环境。作为艺术陈设品的树瘤、瘿木和根雕能够衬托出环境的艺术质感，在人与自然中形成有禅意的对话空间。有些废旧木料，如老船木，在做成家具的时候也具有木材独有的肌理和韵味。这些材质应用都有一个特征，即对木材天然形成的缺陷，如裂痕、节疤、空洞、树皮等具有艺术感的自然形态经过粗加工和遴选，直接应用到设计中，带来丰富的审美意趣（图5、图6）。

3.3 突出木材料生态美的加工处理方法

原生态的木材家具的形态千变万化，根据木材的种类、大小的不同，设计方法不一而足，如何发挥木材的生态美，是因势就形、因地制宜，由设计师发挥主观能动性的创意成果。一般来讲，常见的加工手法有以下方面：

（1）表面处理

为了保护木头面，所选择的涂料应在起到保护作用的同时，维持木材质自然触感和气味，如天然的木蜡油。木材表面也可以进行做旧处理，在经过磨损、碳化、染色等特殊的做旧处理而形成的自然腐蚀的木材肌理。在树根、树瘤和有残缺的树枝处理的时候应注意清理和修补（图7）。

（2）结合其他材料

将木结构与可塑性较强的树脂等材质结合使用，或者连接其他材质进行设计。如石材、钢材、玻璃等无机材料，对木材结构形态较为薄弱的环节进行补充和支撑。钢材和玻璃是较为中性的材质，可以彰显和反衬木材的自然纹理。

（3）变形和榫卯嵌接的造型手法

"矫揉造作"都是常见的木材加工的方式，这些方式也同样使用于加工原生态的木材，在不改变材质肌理的基础上，让木材进行形变，并根据形变产生一定的刚性和柔韧性。经过加工能改善木材的原生结构，更加适用和易用。榫卯的结构作为木材之间的连接常用手段，也可以适当地运用在木结构的加工中。

4 结语

在可持续设计和绿色设计理念下，木材等可再生资源作为一种建筑和家具材料已经受到越来越多人的青睐。其对于环境的意义，也不仅止于节能减排，来源于人们对这种自然材料的熟悉和喜爱。生态美体现了人与自然界的紧密联系与和谐共处。在城市化迅速发展的现代环境中，建筑已经在一定程度上取代了曾经与人朝夕相处的自然环境。在隔绝和抵御自然对人的不良影响的同时，也应考虑如何将生态环境对人有益的因素还原到人的生活空间中。追求生态美的过程，是对人和自然关系的反思和自省的过程，是对物质和精神关系的反思的过程。人对物质的索求无度，挑拣批判，可能是背离初心的。自然之美为大美，尊重并欣赏自然、返璞归真的设计，可以发挥木材质中的生态美学基因，弥补过度工业化和现代化风格的缺憾，以古朴、兼容并蓄的方式将自然中的诗意还原到室内空间。

参考文献

曾繁仁.关于"生态"与"环境"之辩——对于生态美学建设的一种回顾 [J].求是学刊,2015(01).

文人画与文人园林间的缘起关系概论

陆天启

清华大学美术学院

摘　要： 文人画与文人园林作为中国艺术体系中两个重要的文化现象，两者之间存在着深刻的缘起关系。本文的研究将其中的缘起关系进一步细化为“狭义”与“广义”两个层面，狭义的缘起关系研究聚焦于文人画与文人园林间直接的缘起关系，时代背景落在魏晋南北朝时期；广义的缘起关系则尝试突破由“文人画”与“文人园林”构成的单向度的二元框架，将二者背后的“文人精神”纳入其中，建构起多向度的三元分析框架。以“文人精神”为纽带，承接起“文人画”与“文人园林”间接的缘起关系。

关键词： 文人画　文人园林　文人精神　溢出效应理论　历史褶皱模型

1　课题缘起

“缘起”为佛教重要术语，出自《维摩经·佛国品》：“深入缘起，断诸邪见。”意思是一切有为法都是因为各种因缘而逐渐形成，此理即为缘起。任何事物都因为各种不同条件间的相互依存、相互作用而处在变化之中，这便是佛陀对世间现象成住坏灭之原因、条件所证悟的法则。文人画与文人园林无疑是中国艺术宝库中两颗辉煌灿烂的文化明珠，本文即聚焦于传统文人画与古典文人园林之间的缘起关系。并进一步将其细分为狭义与广义两个层面。狭义的缘起关系意指文人画与文人园林间直接的影响关系。广义的缘起关系则以“文人精神”为二者间的关系纽带，进一步探讨这两种艺术形式之间间接而复杂的互动机制。

狭义的缘起关系研究以二者所建构的二元主体架构为基础，以“文人画”为主体视角对文人画如何影响文人园林进行探讨。而二者间广义的缘起关系研究则在这种二元的单向度思考模型基础上引入“文人精神”这一重要但长期被忽视的主体，建构起“文人精神—文人画—文人园林”的三元主体框架，并以“文人精神”为主体视角，透视其对文人画与文人园林的影响（图1）。通过对文人精神的演化以及促成这种演化发生的原因的分析，以更加宏观的视角审视文人精神、文人画以及文人园林之间深刻而复杂的互动博弈关系，以便对文人画与文人园林间的缘起关系形成维度更为丰富、肌理更为清晰的理解。

图1　“狭义”与“广义”缘起关系研究框架

2　狭义缘起关系探讨

从狭义的角度出发，中国传统绘画与古典园林最早的交汇点可以聚焦于魏晋南北朝时期。其中带有浓厚人文色彩的士人园林与山水画之间的关系最为紧密，也形成了最早的文人画尤其是文人画理论对文人园林的影响。

2.1　魏晋南北朝时期文人士大夫自然观的转变及其原因

分析魏晋南北朝时期士大夫文人在自然山水审美情趣上的变化可以看到一条脉络清晰的演变路径：从最初的渴望“山水比德”转变为对自然的“占有”，到最后开始转向对“悟道于自然”的追求[1]。这种对于自然山水审美志趣的转变对魏晋南北朝时期士人园林精神的构建产生了重要的影响。

这种对待自然观念的转变主要源于社会哲学架构的重组。自汉初所建立起的“独尊儒术”的思想受到了社会动荡的巨大冲击，老庄“崇尚自然”与“清静无为”的思想、玄学的返璞归真以及佛教出世的思想都引导着士族阶层将审美志趣投向广袤的大自然。魏晋名士们寄情山水，直接促成了田园诗歌以及山水画的大发展并深刻地影响了这一时期士大夫群体的自然观。

2.2 魏晋南北朝文人画与文人园林在实践主体、社会功能以及哲学范畴上的同构

（1）实践主体

魏晋南北朝时期文人画与文人园林在实践主体的层面产生了历史性的重合。士人阶层既参与文人画的创作，也将文采更多地汇入园林之中。他们不仅借由绘画理论将园林的精神性提高了一个层级，也凭借相对独立的庄园经济打下的基础推动了文人园林的营建。因此，门阀士族阶层打通了两个艺术门类，成为文人画与文人园林缘起关系的重要纽带。绘画思想与绘画理论经由士人阶层传导到了园林之中，实现了绘画理论从二维到三维的转化，将园林艺术推向了新的高度。

（2）社会功能

动荡的社会环境导致魏晋南北朝时期众多艺术类别都逐渐由注重功能性、写实性转向了注重艺术性与精神性。文学、书法等领域均出现了这种转变迹象，在绘画与园林领域也体现得尤为明显。例如在绘画领域从之前的注重对社会的教化转向了对个人情感以及宗教情怀的表达，在园林领域从之前的注重居住与生产转向了注重园林的游赏以及精神性的表达等。这直接促进了文人画与文人园林在社会功能上的同构，构成了二者间狭义缘起关系的重要方面[2]。

（3）哲学范畴

中国古代"道"与"器"这对哲学范畴在文人画与文人园林这两个艺术类别中有深刻的对应关系。魏晋南北朝时期中国古代绘画理论迎来了大发展：玄学与清议影响了文学艺术，引发了第一批理论文章与专著的产生，这股理论探讨的风气又引发了人们对于绘画理论的关注，使得绘画在理论方面上升到了一个更高的"道"的层次。这些绘画理论构成的"绘画之道"又经由士族阶层这个绘画与园林同构的实践主体传导到了士人园林中，从而构建起了由绘画理论影响园林营建理念的"以道入器"的同构路径。由于受到绘画工具与技法的限制，绘画理论的发展其实并未对当时的绘画实践产生重大的影响，特别是山水画，仍停留在"人大于山，水不容泛"的层次，然而园林艺术却因文人画家的参与以及绘画理论的发展得到了长足的进步，形成了绘画理论对应"道"、园林营建对应"器"的关系。

3 广义缘起关系探讨

在狭义缘起关系研究的二元框架基础上建构起由"文人精神"统领的三元分析框架。分别对文人精神与文人画、文人精神与文人园林之间的关系进行分析，剖析文人精神分别与二者结合的宏观与微观肌理。文人精神对绘画和园林分别产生影响的发生机制是广义缘起关系关注的核心问题，利用的分析框架是"历史褶皱"模型。"文人精神"古已有之，并随着时间的推移不断向前演进。在演进的过程中，"文人精神"如同火把，在宋朝和明朝中后期分别引燃了绘画与园林，进而形成了文人画与文人园林蓬勃兴盛的局面。由此构建起了"文人精神—文人画—文人园林"这个三元主体的讨论框架。从广义的角度看，文人画与文人园林的发展达到高潮的宏观肌理便是文人精神的"溢出效应"与宋朝以及明朝中后期特定的"历史褶皱"二者相互叠加而最终促成的（图2）。

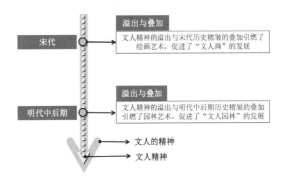

图2　文人精神的溢出效应与特定时期历史褶皱的叠加

纵观中国古代社会发展的历程，不同时期的文化特色各不相同、文化亮点也各有差异。当以文人精神为主体视角时，可以看到宋代最为耀眼的文化艺术成就之一就是文人画的高度发展，而明代中后期则需要聚焦到文人园林上。"历史褶皱"模型本质上就是用以解释文人精神之所以能在某一历史时段影响某一种艺术类别原因的模型。

3.1 "文人精神"建构起文人画与文人园林间广义的缘起关系

借由文人画与文人园林背后共同的"文人精神"建构起文人画与文人园林间广义的缘起关系。"文人精神"与"文人的精神"这两个概念间存在本质的区别：相较而言，"文人的精神"范围更大，包含了"文人精神"。"文人精神"的主要承载者——文人士大夫官员与文人士大夫士绅是构成中国古代社会稳态运行的重要基石。前者主要在县以上平衡皇权与民间的关系，后者主要在县以下维持平民百姓与政府之间的基本平衡。

中国古代社会在这种机制下不断地向前演进，在各种要素相互博弈的过程中，文人的精神世界也在逐渐孕育成型并持续发展。总结起来，"文人的精神"核心是"侍君治民"[3]，官僚系统作为古代皇权的延伸与附属，其权利的来源主要依靠皇权，因此某种程度上注定了其"侍君治民"的样态。然而"文人精神"则表现出了对这一特质的反叛，表现为对民众生活的真切关心、对社会生活以及政治生活有自己独立的见解、愿意付诸实践通过自身的行动解决面对的问题以及敢于坚持自己的理念等方面（图3）。

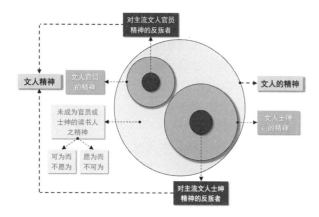

图3　文人精神与其他相近概念的关系

这一精神特质在中国古代各个历史时期均有外溢，并因不同时期各异的历史褶皱样态与不同的艺术类别相结合。"文人精神"正是在这样一种发生机制下与宋代绘画以及明代中后期的园林相结合，分别催生了"文人画"与"文人园林"的鼎盛发展。

3.2　外溢的文人精神与宋代绘画深度融合并触发文人画的鼎盛发展

文人精神在各个历史时期均会产生外溢现象，但由于与其叠加的历史褶皱特征各有不同，导致受其影响的艺术类别也各具差异。在宋代和明代中后期分别着重影响了绘画与园林，形成了文人画与文人园林的鼎盛发展。宋代引导文人精神流向绘画的历史褶皱主要包括五个方面，宏观层面分别为国民性演变历程中的平民化节点[4]、大宋与草原文明之间的博弈带来的宋初的安定与宽松以及由这一局面推动的经济的繁荣；微观层面主要包括最高权力对绘画艺术的重视以及不世出文人的推动[5]。宏观层面的历史褶皱主要为宋代文人精神与绘画的结合奠定了坚实的社会与经济基础，也更新了以往对于宋朝积贫积弱的偏颇印象。固然宋代统治者通过财政手段解决军事问题的方式不容易被传统儒家观念所接受，但这一策略客观上确实使得宋朝

获得了一段难得的发展机遇期。也正是基于这种不被传统认可的治国之策，宋朝的内政也因外患的外包而形成了相对宽松的局面，这一切都为文人精神与绘画的结合铺平了道路。相比之下，宋代微观层面的历史褶皱特征则对文人精神与绘画的深度交融提供了直接而巨大的推动力，这主要得益于从皇帝到文人士大夫官员再到民间的全体文化意识的高度觉醒。其中最为重要的两个节点便是宋徽宗与苏轼。他们对绘画的推崇背后分别有着复杂的政治动因与哲学基础，对于这一点的深入剖析在理清文人精神与绘画结合肌理的同时也将具体历史节点中个体所处困境的复杂性呈现了出来（图4）。

宋朝外溢的文人精神与绘画结合引发文人画繁荣发展的历史褶皱特征				
宏观特征			微观特征	
国民性演变历程中的平民化节点	宋朝与草原文明之间均衡的博弈关系	安定与宽松推动经济的繁荣	最高权力对文化艺术的重视	不世出文人的推动

图4　宋朝外溢的文人精神与绘画结合引发文人画繁荣发展的历史褶皱特征

3.3　外溢的文人精神与明代中后期的园林广泛交融并触发文人园林的鼎盛发展

明代中后期引发文人精神与园林相结合的历史褶皱特征包含了以下几个方面。与宋代不同，这几个历史褶皱特征呈现一种前后相继、互为因果的关系：第一，经由魏晋与唐宋的发展，文人精神的内核在士大夫阶层中已经深入人心，但因为皇权对社会意识形态的严酷把控，导致文人精神在明朝前期遭到了巨大的束缚[6]。然而文人精神的积蓄并未停止，反而在经由反复地酝酿后于明朝中叶爆发；第二：明朝前期与中期的一些制度设计意外导致了商业的空前繁荣，使得商人阶层逐渐壮大，这对文人阶层形成了巨大的冲击，倒逼了文人内部的审美情趣进一步提高，以筑起文化壁垒作为抵制商业阶层入侵的手段，这也进一步促进了文人精神与园林的结合；第三：由于特殊的政治制度以及商人阶层的壮大，商人的后代逐渐打通了转变为文人的通道。随着商人的汇入，文人阶层客观上被壮大[7]；第四：一些特殊历史事件的发生也为文人精神与文人园林的结合提供了契机，例如郑和下西洋引发了国内配套制造业的兴盛与匠人阶层的兴起，间接推动了园林营建行业的发展；最后，在众多因素的共同作用下，文人园林理论出现了空前的繁荣，

明代中后期外溢的文人精神与园林结合引发文人园林繁荣发展的历史褶皱特征				
宏观特征			微观特征	
文人精神已深入人心，但在明代初年遭遇压制，为中后期的爆发积蓄势能	相关政策的制定以及制度的设计促进明代中后期商业的繁荣	商业的繁荣以及商人地位的提高倒逼读书人阶层意味着加强文化壁垒	商人突破了传统社会的阶层序列，打通了通向文人阶层的通道，客观上壮大了文人阶层	文人园林理论的空前繁荣

图5　明代中后期外溢的文人精神与园林结合引发文人园林繁荣发展的历史褶皱特征

这也是文人精神与园林深度结合的外化体现。文人园林在明代中后期发展至最高峰，取得了丰硕的成果，丰富了中国古典园林的艺术风貌（图5）。

4 展望

在广义缘起关系的视角下，文人精神的外溢与历史褶皱的叠加不会仅发生在宋朝与明朝中后期且仅促进了文人画与文人园的鼎盛发展。宋词以及明代戏曲、小说等文化现象的产生是否也与这种叠加密切相关也是一个值得深入探讨的问题；除此之外，这种叠加效应在别的历史时期也同样可能引发一系列对于文化艺术的影响，宋代的文人画与明代中后期的文人园林也许只是其中比较外显的部分。果真如此的话，那些并不显著的部分是否真实存在，换言之，在宋代之前、宋代与明代中后期之间以及明代中后期以后的历史时段里，文人精神的溢出与历史褶皱的叠加形成的合力还曾对哪些艺术形式产生过影响并赋予其文人精神？唐代的诗歌、元代的杂剧甚至是当代的批判现实主义的文学艺术等文化现象是否都与此相关？这一系列的追问或许都值得进一步探讨，有待专家学者后续展开深入的研究。

参考文献

[1] 吴静子.中国风景概念史研究(先秦至魏晋南北朝) [D].天津:天津大学,2017.

[2] 段文强.魏晋南北朝时期士人园林与山水画的关系研究 [D].哈尔滨:东北林业大学,2016.

[3] 阎步克.士大夫政治演生史稿 [M].北京:北京大学出版社,2015:316.

[4] 张宏杰.中国国民性演变历程 [M].长沙:湖南文艺出版社,2016.

[5] (美)伊沛霞.宋徽宗 [M].桂林:广西师范大学出版社,2018.

[6] 吴晗.朱元璋传 [M].长沙:湖南人民出版社,2018.

[7] (加)卜正民.纵乐的困惑 [M].桂林:广西师范大学出版社,2016

木构"太空舱"书席——致敬原始创造力

兰京

重庆源道建筑规划设计有限公司

从商周时代天圆地方宇宙猜想，到明代万户载人火箭尝试，再到文艺复兴达芬奇航空器创想……从古至今，无论技术原始或先进，探索与创造都是不分国界的人类本能，这种本能，谱写了地球乃至宇宙的灿烂文明。

而科技发达的今天，信息科技似乎使人们变得越来越"懒"于思考。"太空舱书席"旨在用最质朴的材料，最传统的工艺，手工打造木构太空舱，在喧嚣城市中创造一个阅读经典、激发创想的空间，以致敬人类文明伟大的创造力。

林夕之幻

刘皎洁
绍兴文理学院

蒋雨辰
九江职业技术学院

张力
桑德兰大学

刘宇
内蒙古小科影视娱乐有限公司

　　《林夕之幻》取"梦"字拆解，林木之夕，引发思考。它是一个结合计算机智控制的互动公共艺术装置，具有玄幻、变换、召唤之意。其核心组成：一次性筷子、连接结构、球形云台、支撑结构、电机与陀螺仪。制动时筷子可360度仰俯、摇摆变化，整体由后台计算机控制。单元素为30厘米高，10厘米的密度形成阵列关系。音乐模式：依节拍律动；互动模式：依行为做互动；夜晚模式：灯光秀艺术。形式多变：可大、可小、可系列；适用通高、狭长等不同空间。

入围作品·专业组

执子之手·与子偕老

秦文志

唐山美术馆

　　榫卯结构作为中华民族独特的工艺创造，有着深厚的文化背景，在看似不刻意的咬合之间，透出内蕴阴阳、相生相克、以制为衡、和谐共处的世界观，彰显着大道至简的东方美学。该作品运用原木本色，可以让观者感受到清新的自然气息，保持一份本然之美。作品以榫卯结构连接组合成五件几何形体，几何形的木结构在景观中的应用更有利于结合平遥文化特点，焕发历史神韵又不失现代氛围，在风格特性上也与城市特点相呼应，彰显其人文特点。

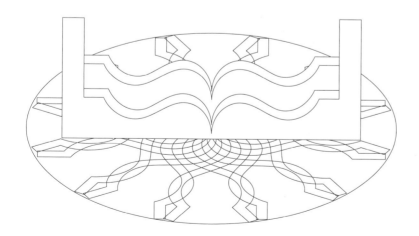

山麓悦舍
——武汉青龙山地铁小镇站公共艺术品设计

吴珏　胡琦
湖北美术学院

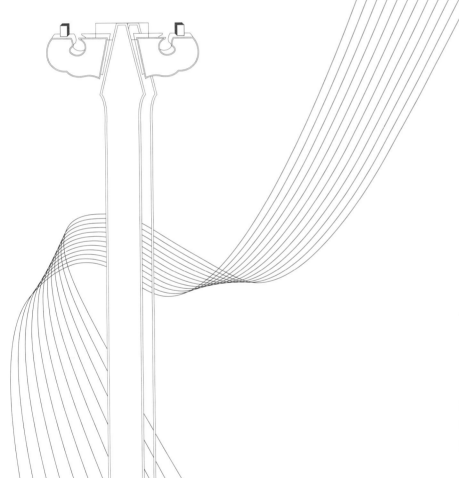

作品创意来源于武汉地区经典的砖木民居建筑，创作中以不锈钢"米"形柱构建木结构的"民居建筑轮廓"，并进行有序排列，前后叠加，错落有致，凸显木结构的搭接方式，运用新语言结构，阐释木结构房屋的意象表达。将民居框架结构轮廓整体上升到半空，保证交通流线的通畅性，和视线的通透性。地面整体为儿童"跳房子"游戏图案，由68块镶有寓意着幸福吉祥的传统木结构中"椽头"图案拼接而成。上下相互映衬、交相辉映，融为一体。

入围作品·专业组

自然椅趣

吴松　潘蔼庭

广东汕头大学长江艺术与设计学院

作品《自然椅趣》，将自然的树木造型与公共座椅融合，以椅背嫁接共生的关系出现给予逻辑合理性。在川流不息的地铁空间中，介入大自然的艺术语言，用金属材料语言塑造出深圳的现代性，与整体空间环境形成有机整体，作品以强有力的互动性成为地铁空间中的一个亮点。

入围作品·专业组

"国色天香——紫禁城里赏牡丹"
故宫菏泽牡丹展

余深宏　张悦

北京化境文化创意设计有限责任公司

　　木生于自然，它代表着东方。中国文人通过将生活中的感悟与花木的自然属性结合在一起，形成了独特的中国花木观。作品名为"国色天香——紫禁城里赏牡丹"故宫菏泽牡丹展，通过牡丹花展去传达中华花木文化。展览选址慈宁宫，共"引、颂、造、品"四个单元，以故宫博物院馆藏的《雍正帝观花行乐图》作为花展核心故事，将牡丹的国色天香与故宫的皇家气质联系起来，巧妙还原古画场景，让游客全身心品味现代展陈技术下呈现的古意诗然！

入围作品·学生组

新疆喀什噶尔乡村儿童乐园"木"构集成模块设计研究

郝薇

新疆师范大学美术学院

本设计以"乡村振兴"为主旨，保护新疆喀什噶尔区域传统乡村文化，完善乡村游乐体系。以方圆结合为设计手法提供成本低廉、适应性强、非同质化的乡村儿童活动空间。

本设计以儿童为目标人群，针对喀什地区儿童游乐空间进行探讨。场地的空间设计及氛围营造从"木"材的天然属性出发。其满足温暖、舒适、有益成长、寓教于乐的功能需求，以期创造适宜儿童身心成长的活动场所。

砍伐的声音

黄梓瑜　颜敏瑄　吴昭儒　黄沛君
台湾朝阳科技大学

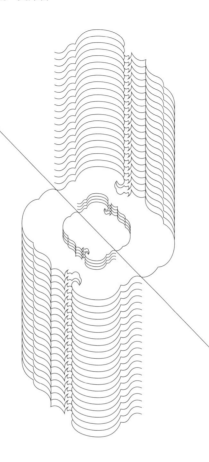

满载乘客的观光列车，过去输送的却是无数珍贵的桧木，阿里山铁道的诞生，同时也代表了林木的死亡。观光客惊讶于眼前的美景，但真正惊心壮阔的桧木林早已被砍伐。现今，不是残存的半截树头，就是没有价值的树木。

当年为求生活而砍伐树木，造成对自然的伤害；今日人们期望透过废弃利用弥补归感，感恩土地，回馈自然。用不同的心境去看待树灵，反映在自然最终呈现的样貌中。

云隐

李俊　伊光宇　张淮婷

鲁迅美术学院

《云隐》整体造型一气呵成，将中国传统绘画及造园中最直接的意境融入展示空间中。从传统木结构建筑中抽离出屋顶的承重结构，形成基础单元型，将其与半透的香云纱结合，依据空间中的曲线排列组合，配合灯光，建立一个有趣的光的序列。整体架空，以垂下的香云纱划分空间。暖灯带向下照射，利用面料的半透性，光线被弱化为柔和光晕。弯曲的走廊与木结构的几何关系产生了强烈的呼应。观展人的行进过程，也赋予了云隐抽象的意境和意义。

袅袅食香——木构造下的美食节装置

刘宇　周于加　张苏洋　陈雨菲

首都师范大学

"木"载东方、春天，"木"为五行之始。一根木易折，而多木则成为有温度的朋友。识香闻香，我们借由木香于食材的香气展开一次不同的嗅觉旅程。

木禾燃烧，袅袅香气，故取缥缈香气之形为设计之态，以此为基础路径，在此基础上推演出艺术装置的起伏之感，以桦木为主材，座椅部分采用实木热弯成型制作其特有的弯曲程度。在直径6米的圆的圆心处设置了高低错落的儿童设施，旁边也同时设座以便家长看护。木象征一种传统，而我们旨在用这样的设计表达让古老＝文明，与现代生活薪火相传，守护中华传统文化所特有的香气。

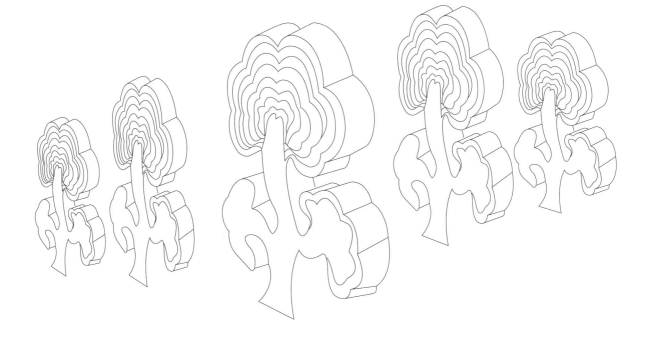

入围作品·学生组

Cycles · 轮回

秦蕾

上海大学

　　大地艺术，是从自然界中收集物品来进行创作，然后在制作过程中，一直到制作完成，又以另外一种方式，回归到大自然，这就是一种循环而已，所以设计者给作品取名为 Cycles，意思是轮回，它是一个圈，也代表轮回。圈圈圆圆圈圈，树叶从出生，由嫩绿到深绿，到最后变黄落在地上，枯萎，又作为养分供给大树来孕育新一代，这就是一个轮回。

上海虹桥国际机场装置雕塑——燕归巢

许逸雯

上海大学

到达对于归来游子是"此心安处是吾乡";到达对于来往旅客是"未晓前路翘首以待"。以人为本,致力于"平安、智慧、绿色、文化"的"四型"机场的建设,是上海虹桥国际机场的目标和使命。以"燕归巢"为主题打造虹桥机场装饰雕塑,将巢的造型用现代艺术的手法进行造型提炼,形成现在的装置造型。整体设计理念以归巢为主,归巢亦代表一个个异乡的灵魂回到了家乡,行人成就艺术,因此将其打造成一个互动装置,人从雕塑中穿行才完满了这个作品。

入围作品·学生组

承

张嘉禾　张蓉鑫　成雅楠

太原理工大学艺术学院

作品的目的在于探索一个"新"的"斗栱"。保留斗栱的重要结构，改变其大小形式及功能。运用对传统斗栱各部件的拉伸、挤压、错位、翻转等手法，创造一个可以容纳多样行为的校园公共景观装置，不仅能满足同学日常活动与交流的需要，也可以成为开展室外课程的空间，还能够为艺术节、展览等丰富的课外活动提供场所。该装置占地约800平方米，流线层次丰富。作品希望达到在传承中国优秀古建筑木构建的同时，也引起人们对古建筑文化的思考与共鸣。

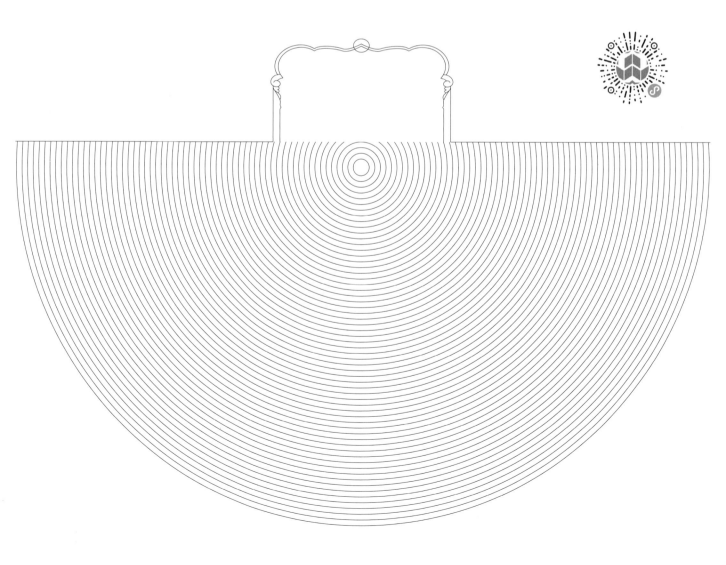

木语

张志涛

新疆师范大学

运用木与榫卯构件打造一件公共艺术品，由不同宽度、厚度、高度、长度的木长条一层层搭建而成。古代木匠人的智慧，以及榫卯构件都藏于建筑的内部，不为人所见，仔细观察才能看到里面的结构。现将榫卯结构放大并且外置，使人一下就能看到，体会到古代人们的智慧。

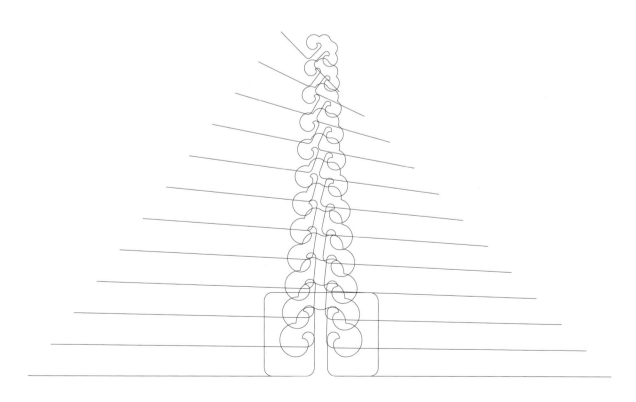

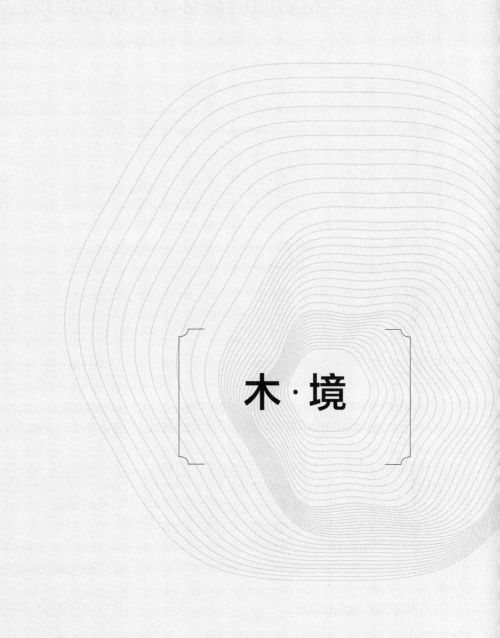

木·境

木材资源稀缺环境下现代景观应对策略探析

龚立君 白可

天津美术学院环境与建筑艺术学院

摘 要： 木材是中国传统建筑材料，具有独特的自然感与地域文化特色，是景观设计中不可或缺的重要元素。但木材使用需求量大，国内外木材资源有限。面对木材资源稀缺的环境，应当控制木材的使用，积极寻求更合理的应用方式。经过对市场环境与景观材料的研究分析，得出结论：现代景观可以通过将木质材料与其他材料结合使用、使用复合型木材、利用其他材料模仿木结构形态、加强木材的后期维护与重复利用、使用仿木材料等多种方式达到减少原木使用的目的，创造更加生态的人居环境。

关键词： 现代景观 木材资源稀缺 仿木材料 再生材料

引言

木材属于天然材料，具有自然、健康、舒适的特性，千百年来以作为装点生活环境的理想材料深入人心。中国传统建筑、木构造、室内陈设，以及园林中的亭、台、楼、阁等都离不开木质材料。在现代景观营造中，木质元素常被用作增添自然感与地域文化氛围的手段，具有重要的使用价值。随着全球生态意识的提升，国内外对于森林砍伐的限制逐渐增多。面对木材资源的减少，设计行业应当加以关注，积极寻求应对策略，缓解这种不利的局面。

1 木材资源与消费情况

1.1 国内木材资源现状

中国森林资源总量位居世界前列，但人均占有量少，人均森林蓄积仅为世界人均森林蓄积的1/6[1]。人工林面积虽然居世界之首，但平均每公顷蓄积量仅为世界平均水平的1/3[2]。且人工林中近熟林占14.15%，熟林占11.53%、过熟林占3.9%[3]，现阶段人工林可使用率低。由于生态保护，国内全面禁止商业性采伐天然林，限制采伐人工林，国内木材供给严重不足。

1.2 木材消费与进口

随着经济的快速发展，我国的木材消费已经居于世界第二位，木材消费的50%以上依靠进口。木材的进口量世界第一，2016年我国进口工业用原木4910.1万立方米、锯材3281.3万立方米、纸浆2186.9万立方米、回收纸及纸板2921.5万立方米，四项均为全球第一[4]。而近年来，全球范围内越来越多的国家出台禁伐、限伐、禁止原木出口的限令，缅甸、加蓬、俄罗斯、冈比亚等地的木材出口条件越来越严苛。国内可使用木材资源日渐稀缺，也使优质木材的价格逐渐攀升。

2 现代景观中木质元素的使用研究

2.1 木质元素在景观中使用的必要性

环境艺术设计的主要目的就是满足人们的审美需求和健康生活需要。从材料的选择上来讲，一方面，木质元素作为自然元素使用，实现了人们亲近自然的美好愿望，符合中国传统理念中"天人合一"的世界观。木材与生俱来的亲和力使其在景观中成为一种营造自然、舒适氛围的良好元素。木材的肌理富有生机，能够与周边自然环境融为一体，弱化景观的边界感，人处在景观环境中，获得自然环境中的感受，这是其他材料所不具备的。另一方面，木质材料具有深厚的文化积淀，将木质元素作为文化元素使用，具有历史延续感。木材独特的纹理、色彩与其他人工材料相比更具有个性，容易给人留下深刻的印象，是多种地域风格的典型代表。现代景观在营造不同风格的景观环境时，也或多或少会需要木质元素的点缀。在现代城市更新过程中，需要景观更多地保留城市记忆，木质元素的出现频率也在逐渐增多。

2.2 传统木材在景观中的使用劣势

由于木材本身具有易风化、易变形的特点，需经过严格处理才可达到延年的效果。复杂的处理工艺使得传统木材在现代景观环境中的使用受到限制。而未经过良好处理的木材在景观空间内长时间暴晒，会造成木质景观的坚固性、耐用性降低。木结构的景观构筑物在维护不良的情况下具有一定的危险性。此外，以木材作为景观构筑物的结构部分，所需材料的横截面积远大于钢筋混凝土结构的横截面积，整体构筑物体量更为笨拙，设计受材料限制较大，加之后期维护成本高，木材在景观中的使用具有一定的劣势。

3 现代景观应对策略分析

木质元素在景观环境中的使用是必不可少的，但木材资源有限，成本不断上涨，且未经过良好处理的木材在景观中使用具有劣势，设计行业应当探寻更合理的使用方式，降低木材的使用。同时，技术的进步也为设计带来了更多的可能性。

3.1 将木质材料与其他材料结合使用

现代技术的进步给传统木材的使用带来了更多的方式。将木材与其他材料结合使用可以优势互补。既可以增加整体的坚固性与耐久性，具有更轻巧的景观结构，又可以保留木质材料的自然特性，这是现代景观的常用方式之一。在人身体可以接触到的位置保留木质材料，将其他位置替换为现代材料，例如景观中栏杆的扶手（图1、图2）、座椅的座面部分（图3、图4），既保证

图3 木材与其他材质室外座凳（来源：网络）

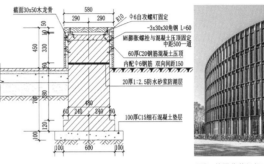

图4 木材与其他材质室外座凳节点做法

图5 德国弗莱堡行政办公中心
（来源：网络）

了人使用时的舒适性，又达到了减少木材使用的目的。

此外，木质材料与其他材料结合使用，也是出于一种科技性与装饰性的考虑。德国弗莱堡行政办公中心的设计（图5），将木材与光伏板相结合。光伏板可以产生电能，供应给建筑内部使用。木材的结合弱化了建筑的边界感，更好地与周边自然环境相融合，具有极高的生态价值。

3.2 使用复合型木质材料

将原木材料替换为复合型木质材料，利用木材切割中的废料、角料、锯末等进行再生，或利用新技术与其他木纤维材料复合。如竹木纤维材料，竹材的强度高、硬度大、韧性好，具有与硬度较低的人工速生林树种杉木、杨木等结合的优势条件。两种材料的结合是现代技术的发展成果，为传统木材的复合型使用带来新的方式。

此外，秸秆纤维材料等新型复合材料的研发，实现了秸秆的无害化利用，在现代技术条件下，秸秆纤维材料不仅具有高强度，同时可锯、可铆、可钉、可刨，加工方式十分灵活，为现代景观中木质元素的应用提供了更多的可能性，达到节约原木材的目的。复合型木质材料相较于其他新材料，具有更加贴近木材原有质感的优势特性。但在复合型木质材料开发与使用中，也要特别注意材料的健康性与安全性，使用符合国家健康安全标准的环保材料。

图1 木材与金属材质室外栏杆
（来源：网络）

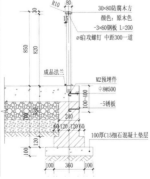

图2 木材与金属材质室外栏杆节点做法

图6 远洋太古里星巴克（来源:网络）　　　　　　图7 德国BUGA木质展厅（来源:网络）

3.3 利用其他材料模仿木结构形态

直接利用其他材料来模拟木结构形态也是木质元素的一种现代化表现方式。木质材料的特性与金属等材料相比，耐久性方面差别较大。作为结构使用时，金属具有更加轻巧，可塑性强的性能。直接用其他材料来模拟木结构形态，也可以很好地避免木材与其他材质的交接部分由于施工质量不一引起的安全隐患。远洋太古里中多处运用现代材料，如金属、陶土板、波浪板、木纤维装饰板等来营造富有传统韵味的现代建筑，项目中利用铜灰色铝格栅来模拟传统四川建筑中木质的形态（图6），以现代材料来表达传统建筑文化，是一种新的现代景观探索尝试，将现代元素与传统文化碰撞、融合。太古里的设计既符合当下审美，也延续了传统地域文脉，是现代城市更新设计中值得提倡的。

3.4 加强木质材料的后期维护与重复利用

现代景观中常用的木材大多未经过良好的前期处理，在持续的潮湿、暴晒环境中，褪色、变形、开裂是常见的情况，影响景观效果。一些注重品质的项目中往往会选择更换新木材，从而增加了木材的使用量。因此在使用过程中，应该加强木材的前期处理，增加木材本身的防腐性能。同时，加强后期维护力度，提高木工的维护能力与维护标准，一定范围内延长木材的使用寿命，避免木材的浪费。

在木材可持续性的探索中，其可拆卸性与重复利用性被加以重视。木质材料具有可拼装，可拆卸的特点，德国BUGA木质展厅经过了很长地设计探索阶段（图7），在精确计算地基础上，采用高科技的自动制造方法，将376个定制的空心木片拼装在一起。独特的空心木盒结构与传统施工方式相比，同等用料的情况下，跨度达到原有的三倍，大大节省了木材的使用。不仅如此，每个木构件都可拆卸与重复使用，这将成为未来景观设计中木质材料使用的重要研究方向。

4 应用仿木材料

仿木材料作为新技术条件下的产物，具有多种优质的特性。仿木材料价格低廉、强度高、耐久性好，随着仿木技术的不断发展，仿制效果与材料性能也在不断提升。现代仿木材料种类众多，本文仅列举几种常见仿木材料加以论述。

4.1 仿木混凝土材料

仿木混凝土变化多样，可以依照不同的设计需求采用不同的加工处理方式。在加工中，需要特制内模板，内模的木纹图案直接决定仿木效果。通常采用松木、杉木为模板进行制作。经过浇筑、GRC抹灰、表明涂装上色后方可使用。

仿木混凝土价格低廉、可塑性强、色彩多样，能够给设计更大的想象空间，是良好的现代景观材料。但由于仿木混凝土制品的精致程度对施工要求高，现阶段更适于应用在较为自然粗犷的环境中，或是应用于更强调造型创意的项目。例如公园、旅游区等自然景观环境中的儿童游乐设施、室外栏板、指示牌、垃圾桶等，利用仿木混凝土可以呈现更具艺术性的效果。此外，仿木混凝土材质本质上是混凝土结构，具有很好的延年性和稳定性，适应现阶段的施工环境和施工工艺，对恶劣天气具有极强的抵抗力[5]，坚固耐磨、不易毁坏，适合在缺少日常维护的场所以及潮湿、暴晒的景观环境中使用。

4.2 金属仿木材料

现代景观中常用的金属仿木材料以铝质仿木材料为主。铝合金重量轻、强度高、塑性好、不易变形、经久耐用，在景观中的使用范围广、用量大。仿木纹着色等表面处理技术的不断涌现，为铝合金的使用提供了更广阔的空间，使铝合金具有更为柔和、自然的装饰效果。以铝合金仿制木材，可以避免木材易开裂、易变形等问题。

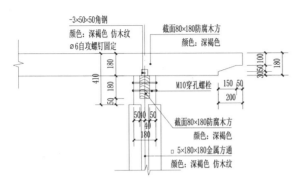

图8 金属龙骨与木方连接节点一

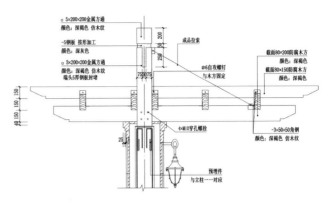

图9 金属龙骨与木方连接节点二

铝合金仿木纹处理技术，作为新兴的加工手段，现阶段主要有两种方式：一种是用热转印的方式。将印刷在转印膜或纸上的图案通过真空吸附在已经喷涂好木纹底粉的金属表面，进行烘烤，通过这种方式将纹理附着到金属表面，这种方式产生的木纹图案效果真实，但耐候性较差；另一种是在金属表面喷涂木纹底粉，待固化后再在涂层上滚刷木纹图案，然后再次通过固化剂保证纹理成型，这种方式产生的木纹图案与实际木纹效果有一定差距，其优势在于经过喷涂的材料表面会具有一定的纹路凹凸，且具有良好的耐候性。目前铝合金仿木纹的生产主要采用热转印的方式。

金属仿木材料具有多种金属材料的优势特性，但由于金属材料无法改变的冰冷质感，大多使用在构筑物或景观小品部分以及其他与人直接接触有一定距离的位置（图8、图9）。

4.3 木塑复合材料

木塑复合材料是一种主要由木材或纤维素为基础材料与塑料（也可以是多种塑料）制成的复合材料[6]，近年来在景观环境中的应用也较为普遍。

木塑复合材料是绿色环保材料，其原料来源为废旧塑料、废木粉。这为不可降解的"白色污染"提供了一个新的解决方案。木塑复合材料的原料广泛且价格低廉，目前在北美、日本等地区已经形成了一定的使用规模。木塑复合材料具有特殊的耐水性、耐腐蚀、耐酸碱性，使用年限比木材长。废旧木塑材料还可以作为新材料的原料循环利用，生态性能高。

木塑复合材料相较传统的木材与塑料，具有更高的力学性能。目前最新的木塑复合材料研究成果主要有共挤木塑制品、压花木塑制品和3D打印木塑制品[7]。木塑复合材料具有良好的生态性能与力学性能，现阶段的应用以地面铺装为主。随着木塑复合材料强度与延展性的增强，在景观设计中将会得到更多的使用。

5 小结

亲近自然的生活方式是人类内心一直以来的向往，木质元素在人类环境中的使用是永恒的课题。自然观念的演变使人们意识到森林资源的宝贵，木材的过量使用与当下的环保理念相悖。现代设计所要建造的是兼具生态性、文化性、个性、美观性的景观空间，需要多种材料的配合。

处理人与自然的关系是园林景观设计者的首要工作。园林景观设计者要引领生态建设，不仅要做好现代城市景观的设计与建设工作，还要致力于创设人与自然和谐共生、环境友好型城市，为人类带来更健康、美好的生态环境。

参考文献

[1] 联合国粮食及农业组织.2015全球森林资源评估报告 [R].罗马：联合国粮食及农业组织,2015.

[2] 史建伟.木材加工业的可持续发展研究 [M].长春：吉林人民出版社,2012.

[3] 国家林业和草原局.中国森林资源报告(2014—2018) [M].北京：中国林业出版社,2019.

[4] 杜志,胡觉,肖前辉,冯强,贺鹏,李锐.中国人工林特点及发展对策探析 [J].中南林业调查规划,2020,39(01)：5-10.

[5] 王隆海.园林小品中水泥仿木工艺的应用探讨 [J].江西建材,2016(20)：179+185.

[6] 王清文,王伟宏.木塑复合材料与制品 [M].北京：化学工业出版社,2006.

[7] 刘彬,李彬,王怀栋,陈希,龚裕.木塑复合材料应用现状及发展趋势 [J].工程塑料应用,2017,45(01)：137-141.

明清北京私家园林建筑探析

谢明洋

首都师范大学

摘 要： 现存北京私家园林多修筑于清中晚期，或在明代旧园基础上不断改建而成，园林建筑受城市格局和官方做法的影响较大，体现出正厢布局，与山水关系较为疏离，空间及形态端庄厚重、做法工整严谨、装修讲究分隔层次，色彩鲜艳富丽的本土特色。在实地调研和文献研究基础上，对北京的私家园林建筑进行初步分类，分析其特征的影响因素及其与园林环境的关系，并就大木作及装修、建筑色彩等展开初步探讨。

关键字： 北京私家园林 园林建筑 园居 京城园筑 明清宅园

如果说住宅建筑体现的是伦常秩序，那么园林建筑则是"逐景而筑"，较为随性散漫。虽然北京私家园林中的建筑布局和形态比江南文人园林拘束不少，但因景因情，随形就势的基本特征是一致的，并且在基于北方气候与生活条件之上融合了部分江南园筑、满族和蒙古族民居以及西洋建筑的做法，自成体系。

图1 礼王园银安殿

1 类型

根据园居需求，明清京城私家园林建筑可分为厅堂、廊桥、亭台轩榭舫、斋馆室楼阁及墙垣这五大类。

主厅堂是园林的核心空间，通常坐北朝南，四面环景，可达性好，多作歇山顶，三开间或五开间，偶有七开间。如涛贝勒府园正堂为三开间周围廊歇山顶建筑，四面设隔扇，是典型的"四面花厅"。清代北京宅园中主厅堂以歇山和硬山卷棚灰筒瓦屋顶为主，与江南园林中的厅堂建筑相比尺度略高大而空间较封闭。为适应北方漫长严寒的冬季，厅堂正门前常增加抱厦，加装隔扇或卷帘等，如朗润园正厅致福轩为五开间硬山屋顶，前出三间歇山抱厦；萃锦园安善堂为五开间周围廊歇山顶建筑，前出三间悬山抱厦；半亩园云荫堂为三开间卷棚硬山带前廊，前出一间悬山抱厦等。为加强保暖效果，厅堂的立面也多用夯土或者砖墙围合，局部开窗洞用于通风。如棍贝子府园主厅堂原为三开间歇山顶四周带檐廊四面厅，现将东西北三侧檐廊封闭改为槛窗耳房。清代北京私家园林中出现了独特的勾连搭屋顶的厅堂建筑，极大地拓展了室内空间，如继园主厅堂

为三开间三卷棚勾连搭硬山建筑；意园正堂为三开间两卷棚勾连搭硬山建筑等。有的厅堂是硬山勾连搭屋顶但在两侧加檐廊构成类似歇山的效果，做法简便造价低廉，在清代中晚期园林较常见，如礼王园的银安殿等（图1）。清代王府主厅堂称为正殿，民间俗称为银銮殿、银安殿，按照营造则例及规制建造，一般筑有高台基，殿前出有月台，或设高台甬路。亲王府一般为七开间歇山顶建筑，七个垂脊兽，可用绿色琉璃瓦装饰屋顶以及槛墙和透风孔；郡王府厅堂一般为五开间，五个垂脊兽，灰瓦覆顶。因王府赐园大多由旧宅改建而成，或因财政因素等，清中晚期多数府园厅堂是低于标准建造的。还有一些造型特殊的厅堂，如清华园中类似皇宫正殿的"工字厅"；恭王府花园平面形似展翅蝙蝠的蝠厅等。

廊与桥是园林中的线性交通空间，组织串联园林中的各个区域，划分空间的同时又通过透窗、地穴等起到连接与渗透的作用。明清北京私园中的游廊多为卷棚两坡顶，廊宽约为

平顶套方水榭　　　　　　　　　　　　　平顶敞轩

图2 阿奇博尔德·立德夫人拍摄的园林中的戏亭（来源：引自《我的北京花园》[1]）　　　图3 振贝子府园园中的平顶套方水榭及平顶敞轩（来源：引自《北京私家园林志》[2]）

1.2~1.5米，至清代逐渐固定为4营造尺宽（约1.32米），清代出现了满汉结合式样的平顶廊，如涛贝勒府园、桂春宅园等。北京的廊大多是正向布局，直角转折，与山水的关系较为分离，显得端庄有余而灵动不足，极少见南方园林中斜向曲折错落的游廊、横跨水面的廊桥、双面廊、二层的复道廊等丰富的变化形式。现存园廊多以颐和园、北海等皇家园林的廊为范本，平直悠长，呈规整的几何关系，如涛贝勒府园中长廊共计九十余间，东侧弧形，南侧则一字直线延伸，局部稍有高低起伏。振贝子花园的游廊平面呈"弓"字形，构成一个四合院和两个三面围合的院落，又使得彼此之间视线较为通透。面积较小的园林中，建筑通常按照合院的正厢关系布置，游廊与各房屋的檐廊连接环绕中心山水景观，如可园、半亩园、马辉堂宅园、那家花园、桂春宅园等。

京城园林中水景稀少，因此桥的数量与类型都逊于南方园林，常见石板桥、木板桥、石拱桥、曲桥、石栏杆平桥等，多数造型简约小巧，起到连接空间和视觉上的点缀作用，棍贝子府园长河上以三折石板曲桥收束了河道，同时起到分段理水的作用。西郊别苑园林中桥的运用较为丰富多样，如明代清华园湖上架设的娄兜桥，勺园中跨度约二十余米的缨云桥；继园有一座为直木板桥，一座石拱桥，两座三折木板桥；振贝子花园东北部水池之上架有一座纵跨南北超过20米的七孔石拱桥，如长虹卧波，颇有气势。

亭是园林中应用最为灵活的看与被看的停顿空间，造型多样，常见四方亭、六角亭、八角亭、圆亭、扇面亭等，因地制宜，随景赋形。有的园子面积虽小，却设有多处亭子，如继园有七座大小造型更不相同的亭子，或立于山巅，或居于长廊之间，或浮于水中，给人不同的景观环境体验。涛贝勒府园中有三亭，分别为正堂之东假山上的八柱圆亭、庭院中心土坡之上的方亭以及庭院西侧的八角亭；那家花园中亦构有三座亭，分别为院子西南角的圆妙亭、吟秋馆东面四方形的翠籁亭以及假

山谷中的六角井亭；醇王府园则在花园东南角山坡之上建有扇面形的簪亭，在湖面上的游廊中建有一座六角亭恩波亭，在西山之上建了一座圆亭。比较特别的是桂春宅院中的双亭，由两座方亭斜向相接组合构成；退潜别墅中的方亭与萃锦园中的八角攒尖沁秋亭在地面石台凿蜒蜒水渠，是北京私家园林中仅有的两座流杯亭。晚清时旅居北京的英国人阿奇博尔德·立德夫人（Mrs.Archibald Little，1845—1926）在《我的北京花园》中拍摄了园中一个戏亭，以粉墙山石月洞门为背景，四周设槛，颇为别致（图2）。

台通常位于山顶地势较高处，功能多样，便于使用，四面开敞，设有栏杆。台在明代北京私家园林中更为常见，如勺园西北角有一石台，其上置一小阁，与西侧的半圆石台相呼应；明代湛园中建有一座石质猗台，可俯瞰蔬圃；清代恭王府萃锦园正厅安善堂后接一方月台用以赏月观山等。北京私家园林中常把建筑的平屋顶设为平台，如明代李氏清华园中西北部高楼有屋顶平台可远眺玉泉山；清代继园把諳云楼屋顶辟为平台，可从南侧假山蹬道登临俯瞰园林内外；清代半亩园在曝画廊与退思斋处有屋顶平台，可从西南面假山登临遥望京城风光。

轩原指马车上坐人的车厢，园林中的轩常与廊连接作为游赏路径中的主要停留点，比亭的面积稍大，功能也更多。榭特指临水的轩，造型更为灵活多变一些。民间云："高堂敞轩"，轩应是较为开敞的，但在北京私家园林中有许多以轩命名的建筑多数有名无实，如棍贝子府园的碧荷轩实为一座二层小楼。满汉结合样式的平顶轩榭在清代京城园林中也比较多见，如萃锦园的棣华轩、桂春宅园水池南端的平顶轩、涛贝勒府游廊中段的平顶敞轩等。可园内的水榭为三开间歇山顶三面带美人靠建筑，有江南水榭的姿态，木雕围栏挂落精美雅致，带有西方洛可可装饰风格。振贝子府花园的花爽轩为三开间悬山顶建筑，另有屋顶分三段错落的平顶敞轩和一座平顶三联套方水榭，样式颇为特别（图3）。

图4 半亩园中的斗室（来源：引自《鸿雪因缘图记》[3]）

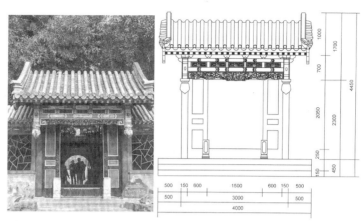

图5 恭王府萃锦园垂花门（来源：作者测绘）

受江南园林影响，明清北京私家园林中逐渐出现了一些舫舟类建筑，但造型更接近普通的轩榭，不如江南园林中的船厅更接近真实船只的样式。从吴彬《勺园祓禊图》中可寻得两舫：位于勺园中部水域土堤上的"太乙叶"名取自"太乙真人乘莲叶舟"的典故，周围水面遍植白莲，另有"定舫"位于勺园东入口处，实为一座水中廊桥，是步行进入园林内部的必经通道。萃锦园西部水池中的"诗画舫"实为三开间卷棚歇山顶建筑，取舟行之意而无舟船形态。淑春园中的湖上石舫，似写仿清漪园石舫，今仅存基座。明代湛园、李园，清代怡园、述园、绮园等园林中水亦设有舫，惜遗迹无存。

斋、馆、室、楼、阁都属于园林中较为封闭的空间，一般斋为书房，馆室为住房，置于园中比较僻静处。北京私家园林中一层的斋馆等较江南园林数量更多，但二层的楼阁较少。振贝子花园东北部的书斋为三开间周围廊歇山顶建筑，置于水池的中心，东、西、南侧有桥相连，周围环绕山石，自成壶中天地。那家花园的味兰斋为五开间两卷棚勾连搭带前后廊，东接两间耳房，是京城中体量最大的书房，吟秋馆三面环廊，北出一间抱厦，起到衔接交通的作用；半亩园北侧的书斋"嫏嬛妙境"位于园林最北端，檐下有紫藤廊架，斋前叠山石屏风围合构成园中之园。北京私家园林中厅堂前种植成对的海棠、丁香或玉兰，斋馆前通常成对配植松柏，点缀置石，显得清幽古拙，如那家花园的双松精舍。京城宅园中的室多为客房或居室，一般为三开间卷棚硬山顶带槛窗，室内设有炕床、暖阁、套间等，样式较为朴素，如退潜别墅的抚松室、静因小室、藏园的莱娱室等。半亩园东南角的"斗室"颇为特别，实为院落东廊向西探出一间硬山顶小轩，上下两层，因常年装隔扇以防风保暖故名"室"（图4）。

北京私家园林中的楼阁以二层居多，通常置于视野最佳

处，可近赏园内诸景，远眺城内外风光。如醇王府园南楼朝向园外南侧的什刹海，登临可将西苑后海尽收眼底；张之洞故居北侧建有三座楼阁，为五开间带前后廊卷棚顶二层建筑，在前廊可南望地安门一带景象，在后廊则北向欣赏什刹海风景，勺园的翠葆楼为全园最高建筑，为三开间歇山重檐卷棚顶二层楼，可尽览京郊西山美景。涛贝勒府中楼阁为五开间卷棚歇山顶二层建筑，上下皆为四面花厅且四周带檐廊，视线通透空间开敞，装修精致华丽，在京城园林中非常少见。晚清时期受欧洲影响，京城贵族宅园中出现不少砖石洋楼，有的带有壁炉烟囱等现代化设施，称为洋楼。如晚清庆亲王奕劻的两位公子都喜好异国情调，长子贝子载振宅园中西北角建有一座二层的洋楼，周围以假山石屏与其他区域分隔；次子镇国将军载扶的恩园则以完全西洋建筑为主，洋楼与圆亭均为典型的文艺复兴样式。

园墙主要划分空间，同时可以衬景、障景、透景、漏景或独立成景。由于气候、风沙等原因，北京私家园林中外院墙常用耐脏的灰砖墙和不规则的大块毛石砌筑的虎皮墙。园中内墙多为青砖墙，有些亭廊墙壁模仿江南园林表面抹粉刷白，镶嵌各色什锦透窗，但江南文人青睐的镶嵌碑刻的廊墙十分少见。墙上开的门洞也称为地穴，有方形、圆形、六角形、八角形、葫芦形、月亮形门洞等，总体不如南方园林样式丰富，也较少题额雕刻。清代京城园林中常以垂花门连接不同院落的空间，如萃锦园、桂春宅园、那家花园等。垂花门常见前后两卷勾连搭、两卷棚悬山顶，或一个卷棚顶与一个清水脊顶相结合样式，门檐下带有垂柱，柱头雕刻为旋转状的莲花形，饰以绚丽彩绘（图5）。较为特别的是部分王府园林中模仿长城关隘建造城墙以缅怀先祖入关建国的历史，如恭王府萃锦园榆关以及退潜别墅、继园的城墙等，这种城关形式的园墙在皇家园林中亦为多见。

藏园石斋旁廊（傅熹年绘）

成王府园葫芦门及廊（喜龙仁摄）

涛贝勒廊

图6　北京私家园林中直向空间营造的深远景象

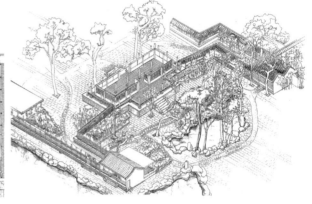
图7　《样式雷图档》290-0003图局部：安善堂
（引自《样式雷图档中的恭王府花园》[6]）

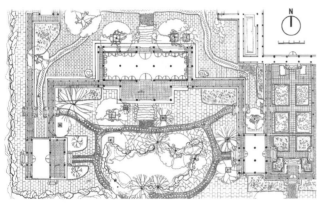
图8　恭王府萃锦园安善堂现状平面与鸟瞰剖视图（来源：孙春迪 测绘）

2　做法

北京私家园林空间院落特征明显，因此建筑的总体布局大多有着明确的轴线对称和正厢关系，厅堂、亭、廊等均为正南北或东西朝向布置，整体显得端庄有余而生动不足。然而，悠长直向的廊道空间构成极为幽邃的进深感也是京城宅园中的一大特征，傅熹年先生曾评价北京西城藏园中的廊空间："穿过重重廊柱直望到最尽头处一片粉墙，花影摇映，利用廊子的透视，构成一个'中心'，取得了很深远的效果……"[4]涛贝勒府、萃锦园、醇亲王府园中仍有多处类似空间（图6）。

受制于平面布局，各类单体建筑大多也采用端正对称的平面，参照官方颁布的则例做法中无斗栱小式木作法，以三开间五架梁房屋为基本结构范式，空间布局、建筑形式与室内陈设装修等根据北方的自然环境与生活方式及场地条件变化调整，体现出颇为鲜明的地方特色。京城私家园林建筑受宫廷营造手法影响很大，如清代的王府园林多数由内务府主管，有些是样式雷家族直接主持或参与方案和施工全部过程，如恭王府园等。从目前保存较完整的古建筑来看，多数为青灰筒瓦卷棚硬山、勾连搭硬山、歇山顶，也有悬山、平顶、盝顶等，屋顶大多出檐较短，翼角的飞檐起戗低平，梁思成先生评价道："南方手艺灵活的地方，飞檐及翘角均特别过当，外观上虽有浪漫的姿态，容易引人赞美，但到底不及北方现代所常见的庄重恰当。"[5]北京的园筑一般用灰砖或虎皮墙砌筑台基地盘，以自然的青石块跶踏取代砖石台阶垂带。为保暖建筑墙体较南方宽厚，围合面积更多，南立面多设为槛窗、支摘窗，其他墙面仅有窗洞，窗扇也较少开启。北京空气干爽，昼夜有一定温差，七八月份常有短暂的雷雨，而后立刻晴空万里，烈日当头，因此厅堂居室多带有檐廊，前出抱厦或搭建凉棚花架等。

国家图书馆藏《样式雷图档》中有26张绘于1866年的恭王府萃锦园设计图，从图7可看出主厅堂安善堂位于西洋门——蝠池——蝠山——蝠厅的轴线中心，五开间前出三间抱厦带青石跶踏，四周围檐廊，后带平台东西各接抄手游廊南折接东西厢房，是晚清京城园林厅堂中比较典型的例证。安善堂是园主人平日读书及招待客人的最主要场所，依则例中小式建筑营造，屋顶为卷棚歇山样式带五只脊兽，明间面阔约3.3米，檐柱高为五分之四面即2.6米，柱径为十一分之一高即23厘米。为保暖起见四面皆为槛窗，檐下设可坐人的围栏，雕梁画栋，饰以蝙蝠木刻纹样，十分华丽精美（图8）。

京城园筑的另一大突出特点是满汉结合的做法，大量运用平顶带栏杆及宽大垂檐，雕刻满蒙风格的装饰纹样。如萃锦园中的妙香亭为平顶木结构二层建筑，平面十字形，一层为佛堂，有十二根粉翠方柱，四周以隔扇围合形成暖阁，入口向西；二层为八根朱红圆柱的开敞平顶小亭，入口东向，需爬山蹬入。亭顶呈海棠花形，两层屋顶边均装饰水泥欧式线脚，配以彩绘檐板，优雅独特。现存北京宅园中平顶建筑较为常见，如醇王府园东南山坡的扇面形簧亭，礼王园水池东西侧轩与廊等。京城园筑中受西洋建筑影响不少，但大多直接模仿其做法，或者局部镶嵌彩色玻璃窗、地面铺设什锦花砖等，不如同时期南方园筑更注重探索东西建筑样式的深度融合。

清光绪年间《点石斋画报》载恭亲王别墅室内　　朱家潽宅园厢房内景

图9　清代私家园林室内装修（来源：引自《明清室内陈设》[8]）

3　装修

中国园林建筑的承重是梁柱体系，墙体和门窗都是可以替换移动调整的，因此，20世纪50年代柯布西耶等倡导的"自由平面、自由立面"等现代主义建筑变革于中国人而言似乎是早已习常的空间形态。凡此门窗隔扇种种，在传统匠作则例中称为"装修"，并分为外檐装修和内檐装修两大类。《园冶》中将外檐装修单列为栏杆、门窗、墙垣章节，内檐装修统称"装折"，曰"凡造作难于装修，惟园屋异乎家宅，曲折有条，端方非额，如端方中须寻曲折，到曲折处还定端方，相间得宜，错综为妙。"[7]园林建筑营造较少受制于规约约束，利用砖墙隔门的灵活排布，可构成千变万化的空间组合：稍加围合遮挡便可隐出壶中天地，稍开窗扇地穴便可借入天光清风，满园美景。同时追求"错综"的空间，江南园林的装修偏爱"曲折"，而北京私园中更多"端方"。

明清时期北方木作中的装修也可分为"框槛"和"隔扇"两部分。框槛是装修中不可动的部分，横向木条为槛，竖向为框。隔扇是可动的部分，可以作门或者窗户，如上下两头加转轴即为平开窗，江南园林中多见，北京园林建筑更见支摘窗，即上半段隔扇左右加转轴可向外上方开启，由金属杆件支撑，下半段窗可完整取出。隔扇有全木的裙板，也有用于裱糊或安装玻璃的棂子，即俗称的窗花。《园冶 装折篇》称："古以菱花为巧，今之柳叶生奇"，而北京私家园林中的窗棂纹样以菱花最为多见，其次是井字变杂花式点缀木雕装饰等，式样品类远少于南方。北京园林中的园墙或廊壁的漏窗常见圆、方、梅花形、扇形、六边形、八边形等，也称为什锦窗，受制于气候风沙等因素多为双层玻璃或裱糊，其上绘有花鸟等各类图案，还有一类实体窗，即表面作有窗形，但窗内仍为实墙，因此北京园林整体空间渗透性稍弱，显得较为封闭。恭王府后罩楼北侧二层嵌有四十四面什锦窗，砖雕外框，内部镶嵌木格

栅，制作精良，各不重复。

由于北京气候不适宜长时间户外逗留，因而园林建筑尽量扩大室内面积，除了在结构上以勾连搭、抱厦等增加空间，园中设暖亭、暖阁（为亭轩加装隔扇），室内除了设座炕、地炕以外，空间设计也发展出非常成熟的"套房"做法，形成灵活多变、层层套嵌、复杂曲折的内部空间。隔扇门，也称碧纱橱和槛窗，起到阻隔视线与围合空间的作用，一般用于居室的梢间或里进，划分出卧房、炕床等较为私密的休息空间；天然罩、栏杆罩、落地罩、多宝阁架、屏风属于半遮挡构件，通常用于厅堂或居室的明间或前进等稍外部的空间，营造出视线交错延伸和渗透感，给人隔而不绝的体验。晚清京城园筑装修也吸收了一些西洋建筑元素，如振贝子府园北面小轩南向三面窗户为欧式拱券镶嵌玻璃，藏园龙龛精舍东面廊子南端墙体安装落地镜映射出园林景观等（图9）。

4　色彩

北京秋冬漫长萧瑟，物候较南方提前，秋分以后落叶植物大多凋落，常绿植物亦呈现灰绿色调，整体环境显得灰暗萧瑟，并且春季沙尘气候往往持续近两个月，因此建筑整体偏爱鲜艳的红绿对比色点缀金银，配以耐脏的灰砖、虎皮墙等灰黄色调，显得富丽稳重。另一方面，油漆涂料能够保护木材避免风日雨雪的侵蚀，北方夏日骄阳似火，春冬沙尘冰雪，气候远比江南严苛，故清代营造则例将《色彩》单列一章论述，而江南的《营造法原》并未如此，可见北方建筑更加重视油漆彩绘。

梁思成先生认为中国建筑是世界上最重视色彩的类型，并且："建筑色彩的分配是十分考究的，需兼顾实用与美观。檐下的阴影掩映部分色彩多以青蓝碧绿等冷色为主，略加金点，柱及墙壁则以丹赤为其主色，与檐下幽阴里冷色的才华正相反其格调"[9]。以恭王府萃锦园主厅堂安善堂为例，笔者于2017

年2月28日现场比对门塞尔标准色卡记录了建筑物外部主要色彩参数如表1。

根据门塞尔标准色卡比对的恭王府萃锦园在晴朗的冬季光环境下色彩参数　表1

建筑部位		色彩名	色卡值
建筑外墙	主墙	朱红	10R 3/8
	墙裙	灰	5G 6/1
檐下彩绘	梁枋彩绘主色	墨绿	5G 2/4
	梁枋彩绘主色	靛蓝	7.5PB 2/2
屋顶	筒瓦、瓦当、滴水	灰	N 3.5 /
柱子	檐柱	朱红	10R 3/10
	东西外接廊柱	绿	10G 3/4
门	门	朱红	10R 3/8
	边挺	金黄	2.5Y 6/10
地面	铺地	灰	N 4/
	石阶	灰	N 5.5/
屋前围栏		朱红	10R 3/6
		翠绿	10GY 3/2
		黄	7.5YR 6/6

(来源:作者自采集整理)

明代北京宅园罕有实物遗存,仅从现存园林绘画和文字记载可大致分辨一二,如《勺园修褉图》和《勺园祓褉图》中建筑多为朱栏灰瓦,辅以虎皮墙、茅草屋顶等本色材料,门窗栏杆等造景简朴,不施彩绘;杨荣的杏园、吴俦的息园亦大抵如此。清代王府园林建筑中,主厅堂及亭廊的檐下梁枋彩绘较多,题材多样,色彩丰富,笔墨轻松活泼,多以苏式彩绘置于枋心,两侧以殿式彩绘衬托。飞椽截面大多绘以万字纹、寿字纹、雀翎等装饰,柱头、雀替、栏杆、挂落等亦有精美图案或油漆彩色,如萃锦园安善堂、诗画舫等大部分厅堂亭廊、礼王园、棍贝子府园主要建筑等。有些特别的案例,如涛贝勒府园建筑梁枋刷红褐油漆配金边纹饰,柱刷翠绿油漆,椽头皆靛青衬金色篆书如"南园""平安""知足"或万、寿等字样,颇为别致;萃锦园的蝠厅原名"云林书屋",掩映于青石假山竹林环绕的清幽环境中,建筑色彩以黄橙搭配翡翠绿为主调,檐柱、金柱皆彩绘模仿竹编纹理,槛窗绘粉绿青竹,枋心苏式彩画松石图等,雀替雕饰植物藤蔓,富于雅致的自然情调;完颜麟庆的半亩园建筑记载以"绯色"为主,晚清京城园林建筑亦出现不少西洋透视构图的彩画,如棍贝子府花厅角梁绘制的瓶松图等。

5　总结

北京城已有三千多年的历史,其中近九百年为中国首都。她的发展伴随着北方游牧民族与中原农耕民族的冲突与融合,历经战乱的洗礼与皇权的整饬,逐渐形成凝重浓厚、多元开放且兼容并蓄的独特气韵。京城地处黄金纬度,优越的自然地理条件和帝都的格局与历史文脉结合沉淀孕育了独特的北京园林与建筑特色,为今日人居环境研究提供了有益的经验与启示。北京私家园林建筑以端庄富丽见长,总体由四合院民居发展而来,结合了满族和蒙古族少数民族的生活方式和审美偏好,兼有汲取江南香山帮的营造技巧和部分西洋建筑形式与材料做法。明清时期京城建筑行业已形成业主委托—设计师提供图纸模型方案—工匠建造的比较成熟的项目流程及相关产业分工,同时设计的模式化也较为明显,营造思路和手法较严格地遵守官方颁布的规范标准,布局方正,取料工整,结构严谨,装修细腻多变,色彩明艳华美,虽不如江南园筑灵动多姿,也自有一番雍容飒爽之气。另一方面,京城宅园中也有一些别具情趣和机巧的建筑,如立德夫人园中的戏亭、藏园的石斋、半亩园的斗室等,由于资料有限未能窥得全貌,值得进一步探究。

参考文献

[1] (英)阿奇博尔德·立德夫人Mrs.Archibald Little.我的北京花园(京华往事) [M].北京:外语教学与研究出版社,2008:28.

[2] 贾珺.北京私家园林志 [M].北京:清华大学出版社,2009,12:242.

[3] (清)完颜麟庆.鸿雪因缘图记 [M].北京:北京古籍出版社,1984.

[4] 傅熹年.记北京的一个花园 [J].北京:文物参考资料,1957,6:19.

[5] 梁思成.清式营造则例 [M].北京:清华大学出版社,2006:18.

[6] 耿威,王其亨.样式雷图档中的恭王府花园 [J].北京:中国园林,2010:64-67.

[7] (明)计成著.赵农注释.园冶图说 [M].济南:山东画报出版社,2010,1:147.

[8] 朱家溍.明清室内陈设 [M].北京:故宫出版社,2004,11:153,170.

[9] 梁思成.清式营造则例 [M].北京:清华大学出版社,2006:20.

[10] 谢明洋,康颖.空潭泄春 古镜照神——那家花园营造艺术探析 [J]沈阳.美术大观,2019,4:90-91.

城市口袋公园的设计策略探讨
——以上海市胶州路街心公园为例

陈圣泽

上海大学上海美术学院

摘　要： 随着城市人口密度增大及生活水平的提高，人们对于城市绿地等生态环境的需求提升，建造城市口袋公园的呼声越来越高。口袋公园主要指城市中的小型公共绿地，主要分三大类，它进一步促进了"城市绿网"的形成，同时有利于城市文化形象的建立。本文通过国内外口袋公园的案例学习和调研，结合胶州路公园的设计实例，探讨城市中口袋公园的设计策略及设计注意要点，通过线性语言的方式将生态、文化等意识融入口袋公园的设计，力求在城市生态环境建设和发展中取得平衡。

关键词： 口袋公园　创意性　开放空间

1　课题背景和目的

近几十年来，随着城市化和现代化建设进程的加快，越来越多的人涌向城市，加上城市不断向外围扩张，导致城市人口急剧增加，人口密度加大，用地十分紧张。然而，随着生活水平的提高，居民对于城市绿地等精神文化交流场地的需求却在不断提升。面对这种用地紧张与居民需求之间的矛盾，许多小型公共绿地就逐渐演变为居民们的户外活动场所。它们在密集的城市肌理中常呈斑块或点状分布在城市的各个角落。如何对此类空间进行有效的利用，就成为景观设计师们需要面对和思考的问题。

以《关于进一步创新社会治理加强基层建设的意见》、《上海市城市更新实施办法》《上海市15分钟生活圈规划导则》、《上海市城市总体规划（2016-2040）》为指导，通过社区自治、共治的方式，聚集居民日常需求，进行社区微更新。课题目的是希望通过学习已有案例，以及对一些实际案例的调研考察，用新的视角观察口袋公园的规划与设计，思考以往设计案例中遇到的问题与挑战，提高城市小型绿地，即口袋公园的利用率与舒适度，给城市以新的活力。

2　概述

2.1　口袋公园的概念

口袋公园的概念最早来源于美国风景园林师罗伯特·宰恩（Robert Zion，1921—2000）。他最初设想其为：这些小型公园分布在城市高楼大厦之间，面积不超过15米×30米，工人和购物者能在此休息片刻。日本宇都宫大学教授藤本信义认为口袋公园就是"袖珍公园"，来源于1960年纽约的佩雷公园的昵称"Vest Pocket"，他认为佩雷公园对于曼哈顿来说就像我们内衣上的口袋，不仅能在冬天帮助我们的双手保暖，还能平时装一些贴身的贵重物品，使我们感到温暖和安全。随着城市建设发展，一般认为口袋公园的面积在500~5000平方米之间，这种微小型的绿地以点状小面积分布为主，可以弥补城市绿化不足的问题，并能提高公共绿地使用率，缓解拥挤问题。

2.2　口袋公园的分类

目前可以参考2007年王林峰对于这类小型城市公共绿地的分类，主要可以分为三类：第一类是城市交通功能空间的边缘地带，这类公园一般面积较大，如站前广场、道路节点、交通环岛旁小型绿地等，一般受城市交通影响较大；第二类是位于居住区或商业区等城市功能区内，以及连接两种或以上不同功能类型的城市过渡空间，如社区小型绿地、街心花园等，一般具备休闲交流、娱乐互动的功能；第三类是其余城市中的空地或废弃空间，如建筑物、高架桥底下的空间等。

2.3 口袋公园的存在意义

从城市建设角度看，口袋公园进一步促进了"城市绿网"的形成，提高了城市公共绿地的可达性，还可以解决城市公共开放空间不足的问题，作为城市公共开放空间系统的补充。此外，每一个独特的口袋公园的设计与建立，都打破了单一的城市文化格局，解放城市个性，将所在城市独有的文化基因传承下来。从使用者角度看，设计的宗旨是"为人服务"，口袋公园为行人、居民、购物者等人群提供了步行范围可达、可供休闲娱乐的绿色空间，有利于提高民众身心健康和幸福指数。

3 现状调查

3.1 地理位置与周边环境

场地位于静安区胶州路和安远路交汇处，曾经属于公共租界，2016年经合并重组归入静安区。胶州路是上海开埠以来

租借内未曾更名的历史最悠久的马路之一，由上海公共租界工部局修筑于1913年。胶州路南起愚园路，北到长寿路，跨越静安、普陀两区，路面为柏油路，行道树为"法国梧桐"，即悬铃木，春夏季绿树成荫，秋冬枝枯叶落。场地位于宝华城市晶典大厦东侧，玫琳凯大厦西侧，周围有居民楼、沿街的商铺、酒店等建筑物，处于居民区和商业区的交汇处，但人流量一般，并非购物中心，商铺基本满足周围居民的生活需求。南侧有上海市容绿化管理局(图1~图3)。

3.2 使用者的需求

"以人为本"是设计需要遵循的基本原则，设计师应满足不同人群对场地的使用需求，如活动、观赏、休息等，并完善各类服务设施，用人性化的设计语言、合理的空间尺度满足人们功能性的需求。场地位于人口密度较大的城市中心地段，面积较小，属于街头小型绿地，且周围较多居民区以及为居民服务的商铺酒店等（图4、图5）。本项目面对的人群大多为周围居民，以老人和儿童为主，此类人群对于户外休闲空间需求较大，也需要沟通交流的场所。此外，场地位于十字路口旁，各方面视线汇集处，是该区域内的空间视觉中心，形象与使用功能较为重要，既满足周围居民有可供休息交流地的需求，又将趣味性融入其中，形成优美、有创意的视觉效果。南侧靠近园林绿化管理局，所以在绿化上需要详细配置。

4 国内外案例学习

4.1 国外案例

（1）美国Perk公园

大多数城市口袋公园都有地形都较为平坦的特点，所以在竖向上的设计有时候也成为公园较为突出的特点或者成为标志性形象。由Thomas Balsley Associates事务所设计建造，

图1 区位分析图

图2 场地附近交通情况

图3 场地附近十字路口现状

图4 场地附近居民楼

图5 场地南侧商铺现状

图6　Perk公园（来源：网络）

图7　菊池市水母主题公园（来源：网络）

图8　滩涂花园活动区现状

图9　滩涂花园健身设施现状

位于美国俄亥俄州克利夫兰市的Perk公园位于12东街和切斯特大道，是几十年前建筑大师贝聿铭城市总规中的一个边角地，如今被设计成城市口袋公园。该公园主要呈矩形，从中间一分为二，由两个部分组成，一是开敞草坪与微地形组成的开放空间，二是种植池与微地形组成的半开敞空间，主要由七个大小不等的椭圆形微地形组成。在设计策略上，考虑到场地面积小、过于平坦，导致一览无余等问题，设计师在地面上设计向上凸起的椭圆形微地形，使草坪部分在平坦之余有了变化，使种植池部分有了竖向上的遮挡渗透关系，丰富了场地的层次变化（图6）。

（2）日本水母主题公园

城市口袋公园的设计创意形式也是塑造城市文化景观的重要组成部分，位于日本熊本县菊池市的水母主题口袋公园就是很好的例子。该公园是菊池市一系列口袋公园中十分有特点的一个，文章主要以它来做分析。菊池市水母主题公园在设计上传承了日本枯山水的景观特点，整个公园中没有植物种植，色调偏灰，以白、灰、黑三色为主要颜色搭配。在平面上来看，

该公园呈狭长三角形，在三角形斜边两端和中间分布着两个水母元素的景观构筑物和大小数量不一的景观坐凳，构筑物之间较平均地分布着两个浅水池，人们可以坐在景观凳上休闲、交谈，渐变的水池满足了人们的亲水需求。竖向上来看，位于中间部分的水母仿生构筑物是点睛之笔，水母的头部组成遮阳顶，触须组成支撑的斜柱，同时整个形势并不具象，是以抽象的形式展现，显得设计感十足（图7）。

4.2　国内案例调研

（1）上海小桃园绿地

位于上海复兴东路、河南南路交汇处，紧邻著名的文化景点小桃园清真寺，公园整体绿化较多，层次丰富，根据"小桃园"的地名，配置了一些如碧桃的开花植物。在满足周边居民的社交、休憩等功能之外，也通过一些特色雕塑小品以及景观构筑物突出展示了上海的地域文化，将上海的中西合璧、多元化、音乐申城等元素加入如花镜的围栏、雕塑等物件中，具有中西文化交流的特色。

图10　滩涂花园绿化现状

图11　容器花园现状

国内外相关案例分析　　　　　表1

案例	概况	设计要点
Perk公园	美国俄亥俄州克利夫兰市，原为城市边角地	运用规则几何元素设计，微地形，竖向设计较为突出，场地一分为二，一半为开敞草坪另一半为半开敞树池阵
水母主题公园	日本熊本县菊池市	传承了日本枯山水的景观特点，色调偏灰，以白、灰、黑三色为主要颜色搭配，水母仿生构筑物
小桃园公园	上海小桃园清真寺周边	结合中西合璧、多元化、音乐申城等文化元素
复兴东路系列公园	违章建筑拆除后留下的空地，周围是老城区	以生态绿化为主题，大量植物配置和运用，提升周边生态环境效益

（资料来源：网络及实地调研）

（2）复兴东路系列公园

上海复兴东路沿线利用拆除违章建筑后留下的空间设计建造了三座开放式的口袋公园，分别是滩涂花园、容器花园和雨水花园。该地区属于上海的老城区，周边建筑低矮且较为老旧。滩涂花园的得名主要来源于违章建筑拆除后场地与建筑的高差较高，因此设计者用砂石、彩画与花镜植物等希望营造出滩涂的场景。场地主要由两个部分组成。公园内设有廊架、座椅等供人们休息交谈，还配有健身器材供人们尤其是老人日常锻炼身体。根据现场调研来看，绿化保存较好，没有杂乱无章，但是器材基本成为周边居民的晒衣架，上面晾晒着很多衣物（图8、图9）。

容器花园较为狭长，因为靠近路边狭窄的地方除了种植植物也没有什么利用的方法，公园整体以绿化为主，在一些较宽敞的地方设计有树池座椅，另外，将很多老式花缸、陶器等容器布置在绿化中，内种植一些宿根花卉，使绿化在色彩上更加丰富（图10）。在铺装上贴合老城区的文化内涵，使用瓦片、卵石等材质进行图案的铺设，与周边环境相融合。就现状来看，整体的绿化、文化特点基本没有变化，不过容器

的特点并没有很突出，已经被植物掩盖（图11）。雨水花园则是设计了一些小水景，不过目前处于施工改造状态，所以不做分析。

总体来看，在设计策略上，Perk公园在绿化上着重设计，水母公园重在设计的创意性上，小桃园绿地则结合了附近的文化特点，复兴东路的三座小型口袋公园，它们的共同特点是绿化丰富，竖向设计特别多且层次多，运用了很多时间久远的物品和材料，以求达到与周边环境相融合的目的（表1）。

5　构思与策划

5.1　设计理念、要点、原则

城市口袋公园的设计应因地制宜，不同的区域位置在设计侧重上各不相同，设计时一方面要结合功能性与美观性。胶州路公园位于路口交汇处，设计时要考虑其标识性作用，组织安排好各项景观要素，搞好生态绿化设计；另一方面，场地周围大量居住空间，不过整体环境相比于调研的复兴东路公园要新一些，也存在老式房屋但总的来说并不破旧，周边小区楼房整洁。因此，设计的首要任务是满足居民区人们的社交、休闲、健身等需求，特别针对老人和孩子，可设计为他们服务的区域，这也满足了居民区人群对场地的需求。城市口袋公园，也是城市文化艺术系统的组成部分，其艺术性和创意性也是公园设计的重要考虑因素。

5.2　设计策略

通过国内外案例的学习，不难发现对于面积较小、袖珍的口袋公园来说，在设计要点上都有所倾向，各自侧重不同的方面，无法做到面面俱到，如Perk公园和复兴东路公园都是侧

图12　平面图　　　　　　　　　　　　　　　　　　　　　　　图13　鸟瞰图

1、安远路入口景观
2、白石铺装
3、磨菇鬼装
4、儿童游乐设施
5、"飞鱼"景观圈
6、珍珠地灯
7、地形
8、洗手间
9、植物配置
10、胶州路入口景观
11、紫色植物景观
12、植物群组
13、景观小品
14、特色铺装

重于绿化，强调为所在地区增加一抹绿色，又比如日本水母公园，是以创意为主要设计点，将功能与创意主题相结合，增加作品创新性的同时也成为城市文化景观的重要组成部分。针对胶州路公园，考虑到场地需将使用功能与趣味性相结合，笔者以"海洋"为灵感来源进行主题设计，将海洋中的设计元素分解抽象出来进行再设计，配合相应的公共艺术装置"飞鱼"、景观小品、铺装等景观元素，使场地得到整体的统一。城市文化景观既需要从历史中寻找传承元素，同时也需要结合新时代的新新符号（图12）。

场地地处道路交汇处、居民区，对于交通性和休憩娱乐功能有一定要求，所以无法像复兴东路公园一样以绿化为主，应当有空间作为硬质休闲空间。那么针对呈近似直角三角形的场地，应将主要节点设置在西侧较宽敞处，同时，在交通流线上保持东西方向畅通，方便不过马路的人群抄近路，有助于分散路口人流。在入口配置上，避开人流较大的路口圆角位置，并设置低矮绿化带进行分割，使人们视觉上能观察路口情况但不能在此进入，提高公园的安全性。在竖向设计上，由绿植树木和艺术装置共同组成，对公园内空间和外空间进行界定，同时在视觉上形成框景的效果，部分内部空间得到遮挡，使人们更倾向于在此空间停留。主要节点作为娱乐健身场所，主要便于居民中的老人孩子使用，是设计的重点区域。

5.3　总体布局与景观分区

总体上来看，设计遵循"海浪"这一元素，以曲线作为主要设计形式，将自然的形式在设计上进行延续。场地主要由老人、儿童或者健身者常用的活动空间、分布着景观坐凳和艺术装置的休闲社交空间、贯穿东西方向的步行通道空间、绿化以及服务空间组成。除道路空间以外的活动区主要使用塑胶材质作为地面铺装，方便儿童、老人以及活动者运动。

在各景观分区上，设计中最具代表性的当属位于活动区和通道空间交汇处以"鱼群"为主要设计要点的景观艺术装置，以海洋中的鱼群元素进行抽象设计形成。此外，靠近内部的活动区还设置有儿童游乐设施，旁边配有休息用的座椅，既保证安全性也方便家长们看护和社交，地面的塑胶以象征大海的蓝色为主要颜色。通道空间串联东西，沿其中线分布大大小小规律的与地面齐平的景观灯，这是以"珍珠"为元素的设计，到了晚上，这一颗颗"珍珠"就能够为人们带来新的视觉体验。在绿化和地形上，由于北面面向路口，所以大致形成南高北低的种植趋势。服务区有公共卫生间，位于绿植环绕中，位置较隐秘（图13）。

5.4　小品设计

位于活动区、休闲区的景观艺术装置"飞鱼"，灵感来源于大海中色彩斑斓的鱼群，海中经常有鱼群成群结队地游过。将其形象进行抽象和再设计，模拟站在海底仰望巨大的鱼群游过头顶的样子，具有梦幻的童话意境。此外，来源于珍珠形象的地灯组在白天晚上都具有景观效果。东侧的小型节点在地面铺装上，采用圆的线条象征大海中的漩涡。

5.5　种植设计

原先的场地作为停车场使用，所以原先植物分布较少且较为杂乱，地被植物长势不佳，土地裸露在外，设计中主要使用本地植物和一些常见园林绿化植物布置成的花境等元素，由于北面有高近三米的艺术装置群组且靠近路口，所以以低矮绿植和地被植物为主，而南侧种植较高的树种，形成北低南高的局面。南部绿化区有一些小型微地形，与后面的背景树木形成多层次的、疏密有致的绿化背景（图14）。

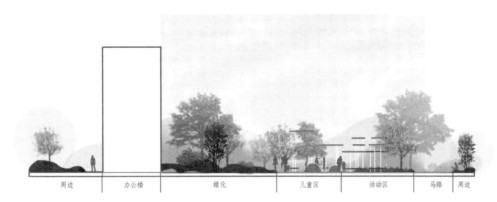

图14 主要立面

6 结语

　　现阶段我国城市建设不断完善，城市中的基础设施不断更新，同时，对生态环境的需求和重视也在不断加强，许多口袋公园应运而生，它们夹在城市的角落中，面积小、设计灵活，是周围居民活动社交放松身心的重要场所，它们在城市中不仅起到生态作用，可改善区域绿化水平，提高周边生态效益，也是城市文化景观的一部分，有助于塑造美好的城市形象，延续过去的历史文化记忆。对于这些口袋公园的设计策略，要与场地具体情况相结合，因地制宜，不可分割。口袋公园的设计背后是地区历史文化、生态环境效益、人的行为需求、空间艺术表达等众多因素的交织与结合。城市口袋公园的景观设计，有利于提高城市环境质量、增加居民生活环境舒适度、提升城市形象和文化特色。

参考文献

[1] 孙皓.城市口袋公园景观艺术表达研究[J].设计,2017(19):36-37.

[2] 董兮.城市小型公园绿地——口袋公园规划设计初探[C].北京园林学会、北京市园林绿化局、北京市公园管理中心.2017北京园林绿化建设与发展.北京园林学会,2018:137-144.

[3] 刘信,居阅时.上海口袋公园使用情况及优化策略研究——以九子公园为例[J].设计,2017(23):158-160.

[4] 潘剑峰.上海老城厢里的口袋公园实践[J].中国园林,2019,35(S2):46-50.

[5] 郑青青,金荷仙,唐钟毓.杭州中心区口袋公园休息设施的使用状况评价[J].中国园林,2018,34(S2):114-118.

[6] 张慧敏.关于口袋公园内涵及其景观设计的研究[D].长春:吉林农业大学,2017.

[7] 张浩鹏.社区绿色更新中的口袋公园设计研究——以美国口袋公园建设为例[J].住宅科技,2019,39(09):33-37.

中国传统建筑空间的"间架性设计"特征

李瑞君

北京服装学院艺术设计学院

摘　要： 本文中所讨论的中国传统建筑空间，是一种广义上的建筑空间，它包括城市空间、街巷空间、院落空间、单体建筑空间，也就是挪威建筑学家克里斯丁·诺伯格−舒尔茨的所描述的"实存空间"。"间架性设计"是结构和体制的设计，具有一定的抽象性、秩序性和主观性。"间架性设计"思维对中国传统建筑空间产生很大的影响，使之从大到小都呈现出"间架性设计"的特征。本文尝试对中国传统建筑空间的间架性设计特征在社会、文化和物质等层面进行分析和探讨。

关键词： 间架性设计　中国传统建筑空间　影响　特征

出于个人研究的需要、立足的基点和学科的范畴，众多的学者对空间进行了不同的划分，划分的标准和依据可谓千差万别。比如，法国社会学家亨利·列斐伏尔（Henri Lefebvre）在《空间的生产》一书中列出了很多空间的概念：绝对空间、抽象空间、具体空间、矛盾空间、文化空间、差别空间、主导空间、戏剧化空间、认识论空间、家族空间、工具空间、精神空间、自然空间、感觉空间、社会空间、中性空间、现实空间、男性空间、女性空间等。挪威建筑学家克里斯丁·诺伯格−舒尔茨（Christian Norberg-Schulz）依据心理学、哲学、物理学等学科差别把空间分为五种类型：实用空间、知觉空间、实存空间、认识空间和抽象空间。舒尔茨把实存空间理解为统一了个人和社会的公共性的东西，并把它置于建筑理论的中心，认为建筑空间就是把实存空间具体化。本文中的中国传统建筑空间指的就是舒尔茨的实存空间，是一种广义上的建筑空间，它包括城市空间、街巷空间、院落空间、单体建筑空间。中国传统建筑空间从大到小都呈现出"间架性设计"的特征，本文中尝试对中国传统建筑空间的间架性设计特征在社会、文化和物质等层面进行探讨。

1　间架性设计：一种追求秩序的手段

自古以来，不论中外东西，秩序和稳定是人们在建构世界秩序中的不懈追求，构建秩序井然的结构是任何一个统治者都梦寐以求并为之殚精竭虑而耗尽一生的事情。而间架性设计是结构和体制的设计，是追求秩序的有效手段。

"间架性设计"（Schematic Design）[1]是美籍华裔历史学家黄仁宇先生在其著作《中国大历史》中第一次提出来的。"间架性设计"，原是指一个国家在人口数量统计和土地测量的技术尚未准备妥当的时候，管理机构凭借着一种主观的抽象观念，以俯瞰的视角进行一种人为的政治区分，这样统治者可以将所辖之众以一种构架的形式有效地组织起来，形成一种空间（社会空间和实在空间）秩序。黄仁宇认为这种设计"用一种数学的观念，夹带着一种几何图案，向真人实事笼罩过去。"①社会学角度的间架性设计具有抽象性、秩序性和主观性。

中国传统社会国和家的结构是相同的，梁漱溟先生认为："国家消融在社会里面，社会与国家相浑融，国家是有对抗性的，而社会则没有，天下观念就于此产生。"②中国古代建筑空间是这种家国同构的物化表现。就建筑空间而言，中国古代的住宅（从普通大众的民宅、达官显贵的大宅，到王侯将相的府邸）、寺庙建筑、衙署建筑、会馆建筑、宫廷建筑等，都与城市的一个个街区同构，一个个街区又与城市的格局同构。中国古代的城市往往被分割成诸多"块"——即我们今天所谓的街区，每一"块"再由不同数量的院落组成。对于不同功能的建筑而言，最大的不同是组合院落的多寡和单体建筑的等级，而组合的方式是完全相同的。建筑等级的差异更多地表现在房屋开间的大小、使用的色彩、装修的精细、选择的材料、陈设档次的高低等方面上。

2 间架性设计对中国传统建筑空间的影响

中国古代社会的基本组成单元是一个个以血缘关系为纽带的家庭或家族。国家不过是一个大的家庭或氏族集团的政治化表现形式。所谓的朝代更迭，也不过是某种同一模式的"家天下"的不同姓氏的更替而已。这样一种"间架性"社会空间结构就决定了其基本建筑单元的形态，大致应该不会超出为一个普通或特殊的"家庭"所使用的空间范围。在如此社会空间结构之下，中国的历史建筑，从宫殿、庙坛、衙署、庙观、会馆、住宅、陵寝，到皇家的府邸、平民的宅院，其基本的空间形式大体相近，且大致都与一座"四合院"式住宅的空间形式接近，在建筑文化和形态上具有显著的共同特征，其同构关系是显而易见的。在某种程度上可以这样说，宫殿不过是帝王们的住宅，寺观也不过是神仙、圣佛们的府邸。这是一种从简单到复杂，从低等级到高等级，从局部到整体，彼此之间似乎有着某种共生链一样的结构。组成宫殿的是一组组小的住宅一样的空间，而宫殿本身又是一座大"住宅"。城市空间的基本单元，是以居于城市中心的帝王或官吏的宅邸为核心的大大小小的住宅。城市本身不过是帝王宅邸（京城）与州县官吏府邸（州或县）的象征与扩大而已。③

从表层结构看，紫禁城与一般北京四合院的空间格局都呈现出四面围合、中轴对称、主从鲜明、层层递进的建筑秩序和空间特征。但是，在结合具体的用地、周边环境和使用功能进行规划布局时，每一座建筑又表现出许多差异，呈现出统一种追求变化的特性。从深层结构看，它们都是中国封建社会宗法礼制的产物。大到整个都城的空间布局，小至院落的建筑序列，都延续了《考工记》确定的范式，与内敛、封闭和等级分明的社会形态相适应。

2.1 城市的格局

"间架性设计"的第一种直观空间呈现是城市的格局。

对此溯源，最直观的联想便是周朝创设的"井田制"，它是"间架性设计"的代表，体现了组织国家的方案着重在至美至善。井田制度的确立实际上是古人对土地财产的分割形式和逻辑，在这种分割方式长期的影响过程中，形成了人们对空间的理解方式，这种间架性的空间方式，影响到中国古代城市的空间格局。

《考工记·匠人》中记载周王城："匠人营国，方九里，旁三门，国中九经九纬，经涂九轨，左祖右社，面朝背市。"在这种思想的影响和指导下，中国古代城市是一种棋盘式格局。像北京、西安这样的都市都存有这种规划设计的烙印。

宋代以前，店铺建筑大体被指定在商业地区的"市"内。在唐长安城，街道两旁的景象主要就是坊的墙，在非商业地区中是没有店铺的，因而也没有商业街道。到了宋代的时候，这种限制就被商业的发展突破了。在后来的城市中，集中的点状或面状的"市"开始演变成线状的"街"市了。商店街道的形成引起了街坊制的规划形式的瓦解，商业地区开始由点变为线的方式分布。

"市"的繁荣必然影响到"城"的间架性设计，必然导致"城""市"合一，北宋政府顺应经济的发展，取消了坊巷和市里制度，允许在街道和坊巷之内开设店铺，打破了中国城市发展史上的禁锢，这种变革对后来的城市发展产生了至关重要的影响。

2.2 院落的构成

"间架性设计"的第二种直观空间呈现是院落的构成。

在中国古代建筑中，通常由多座单体建筑组合成院落，"庭院深深"就是对中国建筑中典型的院落空间的描述。进，在组群建筑中，是空间组合的基本单元。一座院落称为一"进"，具有相对的独立性；院落沿着一个或几个轴线层层递"进"，组合成多层次的空间。进，当作动词来解释，表示空间的序列、层次和空间上的无止境。从空间构图的角度来说，这种空间的组合方式，是多向的四方连续结构，具有几何图案的典型特征，有着无限的延展性。

不管是三合院，还是四合院，中国的院落都是组群建筑，乃至整个街区中的一个基本构成单元。单体建筑组合成院落和多个院落组合成群体是一个充满秩序的过程，实际上就是对单体建筑或院落的一种间架性设计。间架性设计有利于识别事物的质量和特征，从而定向掌握空间关系，处理空间秩序。

中国古代建筑的单体就像是围棋中的棋子，棋子只有黑白之分，本身上看不出有多大的本质差异，每一个棋子的作用是在落入到棋盘上的位置来决定的，其作用的大小主要依靠与其他棋子之间的关系来决定的。这是对中国传统建筑空间的解说，在中国的城市、院落、单体建筑内，空间是由架构和空间决定的。

2.3 建筑的间架

"间架性设计"的第三种直观空间呈现是建筑的间架。

架，支撑、支起。间，房间。间架，"本指房屋的结构形式，借指汉字书写的笔画笔架结构，也指文章的布局。"④中国古代建筑的单体是一种"间"与"架"的设计，具有间架性设计的特征。

中国古代单座建筑的平面主要是一种完全根据结构要求而来的形式，并没有因为使用功能的要求而成为一个复杂的组织，基本采用相同的"结构平面"，这完全与"标准化"和"模数化"有关。⑤由于实行了标准化，各类建筑的平面自然就相同了。

英国著名的建筑史学家弗莱彻（Fletcher）的《比较法世界建筑史》中有这样一段话："中国建筑虽然受到佛教和回教的影响，从很早的世纪以至今日都保持它自己的一种民族风格；在宗教的与世俗的建筑之间是没有分别的，寺庙、陵墓、公共建筑以至私人住宅，无论大小，都是依随着相同的平面的。"⑥

在中国古代建筑中，常用"间""架"的数量来表示房屋平面或者面积的大小并不局限于建筑专业中使用，在古代，甚至可以说直到现在，间架已经成为常用的表示房屋形式和规模大小的一种数量单位。《唐会要·舆服》中规定："三品以上堂舍，不得过五间九架。厅厦两头门屋，不得过五间五架。五品以上堂舍，不得过五间七架，厅厦两头门屋，不得过三间两架。"中国古代文献中表示房屋的数量多以"间"为单位，"间"不等同于"座""幢""栋"，每座建筑的间数不等，用间表示更为准确一些。

在平行的纵向柱网轴线之间的面积称为"间"或者"开间"（Bay）。当然，横向轴线之间的面积同样可以称作"间"，不过，常说的间多半指纵向方面而言。在横向方面，在习惯上多以"架"来表示。架指的就是檩木（Rafter），因为在标准的"檩架"设计上，檩木的位置和间距都有定限，很少随意增减，可以用来表达进深的尺度。檩木之间的水平间距在宋代称为"步"或"步架"，因此宋《营造法式》中的附图所称的"架"是指步架而言。清式檩架的"架"则是指檩木的数量，宋式的"四步"就是清式的"五架"，以"一檩一架"作为计算标准。因此，建筑平面的形制大小，就可以简单地以"间"和"架"的数量完全表示出来了。

3 中国传统建筑空间的"间架性设计"特征

3.1 架构化

中国传统建筑空间从大到小都体现出架构化的特征。"间架性设计"原是指一种组织方案和政治观念，一旦由上而下的

贯彻和推演，必然会深入到我们生活的各个层面。具体而言，这种"间架性设计"的观念直接影响到古代社会的"城"与"市"的规划，宫殿、衙署、寺庙、住宅等院落式建筑群的格局，以及单体建筑的空间结构，所有这些都呈现出一种架构化的特征和标准化的模式，从中我们能感受到古人的聪明才智和解决问题的能力。

3.2 标准化

黄仁宇认为"间架性设计是来自标准化的要求"。⑦

中国传统建筑通常不是一座功能齐全、空间复杂的单体形式。功能齐全的居住建筑往往是一个或几个院落组合而成，不管院落有多复杂，都可以把单体建筑划分为：正房、东厢房、西厢房、倒座、后罩房，以及由这些单体建筑组合而成的院落。这些院落式建筑的各个要素都自成体系，彼此之间并没有结构上的关系。而且每个建筑单体在空间和形式上除了尺寸大小不同之外其他基本相同，只是在院落中位置和朝向不同而已。具体到每一个单体建筑，也都是按照一定的规制，由"间"或"架"来决定房的大小，譬如清代规定庶民的住宅只能"三间五架"。因此，我们似乎可以这样说"间"或"架"就是构成房屋的标准单元，按照官府的规定，不同阶层人的住宅由不同"间"数或"架"数构成。因此，间架性设计表现在中国传统建筑中就是设计和建造的标准化。

3.3 秩序化

高度的秩序化使间架性设计带有强烈的政治色彩和伦理关系，中国传统建筑空间就是这种结构性和文化形态的空间解说。人们经常以一种俯瞰的视角来看待世界，以一种自上而下的方式构建城市、宫殿、民宅，也用来确立国家的制度、人员的管理等。中国传统建筑空间具有很强的秩序化，空间的组合与空间等级的高下由"礼"来决定，也必须以"礼"的方式来体现。"天子当依而立，诸侯北面而见天子曰觐。天子当宁而立，诸公东面，诸侯西面曰朝。"

3.4 等级化

"间架性设计"的特征表现在中国传统建筑上，就是从宫殿到四合院式住宅建筑在空间格局上都呈现出四面围合、中轴对称、主次分明、层层递进的建筑秩序和空间特征，它们都是中国封建社会宗法礼制的产物，与内敛、封闭和等级分明的社会形态相适应。最迟发展到周代，中国的统治阶层已经统一制定各类住宅等级的标准，"宅分等级"是阶级社会发展成熟的一种

标志和内容。在建筑发展到一定成熟阶段之后，便开始确立一些标准的住宅形制。中国古代建筑中任何类型的建筑并不是本来就创造出来的，都是由住宅演化而来。那么，建筑的等级就自然而然地形成了。

注释

① 黄仁宇.中国大历史 [M].北京:生活·读书·新知三联书店,1997:16.
② 梁漱溟.中国文化要义·梁漱溟全集(第三卷)[M].济南:山东人民出版社,1989:163.
③ 王贵祥.东西方的建筑空间 [M].天津:百花文艺出版社,2006:354.
④ 中国社会科学院语言研究所编辑室.现代汉语词典 [M].北京:商务印书馆,1981:538
⑤ 李允鉌.华夏意匠 [M].天津:天津大学出版社,2005:134.
⑥ Banisster Fletcher A History of Architecture on the Comparative Method. 27th edition,1961:1201.转引自:李允鉌.华夏意匠 [M].天津:天津大学出版社,2005:134.
⑦ 黄仁宇.中国大历史 [M].北京:生活·读书·新知三联书店,1997:16.

参考文献

[1] 黄仁宇.中国大历史 [M].北京:生活·读书·新知三联书店,1997.
[2] (美)费正清,赖肖尔.中国:传统与变迁 [M].张沛,张源,顾思兼译.北京:世界知识出版社,2002.
[3] (美)孙隆基.中国文化的深层结构 [M].桂林:广西师范大学出版社,2004.
[4] 李允鉌.华夏意匠 [M].天津:天津大学出版社,2005.

低碳居住之本源
——海南黎族民居生态与居住环境考究

张引
海南师范大学美术学院

吴昊
西安美术学院

摘　要： 低碳居住方式不仅仅是一味中和工业和生态矛盾的良药，更是一种实现人居条件和生态环境协调发展的理念。这种理念并非诞生于工业化水平完备的今日，早在千百年前我国古代先民就已经开始使用纯天然的不同材料营造最为"低碳"的居住环境，并始终坚持就地取材，充分利用土、木、竹、石、砖、瓦等民居本源材料，创造出人类早期文明的自然生态环境空间。在一定程度上保证了人与自然和谐相处。本文以海南黎族传统民居建筑及其聚落环境为载体，聚焦低碳理念，探究竹、木、草为本源的绿色民居建筑建造技艺精神，进而阐释其民居生态与居住环境所创造的一种健康与可持续性。

关键词： 低碳　海南黎族　生存环境　自然生态

碳排放是全球气候变化不可忽视的重要影响因素之一，近年来，它给环境带来的消极影响逐步被人们重视。决定碳排放量的要素呈现出多样化的特点，其中城市作为碳排放的源起，分别由人口、建筑、交通、工业等方面构成，"有研究表明，建筑的碳排放量占据总排放量的比例高达39%[1]"，由此可见建筑对环境的影响不可小觑，作为人居环境的载体，建筑的碳排放量直接作用与反作用于人类自身，因此在快速城镇化发展的今天，如何行之有效地缓解城市热岛效应，降低来自建筑的碳排放量是每一个环境设计研究者需要思考和研究的问题。然而在千百年前甚至是城市化规模还未完全扩大之前，人们依托建筑及居住生态来缓解碳排放量的"低碳"行为就已经出现，各个地区的原住民通过源远流长的生活经验及民族文化演变出了具有高度环境适应性的"低碳建筑"，海南黎族正是通过此种过程，以船型屋为载体将低碳思维贯穿其民族文化始末，成了海南具有代表性的传统居住形式。

1　海南黎族传统民居材料的低碳性与可持续

1.1　以"竹"为生的低碳本源意识

我国因丰富的林业资源和古代较为落后的生产力，以及单一的建筑材料加工方式，使得木材成为传统建筑的主要营建材料，易取得、易加工、使用寿命较长的特点让木材有着不可替代的地位。如今，木材更是成了一种象征着"典雅"、"高贵"、"雅致"的装饰材料出现在人们生活中，比起人造材料所带来的冷漠和疏离感，木材能够更好地唤醒人们内心对自然温度的向往。此种审美趋势所带来的弊端就是大量的木材遭到砍伐，中大型结构用木材数量稀缺，森林的面积逐步减小，看似"低碳环保"的自然材料运用反而成了破坏环境的行为。相比之下有着"世界第二大森林"的竹资源成了建筑界关注的重点。竹类植物在用作传统民居营建材料时，有着诸多优势，在对生长环境的要求上，竹材比木材更具适应性，尤其是在海南较为温热潮湿的气候下，"竹类植物比起自然生长的木材成熟期短、再生能力强、损耗低、防水性强、隔热性能更加优良[2]"，在我国目前木材稀缺的现实条件下，竹材在某些方面能够起到替代木材的作用，这些优点在海南黎族传统民居的建筑材料上得以验证。

海南黎族传统民居的建筑材料取之于自然，海南丰富的竹资源为其提供了充足的材料供应，竹材主要运用于民居建筑主体和院落围合两个方面，其中建筑主体又体现在墙体和屋顶的结构上。传统民居墙体竹材的运用以墙内骨架的形式出

图1　墙体内部的竹材骨架　　　　　　　　　　　　　图2　屋顶内的竹材结构

现（图1），经纬交错的墙内骨架由纵横两个方向的竹材构成，横向排布的竹材直径较小，排列密度较大，纵向起到支撑作用的竹材直径较大，间距较远，这种墙体骨架的营建方式一方面是为了墙泥能够更好地附着成型；另一方面则是利用竹材皮厚中空、重量较轻的特性实现数十根排列捆绑的骨架形式，未经劈砍的圆柱形竹材抗弯拉力强，"顺纹在抗压强度上达到每平方厘米800公斤左右[2]"，能够很好地抵御来自海上的强风及季节性的台风，这样的组合成为了黎族传统民居立足于这片土地上的硬件基础。另一个结构特色体现在黎族传统民居颇具地域特色的屋顶形式上，类似于"船型"的圆拱形顶部源于结构材料的特殊性，黎族先民利用竹材特有的弹性和韧劲，将整根竹材劈砍成片后弯曲形成弧形，架设在事先营造完毕的房屋横梁上（图2）。这种屋顶营建方式不仅延续了黎族千百年来承袭而来的住宅文化，还将竹材良好的隔热性能运用至建筑屋顶，在一定程度上缓解了太阳光直射带来的室内温度升高。

除此之外，房屋与房屋之间的间隔和一些院落的围合也都以竹材来代替木栅栅栏（图3），五指山初保村将竹材运用至鸡舍的营建上（图4），无论是透气性还是坚固性都较为出色。黎族传统民居的竹材运用在无形中实现了低碳策略，首先减少了对树木的砍伐，其次是将排氧量和吸碳量较强的竹子充分运

用，最后有效发挥了建筑材料的特性，做到了资源的合理运用，由内而外地诠释了低碳思维。

1.2　千山古刹的选址

海南黎族传统民居的室内温度并未受到过多的人为干预，原始的生存条件使得黎族先民们的生活方式十分贴近自然，正是因为这种"原始"造就黎族传统民居建筑较低的碳排放量。影响黎族人居空间温度的建筑材料因素有两个，分别是墙体的泥土和屋顶覆盖的葵叶，黎族传统民居的墙体主要是由黄泥与草根混合而成，墙的厚度因建筑主体的大小由20~30厘米不等，泥土本身具有较强的保温性，通过墙泥的堆砌形成一定厚度后，外界温度的变化在通过外壁传导至内壁时就显得不那么明显了，从而保持了室内温度的稳定性。加之海南岛充沛的降雨量，吸水性较好的泥土墙使得墙壁内部常年温润，一定程度上为室内外温差起到平衡作用，达到室内温度的控温效应。另一方面，黎族传统民居屋顶铺设的葵叶起到了防晒隔热的作用，葵叶是海南当地棕榈科常绿乔木的叶子，通体窄长，黎族先民将这些葵叶采摘后捆绑成束，晒干后铺设至屋顶结构上，层层叠压不留缝隙。这种方式使得阳光无法直射入室内，蓬松的葵叶能够层层削减紫外线的强度，并表现出优良的透气性，利于室内热空气排出，从而达到屋顶隔热控温的实际作用。

图3　竹编院落围合　　　　　　　　　　　　　　　图4　竹制鸡舍

2 工匠技艺体现"绿色"的健康意识

2.1 室内通风的天然性

黎族传统民居建筑除了从材质角度营造低碳的人居环境外，还通过工匠技艺营造展现出黎族先民顺其自然的低碳意识。室内空间的空气流通性是人居环境舒适度的衡量标准之一，黎族传统民居及配属建筑在漫长的历史演变和文化传承过程中，逐步形成了较好的天然室内通风。黎族传统民居作为人居建筑，其空气流通建立在建筑围合的基础上，为了保证人居环境的私密性和安全性，必然会因为部分空间的密闭损失一定通风性，因此在传统民居建筑营造之时，黎族先民有意识地将建筑墙体的高度低于主要承重柱，进而使得架设在承重柱上的屋顶与墙体之间形成空隙，达到空气流通的目的。此外，五指山地区部分黎族传统村落还出现有利用藤编代替部分墙体做围合功能的情况（图5），这样不仅能够增强房屋立面的通透性，在视觉上还起到了美观的作用。谷仓作为存放粮食的配属建筑，它的通风性相较于民居建筑有着更高的要求，黎族先民的做法是将谷仓底层架空，屋顶与墙体之间的间隔更大，这样一来干燥的空气能够从多角度进入谷仓，还能有效阻隔来自土壤的潮气，是典型的确保室内通风一致性的低碳环保做法。

2.2 屋顶排水的畅通性

黎族传统民居的屋顶具有良好的排水功能，葵叶铺设的方式由屋脊处开始向屋檐处逐层叠压，与圆拱形的样式共同减少了雨水在葵叶上的附着力。编织的方式是用藤条在整理好的葵叶根部以"S形"穿插固定（图6），将单体葵叶捆绑成束，这种工艺可以固定住每一片葵叶，并有效增加葵叶束的横向延展面积，达到遮蔽屋顶的作用。为了降低雨水对建筑物本体的损耗，黎族民居建筑的屋檐高度普遍低矮，屋顶骨架延伸较长，进而使得屋檐距离建筑墙体较远，这种营造技艺使得屋檐滴落的雨水不会因为高度太高而溅落至泥土墙上，保证了雨季墙体的干燥度以及墙体使用寿命，与现代低碳设计理念不谋而合。值得一提的是黎族先民掌握了烧陶的工艺，但他们并未如汉族

传统建筑一样烧制瓦片用于覆盖屋顶，这样一来既减少了人工烧制陶土排放的二氧化碳，还利用一套完整的天然材料减少了人居环境的能源消耗，大幅减少了二氧化碳排放，黎族先民用他们因地制宜的古老智慧践行着低碳生活的理念。

2.3 建造布局的合理性

海南黎族传统聚落多出现在远离城市的山野环境之中，对自然界的逐步探索和生活经验的不断总结使得每一个黎族传统村落中的建筑布局都具有较强的环境适应性。例如五指山初保村中的传统建筑均采用错列式和斜列式方式排列，并结合阶梯状地形由高到低逐层分布，房屋的走向与地形趋于平行状。这种传统建筑的布局方式使得前期黎族先民的场地"开发工程量较小，避免了对人力、物力资源的过度使用[3]"，同时高低错落的聚落形式给山风提供了畅通无阻的行进路线，进而满足了整个聚落中每一个民居建筑的通风需求。

3 人居环境中的本源与再生

3.1 顺应地势的生活排水

对再生能源的运用是低碳环保工作中不可忽视的一个环节，随着科技发展，风能、光能、水能等可循环再生资源逐步被人们重视起来。在海南远古时期的深山中，黎族先民最早本能地意识到自然资源的环保价值，他们遵循自然规律开展的一系列适应性活动成了"低碳"生活最早的开启者。黎族"干栏式"船型屋是海南最原始的黎族传统民居形式之一，"干栏式"船型屋的生活排水便是依托自然环境完成的，《桂海虞横志》中记录到："居处架木两重，以上自居，以下畜牧[4]"，根据文献和实地调研可以发现，"干栏式"船型屋同时满足人居和圈养牲畜的功能，主体建筑部分供人居住，楼板通过木柱架高形成底部空间，饲养小型家畜或家禽。这类民居通常建造在有一定坡度的山地上，因此底部空间多以楔形出现，这样做的目的是为了让雨水顺着地形自上而下流动，顺带将牲畜的排泄物冲刷干

图5 部分墙体的藤编遮挡

图6 捆绑好的葵叶束

图7 "T字形"明渠

图8　"人字形"明渠

图9　棕榈树根茎的运用

图10　树体空间的运用

净，加之部分人居空间的生活垃圾会从民居阁楼地板的缝隙掉落至底层，雨水能够起到良好的排污作用。

　　随着时间推移，更加合理的落地式民居形式逐步取代了"干栏式"船型屋，然而顺应地势进行生活污水排放的低碳理念并未就此消失。黎族先民有意识地开挖排水沟渠，以明渠的形式进行生活污水的排放，这些水渠通常出现在建筑与建筑之间，避开主要交通动线，因为缺乏合理规划，故呈现出较强的随意性，多依据房屋排列和走向以"T字形""L形""人字形"出现（图7、图8）。因为黎族传统聚居区多在山区，复杂的地势为明渠排水奠定了物理基础，水渠的起始点都被设置在村落中水平高度的最高点，以此保证下雨或是人工冲刷时能够最大限度地完成整个村落的污水排放工作。明渠的污水排放方式虽然有效利用了自然资源，但在部分坡度较缓、转折较大的位置会出现堵塞情况，久而久之就会积累污水和垃圾，导致村内卫生条件较差。至今，大部分黎族村民在政府的帮扶下陆续由原始村落搬入新村，这种低碳环保的排水理念仍在沿用，只是由看得见的明渠转变为暗渠，保证了水资源的合理利用，同时也改善了村落的卫生环境，为人与自然和谐共处提供了切实帮助。

3.2　生活器物的天然生成

（1）棕榈植物躯干的有效利用

　　海南岛的土壤及气候条件十分适合棕榈科植物的生长，因此大面积的常绿乔木林为黎族先民提供了丰富的植物资源，黎族先民十分擅长运用这些大自然馈赠的宝物，不仅利用植物的根茎、表皮手工加工成生活、生产器具，还将部分树木的躯干进行巧妙地改造，部分地区的黎族村落里还保留有棕榈科树木粗壮的根茎（图9），可以从根茎平整的切面和旁边细长藤条分析得出，此树木根茎更多地用于物品切割，且棕榈科植物躯干

质地坚硬、牢固、直径大小合适，黎族先民并未掌握大型家具的生产与加工，粗壮的树桩能够较好地满足他们对砧板、操作台等功能性家具的需求。对于未经劈砍的树木，黎族先民也有针对性地加以利用（图10），这类树木本身就具有一定的残缺，经过人为地扩大树干表面的缺口，形成的内壁空间用于物品存放，随着树木逐年增长，缺口面积也在逐步增大，内部的储存空间也能够收纳更多的生活器具在其中。这种方式在一定程度上会影响树木的寿命和生长方向，但是棕榈科树木坚硬的枝干纤维并不会因此而倒塌，密集的树根为树木生长提供了多线营养供给，反而这种"随形"的生长态势成了黎族聚居地区人与自然和谐相处的有力证明。

（2）竹木器具的自然生成

　　植物不会排放温室气体甲烷，因此植物材料相较于其他人工生产的材料而言更具备低碳环保性能，然而植物的有效利用是建立在丰富的生活及生产实践经验上的，因此只有合理的、有节制的天然材料运用才是真正的低碳思维，黎族先民在他们民居环境中很好地诠释了这一点，他们依据植物的不同特性将它们用在了生活的方方面面。如细长的红藤条具有较强的柔韧性，利于弯曲编织，因此多被穿插组合以围合较小的区域，防止幼小的树苗被家畜撞坏（图11）。相较于

图11　藤条穿插编制的围合区域

图12　家禽的食槽　　　　　　　　　　　　　　图13　藤编生活用具

图14　藤编生活用具　　　　　　　　　　图15　竹编生活用具

图16　竹编生活用具

红藤，纤维组织更加密集的白藤则适合撕成长片状，纵向坚
韧、横向耐磨的白藤条可以用于物品捆、绑、系，起到固定
与连接的作用。除此之外，黎族先民还选用耐腐能力强、密
度和硬度兼备的木材用于打造家禽的食槽（图12），细长的形
式能够同时满足多只家畜和禽类进食，值得一提的是食槽双
侧的耳，是用于搁置在木架上，供给中型家畜使用，体现了
黎族先民对自然材料加工过程独居匠心的主观能动意识，用
合适的材料做适合的器具，此外还有大量的手工竹编、藤编
生活用具（图13~图16），物为人用，方为良物，这正是对自
然材料最大的尊重，也是低碳意识最为精炼、简洁的概述。

参考文献

[1] 顾朝林,谭纵波,刘宛等.气候变化、碳排放与低碳城市规划研
究进展 [J].城市规划学刊,2009(3).

[2] 于慧洋."以竹代木"的低碳理念在空间设计中的运用 [D].昆明:
云南艺术学院,2017.

[3] 彭忠伟.基于低碳理念的闽北山区特色民居开发研究 [D].福州:
福建农林大学,2017.

[4] (宋)范成大.桂海虞衡志.

浅析传统木结构在乡土景观中的应用策略
——以四川美术学院亭廊为例

杨逸舟

四川美术学院

摘 要：文章基于对传统木结构在乡土景观中应用的优势与现状情况的理解，以四川美术学院虎溪校区内的木结构亭廊为范例，根据其设计手法总结出相应的应用策略，希望可以对当今乡土景观的建设起到参考作用。

关键词：传统木结构 乡土景观 应用策略

乡土景观作为人类生活与自然环境之间相互作用而在大地上留下的印记，是能够引发人们情感共鸣的生态综合体，这种共鸣是来自人们对于其所处的自然人文环境的归属感与认同感。然而，乡土景观发展至今却受到了许多质疑与批评，因大量粗制滥造的构筑物充斥其中，只追求短期经济收益而进行的盲目开发建设导致乡土景观破坏问题尤为突出。[①]

自20世纪80年代的乡土绘画发端，乡土经验与情怀就融入川美人的血脉之中，形成了学院的创作传统。这样的情怀恰好与场地的特性相契合，一系列乡土的场景由此衍生。[②]2013年四川美术学院虎溪校区获"首届国际公共艺术奖"殊荣，校园内设置了大量具有巴渝地区传统特色的木构亭廊，与周边自然环境相映成趣。因此，本文从中国传统木结构在乡土景观中的应用优势及现状出发，进而以四川美术学院校区景观里的木构亭廊为例，对其设计手法进行分析研究，总结出中国传统木结构在乡土景观中的应用策略。

1 传统木结构在乡土景观中的应用优势

如今建材与建造手法日新月异，都具有相对的优势与劣势，然而任何场所的建设，为了达到最佳的效果以及经济价值与社会价值，对于材料与形式的选择都需依据具体的实际要求来确定。目前的景观建筑很少会使用木结构，大多选用钢筋混凝土、砖石等，木结构与其他主流建造方式相比虽存在一定的不足，但相较之下，依然具有极高的文化性、生态性、实用性。将传统木结构应用于乡土景观的营造中，不仅可提高环境

的观赏性，也符合生态环保的理念。

1.1 文化性

"伐木丁丁，构木为巢"，三千多年前的中国人便开始使用木结构来建造房屋。这种工艺技术不仅构成了人们遮风避雨的起居空间，也用于船只、轿撵以及桌椅板凳等家具的制造。五行中，"木"的位置安放在旭日照耀的东方，是一切生命之源。[③]即便如国人这般事事谨慎忌讳不愿冲撞，逝后的一方"居所"也选择由木构成，从生到死，国人的一生是在木构的空间中度过的，我们对"木"有着深厚的情愫。当今发展与应用木结构，既是对我们传统文化的继承，也是在找寻自身的文化归属感。

1.2 生态性

木材是一种天然的绿色材料，具有可再生性。"一树十获者，木也"，在生长过程中，树木通过光合作用吸收二氧化碳释放氧气，以起到缓解温室的效应，改善生态环境的效果。并且与其他建筑材料相比，木材的加工过程也更加节能，所产生的废料也可用于制造纸张、密度板、装饰品等。即便在废弃之后，不仅可实现回收再利用，作为可降解材料，也能重回土地降解，无污染、无公害。

虽然现在材料的种类、样式及功能随着科技发展在不断进步，但是有限的能源和逐渐恶化的环境使我们对于材料的选择也需多加考量，纵观树木的"一生"，木材这种天然生态环保材料具有极高的优势。

图1 徐州市故黄河岸仿古建筑　　　　图2 徐州市故黄河岸仿古凉亭　　　　图3 徐州市仿古凉亭

1.3 实用性

就材料而言，木材方便获取，也可就地取材，并且木结构的发展历史悠久，由繁至简，具有多种建造形式，面对不同的环境场地与功能需求，木结构均可进行调整以满足各种情况，具有优异的灵活性。除此之外，木结构建筑只需同等规模的混凝土结构工期的1/2~1/3。④目前世界上体量最大的木结构建筑群——北京故宫，14年内便完成竣工，得益于木结构高效的模数化生产以及预制装配技术。虽然木结构的工艺技术无法适应当今的高层建筑，但是在建造景观类小体量构筑物时依旧具备优势。

2 传统木结构在乡土景观中的应用现状

2.1 传统木结构在乡土景观中的应用情况

多年以来，传统木结构得益于其美观的样式、良好的结构性能、绿色环保及成熟的建造技术等优势，被人们广泛应用于园林景观的建设中，例如亭子、廊道、桥梁等设施及构筑物，或并不具备实用功能仅作为装饰的景观。而所采用的结构体系主要有抬梁式、穿斗式、斗栱等常规结构，或者是根据具体情况进行改造的混合式。此外，目前对于木材的选择以确保结构整体的安全稳定性为主。例如杉木、红杉等不易开裂、腐蚀、变形的木材作为结构主体；而木结构中一些受弯构件则选择松木、杉木等抗弯型较强的木材；门窗、装饰构件这类具有一定观赏性的构件，多选择水曲柳等纹理美观不易变形的材料。

2.2 传统木结构在乡土景观中的应用困境

当今在我国，关于木结构的使用始终具有一定的局限性。首先，对于木结构的使用有一个很实际的问题便是材料的来源。然而，根据2019年全国森林资源管理工作会议公布的中国森林资源的数据显示，至2018年年底，中国大陆的森林覆盖率已经由中华人民共和国成立之初的8%，提升到现在的接近23%（22.96%），其中天然林资源增加到29.66万亩。"不违农时，谷不可胜食也。数罟不入洿池，鱼鳖不可胜食也。斧斤以时入山林，材木不可胜用也。"⑤木材作为一种可再生资源，合理地开发利用并不会破坏生态环境，反而可以促进森林资源的更新，这不仅符合我国经济发展规律，也是一条积极的可持续发展道路。

另一方面，当代建筑形式不断发展，相较之下传统的木结构似乎过于保守，是仅存在博物馆中的展示品。而且在很多设计者看来传统木结构已经过时，且木结构的形式复杂繁冗，设计难度大，建造成本高，因此更倾向于采用现代简约的结构形式。

并且，传统木构在结构及建造技术方面多年来已经没有更新，目前采用传统木构的景观构筑物大多以仿古风格为主。因缺乏对地域环境的理解，常会出现盲目效仿的现象（图1、图2），使木结构不仅没有发挥其灵活性的优势，也因装饰构件的过度使用而导致建造成本过高。或因追求施工速度而过于粗糙简单，甚至仅仅只是通过彩绘、装饰构件等方式将木结构"附着"在砖混结构之上（图3）。种种情况表明传统木结构特有的艺术魅力，常因设计手法的偏差，在乡土景观中无法得到充分表现。

3 四川美术学院校园景观中对于传统木结构的应用

四川美术学院虎溪校区的特殊魅力在于对原始生态环境的保留，整个校园环境展现出生机盎然的乡土美学。根据具体功能与地形环境变化设置在山地与建筑之间亭廊，采用具有本地

图4　解决方法

特色的穿斗结构，整体均用榫卯连接，没有使用金属件与其他粘合剂，减少施工过程中对生态环境的影响。木构件以回收旧木料清水制作，与场地环境的整体视觉效果融洽协调。而针对上文中所提到关于目前传统木结构在乡土景观中的应用困境，校区内木构亭廊的设计从位置布局、材料、形式三个方面，对其进行了有效化解（图4）。

3.1　位置布局

（1）具体功能

"夏长酷热多伏旱，秋凉绵绵阴雨天"，重庆的夏天虽烈日炎炎但全年降水量充沛，因此在四川美术学院的校区不同的位置建造了具有传统巴渝特色的穿斗式木构亭廊，有遮阳避雨的作用，方便师生特殊天气时在学校里行走。

校区内的廊架与凉亭所扮演的角色不仅是作为交通空间，亭、廊与自然景观之间的组织关系具有借景、组景、纳景、引景、框景，以及增加景物之间的穿插、对比、映衬、转换、渗透的作用。从实用角度来看，根据位置的不同亦作为观景、休憩、停车的场所。例如，版画系教学楼旁的凉亭（图5），视野开阔无遮挡，能够完整观赏到整个梯田景观，常有学生在此写生作画。而荷花池旁的凉亭（图6）四周遮挡植物较多，安静怡人，面积约为10平方米，可供10人在此休憩。

（2）因地制宜

四川美术学院的原址为虎溪镇伍家沟村七社，是一处完整的原生态浅丘山地，校园建设最初所遵循的理念便是"顺势而为"，以"十面埋伏"为概念，尽量保持原有的地形地貌，减少大规模的开方填土，从而使得建成后的校园地形坡度变化丰富。校区内的廊亭依据地貌顺势分布在核心景观区周边（图7），其中木构长廊总计950米，亭子10个。

3.2　材料选择

（1）就地取材

校园景观中木构建筑物所用木材，大多来自原址民居拆迁后遗留的废弃建筑材料。旧木料经历风雨日晒，被时间赋予了特殊的肌理与光泽，使其能够更好地与周边环境相融合。并且，此举有效应对了木料的资源限制问题，不仅可以降低建造成本也可以缩短施工周期。有的构筑物甚至直接依附于原有树木之上，有几处凉亭利用香樟树作为立柱（图8），使得凉亭也变得生机盎然，饶有趣味。

（2）旧物利用

校区建设之初，原住民拆迁搬离后遗留了大量的废旧材料，设计团队对其进行筛选收集，为日后的景观建设作准备，其中不仅包含木料、旧砖石、瓦片等建筑材料，还有磨盘、陶罐、鼓风机、水车等乡村生产生活工具。这些本该当作建筑垃圾处理的废旧材料，在学校景观建设中变废为宝，得到了很好的再利用（图9、图10）。具有田园特色的农具在校区木构长廊中随处可见，并与周边的自然环境相呼应，呈现出具有乡土趣味的视觉效果。

图5　版画系教学楼旁的凉亭

图6　荷花池旁的凉亭

图7　四川美术学院校区亭廊布局图

图8 以香樟树为柱的亭子　　　图9 廊道中的装饰物1　　　图10 廊道中的装饰物2

亭子平面布局		表1
平面布局	图示	具体说明
		尺寸：2米×2米 独立凉亭，位于水景旁，体量较小且造型简单大方
休息座位		尺寸：3米×4米 位于廊道交叉节点处及荷花池旁，设置休息座位与观景平台
多层空间		尺寸：3米×3米 独立凉亭，位于梯田景观旁，多层体量较大
休息座位　多层空间		尺寸：5米×5米 独立凉亭，位于梯田景观旁，体量较大，设置休息座位与二层景观平台

亭子木构架说明		表2
结构部分	图示	具体说明
下架结构		舍弃坐凳楣子、美人靠等装饰性较强的构件，仅以简单的圆木（直径约10厘米）作为替代，所用圆木为老旧木料，肌理质感与周边环境融合，简单却不单调
		护栏以直径6~8厘米的圆木拼接而成，横竖交错的构成关系与本地穿斗结构相呼应
		亭子的支撑构架形式变化多样，并且所用木料的弧度、粗细也各不相同，使得整个亭子视觉效果饶有野趣，与所在的乡土景观相互呼应
上架结构		亭子的一层屋顶为单眼四边攒尖顶，而二层直接穿插在亭子的东南角处，看似简单粗暴的处理手法，因大环境的氛围并不显突兀，反而使人眼前一亮
		原本的四边形攒尖顶在此处却采用了六边形攒尖常用到的伞架法作为屋顶构造，满足结构需求，同时也丰富了木构之间的层次关系

3.3 形式结构

（1）亭子的形式结构

校区内大大小小的十座亭子，可分为与廊道结合及独立设置两类，与廊道结合的亭子多位于长廊交叉口及景观节点处。从平面布局来看，两类亭子均为矩形，结构简单规整便于施工。而根据位置功能的不同，平面布局也设计了不同的变化形式（表1）。亭子的木构架以本土穿斗结构为参照，结合实际情况进行了改造，从而形式多样，且别具一格（表2）。

（2）游廊的形式结构

校区内的廊道多为曲廊，并采用空廊的形式，使其可自由随着地形起伏而变化（图11）。路径以多段直线的形式，随着地形的起伏与景观的转换而变化，每段为10米左右，开间控制在1.5~2米，柱距约为3米左右，确保结构的稳定性也满足了空间上的通透性。游廊依景而建，囊括从小于30°的微小转折到接近180°的回头转，将"曲径通幽"展现得淋漓尽致。

校区内游廊以穿斗式构架为基础进行适当的改造，使其结

图11 廊道鸟瞰图（《四川美术学院宣传片》）　　　　图12 具有丰富变化形式的廊顶

构更加精炼简单。因其位置布局是以自然环境为基础，可分为普通游廊与迭落廊两种。且游廊高低错落，多曲折，故对于廊道间木结构的衔接则通过多种形式进行串联。

① 普通游廊木构架

校区内的游廊路径曲折起伏，与传统游廊不同的是，为增强整体视觉效果的表现力，设计了具有丰富变化形式的廊顶，即便是在同一地面高度的廊道，相邻两间的屋面高低与朝向也皆不相同（图12）。其屋面朝向可分为以下几种类型（表3）：

② 迭落廊木构架

迭落廊木构架呈阶梯式（图13），廊道以间为单位，随地形标高变化水平错开，故而相邻两间的檩条处在不同高度。高低跨间共用檐柱及穿枋，部分高差较低也会共用瓜柱（图14），而高差较大时，高低跨间则单独。低跨间靠近高跨一端的穿枋做榫连接在两者共用的檐柱上（图15），高跨的檩条搭置在柱上向外挑出形成悬山的形式。廊下地面做成石砌梯阶或缓坡，两边用较宽的条石或木方搭接成栏杆，亦可作为休憩的座椅。

4 传统木结构在乡土景观中的应用原则

从保护地域环境与文化传统出发，木结构作为一种传统的建造手法，在乡土景观中不仅是功能的载体，更多地需要发挥自身的优势与地域环境、人文风俗相融合。根据对四川美术学院亭廊的设计策略进行分析之后，总结出以下几点应用原则：

第一，乡土景观的特殊性是在于对地域生态环境的延续，过度对原始环境的改造，会破坏历史文脉的发展与本身的自然生态系统。传统木构在介入乡土景观时，需尊重地域环境，保持当地的乡土生态性，发挥其建造灵活的优势：①材料使用做到生态环保，可就地取材；②形式布局因地制宜，避免大面积开垦土方，使其自然风貌得以延续。

第二，无论乡土景观还是城市景观，景观本身作为视觉审美的对象，除了保证工程质量、工艺技术达标之外，还要具有一定的艺术表现力。乡土景观对于形式美的追求则是建立在民俗文化之上，传统木结构本身在这方面十分具有优势。所以，对于传统木结构的应用，需要展示出木料本身的美感、结构的形态美以及人文精神之美。只有自身达到材料美、结构美、内涵美，使得构筑物与整体环境相得益彰，才能符合大众审美，满足人们的审美需求。

第三，景观建设不仅需要考虑到建设所需的成本，还需考

普通游廊木构架　　　　　　表3

屋面类型	剖面图	图示
双坡屋顶		
单坡屋顶		

图13 迭落廊木构架1   图14 迭落廊木构架2   图15 迭落廊木构架3

虑到日后的维护成本，所以对于材料及建造方法的选择应当多加考量。传统木构在选材上可多采用本土材料，并配合简单适用的建造方式，以控制工期与人力资金成本，保证造价合理，发展节约型生态景观建设。

第四，我国幅员辽阔，不同地域的建筑形式与当地传统文化紧密相连，使得传统木结构的建造方法与精神内涵根据地域的划分也各不相同，而乡土景观存在的价值之一便是要充分体现当地的人文特色。在采用传统木结构融入乡土景观的设计中时，并不能生搬硬套，使结构形式无论地方差异而一成不变，需要结合当地的自然环境与人文环境进行设计规划。当今的乡土景观只有与地方民俗相呼应，与生态环境相融合，才能迸发最大的生命力进而对地域文化的保护传承发挥重大作用。

5 结语

传统木结构的艺术特征与基本属性与乡土景观所需相符，因此可在乡土景观的建设中对传统木构多加利用。通过对四川美术学院校园景观中木构亭廊的分析，将其尊重地域环境，结

构形式灵活多变，低成本低技术的特点进行总结归纳，希望可以对当今乡土景观的建设起到指导性作用，并引起更多人对传统木结构在当今应用策略的探索。

注释

①张军以,周奉,王腊春.乡村旅游视野下乡土景观的界定、保护与发展问题辨析 [J].资源开发与市场,2018,34(10):1462.

②郝大鹏,马敏."地域营造"——四川美术学院虎溪校区之"公共性"解析 [J].装饰,2013,245(09):37.

③赵广超.不只中国木建筑 [M].北京:中华书局,2018:2.

④王澄艳,汪宵.我国木结构建筑的发展思考 [J].林产工业,2013(05):15.

⑤孟子 [M].北京:中华书局,2006:5.

参考文献

[1] 王晓华.中国古建筑构造技术 [M].北京:化学工业出版社,2013.

[2] 谢佼伶.四川美术学院新校区校园景观评析 [D].重庆:西南大学,2013.

人机环境同步甄选设计方案方法研究
——以"红楼梦·陈晓旭纪念馆"环境设计为例

罗曼

上海工程技术大学艺术设计学院

摘　要：针对环境设计方案多选一的问题,试图建立以人机环境同步应用为主的评价方法。在对研究对象充分调研的基础上,设立多个设计方案,建立人机环境同步认知语义并对其赋值,运用智慧技术方法展开环境设计认知实验并记录相应数据。依据前期设立的参考值,用数据分析缩小选择范围,通过对生理数据的提取分析,确定适宜的环境设计方案。

关键词：木作营造　智慧环境　环境行为　人机环境同步

引言

人机环境同步在环境设计方面有着广阔的应用前景。内容主要涉及虚拟现实人机环境同步、虚拟现实人机环境量化数据同步。虚拟现实人机环境同步方法,包含虚拟世界人机环境测试云平台、可行走虚拟现实系统、虚拟世界视觉和眼动追踪、生物传感器数据收集、虚拟世界认知和脑电测量、虚拟世界情绪和生理记录、行为采集等;虚拟现实人机环境量化数据同步方法,包含VR时空行为分析、行为观察分析、虚拟现实眼动高级分析、脑电分析、心率变异性分析、皮电反应分析、肌电分析、呼吸分析、基础生理分析等。在环境设计中,行人步态变换过程的分析与规划、步态模式的识别、运动信息的获取及处理与分析等方法,可以分类识别平路行走、上坡、下坡、上楼梯和下楼梯五种常见的步态。通过对比不同分类方法识别结果,证明算法的优越性,有助于甄选适宜的环境设计方案。

此次甄选方案实验项目"红楼梦·陈晓旭纪念馆",选址在陈晓旭的家乡辽宁省鞍山市的国家5A级风景区千山风景区沿线。千山为长白山支脉,号称"辽东第一山",有"东北明珠"之美誉。基地周围环境优越,山水资源丰富,总用地面积约6000平方米。设计采用叙事空间手法,从陈晓旭出生到参加红楼选角(1965~1983年)、陈晓旭的林黛玉演艺之路(1985~1988年)、陈晓旭参演红楼梦后的戏外人生(1996~2007年)。以历史文化、环境艺术的木作营造为主题设计展陈美学体验空间,把环境设计置于优秀中华传统文化的背景和自然环境中。表现形式从传统展陈模式转变为体验式,

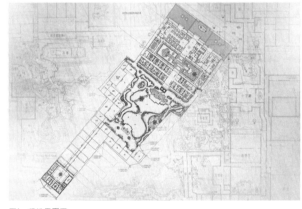

图1　场地平面图

包括"宝黛初会""黛玉葬花""共读西厢"等体验场景,存留记忆中的人文温度,让人们在缅怀故人的同时,置身情景,了解人物性格特点及历史事件(图1)。

1　虚拟现实人机环境同步方法

进行"红楼梦·陈晓旭纪念馆"环境规划与环境行为虚拟仿真研究时的人—机—环境多元数据同步采集。

1.1　虚拟世界人机环境测试云平台

集合"红楼梦·陈晓旭纪念馆"虚拟现实环境对参观被试者进行心理、情绪、行为数据同步采集和分析。提供

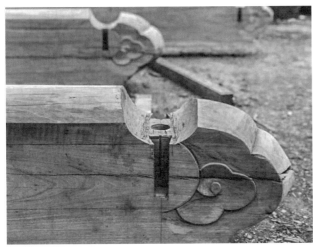

图2 结合"红楼梦·陈晓旭纪念馆"三维虚拟仿真环境，采用视觉眼动追踪方法甄选木作营造图饰

WorldViz虚拟现实环境数据同步接口程序，在纪念馆的虚拟环境中同步采集定量数据，含脑电、眼动、生理、行为、肢体动作、生物力学、人机交互、物理环境等数据，并进行多元数据综合分析。使研究模式由单纯的记录行为转向通过多种系统整合和进行360度数据同步记录和分析，这是记录和分析参观者行为的最好工具。通过兼容广泛数据来源的整合平台，与眼动仪、生理仪、行为采集记录系统以及用户体验室相连，同步采集数据，可广泛应用于环境设计中面临的环境心理学研究、行为科学、决策科学、消费行为与行为经济学、管理行为学等领域的科学研究。

1.2 可行走虚拟现实系统

运用身临其境的交互式3D体验人机交互虚拟仿真平台，完全沉浸式的虚拟现实立体视觉呈现"红楼梦·陈晓旭纪念馆"。可广泛应用于建筑设计环境行为研究、景观设计用户体验评价、纪念馆突发事件应急管理行为研究、环境空间火灾预警安全评估相关模拟实验、交互设计与人机工程、人因工程与人机工效等领域的科学研究。

1.3 虚拟世界视觉和眼动追踪

"红楼梦·陈晓旭纪念馆"集成于HMD眼动仪，结合三维虚拟仿真环境进行视觉眼动追踪（Eye-tracking System）优化环境设计并甄选设计方案。参观者的信息获取及信息加工在很大程度上依赖于视觉通道搜集的信息，通过眼睛搜索，将目光和注意力集中在环境空间的兴趣点上，再从一个空间兴趣点转移到另一个空间兴趣点，对同一个兴趣点，例如"红楼梦·陈晓旭纪念馆"木作营造的装饰图案进行来回比较（图2）。

参观者随着外界刺激的变化调整观展视线轨迹，通过眼睛洞见人的心理活动的本质以及诸多思维变化。因此，眼动追踪可提供用来揭示环境空间和交互活动等可用性问题的行为数据，同时可以揭示环境设计方案的缺陷，甚至是创作过程中可能不明显的空间浪费，从而有效地对环境设计以及交互设计进行修改和优化。

眼动追踪为环境设计者提供有价值的视觉注意指标，如热图、轨迹图和注视等，皮电和耳尖脉搏传感器可以共同反应参观者的情绪唤醒程度，行为采集反映被试操作时的操作效率，问卷提供了被试的情绪测量。眼动追踪的指标及意义如下：

（1）凝视点和注视

眼动追踪最常用的术语是参观者凝视和注视时感兴趣的基本输出量度。凝视是指参观者的眼睛正在看什么。当眼动仪以60 Hz的采样率收集数据，最终将获得60个/秒单独的凝视点。注视是参观者的眼睛对准目标物，使其影像落在视网膜的中央窝处，以达到最清楚的视觉活动。注视的时间在80~600毫秒之间变化，纪念馆的场景信息主要在参观者的注视行为中获取，常规频率小于3Hz。振颤、漂移、微小的不随意眼跳，是注视过程中眼睛伴随着的三种微弱的运动。

（2）热图

热图（Heatmaps）即可视化，显示参观者凝视点的一般分布，通常在所呈现的图像或刺激上显示为颜色梯度叠加，指向图像部分的凝视点的数量用红、黄、绿降序表示，关注的时间越长，红色区域就越重越大。在环境设计中哪些元素比其他

图3 用热图方法甄选，旧料新作的木作营造

元素更受参观者的关注，使用热图是一种直接的、可以快速可视化的方法。在单个受访者和参与者之间比较热图有助于了解不同参观人群如何以其他方式查看刺激（图3）。

（3）首次注视时间

首次注视时间（Time to First Fixation）是指参观被试者从刺激材料开始到观看所需的时间。这是眼动追踪非常有价值的基本指标，提供关于纪念馆环境空间视觉场景的某些方面如何被优先化的信息。

1.4　生物传感器数据收集

项目通过社会招募的方式对不同年龄段的若干参与者进行实验数据的收集，确保参与者被试首次见纪念馆空间环境能及时找到例如木作营造的风雨连廊。使用生物传感器记录参与者被试观看时对空间环境内容及空间布局的生理反应。使用皮电和耳尖脉搏传感器、遥测式眼动仪、行为分析以及人机环境同步云平台，将眼动、生理、行为同步采集、处理、分析进行设计方案甄选。

1.5　虚拟世界认知和脑电测量

集成于VR虚拟现实环境的干电极无线脑电系统，不需要进行皮肤准备及涂覆导电膏，数据无线传输，在参观被试者的自然状态下采集脑电数据，适合环境工程现场研究、认知脑电测量及脑机接口等检测，以及纪念馆环境设计中人机交互系统的实验环境。

1.6　虚拟世界情绪和生理记录

通过"红楼梦·陈晓旭纪念馆"虚拟现实环境的变化，对

参观被试者进行生理和行为同步采集，并且可以VR眼动仪、脑电系统同步采集数据，通过无线传感器记录分析参观被试者的生理指标，包括心电、肌电、心率、呼吸、皮电、皮温、血流量脉搏等。

1.7　行为采集

对纪念馆项目实验进行整合，并基于互联网与视频实现同步采集。搭建"红楼梦·陈晓旭纪念馆"VR虚拟现实空间，结合眼动与视觉、脑与认知、情绪与生理、人机交互和物理环境、生物力学与肢体运动等相关定量数据，以及交互行为观察纪念馆各功能区互联互通，通过互联网进行交互式行为观察，将情况通过互联网汇总到中央控制室评价中心，记录参观者的行为和动作音视频数据，与眼动仪、脑电仪、生理仪、生物反馈、行为观察系统同步采集数据；交互行为观察系统控制采集软件，在"宝黛初会""黛玉葬花""共读西厢"等模拟场景状态下实时采集参观被试者的行为状态，包括表情、动作、语言，音视频信号等，也可以同步第三方硬件，比如实时采集参观被试者的动作、行为（音视频）、角度、方向、加速度、受力、压力（手指、手掌、脚底）等相关行为数据，结合参观被试者的动作指标，对比不同的环境及事件变化的同时，研究参观被试者的行为反应。

2　虚拟现实人机环境量化数据同步方法

进行"红楼梦·陈晓旭纪念馆"环境规划与环境行为研究时，结合人一机一环境多元数据同步定量分析。

2.1　VR时空行为分析

实时同步纪念馆环境空间维度的时空行为数据，并进行多维度的数据分析。可视化人迹地图与时空热力图，直接呈现数据、表达现状及预测趋势。数据均可作为时空分析中的数据源进行可视化时空热图分析。①多通道数据同步采集与分析：支持"红楼梦·陈晓旭纪念馆"同步采集所有编码数据源，包括参观被试者的轨迹、行为、眼动、生理、脑电，均可与可视化时空轨迹图进行叠加分析。②自定义编辑兴趣区域：可以任意编辑或指定兴趣区域进行单个或多个兴趣区域的数据统计与分析。③支持单被试与多被试轨迹叠加与可视化时空热图分析。④序列相关性分析：支持参观被试者先后进入纪念馆不同兴趣区域可视化序列相关性分析。⑤交互行为数据采集与分析：数据采集阶段可采集参观被试者的行走轨迹、姿态、滑动等交互行为数据，以及参观被试者的点击、左右手点击、悬停、划入

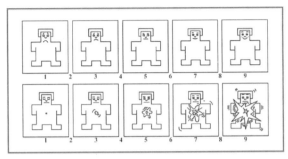

图4　由Bradiey和Lang在1994年提出的SAM（Self-assessment Manikin）量表

图5　合院空间木作营造

图6　木作营造现场

划出等行为数据；实验回放阶段，可在实时浏览时查看各兴趣区的交互数据，其呈现样式包括热点图和轨迹图两种。

2.2　行为观察分析

对纪念馆环境空间中人机交互行为的参观被试者的所有行为视频数据进行分析，可以得出参观被试者的各种行为在第一次发生的时间、频率、持续时间、总计发生的次数、每次发生的时间、持续时间总计，以及在全部参观时间中所占的百分比、总持续时间、最长以及最短的持续时间、平均持续时间、持续时间间隔和持续时间的标准差等。

2.3　虚拟现实眼动高级分析

通过定义自变量记录参观者被试信息及注视数据等，动态回放和视频导出；可呈现图片刺激；可划分兴趣区提供注视轨迹图、热点图、集簇分析、蜂群图兴趣区和基于兴趣区的各项眼动指标统计，增加"红楼梦·陈晓旭纪念馆"环境设计中的视频刺激、界面刺激、屏幕记录等功能。

2.4　脑电分析

对"红楼梦·陈晓旭纪念馆"参观被试者的脑电与参观认知

状态进行分析，将采集到的无线脑电信号进行处理和建模分析。

2.5　心率变异性分析

对参观被试者的情绪进行分析，对采集到的无线生理信号进行基于数据的处理和统计分析。由Bradiey和Lang在1994年提出的SAM（Self-assessment Manikin）量表，是一个非语言的、形象化的工具，它将"感觉"的认知属性通过访谈、调查、问卷、报告等形式测量，比如由低到高的感觉强度，从愉快到悲伤的不同刺激时的感觉（图4）。

2.6　皮电反应分析、肌电分析、呼吸分析及基础生理分析

对"红楼梦·陈晓旭纪念馆"参观被试者的情绪进行分析，将采集到的无线生理信号、多种不同类型数字信号进行基于数据的处理和统计分析。

3　研究结论

通过实验研究，结合以上提供的各项指标、被试数据分析及方法的应用意义，验证了人机环境同步甄选设计方案方法的有效性。这种方法使环境设计的空间能够更加符合参观者的认

知习惯，无论在眼动、生理、操作效率、情绪，还是主观问卷等各个方面均显示出较好的效果。人机环境同步甄选设计方案方法为环境设计学科提供了一个崭新的蓝图，为环境设计工作者提供了新的设计研究思路。"红楼梦·陈晓旭纪念馆"项目于2018年5月18日奠基，至今仍在建设中（图5、图6）。为进一步推进我国环境设计的发展，项目依托上海市设计学Ⅳ类高峰学科支持，努力在建设过程中搭建中国环境设计的优质学术交流平台，弘扬中华优秀传统文化，促进人与环境的和谐发展，构筑中国人的美好生活图景。

参考文献

[1]（日）高桥鹰志+EBS组.环境行为与空间设计 [M].陶新中,译.北京:中国建筑工业出版社,2006.

[2]（美）雷·库兹韦尔.人工智能的未来(原名:如何创造思维) [M].盛杨燕,译.杭州:浙江人民出版社,2016.

[3]（美）丹尼尔·布鲁斯通.建筑、景观与记忆历史保护案例研究 [M].汪丽君,舒平,王志刚,译.北京:中国建筑工业出版社,2015.

[4]（美）罗伯特·A·杨.历史建筑保护技术 [M].任国亮,译.北京:电子工业出版社,2012.

[5] 胡事民.和谐人机环境2009 [M].北京:清华大学出版社,2009.

基金项目：上海市设计学Ⅳ类高峰学科专项DB18402。

木元素在新型实体书店室内设计中的运用研究

陈安琪

上海大学上海美术学院

摘　要： 本文旨在研究新型实体书店室内设计从生态观角度探析木元素如何从功能、美观角度在新型实体书店室内设计中的运用，探索从满足市场需求为目的到以追求顾客满意为目的再到建立顾客综合度为目的的室内设计方法转变。以"木"元素的生态观为基本学术思想，采用实体书店产业报告、数据报告和"木"元素的应用文献，并结合个案研究法以盐城市言+买书汇的实际案例加以论证展开"木"元素的设计研究。论文最后结合个案研究得出"木"元素为室内设计的 生态化发展做了指导思想。

关键词： 木元素　新型实体书店　生态观

1　新型实体书店背景和发展现状

1.1　研究背景——新型实体书店的诞生缘由

新型实体书店是从传统实体书店发展而来。近几年，全民阅读需求量大幅度增长，而时代的发展、电子技术的进步促使人们更依赖于电子书的阅读和网络购书渠道，使得传统实体书店备受打击。并且随着消费者消费模式的变化，传统书店消费功能不能满足读者需求。传统实体书店将渐渐消失于社会发展进程中。但书店载有浓厚的文化氛围，是社会重要的文化场所和传扬文化的重要载体，是思想、文化交流的场所，亦是一座城市的文化符号。基于实体店的发展没落的情况，为拯救实体店的发展，国家支持在城市中打造一区一书城的综合体验中心，并逐渐形成实体书店发展的新格局。这种体验中心不再局限于卖书业务，而是打造一个高颜值、引领生活方式的城市文化空间，因此新型实体"书店+"模式应运而生，并成为目前书店发展的新模式。

新型实体书店在发展上进行了一定的创新，以木元素的生态观为学术思想，以人为本的设计理念，采用室内设计环境自然化，从生态观空间结构划分下与城市空间相融合，探索木元素在实体书店室内设计中的运用，探索从满足市场需求为目的到以追求顾客满意度为目的再到建立顾客忠诚度为目的的转变。

1.2　研究现状——新型实体书店的发展现状

（1）政策环境支持

近年来，政府对实体书店的发展提供了较多的政策支持，从2016年开始到2019年间，多个城市响应政府号召并加大了对实体书店的资金投入，同时相关政策在租金、税收等方面提供的条件缓解了实体书店的生存压力。

（2）文化环境支持

2020年4月20日，第十七次全国国民阅读调查报告我国人均纸质图书阅读量为4.65本，2019年中国成年国民的综合阅读率为81.1%，较2018年的80.8%提升了0.3个百分点。在新媒体环境影响下人们的阅读方式有了更多选择，数字的阅读需求逐渐上升，倾向于纯纸质的图书需求呈下降趋势。

（3）产业环境支持

图书零售市场的发展趋势总体较好，人均图书消费额呈缓慢上升态势。线上书店销售额快速增长，实体书店销售额相对稳定。实体书店中大型书城凭借雄厚的资金获得了较大的影响力，通过准确的新型主题实体书店的定位，采用多元化的经营模式突出实体书店的品牌持续性扩张，通过深化转型，塑造全新形态的实体书店。

2 "木"元素在新型实体书店室内设计中的应用

2.1 新型实体书店的"新"空间结构

首先，空间形态的升级。新型实体书店被不断植入新业态，从而打破了原有的空间结构，使空间结构有了升级和转型，从单一的以书为核心的销售转向多元化复合模式的经营。

其次，空间新业态的植入。新阅读模式——"书店+饮品"。传统书店禁止进入者携带饮品和食物，以防对书本造成影响。但在新型实体书店，书店在特有空间区域设置饮品店，小型玻璃甜品展示台及咖啡制作机器，后上方悬挂着由几块小黑板组合而成的招牌，上有粉笔书写的咖啡、奶茶和果汁名，颇具文艺复古的风味。开始点一杯咖啡，书香与浓郁的咖啡香气令人沉醉。阅读过程中喝杯咖啡，缓解疲劳。阅读结束点杯咖啡，与好友交流、分享阅读收获。传统的书店相对单一与沉闷，而"书店+饮品"的模式则为人们提供了一个更为休闲的阅读方式，在这样的环境里，饱览群书获取知识的同时，又放松心境，极受顾客青睐。

再次，新消费模式——"书店+文创"。文创产业是当今中国的一大热点话题，文创产品顾名思义是文化创意产品，是依靠创意人的智慧、技能和文化积淀，对文化资源、文化用品进行创造与提升而产出的高附加值产品。书店展示柜上，文创品牌应有尽有，种类繁多，小到文化用品、香薰、茶具等，大到地方特产。部分书店亦会摆放自己的周边文创产品售卖，一方面方便阅读者购买文具使用；另一方面意在宣扬品牌文化，使更多的人了解自己的品牌，同时引入文创物品大大增加了书店的收入。

从次，新活动空间——"书店+活动"。传统书店的空间布局仅为书本陈列和阅读空间，旨在营造安静的阅读氛围。但现在更多人愿选择电子书本阅读，便捷轻便。而新型实体书店会在空间布局上选择大量的开放空间，方便经营期间对功能的重新组织及利用，或是建立单独、防噪声的空间，将一家单纯的书店变成了一处文化服务场所，定期举办不同主题的活动，吸引更多人流。未来书店的发展趋势将不仅限于图书售卖，而选择多元文化、多元产业的融合，建立新的多元空间。利用现代人的线上习惯，结合"线上+线下"的服务模式，拓宽发展道路，使之成为人们心之所向的场所。

最后，新生态观念——"书店+体验"。在人们消费观和生态理念的影响下，伴随新业态的发展，新型书店的室内设计空间设计需要体现生态观。在营造室内空间功能区域上，围绕人与自然、人与建筑和谐发展的设计思想，动静结合规划新空间布局。在各功能区域从通风、湿度、采光等角度满足人们在新型实体书店的生态体验感。

2.2 "木"元素在新型实体书店室内的设计

木元素在新型实体书店室内设计中的使用主要分为木材和绿植两种。木材的天然性更加亲民，其重量轻、弹性好、易加工、纹理色调丰富、加工过程中损耗少、硬实耐用都是设计师选择使用的理由。在书店内种植绿植，绿植的光合作用提供新鲜空气，打造更自然的环境。综上所述，木元素在新型实体书店室内设计中的使用主要在以下三方面。

（1）书架展陈设计

新型实体书店对于书架的展陈设计较为慎重，因为书架的设计、组合、布局绝大程度影响着整个阅读环境的氛围。书架的功能性是设计、使用过程中首要考虑因素，其次需要考虑的则是视觉效果。因此在新型实体书店中，首先书架的主要功能是书本的摆放，书架摆放格框可大可小，可根据书本内容类型区分。这样，相较传统书架打破方方正正的死板教条气息，阅读环境更加活跃，也便于管理者书本分类及读者寻找。此外，书架可用于空间的分割，不拘于传统固有的空间布局形式，易于重新组织利用。经营者可根据经营过程需求，将书架重新排列组合成新的空间形式，增加空间形态，从而创造出不同风格的阅读空间。再者书架的材质、颜色选择也很重要。传统实体书店大多采用金属材质书架（图1），成本低且不易损坏。但视觉上较为单调刚硬，触觉上较为冰冷，并且书架使用功能单一，造成阅读者无法融入阅读环境，浪费空间功能。而绝大部分新型实体书店则选用木制的书架。木制材料容易加工，且损耗较于其他材料较小。可利用书架形成更多小的半围合空间，增加空间功能形态，柔和的划分空间，增加休闲座椅以提高阅读者的阅读体验。木制书架更多选择原木色，更加贴近自然，利于温馨、安宁的阅读氛围的营造（图2）。

（2）多功能铺装设计

传统书店爱用水洗石或者瓷砖作为地面铺装，其成本较低且容易保洁，但触感较硬，大面积的铺装形式单一，缺乏趣味性。而新型实体书店通过地面铺装材质的不同进行区域划分，部分还存在着引导指示作用。例如湖南省湘潭市的湘潭阅+书店（图3），此区域便是通过地面木材质铺装和水泥铺装将阅读区域的静和花艺区的动区分开来。通过脚下的质感和视觉变化提醒顾客已进入不同功能区域。而地面的木材质铺装和区域内

图1　传统实体书店书架（来源：网络）　　　　图2　新型实体书店书架（来源：网络）　　　　　　　　图3　湘潭阅+书店花艺区（来源：网络）

图4　南京先锋书店（来源：网络）　　　　　　　　　　　图5　书店两层平面图　　　　　图6　圆柱体书架

的木材质家具将空间氛围融为一体，突显自然之美，视觉上更加温馨，放下平日的戒备，享受当下的美好。

（3）绿植设计

绿植作为木元素在新型实体书店中较为常见。在书店室内长时间阅读会使人们产生疲劳，室内摆放或种植绿植，增强空间自然感受，丰富室内色彩和视觉空间层次感，缓解视觉疲劳。大面积的绿植形成绿植墙，还可以修饰、弱化边缘空间，增强空间趣味性和活力，享受自然生活。在室外空间中，绿植可起到装饰墙面、遮阴乘凉的作用。例如南京先锋书店在两侧的墙体上种植了下垂的绿植，装饰墙体的同时将人们眼球吸引集中在先锋书店门面上，强调了引导作用（图4）。

3　"木"元素在新型实体书店室内设计中的价值——以盐城市"言+买书汇"为例

3.1　言+买书汇概况

言+买书汇坐落于江苏省盐城市新弄里商业区内，书店共两层，总面积约7000平方米。与国内一流文创店言几又进行合作，融合了多元素的设计空间，将设计融入生活，引领城市新型阅读体验与创意文化生活，是集实体书店、咖啡馆、文化产品、零售、文艺沙龙、互联网为一体的新型文化生活定制体验空间，是目前苏北地区最大的一家实体书店。截至目前，店内共有藏书20万余册，种类齐全。店内设计建立在文化与生活依存共生理念，提供给市民一个舒适、温馨的书香空间。

3.2　"木"元素在"言+买书汇"室内设计中的运用

言+买书汇的设计理念为人与自然和谐共处，打造一个在自然环境中阅读的场景，使得阅读者仿佛置身于森林之中。大量的绿植、大尺度的开放空间、弧线分割空间打破传统书店固有的死板、沉闷的氛围，让顾客更好的享受当下。设计师在木元素的设计上注重功能与彩色的多样性，营造了一种全新的阅读空间体验。按照使用功能，将木元素分为书架展陈和展台设计、休闲娱乐设施和家具座椅、木制格栅和绿植。

（1）书架展陈和展台设计——区域划分、书本展陈

店内书架和展台采用木制材料，形式多样，色彩丰富，显现出较强的统一性。书架共有三种形式：圆柱形书架、圆弧形书架和垂直书架。书店多采用弧形木制书架对整体空间进行划分，主要以4个巨大的圆柱体书架作为支撑（图5、图6）。此圆柱体不仅承担了书本的展陈摆放功能，还有其他很多功能。例

图7 弧形书架

图8 垂直书架

图9 展台

如圆柱体的一层空间功能有咖啡阅读室、甜品烘焙教室、查尔斯顿眼镜店及互动展示厅，同位置的二层空间有格林屋、两个阅读空间及超童运动成长中心。这些空间可用于多种业态使用空间也可作为各区域间的连接通道。深棕色的木材、巨大的体格，营造了书店沉稳、庄重的氛围。圆柱体中的门洞设计打破书架的呆板，充满活力。在一层空余空间内通过圆弧形书架对大空间进行围合小空间的分割，弧线线条使得书店更加柔和，使得书店一层各个区域处于互不干扰的状态（图7）。圆弧形书架内外环都可摆放书本，内环比外环增加座椅休闲阅读功能，细微变化打破区域内的平衡。第三种书架即为垂直书架（图8），体量巨大形成书墙，很好的装饰墙面，视觉上产生一种震撼感。垂直书架中设置了绿色背景的休息座椅，坐在此处阅读，营造了徜徉在书海中的感觉。

展台设计风格统一，通过不同颜色、不同大小的木材组装拼贴，最终形成不同形态的展台。展台通过材料和拼贴方式形成大小不一的展示面，造型上更富有趣味性，更能吸引人（图9）。

（2）休闲娱乐设施和家具座椅——劳逸结合

书店二层分布着儿童阅读空间，整体设计氛围较为轻快，充满童真氛围。在角落处设置了儿童游乐设施，木制圆柱体形似树洞，通过扶梯爬上去，穿过"树洞"，再从滑梯上滑下，营造在森林树洞中游玩的场景，便于儿童对自然的理解（图10）。儿童阅读区域的设施设计采用和展台设计的相同手法，实现了桌面及座椅等多功能设计，给儿童和家长提供一个交流互动的环境（图11）。该区域的地面铺装采用绿色毛绒地毯和木地板相结合的铺装手法，以此方式进行功能区域的划分，同时很大程度上防止儿童摔伤。

二层饮料区旁的消费阅读区。大块的木制方形书桌视觉上延伸了空间，深棕色的桌面稳定了区域环境，并配备插座台灯等基础设施，更好的提供了一个阅读办公空间（图12）。地面采用了木板包围地毯的方式，进行简单的平面角度的功能区域划分。图13是另一阅读空间，每个交流空间通过U形木板墙体对空间进行竖向划分，视觉上较为通透，无遮挡。

图10 儿童游乐设施

图11 儿童阅读区域座椅

图12 阅读区座椅设施

图13 阅读区

图14 书汇外立面

图15 绿植墙面

（3）木制格栅和绿植——装饰墙面

书店外立面使用木制格栅和绿植相结合的方式装饰建筑外立面。大量的木制格栅分为两个平面，一大一小，形似展开的书页，引起视觉上的冲击，秩序中带点律动，将视觉中心点集中在书店的大门。绿植在两平面交错处，整个设计大气简洁，绿植犹如点睛之笔，凸显自然和谐的主题（图14、图15）。有研究表明，绿色相对于其他颜色，可减小对眼睛的刺激。绿植增添了阅读空间的色彩和活力氛围，使得读者更易于沉浸在阅读体验中。

4 结论

时代的快速发展推动着实体书店的发展，未来的新型实体书店在功能上将会更多元化、主题更加明确，从多角度提升用户体验。而木元素作为日常生活中随处可见的材料，其特性又有利于温馨和谐的阅读环境的营造。设计师应将重点问题放在如何更加有效地在新型实体书店中利用木元素。因此，设计师应熟悉掌握木材的优劣属性，赋予其更多的使用特性和功能属性，将最大程度化的发挥木材的潜能，创造一个品质优良、和谐安宁的新型实体书店空间环境，给读者提供文化自由的生活方式。

参考文献

[1] 杨扬. 木材生态学属性在室内装饰界面材料中的应用研究 [D]. 哈尔滨:东北林业大学,2012.

[2] 李梦怡.消费文化影响下的新型实体书店建筑设计研究 [D].西安:西安建筑科技大学,2017.

[3] 宋珂.新型实体书店室内空间设计研究 [D].北京:中央美术学院,2019.

[4] 李雪婵.以文创产业为引导的新型实体书店设计研究 [D].天津:天津理工大学,2017.

[5] 戴代兴,周铁军.室内装修材料的天然美感——论木材在现代室内设计中的运用 [J].室内设计,1999(03):3-5.

[6] 李玲.实体书店言几又:做城市的阅读角落 [N].中国文化报,2016-07-23(005).

优秀作品·专业组

"笙生不息"

——沈阳"7212"城市书房空间环境设计

卞宏旭　吕一帆　朱梓铭　邹明霏　程宇翀　徐铭泽

鲁迅美术学院

　　该作品是沈阳"7212"城市书房空间设计改造项目。取"笙"字的十三簧像之形意，取之"生"字的"老"物"新"生之意，是城市生生不息的变化和发展的延续和公共空间的生长。选址在沈阳7212造纸厂，结合原有的建筑的形式，保留工业遗迹的气息，我们设计了一个拥有全新功能的城市书房空间。大胆运用木构架结构结合原有的工厂气息，希望可以做出一个包含城市书房、文创、咖啡、酒吧等诸多项目的新城市文化名片。

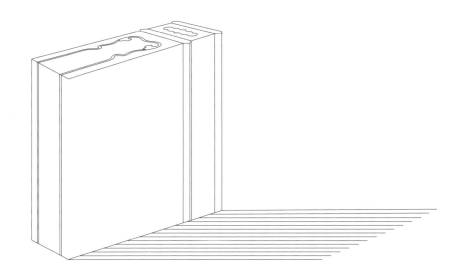

中国传统民居"木"营造的结构展示性设计

胡乾

南京拾意空间设计有限公司

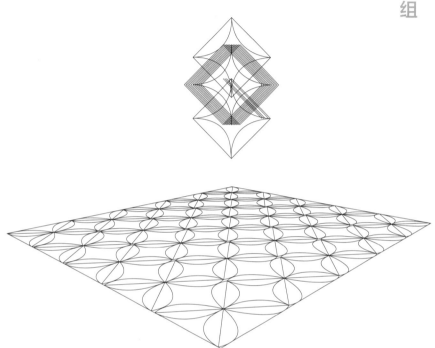

整体设计的空间布局，在竖向空间和横向空间对其进行解构和再构建。为了表现民居的木结构，把原来藏于内部空间的木构艺术性展现，保护其原有的结构形式，打破传统边界，用现代化的手法模糊空间界线，定义新的空间界限，展示木框架结构。打破原有封闭、昏暗空间形式，部分院墙采用铁丝网代替、模糊传统边界，开放空间视野，形成开阔的视觉走廊。整体采用一个"克莱因蓝"跳色，既具备现代化色彩运用，又与传统天青色呼应。

优秀作品·专业组

重建
——模块化板式安装移动生活舱

胡书灵　包钰琨　葛怡宁
鲁迅美术学院

此项目为灾后或疫情等特殊社会情况下的居民提供了临时性的居住场所。主要运用了木质材料，以板状形式进行批量生产、搭建及安装。

其中，主要展示了：（1）如何通过统一零部件进行建筑主体的安装与搭建；（2）设计通过可循环净水器、垃圾处理装置、太阳能发电机、雨水收集系统等再生能源进行循环利用，以达到特殊情况中最小的能源消耗；（3）通过灵活的组装零件，在安装中通过场所使用功能及居住者不同需求进行灵活的搭建，实现建筑的功能多样化。

通过个体建筑单元连续形成一个新的小型城市系统，以最高效率、在灾难的第一时间，实现城市"重建"的第一步。

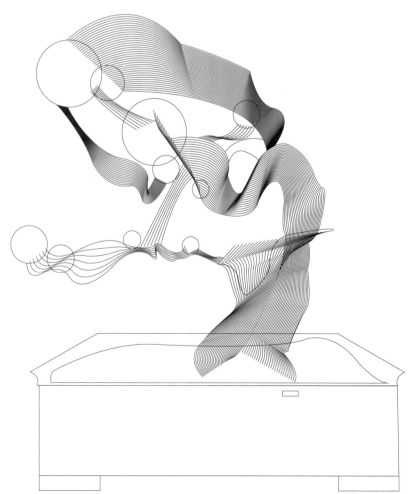

"昆虫木居"

——重庆三河村萤火谷农场"昆虫研学基地"景观设计

黄红春　陈雪梅　何菲　冯宇航

四川美术学院

该项目从"重建自然秩序"的角度反思当前的生态灾害。将环境设计与昆虫学、农学、植物学等研究相结合，修复昆虫的生存环境，并从昆虫及儿童的视角，建构了系列具有生长性的空间场景。

观察——"昆虫黍屋"提供了儿童观察昆虫生活的场景；

体验——"昆虫树屋"营造了像昆虫般在林间穿梭的体验；

探索——"昆虫术屋"满足了儿童探索昆虫世界的好奇；

思考——"昆虫书屋"给儿童带来人与环境关系的更多的启发与思考。

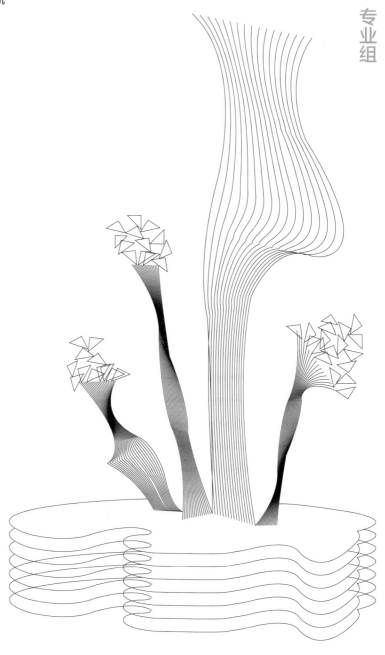

城市木器
——江津双福商业街公共艺术广场

黄洪波　王依睿　杨玉梅　吴小萱　刘世勇　朱猛　王珺　冯巩　刘怡文

四川美术学院

木，为生存所必需。纵观古今，只有中国将木的营造做到极致，木几乎涵盖了古人日常生活的全部。《营造法式》中详细描述了木在房屋构架上的使用标准，"凡屋宇之高深，名物之短长，曲直举折之势，规矩绳墨之宜，皆以所用材之分，以为制度焉"。

设计以线连接古今，以木搭桥，取"高深"、"短长""曲直""举折""规矩"作墩，用木造就一座高线廊桥，以"一线""五段""五形"为设计内容，将艺术融于城市环境，让艺术植入城市。

银谷山居

刘涛 谢睿 孙继任 肖洒 赵瑞瑞 李思懿 胡燮承
四川美术学院

本项目位于重庆金佛山银杏谷，在尊重场地和原始木构民居的基础上，溯源宋氏人文山居，规划一线三片九院，对九个保存相对完好的村落院子进行改造，建筑面积1.2万平方米；通过生、拼、插、改、建的方式对传统西南山地村落民居进行传承与重塑。秉承中华文明、东方哲学、美学相结合的传统智慧，遵循"意境、意象、生成"三个推演过程，凝练精神价值合外在表达的美学意义，求解"自然美、艺术美、技术美"三大美学命题，传承"天时、地气、材美、工巧的传统营建方法"，打造富有时代特征的"山居新生活新品质"。

木之隐
——凯里艺术·生态创意谷艺术小镇总体规划及景观设计

刘伊卿 柳棱棱 黄蔚萌 钟欣颖
北京山达空间设计有限公司

优秀作品·专业组

本次设计以"木之隐"为主题，"木之魂载，隐之心娱"。苗乡建筑之美不仅在技艺中，更在于木的灵魂。将整体建筑与当地的河谷地形进行有机结合，通过覆土结构，使建筑群隐匿于美丽的大山之间，让愉悦荡漾在山谷之中。通过对内建筑日照的变化，科学分析，巧妙调整建筑屋檐的上扬角度，形成新的空间内建筑日照的变化，科学分析，巧妙调整建筑屋檐的上扬角度，形成新的空间语言结构和规划特色。

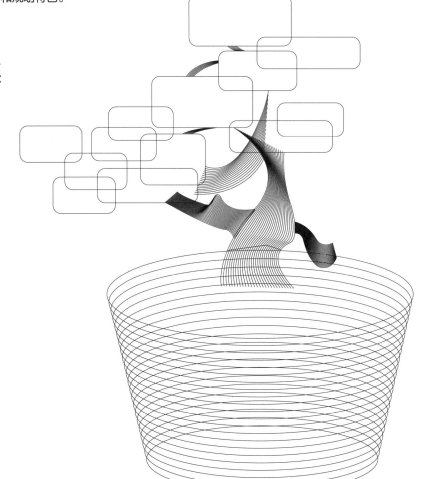

"水木同生，运河新音"

——京杭大运河(京津冀段)典型遗产点文旅开发景观规划设计

刘宇　师宽　王阁岚　周雅琴　周小舟　王焜淋　蒋娟　罗太

天津理工大学

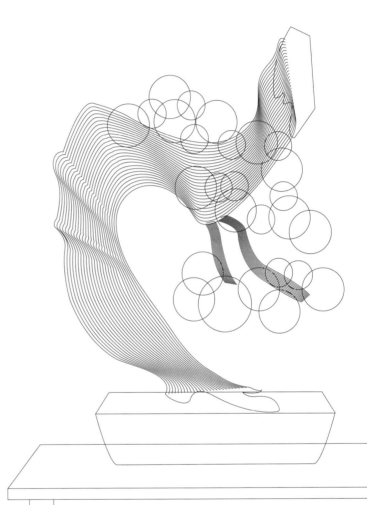

京杭大运河是我国重要的文化遗产，但运河京津冀段面临保护与开发滞后，业态活力不足，缺乏可持续性利用等现实问题。同大运河一样"木文化"与人类相伴久远，我们从"五行相生，水木同生"的智慧中探索大运河文化遗产开发的创新模式与策略。通过对"木文化"的挖掘转化自然的生物性、和谐共生的生态性、柔韧易制的物理性、激活传播的文化性，结合"木文化"的特质，探索性的对大运河典型遗产点进行文旅开发的景观设计，打造大运河"水木同生"的新格局。

优秀作品·专业组

工业遗迹艺术化再生设计

——刚与柔的交汇

庞冠男 孔繁婷 张思怡 李奕霏

太原理工大学

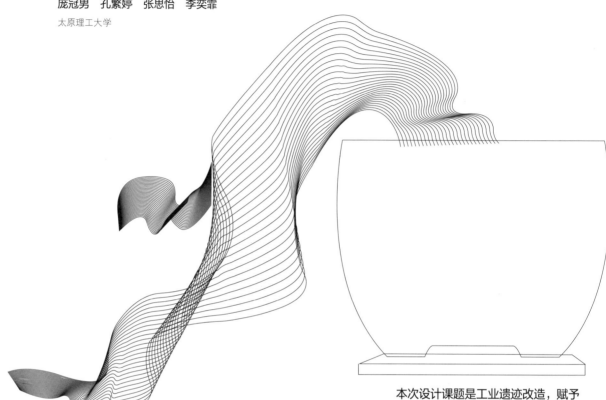

本次设计课题是工业遗迹改造，赋予工业遗迹新的生命，使它们在新时代通过合理的重塑，以一种新的方式传承下去。在这个浮躁喧嚣的年代，日子被繁忙的任务填满，人们没有时间与真实的自己对话，从而误解生活本身的真谛。如何在生活的大流中保持初心，如何在喧嚣之余感受生活的本质，这是物质生活富裕，而精神世界匮乏的现代人面对的重要问题之一。该工厂周边分布有居民房、学校、田野、医院、焦化厂以及汾河，场地总面积约为6400平方米，场地建筑面积为1650平方米。场地位置偏僻，紧靠农田，人烟稀少，周围环境比较安静，没有位于繁华地带。

2019年中国北京世界园艺博览会"延波小筑"

北京如式文化顾问有限公司

2019年中国北京世界园艺博览会已胜利落下帷幕，展会期间我们为园区建造了一栋供游人驻足、休憩、赏景的滨水建筑，建筑选址于妫汭湖畔，我们将其命名为"延波小筑"，实践并创新传统文人意趣。

滨水建筑的材料选取木、竹等自然材料作为主材，分别构成木架、竹墙与木瓦屋面三种建筑要素。建筑用材因势利导，随形制器，寥寥几笔勾勒出滨水建筑简约闲逸之态。

优秀作品·专业组

木构新生

——重庆传统街区"山城巷"公共环境再生计划

熊洁 陈杰斯睿 李思懿 罗玉洁

四川美术学院

本作品位于重庆渝中半岛山城巷，面朝长江，背靠母城核心 CBD。作为重庆 28 个重点传统风貌区之一的山城巷，保留有典型的巴渝风貌与历史印迹。设计利用仁爱堂废墟遗址的环境高差，串联场地 2 条主动线：内巷山城步道、外巷临崖栈道，形成规划环线；同时突破场地现有狭窄的线性公共空间，再生出点线面结合的公共环境，满足多样活动需求。设计选用木材，运用现代木构和数字建造来新增山城巷的人文空间、提升传统空间活力。

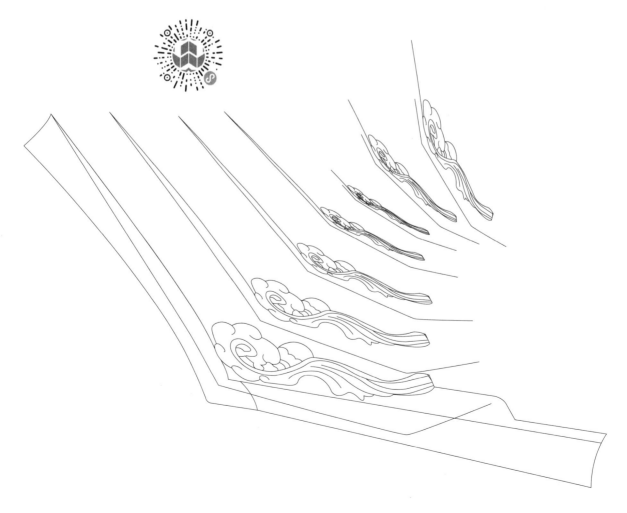

禅语
——禅意手势景观构筑物设计

杨吟兵　曹悬　熊雨华
四川美术学院

　　佛像中手的形态是经过长期艺术提炼，并融会贯通了古今中外多种造像技法、艺术理念和佛教文化而形成的。通过对佛教手印进行景观构筑物的木构演绎，向人们阐释禅的文化与精神，创新和传承了传统文化。

　　形式上，以禅意手印为核心，并结合千手观音、塔的形象进行木构演绎，以与人互动参与的动态过程生动地展示了禅意。

　　材料上，以木材作为主要结构，辅以钢材用作固定。顶棚用布作为遮挡，三种材料融于一体。

　　功能上，禅意手势景观构筑物的设计为人们提供了互动与休憩的设施与场所。

再造烟雨

于博　胡书灵　杜鑫
鲁迅美术学院

优秀作品·专业组

　　设计地点为北京市房山区南窖村，村落距今有八百多年历史，一条"S"形的青石砌成的古道贯穿全村。本案戏台坐落于村街口广场处，将古建筑榫卯结构外形与现代设计手法结合，为戏台广场构建牌楼和遮阳装置。在古老的村落街口创造出一片新绿洲，为今天的梨园子弟再造烟雨。

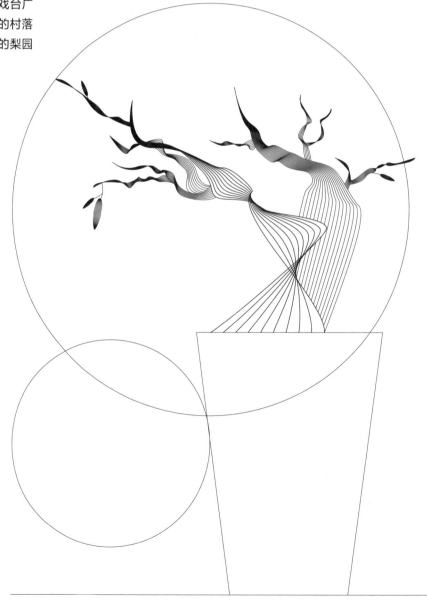

初保村美丽乡村改造

张引　秦文权　欧春恒　麦旭镇　黄星莹
海南师范大学

初保村是黎族传统民居保留较完好的村庄，作品利用地形带来的高低错落感进行设计规划，民居也根据黎族船形屋的特色进行了改造，采用了一层和二层两种方案设计来增强视觉感。为了更好地体现黎族的特色，建筑采用了火山岩、仿真黄泥和茅草屋顶。同时进行了广场的附属设施的设计，并用黎族的图案进行升级改造，让旅客从视觉上感受到黎族的文化特色。

"融"

——阿尔山国家森林公园博格达旅游客服中心概念设计

包清华

鲁迅美术学院

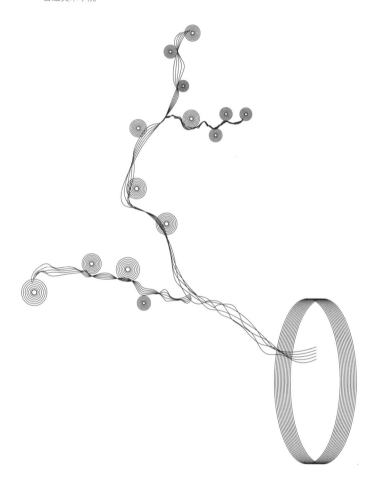

本案例是阿尔山国家森林公园博格达旅游客服中心的概念设计。意在达成国家森林公园自然景观与新建筑有机融合，及采用"田园学派"有机建筑理论，实现特定地域传统"木"建筑材料与现代有机材料的内在性能有机融合，实现当代语境下"草原式住宅"的景观建筑设计理念。

土生木长

梁军　王珩珂

四川美术学院建筑与环境艺术学院

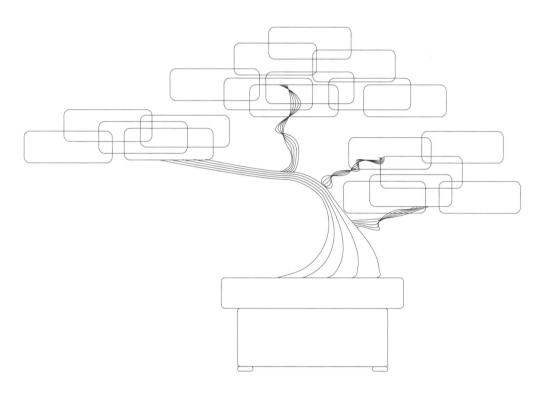

彝族传统建筑于中国上千年历史文化变迁中保留下来，它的存在是彝族人民生活的直接表现，是农耕文明下的伟大遗产。但是传统建筑已经不能够满足现代生活方式的需求。其次城市化的进程让我们童年记忆中的村寨逐渐远离。在世界文化相互交融的今天，地域文化大都陷入困境，逐渐没落。因此对地域文化的保护也迫在眉睫。本次的设计对彝族土掌房进行了大量的调研，以"在地性"设计作为设计理念，突出地域文化传承，工艺上运用现代的材料结合传统工艺打造满足现代人生活需求的人居空间，建造符合原有村落村貌的当代土掌房。

尺树寸泓

马鑫 张鹏 贾璐
北京工业大学

《尺树寸泓》是一个现代木结构的景观凉亭，通过木头的相互穿插和底部的衔接固定进行支撑。凉亭将大自然中的木作为基本载体，是木属性的自然回归。凉亭整体呈包裹形式，疏密有序，凉亭中心的水池，映衬出顶部的凉亭结构，使整个凉亭具有通透性和呼吸感。《尺树寸泓》希望让忙碌的人们有时间去放松，去回归自然，感受生活。

环木"聚"场

裴新华　李瑶　褚一凝

鲁迅美术学院

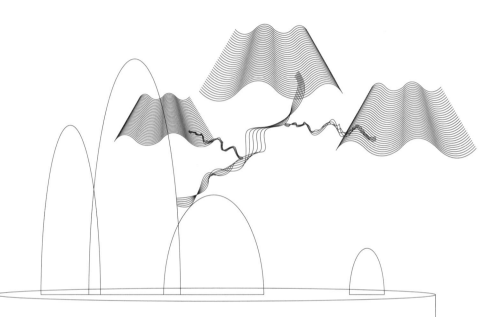

现代木结构是一种采用绿色、可再生建筑材料，同时可实现工业化加工、装配化施工的建筑结构形式，符合我国建筑业发展的需要。在推广绿色生态理念的绿色共识趋势下，绿色公共建筑的设计比重也逐渐被重视。基于此，我们面向广大学生群体，聚焦大学校园，对现有大学生生活的运动场所及休闲生活进行了分析，并结合木结构的优势在大学校园内安置集休闲、娱乐、运动等为一体的公共建筑设施，为学生提供一个文化交流平台及小型运动空间。

优秀作品·学生组

土与木

——高昌故城遗址博物馆建筑设计

彭江南

新疆师范大学美术学院

设计的初衷在于弘扬中国传统文化，传播新疆遗址文化，增强广大群众文物保护意识。选址位于新疆吐鲁番高昌故城遗址，设计内容包括遗址区域内的区间车站、观景台以及遗址博物馆等。建筑外部造型结合吐鲁番民居空间特征，营造丰富的光影变化以提升游客观展体验。室内空间提取了吐鲁番晾房内部空间特征的元素，将生土材质与木材质紧密结合，创造具有神秘感的展览空间。

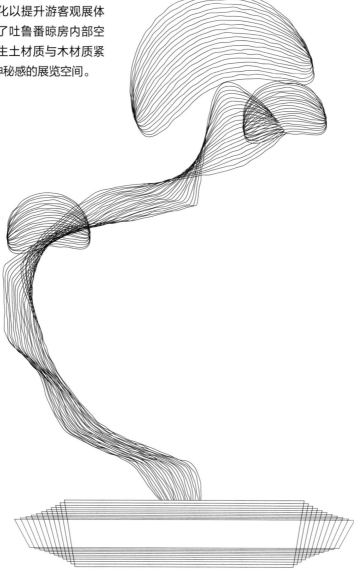

历史建筑的"木"营造
——重庆市万州区"金玉满堂"建筑设计方案

邱松　马思巧

四川美术学院

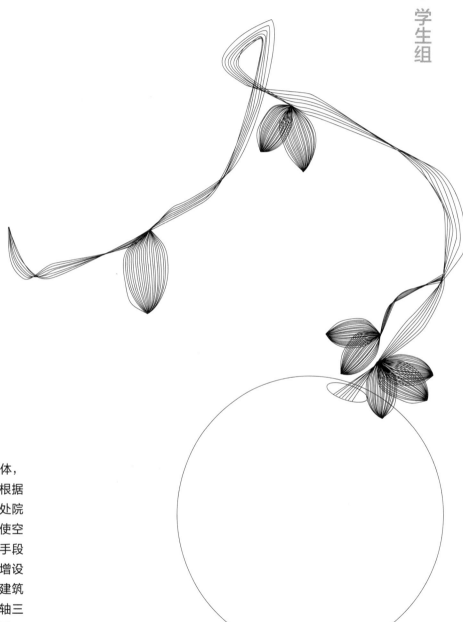

以传统"木"材料为建筑结构主体，按原工艺、原形制复原历史建筑并根据山地地形特点因地制宜设计新建两处院落，形成错落有致的山地建筑群，使空间得到扩展。建筑内部通过错层的手段从横向和竖向上连接三处院落，并增设空中廊道和临街半开敞式商铺加强建筑与周边复杂场地的联系，形成"两轴三院"的空间格局，立面采用封火墙、朝门、挑廊等带有川东地域性特点的构造形式，运用彩绘、灰塑、木雕等装饰手段，展现传统建筑之美。

卷云居

汤强　陈子健

澳门科技大学人文艺术学院

　　"闲看庭前花开花落，漫随天外云卷云舒"。"卷云居"设计源于此意。建筑与生态环境和谐共生，整体呈现优美的椭圆曲线。建筑室内外均采用菠萝格木和钢筋混凝土结构有机结合，具有人文关怀的菠萝格木材温馨而美丽，处处体现出设计者追求"木造"的设计哲学。建筑墙体"中空"部分有效解决了岭南地区建筑散热的需求。建筑和木造植入自然，融入自然，反衬自然，和居住者对话。流水与翠竹精心布置在庭院之中，吸引着小动物们流连忘返。室内更具有巧妙的空间布局，躺在床上亦可通过天窗看室外的风云变幻。椭圆的建筑造型随着光线的变化在湖面映射出不同的美丽景象，形成一种浑然天成的艺术效果。

为农业设计——稻屋

唐嘉蔓　杨强　翟宇阳

四川美术学院

"田头棚"是农民为了方便耕作而在田边随意搭建的简易窝棚，此类木构建筑虽杂乱无章却根植于我国农业环境，为农业生产作出了巨大贡献。近年来，我国相关部门发布多项加强现代农业设施建设，改善物质、技术条件的政策。振兴乡村不仅是住房的振兴，还应涵盖为农民的设计，为农业的设计。为农业设计的"稻屋"涵盖了作者对于农业环境的诸多期许与实践，环境艺术的"木"营造，应是以木营建自然环境，造福一方乡民。

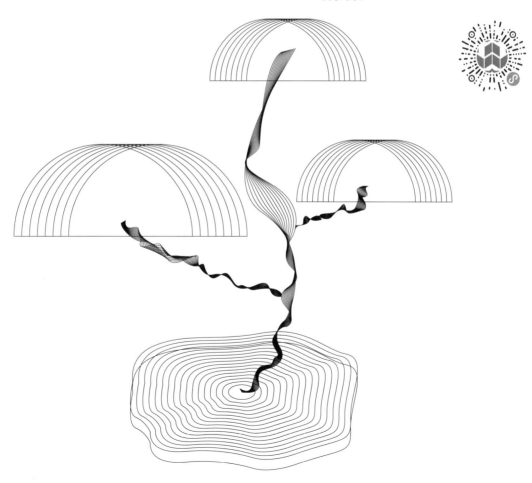

优秀作品·学生组

"迭叠而遇"
——云南诺邓村"桥市"景观更新设计

王晓晗　姚姗宏

四川美术学院

该设计是云南省诺邓村"桥市"景观更新设计,将木"生生不息"的精神融入诺邓村基础设施的改造中,保护其"盐"文化的同时赋予设计更多功能上的意义。设计主体为诺邓村的四座石板小桥,它们是人与人之间交流互动的重要交通枢纽。设计将诺邓村的传统建筑材料木与文化生活相结合,营造一个继承诺邓文化连接对外交流的场地环境。使游客们游览当地时,可以充分感受诺邓的历史文化,追忆诺邓村往昔"古代丝绸之路"时的繁荣景象。

永不消逝的声音

武文浩　黄盈盈

中国美术学院

为回应新型冠状病毒肺炎这一重大社会事件而设计的纪念园，入口空间以木构建形式进行亭榭设计，与场地融合的同时，承担市民在此纪念与日常的活动功能。

设计上兼顾日常与纪念。

其中，作为重要节点的入口空间选取木框架的建筑形式，既可以以木框架的虚幻视觉形态重现曾经的建筑体量（海鲜市场），同时可以在框架之上绑系红布等，以传达人们的纪念与哀思。

相同结构单元以阵列形式编组而成，间隙可以承载植物，行架也为攀缘植物提供生长依靠，从而形成随着时间变化，木构框架逐渐为植物所覆盖，绿茵之下则掩盖着曾经的疫情哀愁。

优秀作品·学生组

CLOISTER AND CHAPTER 木制搭建

杨叶秋　丛新越　Paulina Sawczuk　Catriona Hyland
Effy Harle　Evelyn Osvath　Lucy Lundberg　Jung Attila　Emma Shaw　Simon Feather
Barbara Drozdek　Thomas Leung　Jennyfer Dos　Santos Vidal

HelloWood 国际暑期学校

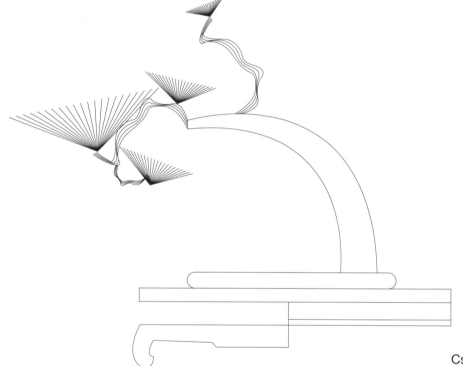

2017 年，在匈牙利巴拉顿湖附近的 Csóromflde 小村中，我们共同建造了包括睡眠、沐浴、烹饪、饮食、演讲、庆祝的 7 个功能的"木制"环境空间。项目 CLOISTER AND CHAPTER 是一个开发的半公共空间，它既可以作为休息的室内空间也可以是音乐会等精神活动的室外空间。HelloWood 是世界最大的木材料搭建工作坊之一，每年夏天，上百名来自世界各地的建筑、设计和艺术专业的学子相聚于此，这是一个从想法到落地完全由学生和老师亲手完成的建筑暑期学校。在为期 10 天的活动里，不仅锻炼了学生的建筑搭建的实际动手能力、跨文化合作能力，同时晚上来自世界各地学者进行设计理念分享，不同文明火花的智慧在这里碰撞，最终也提升了 Csóromflde 小村的凝聚力和活力，达到社会创新的目的。

水神庙

叶雨仪

中国美术学院

通俗来讲，水神庙是一种风俗性祭祀庙宇。以这种常见的中国传统木营造为题，旨在以现代性视角重新诠释传统的木结构造型。

在朦胧的水汽之中，建筑的造型随着观赏者的步伐缓缓展现出来。由此整个作品将引领观众进入一种神秘的氛围之中。

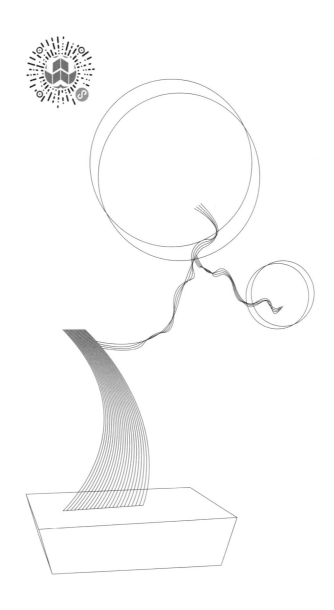

寄畅园的X维空间

于梦淼　刘美名　孟昭　伍汶奇　钱瑾瑜

清华大学美术学院

科幻电影《星际穿越》展现了一个涵括无数时空体系的五维空间，这种超时空概念不同于我们以往的空间体验，代表着空间依据某一特殊视角的重构。本次设计同样跳脱常规的维度认知，以明代无锡寄畅园为原型，试图从三个视角重构古典园林空间，我们称之为"X维空间"，X1参考园林主人的心理维度，X2基于视觉层面的观照维度，X3则从时空交错的意象维度出发，或许这些特殊维度更加接近中国古典园林关于身份、互动与意境的释义。

廊榭舫

张顾一　郭大松　邵菲菲　宗韬
南京艺术学院

基于对古船与古建筑间同构现象的理解与归总，分析新时代船舶造型与艺术相结合，造型装饰特征与古典美学的利用，以及文化内涵的表达。对船体的现代艺术形式进行了研究，通过元素提取、艺术重组、解构、拼接等现代艺术手法进行再创作。将古代建筑艺术与船体形态相结合，重组渔船与建筑之间的生活功能形式联系，使观赏者在与设计的交互中能够脱离固有身份，结合观者与绎者的双重角色以及渔船与戏台的双重空间，给予体验者沉浸式体验……

优秀作品·学生组

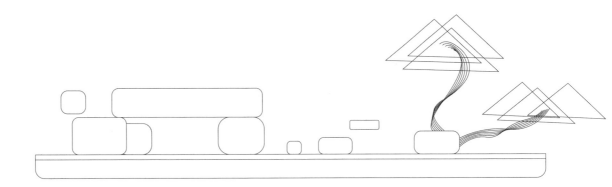

入围作品·专业组

Balance 平衡

陈俊男

　　中国齐齐哈尔市的白城市又称鹤乡，扎龙自然保护区，这里芦苇、沼泽广袤辽远，建设一处观景投食景观台。主要以观景、投喂为主要功能，以休息、绘画创作为辅。观景台布置在中间处，国画中称为"线性"，成为地面与天空的分界线。这种"中断"结构使人产生咫尺千里之感，在选择观景塔观景点时，也采取中国画创作手法，以大观小、小中见大的方法，参与到事物中去观察和认识事物。希望动物在人类的共同保护下，不要灭绝，继续在地球上繁衍下去。

大战地 · 东山书院

陈淑飞

山东建筑大学艺术学院

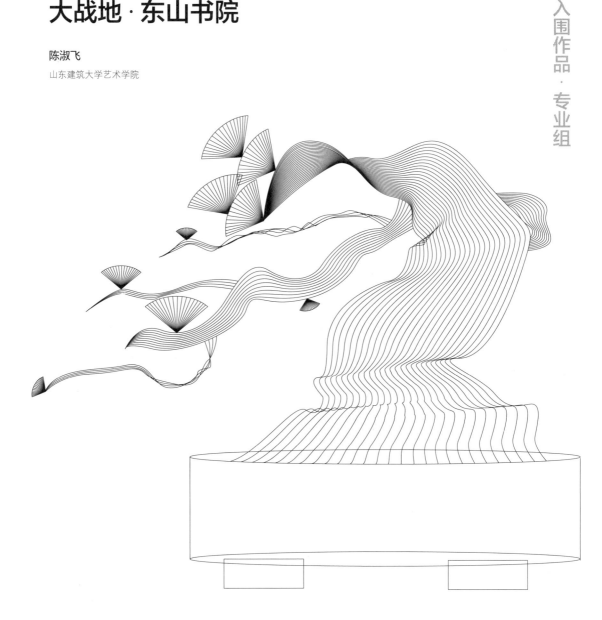

　　东山书院位于沂蒙山腹地的大战地古村落，设计的生成是寻找乡土建筑更多可能性的探索。设计选择"生长"作为主题，重构乡村公共空间，与对面圣母山上的教堂和山脚下的沂蒙山根据地产生联系，实现中与西、古与今、新与旧的对话。建筑一方面采用废弃院落拆除下来的石块和"干插墙"的传统建造技艺，尊重与延续村落原生风貌，更多的是用在地性的设计，去思考与重塑新建筑介入后的场地新旧关系，让书院建筑由场地"自然生长而出"。

入围作品·专业组

"梦溪湉园"民宿空间设计

陈中杰

重庆广播电视大学

梦溪湉园位于重庆梁平区百里竹海景区腹地，设计营造为一处利用乡土材料建构，与自然交融，凸显自身特色，体验、感知传统文化的舒适居留之所。民宿整体布局"化整为零"，以各类建筑体量与高低错落的场地形成有机布局，以期与地区建造传统呼应，与自然融合。错落的开敞空间丰富趣味，建筑设计既根植于地方建筑传统，又有所创新的具有乡土气息的形式特征，建筑群落中堂、楼、台、廊、亭，各类型交相辉映，山野游憩场所韵味凸显。

莲波摇曳，竹木林立
——藕相博物馆设计

董津纶　谭人殊　邹洲　向坤
云南艺术学院

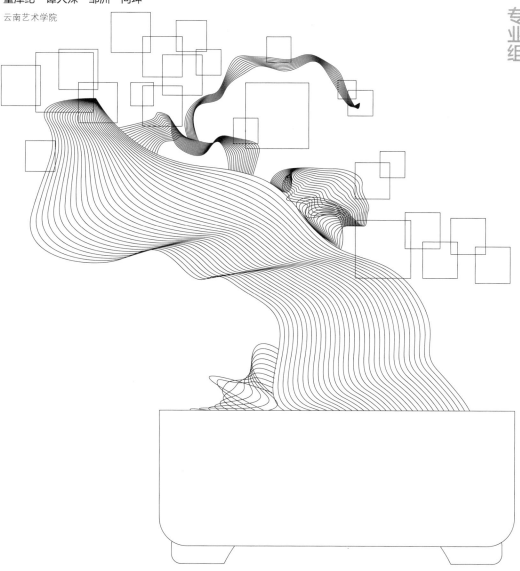

藕相博物馆建设在山野与藕田之间的白甸村里，但白甸村却已经被城市化所浸润，到处都是钢筋混凝土的自建房，失去了传统的风貌。我们尊重乡村的自然演化，尊重村民们在社会经济的发展中对于钢筋混凝土的选择。但与此同时，我们又满怀乡愁，希望在此基础上，用环境设计的语言来表现一幅"莲波摇曳，竹木林立"的美学场景。这就是"藕相博物馆"的设计意义。

入围作品·专业组

水畔·稻香

郭晓阳

苏州科技大学建筑与城市规划学院

范佳鸣

江苏澳洋生态园林股份有限公司苏州分公司

姜嫄

攀枝花学院土木与建筑工程学院

刘立伟

大连医科大学艺术学院

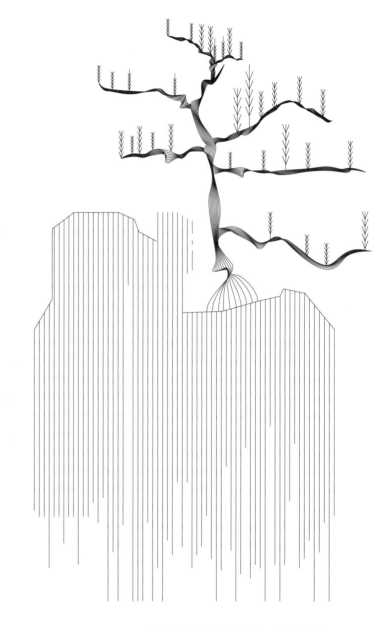

南河港村是望亭镇的一个基本村，位于苏州市相城区，素有稻香小镇之称。基地采用生态自然的设计理念，融入苏州园林的古典元素，大量运用木质材料，以"稻乡八景"，营造曲折回环、移步换景的空间感。建筑主要体现民宿社区一体化，以两层房屋为主，并然有序地管理和打造全方位立体的邻里空间。功能以民宿、农学堂、餐厅、生活馆、酒吧等设施为主，提供给大家一个放松的空间。功能明确，用二层廊道连通各建筑单体，提高邻里可达性。

广西南丹白裤瑶乡土建筑的在地性设计

金科
西南大学

况锐
成都大学

周上
成都锐上装饰工程设计有限公司

广西南丹地处云贵高原南麓，其白裤瑶族（布诺）文化独具特色。传统瑶寨以木为主材，遵循自然天成、虚实相生的法则修葺。本设计以乡土建筑景观的"在地性"表达作为意境传递的内在逻辑，场域设计随"日、月"旋转、叶脉延伸之势而展开，与之相适。在当代城市文化脉络中，设计要素彰显"广汲日月光华，尽显人杰地灵"之意味。乡土建筑中有形的显要素（历史传闻、寓意象征、风土民俗、自然生态等）在此进行了形式的抽象与串联，实现了现实空间与情境的境生象外。

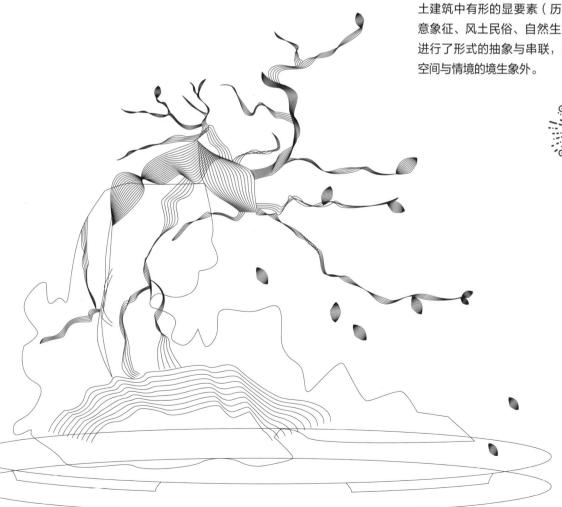

隐城
——南京汉中门广场瓮城写意

李至惟

南京艺术学院

南京明城墙历史悠久，其中旱西门自古以来即为守城要地。1958 年在蔓延全国的拆城运动中，旱西门瓮城不幸被严重毁坏，现为汉中门广场。方案结合了被毁前城墙的形态，利用木结构对其进行"写意"的复原。复原后的构筑物不仅让游客可以像在城墙上一样在其顶面步行，而且它的内部空间成为旱西门瓮城历史文化展览馆。

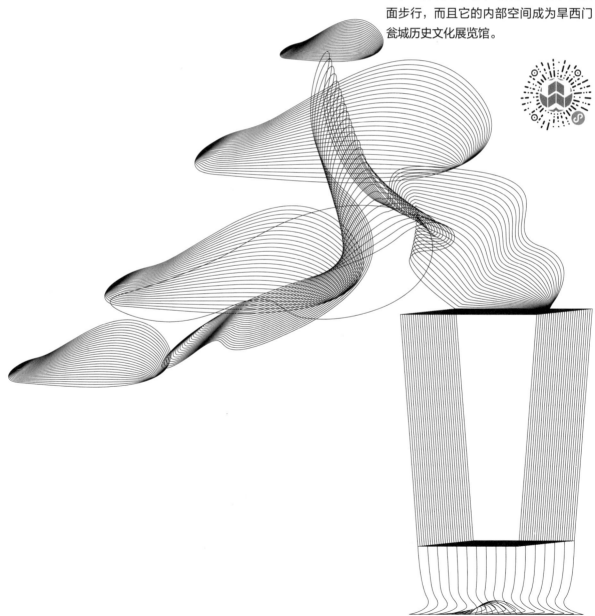

传承——新旧对应，相互辉映

林春水　张会薪
鲁迅美术学院

本案例是位于江西抚州古镇中由古建筑再生理念设计创作的一个文化艺术中心设计概念。意在达成新老建筑形式及传统"木"建筑材料于现代有机材料的有机融合，实现当代语言下"新旧对应，相互辉映"的景观建筑设计理念。

入围作品·专业组

和合而生
——榫卯系列城市家具设计

刘谯　何悦
南京艺术学院设计学院

　　本设计以"榫卯"为主题，采用中国传统榫卯样式为基础，将其用现代化的手法再设计，体现新时代中国年轻人对传统文化的理解，为构建生态环境贡献"中国药方"。榫卯系列城市家具设计包括古戏台构筑物、座椅、花箱、休闲构筑物等。场地选择在老城南地区，河上原有戏台已不复存在现用榫卯手法重构"戏台"，并在两侧广场上设置榫卯形态的各种城市家具，完善广场及老城南片区的环境设施，为居民和游客提供适宜的环境体验。此系列家具可根据环境组合或单独放置，使用者与家具具有互动性及多种选择。

"红楼梦·陈晓旭纪念馆"环境设计

罗曼
上海工程技术大学艺术设计学院

"红楼梦·陈晓旭纪念馆"选址在陈晓旭的家乡辽宁省鞍山市的国家 5A 级风景区千山风景区沿线。千山为长白山支脉，号称"辽东第一山"，有"东北明珠"之美誉。基地周围环境优越，山水资源丰富，总用地面积约 6000 平方米。设计采用叙事空间手法，从陈晓旭出生到参加红楼选角（1965～1983）、陈晓旭的林黛玉演艺之路（1985～1988）、陈晓旭参演红楼梦后的戏外人生（1996～2007）。以历史文化、环境艺术的"木"营造为主题来设计展陈美学体验空间，把环境设计置于优秀中华传统文化的大背景和自然环境之中。表现形式从传统展陈模式转变为体验式，包括"宝黛初会""黛玉葬花""共读西厢"等体验场景，存留记忆中的人文温度，让人们在缅怀故人的同时，置身情景，了解人物性格特点及历史事件。

（项目于 2018 年夏天启动，目前仍在建设中）

入围作品·专业组

"魔方森林"

——装置艺术展馆中心概念设计

吕帅　胡妍秋

上海华策建筑设计事务所

魔方装置让人置身于雾气和炫目白光共同营造出的"云雾"之中，感受别样的"意境体验"。作品名代表着一种自然空灵的形式，通过光影与木架结构的穿插也展现了艺术装置下别样的视觉感受，而以森林为背景的木框架的展厅则赋予了自然生态的感觉。

"贵州商会馆"

——重庆市南山黄桷垭正街入口戏楼建筑方案设计

孟凡锦

四川美术学院

入围作品·专业组

"贵州商会馆"以传统巴渝木结构营造为媒介，实现空间、历史、文化、建筑的多维度融合，以恢复巴渝传统建筑风貌、遵循传统木结构营建为设计要点，功能上满足：1.形成老街敞口的建筑意向；2.具有整体入口形象的传统风貌巴渝建筑；3.结合后面私房建筑立面，形成一个整体的具有入口形象的方案；4.充分考虑到后期使用以及节目的观演需求设置了内外双戏楼。

入围作品·专业组

生态·诗意·印象
——沈阳卧龙湖滨水区（城市段）景观设计

潘天阳　张世卓　潘颖
鲁迅美术学院

　　方案设计是在卧龙湖宏观生态保护的基础上，提出了将卧龙湖打造成为供大众娱乐休闲的滨水目的地；塑造城市滨水区域的新形象；形成沈阳北部的生态屏障为设计目标。

　　项目特点：将艺术融于整个设计中，用艺术的手法对现有的堤坝进行改造再利用，提出了朱丘红堤的设计理念，提高城市的认知度。

　　建成后对于地区内的动植物多样性的保护，改善辽西北地区的风沙干旱、净化生态环境、补充地下水和调节水循环，维持生态平衡具有重要的意义。

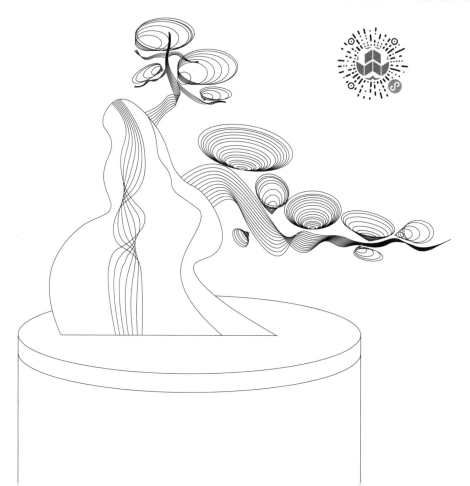

城市·山·林

施济光　王剑秋
鲁迅美术学院

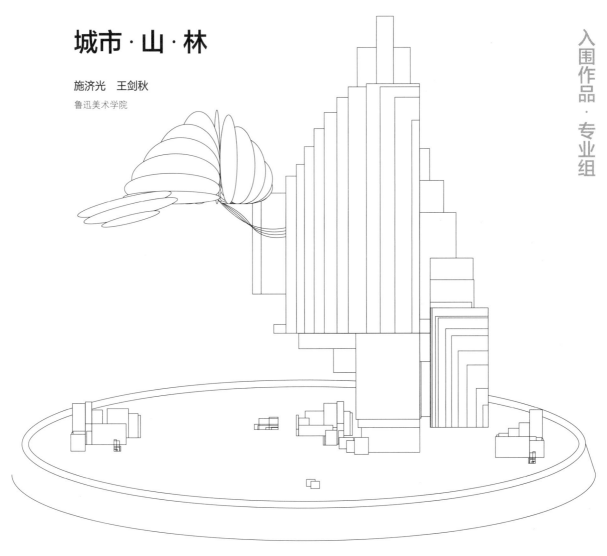

　　北方寒冬，户外活动单调，人们渴望山水园林逸趣。我们试图在北方城市中插入一片山水园林，汲取江南园林的堆山理水、小中见大、咫尺山林、步移景异的形象与意境，营造一种理想的冬季"户外"公共游憩场所。

　　沈阳有沈阳故宫、两陵可资借鉴，演绎中国传统木营造逻辑的精髓形成的"大屋顶"及景观亭廊，完美体现出木杆件逻辑的优势——小杆件的组合变异形成大尺度的空间结构构件和小杆件的叠加悬挑（斗栱）实现空间跨度的最大化。

入围作品·专业组

希望之光
——施光南故里景观提升设计

施俊天　朱程宾　徐成钢　石姿娴
浙江师范大学美术学院

希望之光——施光南故里景观提升设计充分挖掘改革先锋人物、人民音乐家施光南等名人的资源与内涵。以音乐和桃为主，红色革命为辅元素展开景观设计。展现"施光南故里"的物质之美和精神之美。

项目从 2019 年 8 月开始实施，于 2020 年 4 月基本完成，总计投资约 2600 多万。主要完成的内容有：一是建筑与庭院方面，完成建筑外立面改造 171 幢，美丽庭院 74 个；二是景观节点，完成东叶光南大舞台《最美的赞歌献给党》主题景观、思源廊、樟望台、春水台等；三是旅游步道，完成桃花流水步道 840 米、时代步道 410 米、怀先步道 200 米等；四是基础视觉体系设计，标志、文创产品、简介牌、指示牌、路灯等。

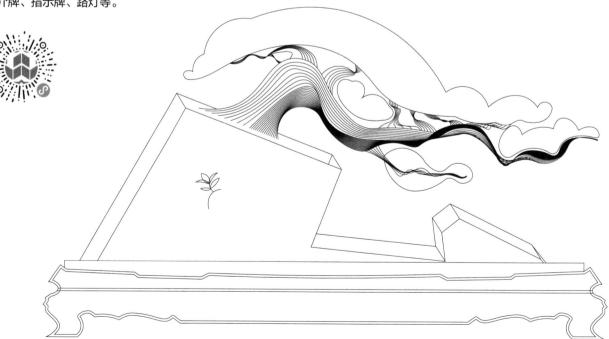

森林之镜

石璐　张思远　杨洋
鲁迅美术学院

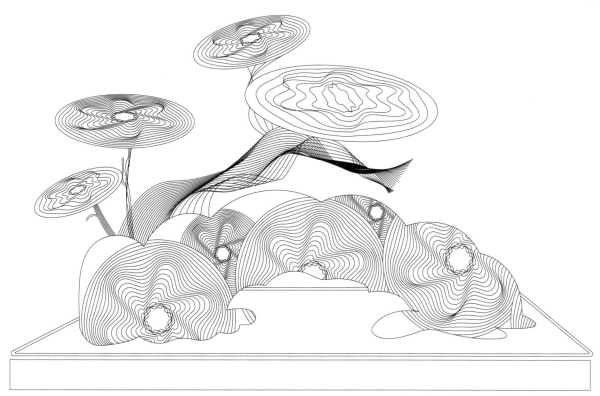

建筑坐落在森林小型湖泊之上，湖泊四周树木环抱。在湖面上设立着一片平台，平台之上是一座两层建筑和水下的室内空间。建筑外墙采用镜面材料，映照周围的树木森林，整体建筑与自然林木融为一体。建筑内空间与户外平台均布置了孤植的树木，便于坐在树下思考、体会内心中最真实的自己。

入围作品·专业组

生生不息

——重庆市精神卫生中心老年（失智）康复花园景观设计

谭晖　龙梓嘉　丁松阳　肖宛宣

四川美术学院

重庆市精神卫生中心老年（失智）康复中心用地面积 5000 平方米。根据老年痴呆病患认知障碍和记忆受损特征，本案采用闭合路径作为主要步行路线以防止走失，路径串联多个怀旧节点，如茶馆、邮局、杂货铺等老人们熟悉的生活场景。病人从起点进入花园，跟随特制扶手的指引回到闭合的终点。木扶手是桥梁、是老人手中的拐杖，从病床到花园，解决了老人无法独自离开病房的困境。扶手采用木质结合金属，以传统工艺结合现代材料，重塑了老年失智病患生生不息的生命轨迹。

百年建筑的新生
——奉果花园酒店设计

王浩宇　宁晓蕾　周雷

沈阳师范大学

本项目位于辽宁省沈阳市太原街 34号，地处城市繁华路段，距离商业街、交通枢纽都非常近。该建筑的设计风格为日本近代式建筑，局部保留西洋图案装饰，整体风格简约大方具有现代感。业主方要将建筑改造成为一个主题酒店，能够体现地域文化。首层平面包括接待台、大堂吧、餐厅和健身中心等功能性空间。二层的原始墙体比较规整，主要功能以标准间和套房为主。三层除部分客房外，还设置了书吧，给人们提供了一个安静的思考空间。

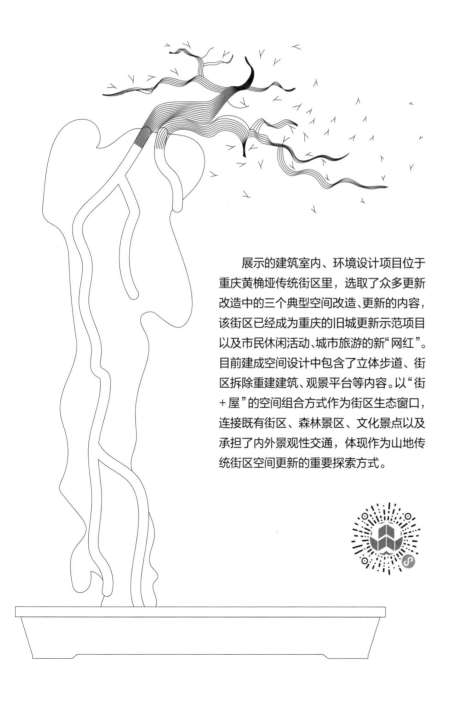

入围作品·专业组

穿越街屋
——西南腹地美学下的旧城景观建筑空间营造

王平妤

四川美术学院

展示的建筑室内、环境设计项目位于重庆黄桷垭传统街区里，选取了众多更新改造中的三个典型空间改造、更新的内容，该街区已经成为重庆的旧城更新示范项目以及市民休闲活动、城市旅游的新"网红"。目前建成空间设计中包含了立体步道、街区拆除重建建筑、观景平台等内容。以"街＋屋"的空间组合方式作为街区生态窗口，连接既有街区、森林景区、文化景点以及承担了内外景观性交通，体现作为山地传统街区空间更新的重要探索方式。

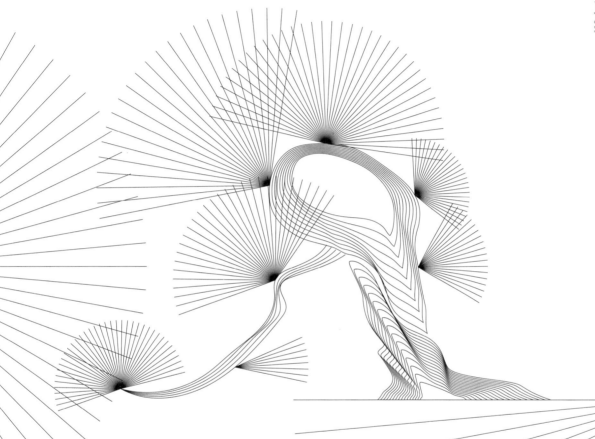

大盘地窑卧云伴

——大盘村老杨家地窑院环境设计改造

王晓华　王昕　田孟宸　慕青　王翌轩

西安美术学院

景观造型创意来源：图书馆设计：以儿时记忆最深的瓜庵子为原型，关爱留守儿童。

休闲小天地：儿时撒欢之处——麦草垛。

突破与创新：①增设卫生间，利用地势落差排污；②院中凉亭，克服阴雨天单调、郁闷的室内环境；③利用窑顶输送粮食的洞子，改善室内空气流动，并设无动力新风机；④采用拱券和覆土结构，将南北两院从地下贯通的50多米长"串门地洞"。

水滨之木民俗酒店概念设计

席田鹿 李佳洋

鲁迅美术学院

中华民族自古就崇尚"木"，在华夏文明中，"木"是万物之源，是人类自然界中最亲近的材料，木材为各行各业所使用，与我们的生活紧密相连。本作品则采用木作为建筑的主要元素，从中提取山西古建筑的木元素以及色调完成设计。

原零-ONEPARK

徐博雅

四川美术学院建筑与环境艺术学院

在中文字意中，0 代表零，在环境设计中衍生为零碳，原生。场地位于成都 198 绿带上，以连续的森林生态带为主，各种不同系统的活动，虽各自独立，却又环环相扣，由此获得"莫比乌斯带"的设计灵感。基地位置恰似连接莫比乌斯环带的接口，一体两面的存在，使这个绿带拥有无限可能。因此各个系统永续循环像有机体一样存在和运行是本次景观设计的核心概念之一。试图体现新时代中国环境景观设计对构建人类共同体生态环境的努力。

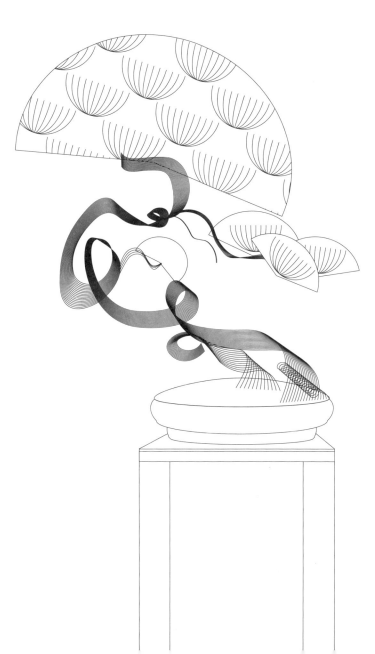

"家"印象
——新疆乡村留守儿童康体景观设计

闫飞　史博文

扬州大学美术与设计学院

留守儿童最大的问题是情感关怀的缺失，由于对"家"观念的淡薄和不完整的童年记忆，造成人格塑造和性格形成有所障碍。本案从视觉环境中提炼中国人对"家"的印象。运用构成学的相关原理，对聚落、院落、民居三种传统人居空间进行视觉元素分析，形成"家""邻里""宗祠"等抽象组合方式。对"家"的认同首先是民族认同、国家认同，新疆人居环境中的中华文化认同是本案设计的重点。此外，"模块化"设计是本案研究的又一亮点，与环境高度的适应力和灵活搭配，为"美丽乡村建设"的人居环境改善提供新的思路。

入围作品·专业组

花载时分倚东风
——弥勒东风韵花海景观规划设计

杨春锁　穆瑞杰　王雯　张潇予　徐晨照　袁敏　彭梅平　薛啸龙　邹鹏晨
云南艺术学院

　　东风韵原创艺术小镇是以独特的"万花筒"建筑形态而闻名的"网红"打卡景点，设计基于其特有的艺术气质，以赋有强烈视觉震撼力的设计语言进行创作，使整体氛围和品质达到高度的协调统一。设计方案依托基地坡地形态，以丰富多变的空间处理手法为游客带来耳目一新的游览体验。设计以"花海"为主题，以曲线的造型手法和线条的设计语言充分诠释"花"给我们带来的别样感受。

　　设计整体围绕花之翼（游客中心）、艺术家园、花之韵（花海民宿）、花海景观、花之味（湖畔餐厅）五个主要功能片区进行打造，使游客在这样的湖光山色中感受艺术慢生活。

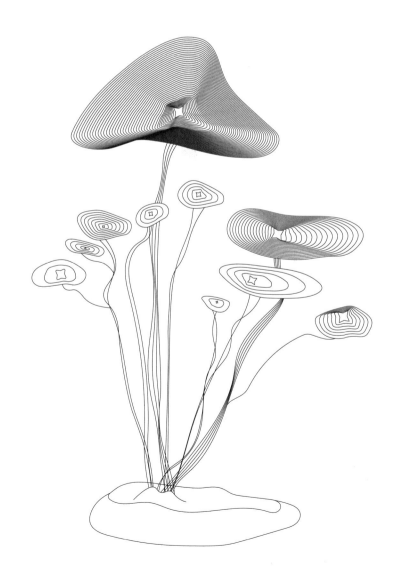

城市的角落——楣界

杨帆　李抒桥　王茜　陈杰

鲁迅美术学院

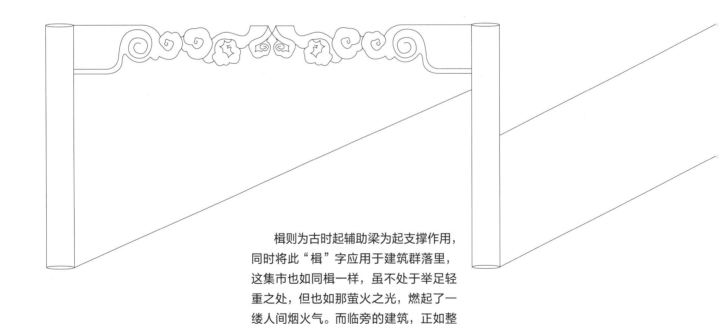

楣则为古时起辅助梁为起支撑作用，同时将此"楣"字应用于建筑群落里，这集市也如同楣一样，虽不处于举足轻重之处，但也如那萤火之光，燃起了一缕人间烟火气。而临旁的建筑，正如整个城市中的梁，渺万里层云，其独树一帜。呼应国策所提出的"人间烟火气"的摆摊政策，可以快速搭建的集市，而木结构本身造价低，便于运输和组装。

北戴河游客接待中心

尹航 张晨露
鲁迅美术学院

设计并不仅仅是创造新的形式，而是创造出一种新的情感，从而去用身体感知建筑。将山的连绵、海的孕育和起伏、村落中屋顶的弧线三种意象落入建筑的外观。利用球形相互交错进行切割并形成简洁利落的线条，在建筑顶部落，充分展现出山、水、村落的三种意象。

入围作品·专业组

一纸桃花扇
——中国古典文学与园林的实验性空间设计

张倩　卫洁　陈晓碟

四川美术学院

　　本次设计我们以实验性空间结合现代设计理念去解读《桃花扇》这一中国文学作品，创新性地将现代空间与传统园林结合，体验"古典文学"的神韵。同时运用现代设计中多重空间形态重塑文学意境下场景与人物内心。使联想式共鸣转变成视觉共鸣，意象之美转变成视觉之美。在园林中，我们设计了多处"木构"的节点要素（室内＋景观），试图用传统"木构"与现代构造手法来表达古典文学与现代环境空间的融合，用带有一定挑战性与超现实的构思法则来表现《桃花扇》的核心和主题思想。

虎溪炮校旧址文化创意产业园

张为民　胡银辉　程熠　袁浩东

重庆师范大学

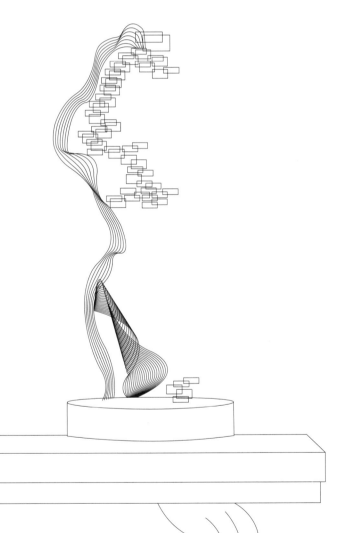

"虎溪炮校"又称重庆炮校是新中国成立以来最早的一批军事院校，也是最早的一批大学。由于军队建设的历史变迁，经过数次的调整整编，重庆炮校最后被撤销，原校址移交给虎溪电机厂。现在仍保留有大量 20 世纪 50 年代初中式混合风格建筑。巧合的是，重庆炮校遗址也正处于重庆大学城区域，被誉为"重庆大学城第一所大学"。

预计规划面积约 90 亩，场地内自然生态环境良好，地势平整、植被葱茏，原炮校教职工住宅、校级领导别墅、礼堂、澡堂、部分校舍、操场、游泳池等设施功能布局完善。

本方案充分利用原有军校校园的建筑布局形式，丰富动线层级，激活空间联系。在浓厚的苏式建筑基础上，利用场地中心原档案馆的位置，以纯木构的建筑模式重新构筑一个艺术馆，元素上充分利用苏式建筑的斜屋顶。使得新建筑和原有的场地精神有机融合，并焕发出新的活力。

朴

张宪梁

武汉半月景观设计公司

入围作品·专业组

利用现有拆除的旧材料（红砖、黑瓦、毛石）与当地材料（附近河里的卵石）为主要用材，运用一定的美学规律，因地制宜，结合现代工艺，体现工匠精神和地域的差异性，发扬传统文化、地域文化。

设计施工图均为手绘草图方式，充分发挥了设计师与施工队的主观能动性、积极性和创造性，让设计作品在实施过程中达到较全面的沟通而产生最大的可能性。

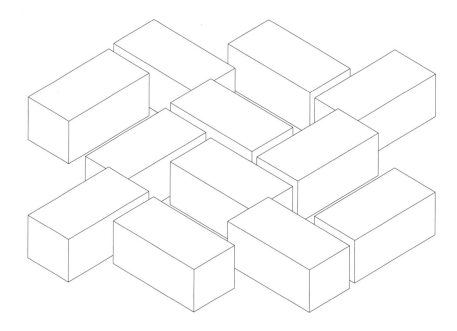

以木造景·以木造屋
——重庆云阳龙缸游客服务中心概念设计

赵一舟　任洁　杨静黎　刘霁娇　傅有余

四川美术学院

本设计位于重庆云阳龙缸清水湖畔，具有典型传统山水格局。设计理念源于自然木与传统园林最本源的相生相因逻辑，即"以木造景＋以木造屋＝以木造园"，进而以现代木构方式和空间形态营造园林意境。游客中心依水呈折线布局，将临山侧自然木意向引入建筑布局，以木构"树柱"在建筑布局转折处形成"点景"与"共景"，进而以木构"竖柱"围合形成"馆"、"廊"、"榭"，整体营造"宜曲宜直、精而合宜、巧而得体"的园林意向。

入围作品·专业组

"木·匠"

——李奎安故居历史文化空间再生设计

卓文佳

四川美术学院建筑与环境艺术学院

该设计位于重庆南山黄桷垭历史街区内，是民国时期在商、政、文化"三界"享有盛名的"重庆五老"之一李奎安故居。李奎安故居作为重庆教育起始点，经过历史的沉淀与变迁褪去了昔日的光华，本次设计，注重"木"介入下的文化传达与空间表达，正如"万物生生不息，木为万物之源，万物依木而生"，设计意旨在重塑李奎安故居历史空间与文化的意义的再生，在文化体现与空间尺度上强化建筑意境，强调文化更新空间的设计方法。

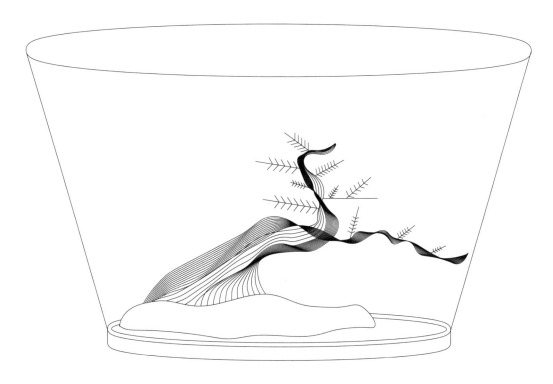

花博会天津展园设计

白可
天津美术学院

设计理念为"智卉津门、百年荣光"，利用智能玻璃，将"传统花卉绿植"与"数字影像花卉"相结合，通过"津门"这一传统的围合院落空间，在花博园中营造一份属于天津展园的淡雅和安宁，让人不禁驻足、留恋……展园内讲述天津建党百年故事，以"时间轴"进行地景刻度，展示天津城市发展，展现天津创造力。设计中多处运用木材，仿木材料等，将传统木质元素与智能化工艺、现代风结合，创造出新的使用价值。

入围作品·学生组

一山一木
——白马雪山科普教育空间

曹彦箐　张明月　王千意

云南大学

本案位于云南省迪庆藏族自治州、维西县塔城镇落爪村。该村依"山"而建，建筑多为传统木楞房及其他木构建筑，所以以"山""木"为创作灵感，构成了一山一木的项目主题。并在尊重自然、顺应自然、保护自然的基础上，加入科普教育的基地环境空间，也能更好地树立一种人对大自然的新认识。"一"即"依"，由山与木的组合，成为"林"，成为"森"，逐渐组成傈僳族聚居的村落，这一切正是依靠"山木"而成。本案在保留原有木楞房村落风貌的同时，新增建筑也采用木构形式，与村落融为一体。再整合周边逐渐被废弃的农田，结合当地传统文化，融入科普教育的全新视角，在这座山这方林间打造出一个全新的自然科普教育空间。

竹下蕈生
——木结构仿生形态营造与为农设计

陈珂宇

四川美术学院

在场地现有的农业观光体验基础上用木构营造林下自然生长的仿生建筑，在景观建筑中加入曲面模拟蘑菇的形态，拱起的顶棚给棚下通风和保持温度起了辅助作用，同时希望用朴实的木材和简易的采摘方式拉近建筑和劳动者的距离，通过农民采摘的行为让整个环境融入设计所营造的自然氛围中去，而这些蘑菇的生长也恰好是建筑形态的一部分，劳动者亦为营造者。

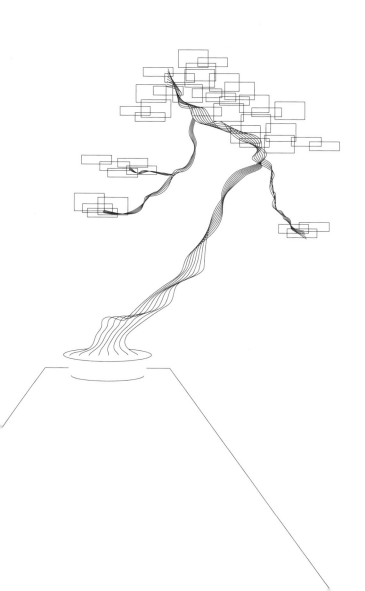

影人·影魂

——陕西关中华县魏家塬皮影村非物质文化景观改造设计

陈雨果　王城　姚云娜　黄梓薇

西安美术学院

华县皮影戏是中国乃至世界上最古老的民间艺术之一，2006 年被列为国家非物质文化遗产。魏家塬位于陕西省渭南市，分为西村和东堡。该村落为本次景观设计提供了丰富的创作空间，在尊重和完善村民生活基础设施的同时，将皮影艺术与当地村民生活进行融合；在保护与传承华县皮影艺术的同时，为居民生活增加多元化体验。设计后的场地涵盖一系列沉浸式景观体验区，在此希望通过本次设计，为华县皮影的传承与发展提供新思路。

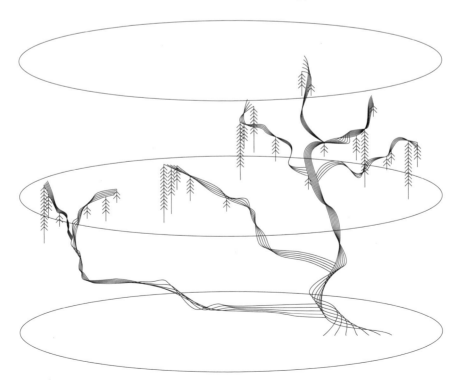

西安市灞桥区东风村美丽乡村规划设计

高篓篓　叶丘陵　朱小强　伍泽凡
西安欧亚学院艾德艺术设计学院

东风村位于陕西省西安市灞桥区，因生态环境良好，为美丽乡村建设打下良好基础。东风村由 5 个自然村合并为一个新的村子，村子之间发展不均衡、乡村环境问题亟待解决。改善村民生活条件，传承地域文脉，高度重视自然生态环境，并寻找对策和出路就成了设计的突破口。我们从灞桥区的上位规划展开分析，东风村位于灞桥生态产业带和白鹿原文旅产业带中。生态环境良好为建设"灞桥最美生态文旅之乡"打下良好基础。以"生态之美、一塬一水一生态，人文之美、一村一景一乡愁，宜居之美、一院一品一栖居"的建设规划为目标，本设计是对未来乡村的展望，且用设计实践的方式建设美丽乡村，试图解决当下美丽乡村建设的难题。

入围作品·学生组

穿墙透壁
——信息组织下的城中村环境空间集结再设计

管正权　韦百　李宏博　顾均娟
西安美术学院

我们将研究落地于西安市城区规模较大的"吉祥村"。通过研究互联网时代虚拟空间集聚而实体空间消退的特性，模拟出城中村生活与工作所需的互联网组织系统。通过原有建筑间不同层级"穿墙透壁"的通道连接，优化实体空间的使用率与通勤率。利用部分区域功能的消退，实现生态环境的逐步增长，以期形成从"城中村"现有机理中生发而出的新城居模式与新生态环境增长，并唤醒"城中村"发展的内生动力。

基于"互承结构体系"
创新的人行景观桥概念设计

韩意博

洛阳理工学院艺术设计学院

设计初衷在于弘扬中国传统文化，传播新疆遗址文化，增强广大群众文物保护意识。选址位于新疆吐鲁番高昌故城遗址，设计内容包括遗址区域内的区间车站、观景台以及遗址博物馆等。建筑外部造型结合吐鲁番民居空间特征，营造丰富的光影变化以提升游客观展体验。室内空间提取了吐鲁番晾房内部空间特征的元素，将生土材质与木材质紧密结合，创造具有神秘感的展览空间。

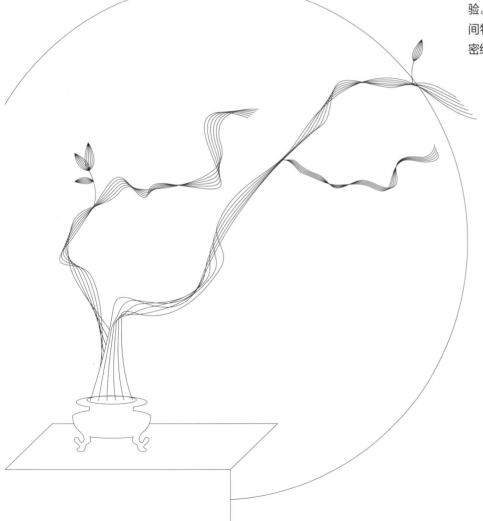

入围作品·学生组

"心"的开始

黄丽娟

上海大学上海美术学院

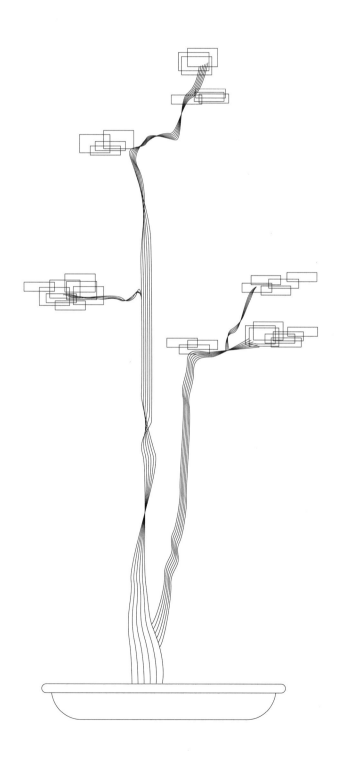

2020 突如其来的疫情打乱了城市生活的节奏，为了加快经济的复苏，国家开放了有组织的地摊经济。面对地摊杂乱差的情况，我们试图在空间上进行控制，运用固定的模块，根据不同的地摊需求，进行组合从而使地摊空间更有规划。另外试图创造"网红"打卡点，促进地摊经济的良好发展，以及解决地摊经济所造成的社区的社会问题。

"山居湫暝"弥勒太平湖森林公园景观规划设计

江卓山　杨璐鲒　龙嘉嘉　刘妍婷　高胜寒　窦世宇　朱志裕　李元勋　索潞遥　李彦奇
云南艺术学院

对弥勒太平湖地区的文化历史进行检索重新梳理，重新提炼文化元素，将部分文化元素进行简化并且运用于设计之中，使得各个区块之间得以相互关联，相互联系，增强区块之间的文化共同性。

提取太平湖驳岸中的圆形元素与曲线元素，展现太平湖区的生态，生态设计为主要方面，重点展示其过滤、净化能力，强化木文化属性。

强化太平湖作为弥勒市的自然中心，更符合"太平之眼"的设计定位，并且突出其设计的独一性。

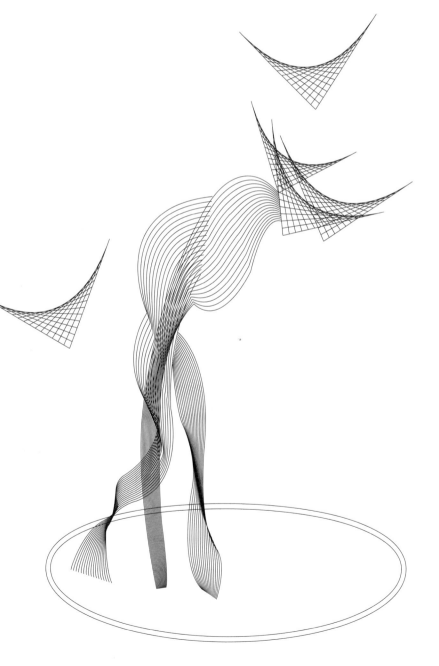

且听风吟"木"营造
——传统木结构建筑的探索

况杰　魏雪

四川美术学院

该设计位于重庆市南山黄葛古道上的山门位置，旨在引导路人，服务于古道，定位为连接历史、融合自然的传统木构造的建筑组团。取神于山水画，传画入神，在南山密林中悠然自得；取形于幽幽南山，延续山形，衔接自然，融于自然；取意于古木之魂，与黄葛树相生相伴，生生不息，"林"营造自然，"木"营造建筑，环境与建筑融合共生，通过传统木建筑的营造，传统文化得以延续，"木"得以创新。

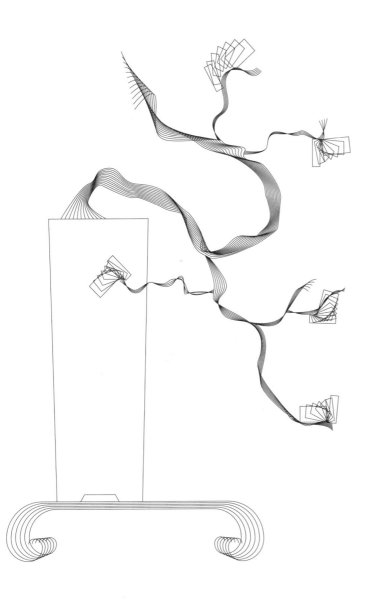

山地木构美学的当代转换——合美术馆

李超越　季山雨

四川美术学院

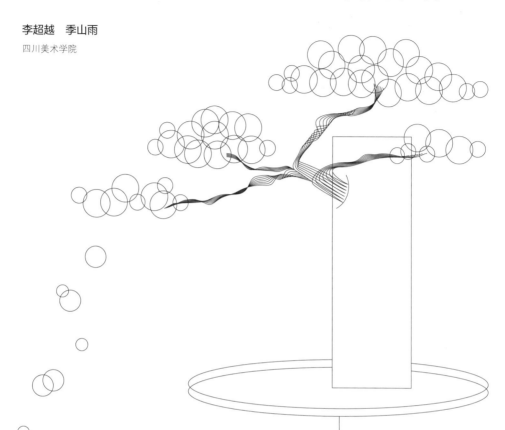

"合"，寓意天人合一，道法自然。"合"字拆分，象征人、构件与建筑空间的融合相生。通过沿袭唐风宋韵的建筑美学、提取西南地区吊脚元素；以现代建筑形体为基础，形成依山而建、占天不占地的构造形式；保留原有古树、与生态互动的可上人屋顶；传承匠人精神与现代材料，形成玻璃与木构形制的空灵建筑。构筑山地传统美学语境下文化美感与当代美感相结合的新艺术文化地标。

入围作品·学生组

居·聚
——年羹尧故居改造

李岚　马文政

西安欧亚学院

本方案在对原有建筑价值进行分析的基础上，采用了保留修复、轻度干预和重建的设计策略对建筑进行改造设计。改造后建筑的公共区功能以展示艺术、戏曲文化、休闲简餐等为主；居住区解决了原住民的四套住房问题。此外，设计还提取了原有明清宫灯的元素，在原有民居建筑中置入三个玻璃休闲空间，并与屋面连廊系统相结合，在夜晚点亮古居生活，复兴故居文化。

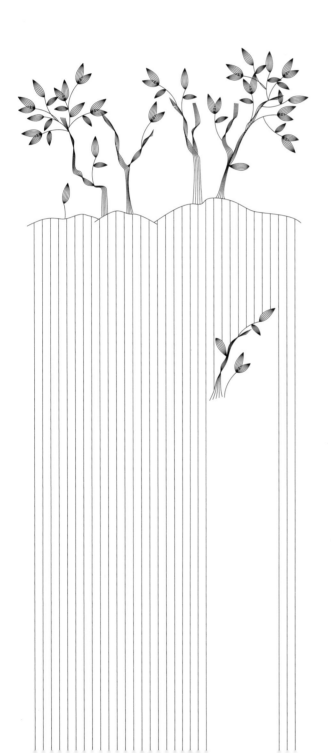

木的N次方
——探索传统木结构下的模块化设计

林宏瀚　金盾

上海大学

当今建筑正以一种新形式和新内容再生着，如快闪店，以及近期为应对新型冠状病毒疫情和灾后环境所建造的临时建筑，这使得临时建筑的建造效率、空间组合多种可能性以及对材料的再利用成为一种思考。本次作品便是针对上述问题展开探索，首先设计者借鉴并发展了中式榫卯结构，从而达到拼装便捷的目的，同时通过形成一套完整的模块化体系，系统解决如地形高低、空间功能不同等问题，最终使建筑结构与功能美得到兼顾，达到建造效率与节省资源的目的。

入围作品·学生组

西安市灞桥区东张村美丽乡村规划设计

鲁建　黄奎　蒲玉林　张育鑫
西安欧亚学院

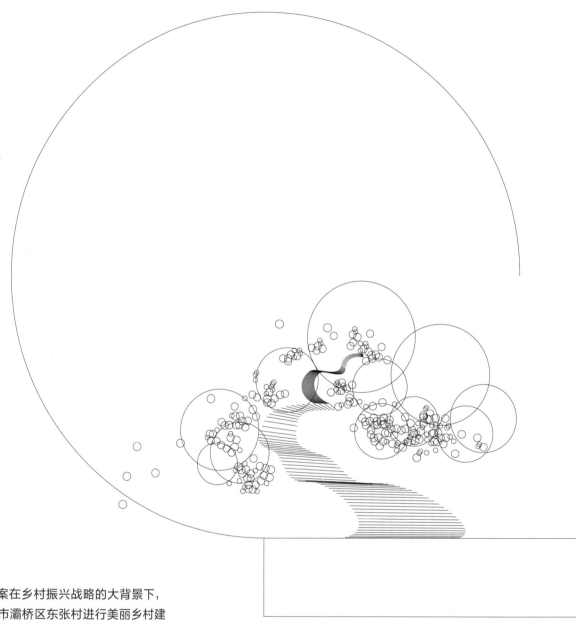

　　本案在乡村振兴战略的大背景下，对西安市灞桥区东张村进行美丽乡村建设，项目所在地位于《大西安2050空间发展战略规划》"东拓"规划区、《灞桥区发展空间布局》"白鹿原生态旅游示范区"内。本案以生态田园农旅为核心，通过完善基础设施、治理原生景观、树立精神堡垒、加强区域连接、拓展樱桃种植等举措，以期将项目地打造成一个集人美、景美的田塬生态坡地。

木下赏味

穆怡然
中央美术学院

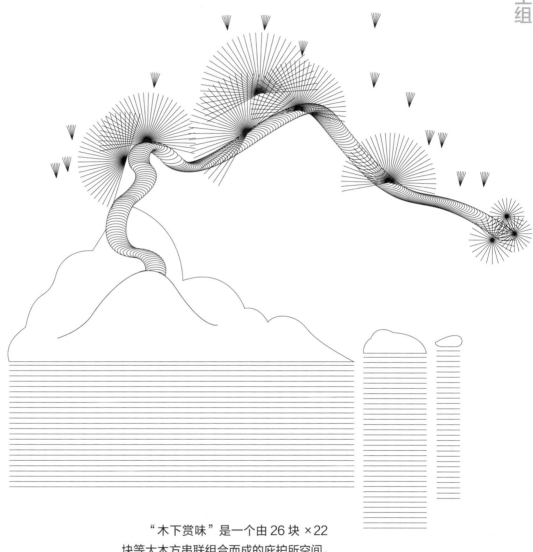

"木下赏味"是一个由 26 块 ×22 块等大木方串联组合而成的庇护所空间。将等大木方以软性钢丝绳索横竖串联组成的矩形平面受力变为空间曲面，使空间自然依宽窄而形成高低的变化。曲面墙体的外观既似乌篷船的船篷，又似一块巨大的麻将凉席。该空间是一个符合人尺度并可进入体验的空间：人们可以从高入口进入，顺空间形态弯腰坐在矮处蒲团上，仔细观察作品局部，感受内部氛围。

入围作品·学生组

希望之菌
——木结构模块书屋

唐珑心　蔡克柯　赵雨生　刘哲铭
四川轻化工大学

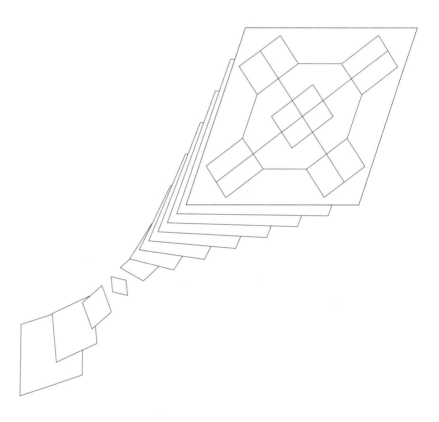

　　2016 年全国普通小学阶段的学生人均教育经费支出是 9432 元，初中阶段是 12810 元。北京市、天津市和上海市的学生人均教育经费支出均超过了全国平均水平的 2 倍，北京市甚至在小学阶段超过全国水平的 3 倍。这也有可能是国家政策的结果，也许是受到当地人口密度小等自然因素的影响。因此，借第九届为中国而设计大赛，提出模块化木结构书屋的构想，希望能让中国低教育水平地区的儿童、青少年、民众有书可读。

畅响红色足迹
——南泥湾炮兵学院旧址景观提升设计

王明朗玥　李雨珊　贾诗莹　林逸哲
西安美术学院

南泥湾精神是以八路军第三五九旅为代表的抗日军民在南泥湾大生产运动中创造的，是中国共产党及其领导下的人民军队在困境中奋起、在艰苦中发展的强大精神力量，在中国革命、建设和改革的过程中发挥了不可替代的重要作用，南泥湾精神具有重要的时代价值。因此，本次设计的主要目的是如何将南泥湾精神学习、继承、传扬，全方位的对炮兵学院进行景观提升，赋予其新的、契合现代的精神内涵。

溯洄·垄上

王爽　施海葳　郭晓媛　可凯勒　郑雅馨
云南艺术学院

入围作品·学生组

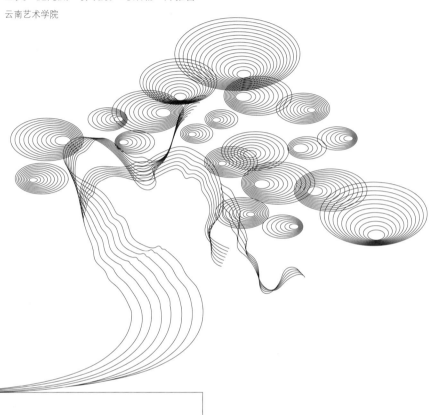

本设计的范围位于西安市西咸新区，主要为昆明池入水口遗址及引水渠滨水空间设计提供设计思路，长 4.3 公里。围绕"自然生态""休闲娱乐""历史文化""因地制宜"四个方面，结合"木"元素，规划了一条城市生态绿色廊道，以昆明池的历史为背景，从"牵牛织女"追溯到"星宿"和原始社会的"农耕文明"，把"农耕"作为设计的主题构思，以大地景观为主要表达方式，带给人们质朴亲切的感受。

坐忘山居

王天奇　叶安楠　张诺　武娜娜

北京服装学院

入围作品·学生组

该设计位于秦皇岛市海港区驻操营镇庄河村，总面积约 1200 平方米。其建筑材料主要以木材与混凝土为主进行搭建，建筑结构采用了中国古代的榫卯结构等，运用中国的元素为中国而设计。建筑面向的人群为村民、游客等，其改造目的是升级现代生活所需的必要基础设施，将这处乡村待开发的土地转变为村内一处有吸引力的以活动与接待为主，民宿为辅的场所。房屋可被随时租用来进行休闲、会谈、聚会等公共活动；同时也可以作为家庭自住。

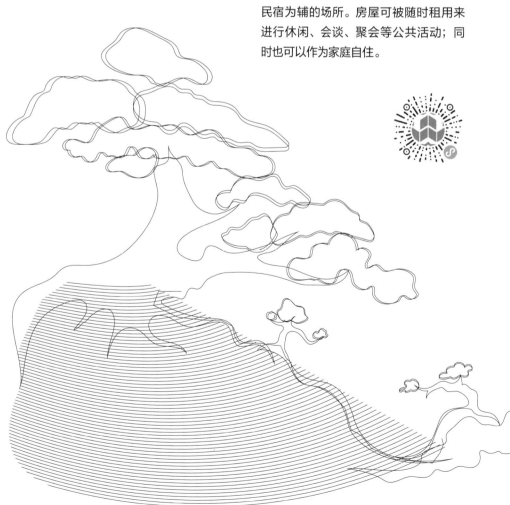

入围作品·学生组

千秋·童梦

郭诗瑶　李瑞

云南大学

"千秋·童梦"。因项目基地分为两个院落，所以在设计上将其分为两个部分，其中"千秋"代表了岁月的积淀——袖珍博物馆，"童梦"代表了新生的枝芽——南诏童蒙馆。

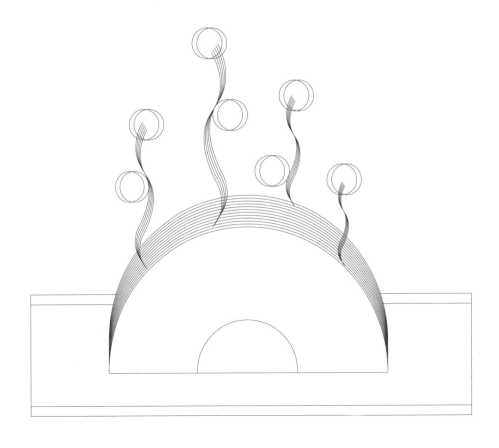

"滇游之路"

——乡村振兴视角下博南古道活化与保护设计

吴春桃　熊启迪　王璐　刘月媛

云南师范大学美术学院

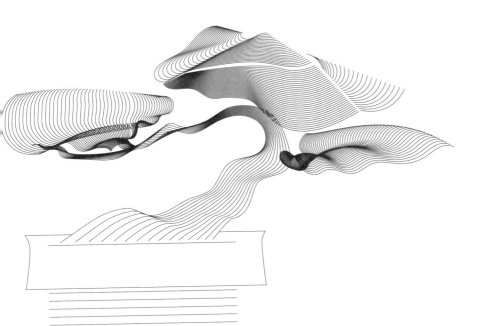

本方案最大的特点是以情景再现和真实体验为主导，对其文化复活，记忆修复，在结构组织方面，以时间、空间、记忆相互交织为手段，有机地将历史文化融入整体设计中，通过对博南古道的微改造以及活化再生，以及将生态利用融入创新型现代建筑，致使其产生共鸣的色彩，现代牵连着历史，历史映射着现代，通过古道呈现的片段可以支撑该场地的记忆，新型建筑丰富体验，在设计中产生了新时代下的独特记忆与交流。

入围作品·学生组

文化再现·民族信仰的重构

——基于象滚塘老寨公共文化空间的营造与反思

吴宗辉 杨彬彬

云南大学

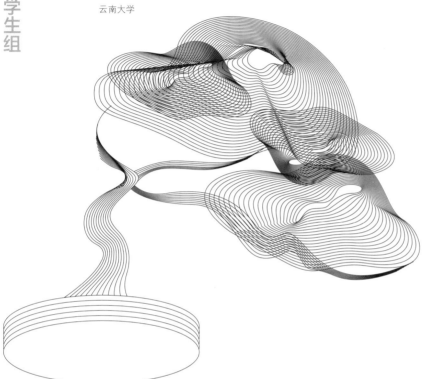

象滚塘老寨山清水秀，气候宜人，是一个多民族（汉族、德昂、傈僳族）聚居的村落。该村落具有优质的养种植产业（玫瑰花、茶、嘌螺、清水鱼），而且处于旅游发展初步完成阶段，为了促使村路经济、文化的发展，我们将以象滚塘老寨的产业资源为根基，以优秀环境资源为依托，以当代及历史地缘文化及民族民俗文化为前提，在已有旅游开发发展的基础上，实现文化的再现及保护乡土文化核心价值，以创新式民宿体验为爆点。打造一个集乡土文化展示、形象推广、康养度假、艺术创作体验、传承教育，最终构成居民与外来游客互动交流式的公共文化空间。设计方法：以点带面引领促进乡村文旅发展，打造村落的品牌形象。从新的视野考虑村落公共文化空间的价值。通过重构再营造出不同以往的村落公共文化空间。

巴山竹语

席妮

四川美术学院

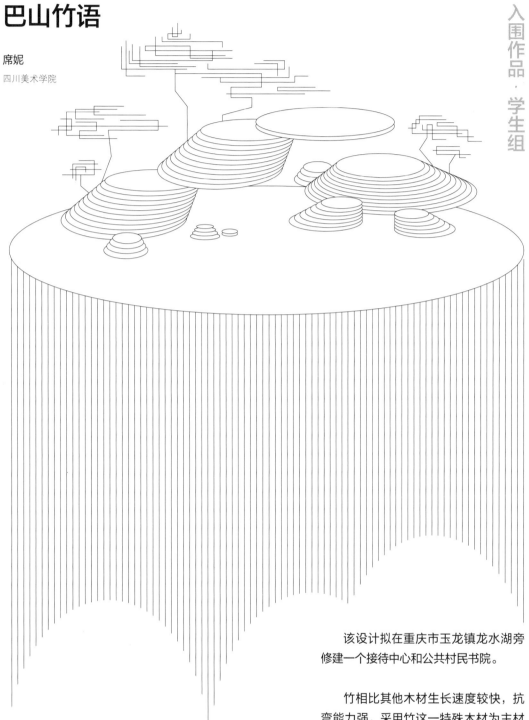

该设计拟在重庆市玉龙镇龙水湖旁修建一个接待中心和公共村民书院。

竹相比其他木材生长速度较快，抗弯能力强，采用竹这一特殊木材为主材料，并且用传统的榫卯技术结合现代的建造工艺。竹的柔韧性和经济性使得建筑容易建造且造价较低，该接待中心的修建既能引入外来游客带动经济发展，同时为小镇提供一个阅读休闲的环境，与龙水湖的景观相适应，打造一个多功能休闲区域。

新疆集市"巴扎"模块化空间
与弹性搭建设计空间的营造与反思

谢玖峰　周启明

新疆师范大学

新疆国际大巴扎地理位置优越,依托着特色民族本土化,装饰元素吸引着大量游客,但在现代商业发展模式下遭受着竞争力和挑战。过度商业化失去原来的接地气的民俗文化状态,坚持本土化又失去了现代创新购物模式。设计中提取新疆当地元素,利用"木"营造出特色搭建空间,增加木空间营造的趣味性与地域性特点。通过传承延续本土化的设计理念下适应全球化模式解决现有问题,会使未来的国际大巴扎迎来新的机遇。

履游圣之迹　舒性灵之本
——霞客文化谷规划设计方案

张召航　叶凯琳　沈家如　薛杨　王旭真
浙江师范大学美术学院

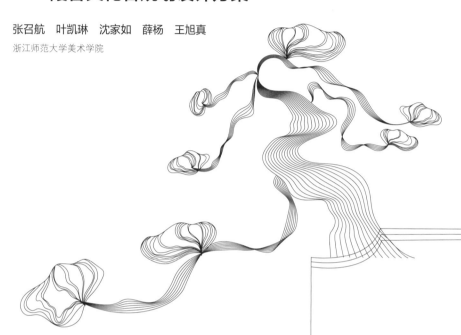

项目位于浙江省金华市金华山风景区，以徐霞客游记为主线，串联历史人文、自然生态等方面的内容，打造霞客文化谷，对文化谷内进行景观改善提升与建筑规划设计。

通过徐霞客对山川的情感，将古代旅游精神与现代旅游文学相结合，打造更深层次的霞客文化景观。意为弘扬徐霞客勇于探索的爱国精神，激发游客对自然的热爱。跟随徐霞客足迹，翻阅祖国大地上的文章，感受自然带给我们最直接的乐趣。

田间的演出
——重庆渝北杨家槽乡野木构设计

赵宇　张驰　柳国荣　梁倩

四川美术学院

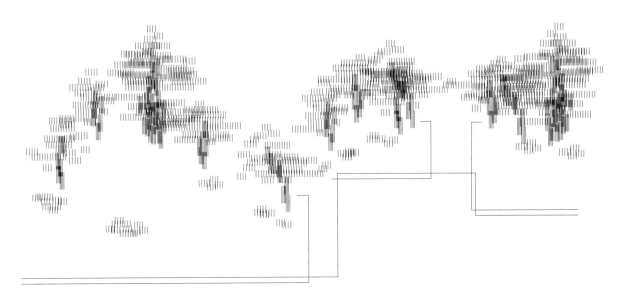

设计选址于重庆渝北区洛碛镇大天池村杨家槽，村庄农田顺应山谷走势，院落以农田为核心分布。空间上，院落与农田存在"表演"与"观看"的关系，而在广义上，农耕劳作也是一种演出。

基于"演出"的概念，方案以木为材，构筑乡野，使村落环境更具可居性、可游性，发展更具可持续性。乡野木构设计作为农耕劳作表演的载体，使之成为有别于机械化生产的一种演出和仪式，为村落发展提供机遇，这也是对传统农耕转型的一种探索。

城市老街的"木"营造
——重庆市南岸区黄桷垭二期风貌改造项目

赵悦天　史芸成

四川美术学院建筑与环境艺术学院

内街支巷空间梳理，形成清晰的传统街巷肌理和适宜的街道尺度，对场地内灰空间进行再整合，突出街巷中前院后宅、前商后园的空间特征。主街建筑立面风貌统一，对 D 级建筑进行排危处理，形成连贯的线性人文景观线索。以点带面，用触媒效应局部增设公共活动空间、商业文旅业态空间与艺术人文场所，增强区域活力，提高人群聚集性，满足空间商业功能需求，形成更有能量的有机更新空间。结合南山大片区旅游品位，尊重黄桷垭历史文脉，打造古风犹存的"老街新景"。

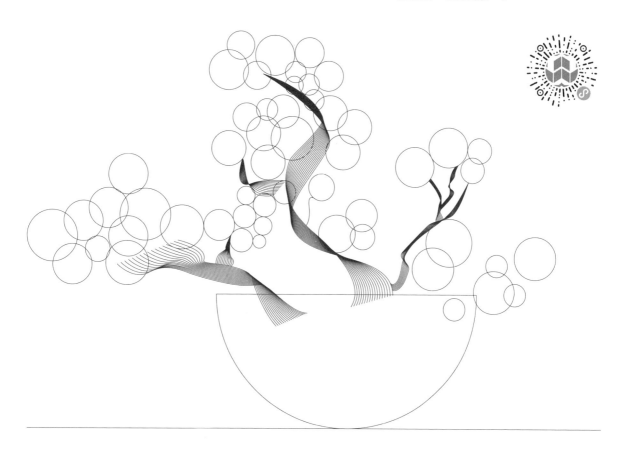

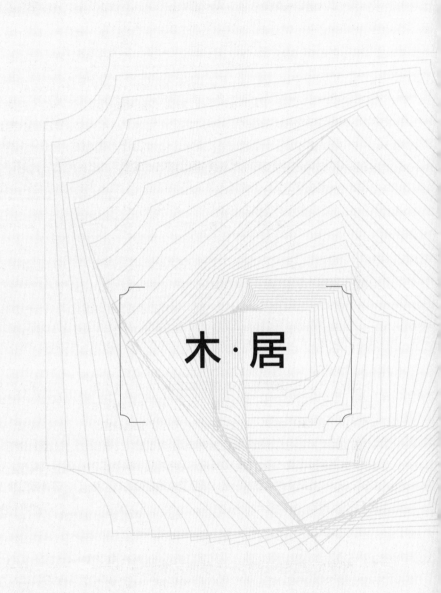

木·居

客家传统民居建筑木作装饰艺术研究

谭旭

广州教行公共艺术设计院

摘　要： 在我国诸多民族、诸多地域的民居建筑装饰中，木作装饰十分常见，其既具有高度的实用性，又具有高度的艺术性，将实用与艺术协调的合二为一，一方面满足了人们生活中对民居建筑的功能需求，另一方面则美化、改善了人们的生活环境，给人在平凡的生活中带来了美的享受。如客家传统民居建筑木作装饰艺术便是如此，其以实用性、功能性为基础，结合雕刻、绘画等艺术创作形式，打造出了独具特色的传统民居建筑木作装饰艺术风格，绝对值得我们在当前加以发掘、分析和学习、传承。本文基于作者自身的调查了解和学习认识，首先对客家传统民居建筑木作装饰艺术进行了概述性介绍，然后分木雕工艺、绘制工艺、空间布局手法、表现规律四个部分，对客家传统民居建筑木作装饰艺术进行了相对详细的解析、研究。

关键词： 客家　传统民居　木作装饰

客家人在传统民居建筑木作装饰艺术方面，取得了不小的历史文化成就，并且发展、保存至今。为此，我们应当将客家传统民居建筑木作装饰艺术作为一个关键的课题，加强研究、探讨与实践，对其进行深度、全面地解析，通过发掘、分析和学习，将其中的文化元素、艺术元素应用到当今的建筑装饰艺术设计中，在提高现代建筑装饰艺术设计文化底蕴的同时，弘扬民族文化自信，促进客家文化的传承。

1　客家传统民居建筑木作装饰艺术概述

据考证，客家人起源于江淮流域和黄河流域一带，然后逐渐迁徙到了粤北、闽西和赣南等地区，其中以赣南客家人的传统民居建筑木作装饰艺术，最受关注和重视，其既带有明显的中原文化元素，同时又与地方的文化相融合，从而发展出了独具一格的传统民居建筑木作装饰艺术风格。

所谓的"木作装饰艺术"，主要指的是以木材为主要原料，通过对其进行艺术性地美化加工，如造型加工、色彩加工等，从而使其具有装饰性，达到装饰、点缀民居建筑环境的目的。不过需要注意的是，我国的大部分传统民居建筑不仅以木材作为装饰物的原材料，同时更以其作为建筑本体的原材料，因此

在客家人的传统民居建筑木作装饰艺术，实用性与装饰性得到了协调，合二为一形成了一个整体[1]。大木作木件主要包括柱子、梁架、通梁、垂花柱、矮柱、斗栱、雀替等，小木作木件主要包括门、隔扇门、隔断、栏杆、窗，这些建筑本身所必须木件结构，在经过了艺术化的加工之后，在实用性的基础上，延伸除了高度的艺术性，具有了审美价值，一方面满足了人们生活中对民居建筑的功能需求，另一方面则美化、改善了人们的生活环境，给人在平凡的生活中带来了美的享受。

2　客家传统民居建筑木作装饰艺术的木雕工艺

与单纯的实用性追求不同，出于对装饰功能的需求，在传统民居建筑木材原材料的加工过程当中，需要对其进行艺术性的创造。而在客家传统民居建筑木作装饰艺术中，这种艺术性的加工、创造工艺，被应用得最多的便是木雕[2]。在结构搭建、承重方面，木材具有很大的优势，同时在雕塑方面，木材的可塑性又非常强，因此木雕这种艺术形式在各个地区都非常常见，客家人也直接将其应用到了建筑的木作大、小件装饰中来。

通过归纳，客家传统民居建筑木作装饰艺术的木雕工艺主要有以下几类：

第一类是阴刻。即造型的内外轮廓线凹入平面，在创作和加工中，匠人用特制的工具，雕刻向下凹入的线条，组成平面造型，构成各种装饰画面，这种雕刻工艺的应用，对木材的消耗是最低的。这类雕刻工艺在客家民居建筑木作装饰中应用得相对较少，在匾额上最为常见。

第二类是浮雕。浮雕与阴刻正好相反，其造型创作是突出于平面的，这样的话造型就更加显得立体，不过这对于匠人的技术水平要求也较高，因为其必须要保证造型突出部分以及平面部分，各自保持高低深浅的一致。在客家民居建筑的木作装饰中，斗栱、隔扇、撑拱等木件，经常都能够见到浮雕的运用，其艺术创作的主题，通常为人物瑞兽、山水花鸟等。

第三类是线雕。线雕较为特殊，其很少会单独出现在木作装饰中，通常与阴刻或浮雕结合使用。所谓线雕，即主要以线条为造型表达元素，相当简洁，但具有较强的动感。如在客家民居建筑木作装饰中，各种卷草纹，或是一些人物、花鸟、山水的细节部分，常会用到线雕。

第四类是透雕。透雕的技术难度显然更大，其主要的创作方法是将造型之外的所有部分全部删除，但造型本身还需要具有一定的立体性、层次性，这样整体看起来便非常通透。在客家的民居建筑中，这类雕刻艺术手法应用得较多，较为常见，不过主要集中在花窗上，因为在一些承重的大作木件上，使用这种雕刻技术手法，是不具有可行性的。客家人这样的做法，在我国多地的木作装饰中都非常常见，其既保留了建筑"窗"的功能需求，同时又增加了其采光性、透气性。而且客家人非常细心，为了对透雕后"脆弱"的木窗提供保护，他们还会为木窗刷上一层油漆，这就使得其装饰性、艺术性变得更高[3]。

3 客家传统民居建筑木作装饰艺术的绘制工艺

除了雕刻之外，为了对建筑中的木制构件进行装饰性的艺术创造、加工，客家人还将绘制工艺应用了起来。绘制即绘画，从本质上来讲这是非常普遍、常见的一种艺术创作手法，但是在客家人的民居建筑木作装饰中，他们将绘画非常适宜地应用到了建筑装饰中，体现出了两者之间良好的包容性。

如在一些客家传统民居中，大木作的木制构件，便常常会采用绘制的方式来进行艺术装饰，尤其是在一些条件殷实的家庭中，最为常见。如柱子、梁架、通梁、垂花柱、矮柱、斗栱、雀替等，均可以进行绘制装饰。与雕刻相比较的话，绘画的可创作、可发挥空间更大，而且对木作没有任何的损害，相反还能在一定时间内，对木作起到保护作用。但是其缺点也较为明显，那就是不能长时间保存，一定时间之后，其绘画的涂层便会脱落，因此当前的很多早期客家传统民居建筑木作装饰绘画，已经难见其真面目[4]。从当前保存得较为完好的客家传统民居建筑木作装饰绘画来看，绘画的主题主要包括几何图案、锦纹、云纹等。另外，客家传统民居建筑木作装饰绘画，在色彩的应用上较为受限，色彩的种类较为单一，而且缺少对艳丽色彩的应用，不过这使得其能够更好地区别于其他地区的木作装饰绘画，具有了更高的典型性。

4 客家传统民居建筑木作装饰艺术的空间布局

更加深入地进行研究的话，客家传统民居建筑木作装饰艺术，也属于是一种空间艺术，其对于空间的把握、布局等较为讲究，具有一定的空间内向性、封闭性特点。客家传统民居建筑木作装饰艺术不仅实现了装饰和点缀的作用，同时还实现了空间分隔的作用。比如隔扇就起到分隔空间，却依然能若隐若现地看到相邻空间的景色，使得空间与空间之间相互呼应、吸引，最终调节到一个平衡的状态，也非常符合中国含蓄的审美情趣。同时在客家地区，这种"漏窗透影"的手法，突破空间，讲究景深和层次，注重意境的创造，寓意曲折含蓄，引人探求寻味。木作建筑装饰在对空间的整理上别具一格，很多内部空间装饰是直接连接至庭院、天井，在客家传统民居中通常会有隔扇门使内部空间与庭院和大厅稍作分离，当打开隔扇门之后，又能与外部空间相连接，不仅可以带来自然光线，也可以起到通风的作用，在潮湿的南方，这一点显得特别重要，更使人感到舒适的是开启时，室内与室外能够融合，让空间的使用变得更加灵活实用[5]。

再者，客家传统民居建筑中，木作装饰各自的空间构成是存在区别的，在空间的形体状态上，可以说是千差万别。而且其遵循着一定的规律。首先，木作装饰的空间布局一般采用传统建筑风格，不追求标新立异，更加循规蹈矩。宗族风俗习惯的不同也会对木作装饰的空间布局产生影响。除此之外，客家传统民居建筑木作装饰必须要充分地考虑建筑的方位。例如，木作装饰主要是方位以坐北朝南为佳，如果是面向东方的木作装饰，客家人则会考虑采用"旭日东升""紫气东来"等内容作为木作的图案[6]。木作图案的绘制过程中，因为中国传统文化中以"左"为尊，一般左边图案更加繁密，右边图案较为稀疏。同时，对于神龛、屏风等木作的摆设一般也需要遵循一定的空间布局。客家传统民居建筑木作装饰，在运用现代建筑装饰室内设计技术的今天，仍然具有很多可以学习和借鉴的地方[7]。

5　客家传统民居建筑木作装饰艺术的表现规律

最后进行总结、归纳可以发现，客家传统民居建筑木作装饰艺术的表现规律也非常明确，其主要有以下几个特点。

第一是装饰性与建筑结构功能性的统一。在前面的概述中已经简单的介绍过，客家传统民居建筑不仅以木材作为装饰物的原材料，同时更以其作为建筑本体的原材料。作为建筑本体的材料的话，其必须要考虑到空间结构、承重以及其他相关功能等实用性的问题，这会导致其装饰性、艺术性的创作发挥空间大大缩小，不过客家传统民居建筑木作装饰艺术却很好地协调了这个矛盾，实现了装饰性与建筑结构功能性的统一。如客家传统民居建筑中，大作木件主要包括柱子、梁架、通梁、垂花柱、矮柱、斗栱、雀替等；小作木件主要包括门、隔扇门、隔断、栏杆、窗等。基于其各自所应当具有的基本功能，客家人因地制宜地分别对其采取不同的装饰艺术加工、创作方法，柱子、梁架、通梁等需要承重，关系到建筑的安全性，因此多采用阴刻、浮雕、绘制，尽量保证其主体的完整性。而隔扇以及门窗等，则可以采用镂雕，丰富了装饰形式。

第二是技术性与艺术性的统一。技术和艺术有时候存在着非常暧昧的关系，难以区分和统一。因为技术上的极尽精巧，并不一定代表着艺术上的审美价值，而在客家传统民居建筑木作装饰艺术中，我们则看到了技术性与艺术性的统一，所有的木作装饰，都是经由精巧的技术打造而成的精美艺术品，其虽然没有"居庙堂之高"，但是却在客家人最平凡和朴实的生活当中，起到了美化生活、美化环境的作用。例如，在很多的客家民居建筑中，雀替在艺术性的装饰创作上，经常会采用到雕刻技艺，以鲤鱼为主题。但是其中鲤鱼的外在形象表现，与中原地区的鲤鱼雕刻艺术形象存在明显的不同，这里的鲤鱼头更加接近于龙头的样式，非常霸气的回收呼应鱼尾，鱼身上的鳞片被精雕细琢，一片一片地展示了出来，整体上给人以活灵活现的感觉，栩栩如生。反复地游荡在空气之中，并带动了周围空气的流动。要完成这样的一件木作雕刻，首先对技术的要求是非常高的，其实是要求具有非常高的艺术眼光，两者要保持协调、融合，这样才能真正给人带来艺术层面上的装饰审美感受。

第三是象征性与教化性的统一。我国的传统民间艺术，通常都含有象征性与教化性，客家传统民居建筑木作装饰艺术将其合二为一。如在客家传统民居建筑木作装饰中，其门罩挂落、雀替梁托、门窗隔扇等，不论采用的是什么装饰加工创作技术工艺，但主题都集中在祈福、象征、寓意和教化几个方面，如花鸟瑞兽、器物和人物、神话故事等，这些装饰内容要么是通过比喻、拟人，要么是通过谐音、双关，再或是通过故事传说，来表达客家人对美好生活的愿望，或是对人道德品行的要求。例如，梁柱上经常雕刻的莲花图案，其往往具有寓意或蕴含着一定的教化含义，而在门窗上经常雕刻的仙鹤、鹿、梅花等图案，又寓意着长寿、福禄的生活愿望，以及耐得住苦寒的人格品质教化。在门楣上，常常出现的福禄寿三星，在我国多地都是主要的装饰创作主题，它们是长寿、福气、财气的象征。

6　结语

综上，客家传统民居建筑木作装饰艺术其自身就带有浓厚的文化底蕴，是中原文化与客家人迁徙后与地方文化的一种融合。在客家人的传统民居建筑中，木材不仅仅是主要的建筑材料，同时也是不可或缺的装饰材料，实用性与装饰性在这里得到了统一。客家传统民居建筑木作装饰艺术创作技术工艺多样、主题丰富、空间布局理想，创造了良好的民居生活空间，美化了客家人的生活环境。在如今的建筑装饰设计中，我们不妨加以学习和应用，不仅可以提高现代建筑装饰艺术设计文化底蕴，还能够弘扬民族文化自信，促进客家文化的传承。

参考文献

[1] 王舒祺.闽西客家土楼建筑艺术在现代首饰中的借鉴启示 [J].艺术研究,2017,23(04):18-19.

[2] 吕海雪.客家传统装饰纹样在教学中的"认知与借鉴"问题探讨 [J].嘉应学院学报,2019,37(02):22-25.

[3] 李恒凯,陈玥莹,李子阳,戴丹宁.客家古建筑雕花装饰的三维数字化建模 [J].江西理工大学学报,2019,40(01):23-29.

[4] 邹百平,窦飞宇.客家建筑空间布局研究——以圭峰山客家文化馆设计为例 [J].建材与装饰,2019,23(03):69-70.

[5] 章珂.闽西客家民宿家具与建筑风格一体化设计研究 [J].家具与室内装饰,2018,21(12):34-35.

[6] 王萍,李田.江西传统民居装饰文化保护与美丽乡村建设研究——以龙南县客家民居为例 [J].现代园艺,2018,32(23):137-138.

[7] 胡军.主体间性与生成性教学理念的实践研究——以"客家建筑装饰"课程为例 [J].教书育人(高教论坛),2018,19(24):68-69.

明清时期东阳古民居"牛腿"的视觉审美

周岑洁

中国美术学院

摘 要: 江南地区木雕于"三雕"(三雕:中国古建筑三雕分别为石雕、木雕、砖雕。)之中具有独特美感。明清时期东阳古民居的"牛腿"展现了木雕技艺及审美的巅峰,是其最好的佐证。同一个宅院中也会出现丰富多样的"牛腿"。前人多通过纹样解析"牛腿",本文尝试以"牛腿"的结构特点来分析其营造手法,该手法及透视观赏来解读视觉审美,激发人们对"牛腿"木雕技艺的探索之心。

关键词: 木雕 牛腿 空间效果 视觉美学

1 引言

李诚先生的《营造法式》一书中,记有雕刻形式、雕饰纹样详述等篇章。当我们谈及江南地域范围内的雕饰时,石雕、木雕、砖雕常常以"三雕"的形式,作为装饰统称而捆绑出现。在对比之下,木雕在"三雕"之中显然具有独特性,可由以下三点体现:一是构件载体的材质。木材区别于砖、石材,木材加工更为容易,材料历史更加悠久,且中国古代建筑主要建造形式即木结构。从中国古代的角度来看,木是含有生命力的材料,常言道"木为阳宅,土为阴宅"。二是人们的生活习俗及美学影响。传统民居装饰本就与各个地域的人民的生活生产活动息息相关,木雕的存在需要满足自我欣赏的观看效果,例如徽州民居楼宅高墙之上,若是砖雕,无法达到供人观赏的效果。三是木雕的器型。虽说三雕的装饰艺术均与建筑融为一体,如门头砖雕、柱头,但精细的木雕更能衬托空间。其可用于梁、枋、连机、雀替、插角、门罩、门楣、夹堂板、栏杆等部件,还可用于室内或灰空间。当砖石大多置于室外时,木雕常常被运用于民居宅第、祠堂的室内装饰。一些木雕已经在室内形成了强烈的肌理效果,无论是栏杆等实用部件,还是窗花等装饰部件,均具有明显的肌理。除此之外,由于人们改变了席地而坐的习惯,以及家具使用的演变,木雕在后期也被用于室内家具上,这是其余两者不曾具备的。

得益于明清两个朝代的木雕艺术发展,在民间建筑中频繁运用,牛腿这一器形是该时期的重要代表。牛腿作为梁下分散重量的支撑物,起初于明代初期是完全实用化的构件,以单一的木杆形式出现,在当时被称为"撑栱",木杆与撑枋、柱身,形成一个三角形区域。在明代后期与清代,民间建筑也不满足于简易造型,在保证原始作用的情况下,匠人在此三角区域内各显神通,做精美木雕的处理,发展迅速。

在木雕发展的潮流中,东阳古民居(东阳民居:平面规正,规模宏大,结构严谨,装饰精美得体,地方特色鲜明,为中国12种传统民居建筑之一)。必然是牛腿艺术蔚为大观的代表场所。已有多位学者从其历史演变、图案纹样、雕刻技法、文化内涵角度切入研究。本文旨在了解明清时期东阳古民居牛腿的构件类型,探析牛腿与周边联结形成的独特承托系统的空间特征,以挖掘其带来的独特视觉美学效果,希望加深人们对东阳古民居这一木雕装饰文化遗产的思考及保护。

2 明清时期东阳古民居牛腿类型

牛腿雕刻随木雕艺术的发展而发展,目前文献中多以朝代划分来描述牛腿形态。本文将整个明清时期东阳出现的木雕牛腿类型,根据形态的演变,分为以下几类:

2.1 单杆壶嘴形

"壶嘴"之名,源自东阳本地用于盛酒的壶瓶细嘴造型。这种类型的牛腿夹在琴枋与梁托之间,三者虽然是分离的木材部件,但又衔接紧密。该类型多出现于明代后期,形态实际上

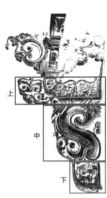

图1　敦礼堂的牛腿　　　　图2　肃雍堂前厅　　　　　　　　　图3　梅岘村世美堂的牛腿　　图4　分析图自绘

是由最早期的一根木杆微微弯曲变形而来，形态依旧简洁。如敦礼堂（敦礼堂：位于画水镇黄田畈村华阳村）。外檐口的牛腿所见（图1），部件呈弧形，上细下粗，却依旧匀称，凹凸有致，好似一个曼妙的少女身姿，不再僵硬，不显其作为分散力结构的粗笨印象。壶嘴形牛腿无华丽的装饰手法，微微做了几处加法，侧面浅浅雕刻一层似云卷纹缓缓展开，正面尾部装饰有一小片绿叶向上包拢。远远望去，大体仍然呈杆件形态，与琴枋、梁托、柱子仍然勾勒出一个中空的三角形区域。

2.2　浅雕形

延续明代后期的牛腿做法，在"壶嘴形"牛腿的基础上，将弯曲的独根杆件变化为大木块浅雕纹样图案。与前一类型相比，同样存在琴枋、牛腿、梁托三者独立状态的情况，但视觉上显得更加整体，更为不可分割。该类型一改前人作风，将时常留白的三角区域用木雕装饰填满，形成一个"实心三角区域"。民间流传一言："北有故宫，南有卢宅（卢宅：位于浙江东阳县城东门外，建于明景泰七年（1456年）至天顺六年（1462年），其后经不断修建形成一个较完整的明、清住宅建筑群，也是典型的封建家族聚居点）。"其在东阳民居中地位显赫，如图2所呈现卢宅肃雍堂前厅的牛腿，可作为该类型的典型代表。牛腿顶部与琴枋底部均铺满叶片，一扬一垂，互相呼应。再看牛腿主体的支撑部分，呈现不连续的单个卷草的形态，侧面观察到有一部分弯曲连绵的卷纹作为点缀，正面与"壶嘴形"牛腿大同小异，图中这一卢宅的牛腿，由盛开的花朵装饰而成，与琴枋的花草图、梁托的柳景图交相辉映，这类花卉题材的木雕也往往象征着吉祥如意。

2.3　整体雕刻形

这一类型是目前我们可考察牛腿构件中保留数量最多的，然而为何取名"整体雕刻形"呢？因为清代中后期的牛腿，与"浅雕形"相比较，琴枋、牛腿、梁托不再以三个分离构件的状态呈现，大多已经将梁托部件融合至牛腿的雕刻之中，保证受力点，整合两个部件为一体。通过从上至下的系列雕刻，结合山水人文等雕刻主题，形成一组独特韵味的装饰部件。举例清代乾隆二十六年（1761年），画水镇华阳梅岘村的世美堂中某门神牛腿（图3）。琴枋并无较大的改变，而牛腿显然"吸收了"梁托，利用雕刻手段，将梁托化作牛腿人物的"脚踏"。顶部由立体小云卷半圆雕作为背景，一大一小、一前一后两个人物作为斜构主体，无明显的正侧面之分，浑然一体，人物动态活灵活现，衣物细节、褶皱、胡须、帽冠惟妙惟肖，仿佛是一副立体画。

3　明清时期东阳牛腿承托组合的空间特点

古民居孕育了一代又一代的人，人依旧是创造者、使用者。这些民间建筑的木作中，每一扇门窗、每一个雀替、每一个牛腿，也会因生活习俗和社会背景的改变而改变，任何一个部件的营造都与当地人息息相关。

3.1　部件联结

牛腿在作为受力装饰部件的过程中，不可割裂周边、只看牛腿。在古建筑构筑中，观察者需要顾全大局，首先要观测其高度位置，其次是其雕刻手法及内涵，再是与其他部件的连通关系。先不谈檐下空间的整个承托系统（整个承托系统构造方式大都以梁托、丁字栱、插栱、撑栱（牛腿）、琴枋、坐斗、枫栱、替木、卷梁等构件组合变化为依托），从以上归纳的三种牛腿类型，可以得出担任承托作用的牛腿组合，主要由琴枋、牛腿、梁托三者连接构成。将这三者按照次序分为上中下三部分（图4），壶嘴形牛腿与浅雕形牛腿，均保持着上中下三部分这一空间特征，然而随着朝代更迭、牛腿装饰演化，整体雕刻形牛腿中部与下部融为一体，只剩上部与下部两个部分。

图5 九如堂厢房的牛腿　　图6 树德堂双狮戏珠牛腿　　　　　　　　　　图7 东阳马上桥花厅后堂的牛腿

（1）上中下三部分营造

上文中提及东阳卢宅肃雍堂前厅，檐下廊道宽敞且大气，位于前廊檐柱上的牛腿组合十分雅致，但明显能观察到的是琴枋、牛腿、梁托三者分离，琴枋与上方的替木互相垂直，视觉上将两者错开，由这一个坐斗节点的转换，引导出琴枋的花与假山的木雕，再由一扬一垂的叶片衔接牛腿，琴枋以下部分构件的叙事性展开，最后利用牛腿侧面的卷草纹，衔接梁托的外缘双线，视觉点到达梁托中心的松枝图，上中下三部分整体好似一副花木画卷。除此之外，另有九如堂厢房牛腿（图5）同理，甚至没有繁杂的琴枋与刊头，牛腿部分与梁托以蟠螭曲线纹连接。

（2）上下两部分营造

同样是卢宅，树德堂院落相比肃雍堂较小，但也大过普通民居，前厅建筑也是一座典型古建筑。前厅檐柱之上，双狮戏珠的牛腿（图6）夺人眼球，牛腿狮子寓意飞黄腾达，大狮小狮同嬉戏，表达主人追求事事如意。狮子头顶花纹，梁托化作狮子的祥云脚垫，过渡自然，无剪切感，与狮身形成主要的受力曲线，承托起双层琴枋。

以上牛腿案例中，视觉范围内的橑风槫、檐柱柱身均为无花纹的单调木构件，琴枋、牛腿、梁托三者组合，有序地夹于两者视觉延伸线中间，达到不可分割的聚焦效果（图7）。

3.2 明暗衬托

马上桥花厅（马上桥花厅：位于湖溪镇马上桥村。建于清道光十七年（1837年），现在是国家级文物保护单位）。后堂的牛腿（图8）与树德堂前厅做法相似，运用纹样同样为狮子戏珠。建筑深邃的进深空间为暗部，檐下承托系统及檐柱相对而言为明部，暗部衬托明部牛腿上的狮子图案。这使得牛腿造型突出（图9），光线的照射能够让对比度增加，展现强烈的光影效果，

图案纹样更为立体，栩栩如生，予观赏者一种极高的视觉享受。

4 透视对牛腿视觉审美的影响

在东阳古民居建筑群落中，牛腿这一施展木雕技艺的载体部件，尤为重要。在保证牛腿分散上方传来的力的基础之外，进行不同程度的加工装饰，但到了牛腿发展后期，装饰性一定是大于功能性的。以牛腿为主体的承托构件组合，其必然设置于建筑最外侧的檐柱之上，因此处于室内外交接的檐下灰空间，是人们从建筑外部空间进入室内的必经点，也是最为显眼的细节构件视觉聚焦点，最引人注目且木雕艺术最为集中的部件组合。根据建筑的不同作用，牛腿也会呈现不同的丰富程度。所以常言道，牛腿作为大户人家的代表装饰，当走进一户民居，牛腿即可突显这户主人的社会地位及富贵程度。在欣赏牛腿时，我们往往收到透视的影响，笔者将从构图与视觉效果两个角度来分析其美学影响。

4.1 构图透视

木雕在构图上运用了散点透视，与中国画的透视关系相同，上帝鸟瞰视角观赏画面中的事物。将牛腿雕饰看作一幅画卷，我们常说的"风景如画"，西方绘画好比站在一定距离

图8 牛腿光影效果　　　图9 巍山村鼎丰堂一朝东牛腿

图10 世美堂牛腿

图11 史家庄花厅正厅牛腿

外欣赏一场美丽的风景，然而中国传统山水画绝非一张美丽的静态风景图片这么简单，它强调的是一种游走过程中的连绵图景，这种连绵感不同西方空间的秩序感，所表达的是中国画里一直强调的气韵，是相仿于音乐或舞蹈等所引起的空间感受。如此的构图方式，需要精细的雕刻技巧，在小木件上展现空间效果，层次丰富，结构紧凑，叙事性强，将文化内涵、主人品格寄情于此。

如位于画溪村花厅的武将牛腿（图10），是极为典型的雕刻案例。如我们所见，该牛腿以云卷为背景，奏乐侍女及持刀随从为铺垫，斜侧将主要人物——坐骑猛狮的武将推至最前方，武将身处正侧面，说明这是一只被放置于门厅左侧的牛腿，细看其透视，所有人物及动物，向前微微倾斜，主次分明，仿佛要冲出牛腿，这样的构图方式，便于让游人从第一角观察。

4.2 视觉透视

牛腿在檐柱上所处位置较高，人们在观赏这一细节构件时，必定以仰视角度欣赏，从人的视觉高度（约1.5米高）往斜上方望，且牛腿的观赏角度可达到270°。在这一特定观赏角度的影响下，牛腿运用等比放大缩小的方法，使得形态正常，不会因为仰视而导致形变。例如，前文中提到的世美堂的牛腿人

物，头身比例特意设置为五头身，人物身体故意做短，否则所观赏到的人物雕刻将会失真，这样的做法更加契合透视观赏的审美。人物的主次同样有差别，靠正面的人物相比较两侧的人物，更为硕大，长度约有一倍之差，更为舒展，侧面的人物相对娇小、紧缩于阴影更多的空间中。另有古语称："卢宅的牌坊，李宅的祠堂，巍山的厅堂"。举例史家庄花厅（史家庄花厅：与卢宅齐名，被誉为"江南第一花厅"，始建于清代晚期，地处东阳市巍山镇东方红村）。正厅一牛腿（图11），该作品以山水画为题材，描绘的是江南的山麓场景，如图中所示，琴枋保留，梁托被改造为山石土地，将山脚马车的行驶点作为整幅雕刻画面中的视觉起点，后侧陡峭山壁，逶迤向上，悬崖之上有一登高望远亭，建筑有藏有露，不失一番山林之气。从设计角度出发，牛腿在古民居建筑中，能够使人们自愿增加视觉停留的时长，给人带来视觉上的盛宴。将即使是不经意的抬头一瞥，也能将视觉焦点集中于牛腿，一旦被雕刻精美的牛腿所吸引。若将自己置身其中，假设为游人行径在此山林，可能会有画面之外的场所、路径，链接至画面的下一个景点。牛腿的外形是一种框景，框出最精彩的部分，引人入胜，游人便久久无法移开视线。

5 结语

明清时期的木雕艺术与技艺是发展顶峰，该年代东阳古民居的牛腿是其最好的佐证。东阳木雕牛腿即使在同一个宅院当中，也有丰富的多样性。牛腿的构造特点、空间特征反映了明清东阳古民居传统建筑的历史价值，以及其蕴涵的文化背景。在民国时期，牛腿这一部件的发展开始衰退，远不及明清时期的精美之作。继而又受到西方建筑元素的"侵入"，牛腿日渐淡出人们的视野。东阳古民居的遗存，给我们考察与研究提供了第一手资料，不论是技艺方面还是艺术方面。"牛腿"的视觉美学给予人极大的满足感，希望能够激起各界人士对其艺术传承的共鸣。

木材在现代室内设计中的应用研究

邢玉婷

中南林业科技大学

摘　要： 木材以天然的纹理、朴实的质感及深厚的文化底蕴深受大众的喜爱，作为传统的物质材料，应用于我们日常生活的方方面面，尤其是室内环境中。但随着经济的发展，过度砍伐破坏了生态环境，木材的合理化利用成为一个亟待解决的问题。本文在木材分类与木质材料应用历史的基础上，通过分析木材的特性，以应用手段为落脚点，理清木材在现代室内设计中的应用思路，寻找合理的利用方式来解决当前乱用、滥用的问题，让木材的特性在室内空间更好地发挥出来。

关键词： 木材特性　木质材料　室内设计

木材自原始社会起便作为一种建筑装饰材料陪伴着人类的进步与发展，在各类新型材料层出不穷的今天，木材还是以其独有的自然之美和不可替代的使用特性占据一席之地，广泛应用于装修、装饰中。木材在室内设计中的应用经历了时代的发展，历史的磨砺，积累了大量经验，但也存在很多问题，例如木材的乱用和滥用，注重装饰性而忽略实用功能，进口产品不适用于使用环境等，造成设计的不合理和资源的浪费。我们应深入分析木材特性，因材致用，促进木材在现代室内设计中的合理化利用。

1　木质材料应用的概述

原始时期，木材作为建筑材料构建了巢居的居住形式。春秋战国时期，鲁班发明了锯，提高了木材的加工技术。秦汉时期，木制手工业出现，建筑由土木混合向全木转变。进入隋唐，木材起到了装饰与建筑结构的双重作用。到了宋元，木材应用更加广泛，船舶、马车、桥等都以木为主体。明清榫卯形制逐步完善，使用木材种类增多，木制家具大放异彩。木材应用的演变，展现出人们对木材特性的不断挖掘，更加合理化、精细化地运用。

现代室内设计常用木材，根据树叶的外观形态可分为针叶材和阔叶材（图1），针叶树材质均匀，木质软、易于加工，又称"软木材"，常用作各种基材、承重构件及装饰部件，如吊

图1　针叶材与阔叶材

顶、隔墙龙骨、格栅材料、木门窗、檩条等。[1]阔叶树质地坚硬耐磨，又称"硬木材"，因其普遍具有美丽的纹理和光泽，常用于饰面装饰、地板、家具等。现在室内设计中对木材的使用已经有了约定俗成的规范，大家都知道一般在什么地方使用木材，什么地方使用石材，但对一些细节上还有不足。例如，很多普通木材经过商家包装后起一些贵气的名字，误导了设计师的选用，还有把寒冷地区长大的木材用于热带地区显然是不合适的，在设计过程中应深入了解其性能，并使用于合适的位置，不能被名称和外观所迷惑。

2　木材自然特性的应用

同种木材也会有材色、纹理的差异，这是自然的精彩所在，我们可以利用木材外观的差异营造不同的空间氛围。木材独特的防滑、导热、硬度质感，让它常用于扶手和地板。调湿除味、加工性好、隔声吸声的性能，可用作衣柜与墙面饰面材料。

图2　明度高的木材

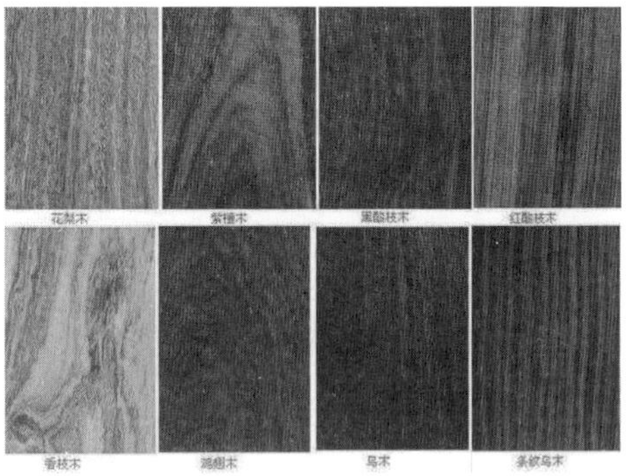

图3　明度低的木材

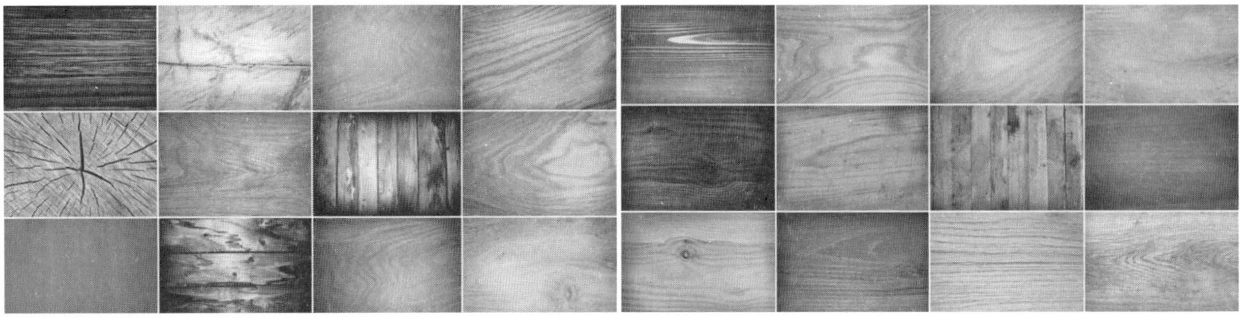

图4　形态各异的木材纹理

2.1　外观

借助色度学的表色系统可大概将材色分为：浅色、浅淡、深色、深暗，普遍的木材以橙色、浅黄色为中心，心材靠近树干髓心颜色较深，边材较浅，春材材质松软颜色较浅，夏材较深。[2]材色变化会带给人不同的视觉感受，明度高的木材（图2），如榉木、橡木，色泽淡雅，适宜营造自然清新的空间氛围，给人整洁、高雅之感。明度低的木材（图3），如黑胡桃、紫檀，深沉低调，适宜营造高贵典雅的空间氛围，给人庄重沉稳之感。大部分木材属暖色，能吸收紫外线，反射红外线，经过漫反射使光线柔和，提供良好的视觉环境，营造温馨氛围。

受地理及生态环境影响，木材不同部位的木材图案有所不同，又因年轮和木纹方向不同，会形成各种粗、细、直、曲形状的纹理，通过旋切、刨切等方式还能截取或胶拼出不同的花纹，故形成了形态各异的自然纹理和花纹样式（图4）。[3]木材每一处的花纹都是独一无二的，既不会过于简单而感到单调，又不会过于复杂给人杂乱之感。在为年纪较大的人群设计时可选择木纹通直，流畅优美的木材，而年轻人崇尚自由，可选择一些纹理独特、变化生动、极具艺术感的木材来彰显个性。运用木材的材色与纹理来塑造空间氛围，能激发情感共鸣，体现出木材的美学价值。

2.2　质感

木材的粗糙程度是由年轮宽度、木材细胞组织的构造与排列等因素决定的，也受树种、树龄、加工方法等因素影响，木材自身的表面摩擦力较高，有良好的防滑特点，抓握舒适，适用于器具手柄、楼梯扶手。[4]木材导热系数适中，木结构的房屋冬暖夏凉，耐热性与尺寸稳定性好，与人体直接接触也不会有不适感，利用木质的颤动而设计的适当硬度的地板，适中的软硬度可减少意外摔伤的概率。因木材的这些质感特性，人们都愿意选择木地板作为卧室铺装，还有一些小户型家庭采用全屋木地板，这也体现出木材的实用价值。

2.3　性能

木材具有良好的调湿特性，当室内湿度增高时吸湿，当室内适度降低时放湿，从而缓解室内环境中湿度的急剧变化，通过增加室内木材的面积和厚度，可以保持相对稳定的湿度环境。[5]木材的可加工性使其在生产力低下的新石器时期就成为人们从事生产生活的基本材料，以现在的技术，木材可以加工成更多的复杂形态，装饰效果大大提升。木材及木制品释放的气味多是清爽的，还具有除臭作用，自古就有用樟木、檀木制作衣箱，能杀菌防虫。木材还具有隔声、吸声的性能，当声波作用在木材表面时，一部分被反射，一部分被木材本身振动吸收，一部分被透过，可将柔和的中低频声波反射，吸收刺耳的

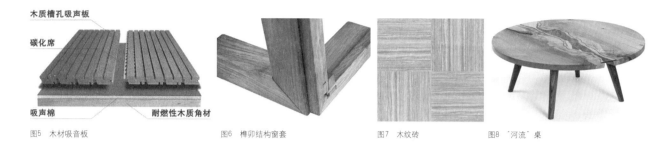

图5 木材吸音板　　　　　　　图6 榫卯结构窗套　　　　　　图7 木纹砖　　　　　　　图8 "河流"桌

高频声波。木材质轻，现代吊顶多用曲线和曲面，木材优良的可加工性增强了装饰效果。作为墙面装饰面板，隔声吸声，是音乐厅、录音室及歌剧院调节最佳听觉效果的首选材料（图5）。

3　木材技术特性的应用

我们可以参考木材的传统工艺，继承传统木作思维与结构，运用新技术加强饰面装饰性与木材性能，创新更多木材与其他材料搭配组合的新形式。

3.1　传统工艺

中国古人崇尚自然，中国传统的建筑、家具、器物、艺术品都有木材的身影，传统木作工艺流传百年，传统木作思维也传承至现代室内设计。[6]因木材本身有一些缺陷，古人采用"五材并举"的方法，借用其他材料的特点来弥补木材的不足，同时也能起到很好的装饰作用。还会根据使用目的因材致用，顺应木材的特性进行加工。材尽其美，对于优质木材必精工细作，不同的质地采取不同的处理手法。在现代室内设计中，应继承传统木作思维，合理化利用木材，结合现代人的生活需求，做符合现代大众审美的设计，同时将传统木工艺传承下去。

木结构中的榫卯技术是宝贵的技术财富，现代金属连接件组装便捷但不利于工艺的长久性，胶粘剂还会产生污染，传统榫卯技术牢固耐用，便于翻新整修。应用到室内设计中，一方面可体现中国传统韵味，另一方面可以大大提高木材的使用效率。以榫卯拼接隔断墙方便拆卸和移动，用于门窗套（图6）和木饰面结构更加稳固，不易变形，线状榫卯拼接和可以制作多种样式的吊顶。将传统工艺融入现代设计，既能保持传统木作的技术特性，又能提高木材的使用效率。

3.2　新技术

现代室内设计中木制品种类繁多，得益于科技进步为木材工艺带来了新技术。激光雕刻技术、3D雕刻技术提供了机器切割打磨的方式，可雕刻各种尺寸和花纹的木雕，更适合大众消费。[7]通过机器将木材切割成贴皮，粘在其他材料制成的底板上用作贴面材料，也用于家具部件、门窗、柱、墙、地面等的现场饰面和封边，使价格昂贵的珍贵木材纹理出现在每家每户。实木复合地板以实木拼接或单板为面板，以实木拼板、单板或胶合板为芯板或底层，经不同组合层压制加工而成，以技术弥补了木材本身的缺陷，具有良好的尺寸稳定性和导热性，是目前市场上最适于地采暖用的地板。[8]

仿木制品也深受大众喜爱，既保留了木材纹理带来的温馨感，又以更适合的材料为主体保证质量。例如，将木材纹理与砖相结合的"木纹砖"（图7），木材表面纹理的强化处理、仿古做旧处理，其加工程度不同，给人感觉也有变化，从粗朴自然到高雅大方甚至富贵豪华。新技术打破了原材料的限制，对实用性与装饰性的进步都有很好的推动作用。

3.3　新形式

以传统木作思维为基础，木质材料在现代设计中有了更多的创新形式。例如，以五材并举为基础，在现代室内设计中，将木材与金属结合，以金属的力量感弥补木材的温软，以木材自然的粗糙感舒缓金属材料带来的紧张氛围。[9]又如家具设计师Greg Klassen设计的"河流"桌椅（图8），以木材为岸边，玻璃为河流，两者结合更具现代的时尚感。如今新材料层出不穷，木材的普适性让它有更多可组合的新形式，设计师们可大胆设想，城市更多的可能性。

4　木材人文特性的应用

我们还可以通过了解人们对树木的风俗崇拜，满足人们的情感需求，发扬木作工艺的工匠精神，确保产品质量，充分利用木材的生态性，达成可持续的诉求。

4.1　风俗崇拜

《礼记·祭法》中曾记载，"山林皆为神"。由此可见，人们对树木具有崇拜之情，意识认为树木与民族的形成有关，可从民族图腾看出；二是认为树木可以除灾避邪，有吉祥寓意；三是认为树木是人与神沟通的媒介。[10]这些观念让木材传递出一种安稳感，所以近现代的日本民居虽然已不是传统的木结构，但仍会保留假梁、柱的仿梁柱结构做法，就是利用人们对木材的崇拜与依赖，满足人们对起居空间安全牢固的情感需要。

4.2 工匠精神

中国传统木工技艺以师徒之间"言传身教"的方式世代相处，延承7000年，并传播到日本、韩国等东亚各国，随着工业时代的来临，一些与现代生活不相适应的老手艺淡出日常生活，但工匠精神永不过时。工匠精神更多的是在于设计者通过追求完美、精益求精等态度来不断完善作品的良好品质，匠心精神与木文化融为一体传承下来，对现代室内设计教育有着深远影响。[11]现在的一些装修工程为了赶工期或节约成本，忽略工艺品质，辜负客户信任，其实在现代设计中更要坚持工匠精神，才能在长期竞争中获得好口碑，对木材负责，物尽其用，对产品负责，保质保量。

4.3 生态性

在可持续发展战略下，木材的生态性优势逐渐凸显出来。首先，木材的可生长性使其资源丰富，便于就地取材，加上近些年人工速生林的大面积种植，缩短了树木成材的时间周期，既保护了珍稀树种，又维护了生态保证木材资源充足。其次，木材无need过多加工即可使用，生产和装修过程低耗能、低污染。最后，木材便于翻修，某一部件损坏可将其替换，拆除的木材还能二次利用，产生的固体废弃物少。这些生态性可以运用到室内设计中，在风格上，木材的生态性与现代简约思想十分契合，以功能为根本，以木材的天然纹理增强装饰性，给人自然感。[12]在加工过程中，选用符合环保标准的辅料，提高施工技术，注重设计细节，将木材的生态性延续到使用过程中，减少对室内环境的污染。在废弃后，可将其作为一种原材料处理成新材料，例如使用天然的树枝、竹藤、灌木的根茎及废弃

木材，经手工加工为糙木家具（图9），保留朴实自然的表面，体现质朴的原生态，与现代材料形成质感的对比。

5 结语

通过对木材特性的分析，我们可根据木材的自然特性，从外观、质感与性能三方面出发，挖掘木材的美学与实用价值，广泛应用于墙面、地面、顶面等空间界面设计。根据木材的技术特性，继承传统工艺的同时，钻研新技术降低成本，开发木材可造性，与现代新材料结合，以更亮眼的新形式发挥木材的作用。根据木材的人文特性，深入了解与木相关的风俗文化及其生态性，以现代设计手法满足人们的情感需求，促进木材资源合理化利用。根据木材特性，找准应用形式，解决乱用、滥用的问题，把握市场潮流，注重人与自然的联系，以新颖的设计手法，让木材的特性在室内设计中更好地发挥出来。

参考文献

[1] 王雅婷.室内设计中木质装饰材料的应用研究[J].中外企业家，2018(14):201.

[2] 戴代兴，周铁军.室内装修材料的天然美感——论木材在现代室内设计中的运用[J].室内设计，1999(03):42—45.

[3] 张超.基于木材天然的特性与产品设计应用探析[J].现代装饰（理论），2013(08):39.

[4] 丁宇.利用木材特性营造出回归自然的室内环境[J].艺术教育，2012(06):168.

[5] 李培，卢朗.木材材料特性分析——木质材料在现代空间设计中的应用探析[J].设计，2013(11):83—84.

[6] 胡月瑶.木质材料在现代家居设计中的创新性应用[J].艺术与设计（理论），2018,2(10):87—89.

[7] 高云荣，屠君.木文化在现代室内环境中的技术化应用探索[J].家具与室内装饰，2015(04):58—59.

[8] 袁绯佊，姜笑梅，周玉成，殷亚方.地采暖用实木地板与实木复合地板常见用材及木材特性[J].中国人造板，2017,24(08):26—29.

[9] 胡菁.浅析在当前室内设计语境下天然木材的运用[J].建材与装饰，2018(39):100—101.

[10] 王秋会. 木材纹理在中式风格室内设计中的应用研究[D].河北大学，2017.

[11] 于肖飞.传统建筑装饰的工匠精神在室内设计中的传承与创新[J].大众文艺，2019(09):74.

[12] 吴昆.浅析木材在室内设计中的装饰意义——以日本居住空间为例[J].艺术教育，2015(03):258—259.

图9 糙木家具

浅析办公空间语境下"木"元素的应用

姜民　赵芮佳

鲁迅美术学院

摘　要：随着经济社会的发展，快节奏的生活状态与高效的工作方式成为现代社会上班族的生存写照。长期处于封闭、紧张、高压的工作环境中使人们普遍形成疲倦压抑的心理状态，上班族存在着对处于休闲轻松的办公空间中工作的需求与回归自然的渴望。本文探讨了办公空间设计中木元素的应用，木元素的自然属性赋予空间怎样的空间情绪以及木元素在工作环境中对于人与环境的影响。

关键词：办公空间　木元素　风格营造　环境心理

1　木元素在办公空间设计中的兴起

在科技水平逐渐提升、工业化日渐完备的社会情况下，办公空间成为人们每天都要长时间接触的环境。在这种条件下，早期办公空间仅仅满足工作需求而忽视人的内心需求的办公空间已经被淘汰，能将企业理念与舒适的空间感受相融合的办公空间更受人们的喜爱。

而作为办公空间设计中常用的自然元素——木元素，得到了更加广泛的应用。木元素的得以广泛应用有两个重要的原因，一是因为木材本身的易塑性和资源易得性，另一个重要的原因就是人们的精神需求。生活节奏加快、工作效率提升两大压力使人们的神经长期紧绷，对轻松舒适、悠然自在的自然环境的渴望使木元素在办公空间设计中成为必然的选择。木元素的自然属性赋予空间清新、绿色、安全、温暖的新特点。这两个重要的原因使办公空间中的木元素兼具实用性与人文性，如何使用木元素创造出一个自然富有生命力的工作环境是设计师必须要思考的一个问题。

2　木元素在办公空间设计中的表现

2.1　色彩表现

对于木元素的色彩表现基本上分为两种方式：颜料表现与原木表现。办公空间设计中经常有将颜料涂在木材上来丰富空间色彩层次，颜色的搭配在办公空间设计中也起着举足轻重的作用。冷暖色调分别表达不同的空间性格，不同程度的色彩面积对办公空间的空间性格塑造也能产生不同程度的影响，色彩的使用面积也是空间调节功能、功能分区、空间温度感、距离感的一种隐喻手段。颜料与木元素的搭配往往也能形成新奇的材质感受。木材自然的纹理质感与不同颜色相结合能够给予人们活泼愉悦、宁静平和、冷静理智、自然舒适等多样化的情绪。木元素与色彩的融合是办公空间中一种极具表现力与感染力的艺术手段，它能给人强烈的视觉感受与精神联想，这也直接影响着处于这种工作环境下的人们的工作效率与情绪。

原木表现是办公空间设计中最常用的设计手法。木元素极强的纹路感和凹凸感使空间更具自然原始气息，有些种类还具有抵抗室内有害气体、具备药效益于身体健康的作用。不同种类的木材给予空间不同的温度与触感：浅色平滑的原木温馨、低饱和的灰度木材简洁、浓郁复古的木材庄重、深色干燥的木材经典。例如，位于泰国曼谷的IDIN建筑事务所（图1），空间的特色墙采用了烧过的雪松木作为主要材料，黑色体现出从环境中消隐的设计理念，独特的黑色色泽和纹理并不是来自绘画或着色，而是来自保护木板免受火灾和白蚁侵害的燃烧过程，处理后的木元素则体现出IDIN建筑师独特的设计思维方式及项目要求的"创造性空间"的概念。空间雪松木的应用与周边遮挡的绿色区域的完美结合也使空间真正"隐"于整体自然，营造出了一个简单真诚的办公环境。

图1　泰国曼谷IDIN建筑事务所

图2　SYNEGIC有限公司办公空间

图3　归属自然的办公环境

图4　保定广联ICC云中心

图5　现代办公空间1

图6　现代办公空间2

2.2　构建形式

木元素的构建形式可以以直线与曲线两大部分来阐述。直线形的木元素应用在形式与质感上都保留着原生感，应用在办公空间中呈现出很强的艺术感与直观的视觉体验，最大程度保留木元素的生长纹路、色泽、粗糙质感能展现空间不息的生长力与独特的回归自然的气质韵味。位于日本宫城县的木建筑结构螺钉制造商SYNEGIC有限公司（图2）的新办公空间就采用了一个18米木制巨型三维屋顶。整个屋顶仅在两侧的四个支撑点与地面相连，空间结构随着地形变化，屋顶与地面高低错落，因此，在某些区域屋顶触手可及。包裹式的木制巨型屋顶将室内打造成一个无所不及的自然之美，能释放归属自然天性的办公环境（图3）。直线形木元素所创造出的空间更具文化性与历史感，一种冲击性的力道与美感往往成为办公空间设计中具有代表性的经典语言。

曲线形的木元素所呈现的形式是丰富多样的，但"流动性"一直是运用曲线形木元素的办公空间的关键词。曲线本身就具有"动感"、"丰富"、"灵活"、"开放"等生动的特性，与木元素相结合则增添自然细腻之感。曲线的自由与木元素的舒适是办公空间设计中"需求性"的应用，一个动态灵活、能令人放松享受的办公环境能影响人们的工作效率、行为活力及创造力的激发，波动绵延的弹性空间给予人们新奇的办公环境

体验。例如，保定的广联ICC云中心（图4）。整个空间以顶部的曲线形的木制造型为视觉中心，整体空间保持着原木气息，木质自然、温暖的感受随着整体曲线造型蓄势而下，在有了直线型木制的结构对比下，整个木元素的曲线造型让空间形成"云"一般的空间汇聚力与精神交流，发挥出了空间使用的最大价值，工作环境具备高效办公与情绪对话的同时还有一种身处家一般的轻松自在。曲线形木元素艺术性的营造在办公空间中的应用往往能展现人文关怀，起伏的形式加上木元素的舒适感共同组成一个张力十足且灵动多变的工作空间，传达给人们更加温暖的心理感受与情绪共鸣。

3　办公空间设计中木元素与其他元素的融合

3.1　自然元素

在办公空间设计中，木元素经常与其他自然元素结合应用。木元素的自然原始的特性有时候也具有局限性，而与更多元素结合时所创造出的空间感受是多种多样的。搭配的自然元素以金属、混凝土、砖石最为常见。

木元素与金属的搭配在办公空间设计中有着十分广泛的应用。两者在质感、硬度、颜色、光泽度等方面都存在较强的对

比，木元素独特的触感与金属光滑的表面赋予办公空间更加明显、丰富的质感层次，金属元素也经常被塑造为复杂的空间骨架，木元素则作为"皮肤"相辅相成，在办公空间中往往展现出刚柔并济的空间感受。这两个自然元素搭配所产生的办公空间风格潮流是现在工业化社会发展的必然结果，追求高效、崇尚简洁、适应现代化是如今办公空间设计的基本风格。

现代化办公空间的一大主流语言就是混凝土。混凝土与木元素都具有类似的"自然"属性，这两者在办公空间中也通常秉持着"天然去雕饰"的设计手法。混凝土与木元素融合所体现的空间情绪也符合现代化办公空间的普遍性，但是更添一份平和宁静。例如Annabell Kutucu在德国柏林设计的工作空间（图5、图6）。纯净精彩的混凝土与深色木材相结合，表达出放弃一切多余装饰的、关注材料本身的"故事性"工作环境，运用混凝土与木元素诚恳地创造出一个疯狂又谨慎、有趣又孤独的办公空间。

木元素与砖石的交织则是一场"旗鼓相当的较量"。两种元素具有不同层面的相同材料质感。它们之间微小的属性差异增添了办公环境的趣味性与"矛盾性"，砖石与木元素之间又存在着柔软绵延的同向联系，这样的办公空间是辩证统一的，这是办公空间的一种形式与本质的契合。砖石与金属和混凝土不同，它是一种更加中性的元素，木与砖相融合的工作环境展现出的是一种"非偏向性"的空间秩序，它们在最大程度"现代化"的空间背景内隐隐地传达出贴合人性、柔和的空间性格。

3.2 人工元素

自然性与人工性的结合应用通常是打破常规且潮流新颖的。木元素与人工元素已经有了千变万化的实践。玻璃作为办公空间中必不可少的因素，与木元素的结合应用不胜枚举。在

古希腊、古罗马时代欧洲人就开始将玻璃马赛克运用到室内装饰，直到20世纪初，玻璃材料成为现代主义建筑的标志之一，所以从历史的角度来看，玻璃元素与木元素具备同样的原始性，在现代办公空间的设计中玻璃又展示出"现代"的一面。木元素的自然清新之感与玻璃的通透感在办公空间中对空间和人的影响是较大的。在空间上，营造一种通透自由、舒缓灵活的感受，摒弃严格分明的区域界限；对于人来说，玻璃元素的应用也开阔了人的视野，使空间更加通透开阔，减少人们的压力，形成舒缓安静的心理感受。

羊毛毡元素与木元素的结合应用在办公空间设计中相对来说就比较少见。羊毛毡给人的感受比木元素更加安全细腻，这种元素创造的办公空间具有温暖丰厚、包裹之感，与木元素的配合应用可以丰富空间肌理层次、提升空间温度感、空间可触弹性、可塑性、区域隔音、保暖效果等。这种柔和感性、富有创造力的人性化工作环境鼓励人们捕捉并记录灵感迸发的瞬间，给人们工作、创作提供一个极具魅力的办公场所。

4 木元素在办公空间中的风格营造

4.1 工业风

木元素在工业风办公空间中彰显出最大程度的木制特性。工业风办公空间的主要设计元素就是：金属、砖石、木材、混凝土。木元素的属性基本上代表着整体空间的该属性。位于伦敦的一个办公空间（图7）内各元素分布清晰、属性明确，空间的金属框架、坚固的裸木地板、顶部横梁和粗糙的砖墙具有鲜明的特色。木元素在空间上下区域的应用传递出强烈的局部自然性，在金属框架衬托下，木元素的区域性应用给人刻意柔化空间之感。这种工业风办公场所干脆利落的环境氛围独具一格。

图7 伦敦办公空间

图8 复古式空间

4.2　复古风

颜色浓郁、纹理清晰的木材种类是复古风办公空间设计中木材的普遍选择。这类木材通常给人"古典""庄重""浓厚"的视觉感受。例如，位于加拿大多伦多的VICE Media办公空间就是一个老旧工厂表皮下的复古式空间（图8）。空间内行政办公室隔间运用浓郁的胡桃木的建筑材料来重现时光倒流的质感记忆，木元素与空间内的黄棕色皮革沙发、毛毯、金属桌子与绒面扶手椅共同呈现出极其丰富的空间肌理与复古经典、休闲放松的办公空间氛围。

4.3　禅式风

禅宗美学主张不加雕饰的纯净素洁之美，运用简单自然的元素诠释空间。禅式风格办公空间所体现的自然、空灵、宁静、朴素之美来源于"禅意"原始的回归自然、拥抱朴素的概念，木材的自然风韵与禅式风格办公空间不谋而合，用木元素的简洁形式进行装饰，创造出一种返璞归真的自然之境。简单而不单调是现代人一直向往的工作环境，这种素雅超然的空间意境带给人们悠然自得的心理感受。

4.4　自然风

木元素在自然风办公空间中的应用是如鱼得水的。这种风格的办公空间给予了木元素极大的"自由发挥"权利。木元素的各个方面都与空间设计目的相吻合，它可以完全"生长"于办公场所内，与整体工作空间是协调统一的。例如西雅图的亚马逊新总部（图9）。木元素对符号形式的直观表达给空间增添生动惬意的感觉，充满自然气息的办公环境鼓励员工专注安静的工作。

5　办公空间中木元素对于人与环境产生的影响

除了家居空间外，办公空间是大部分人的第二生活环境。办公环境给人的生理、心理感受对人们都有直接的影响。工作空间是否舒适宜人强烈地影响着员工的工作情绪与工作效率，空间人性化需求日渐增长，木元素以其明确的自然属性应用于办公空间中用来满足员工的情感与归属自然的需求，优美亲切

图9　西雅图亚马逊新总部

的空间气息有利于缓解工作压力，激发员工创造力与想象力。天然材料的设计应用也具有绿色生态性。木元素在办公空间内的应用响应世界节约能源，保护生态环境的号召，选择自然绿色的木元素，其可塑性与重组性利于环境的保护与可持续发展。经济舒适、安全可靠的工作环境益于员工身心健康，健康绿色的设计手段是办公空间设计发展的主要趋势。

6　结语

如今木元素在办公空间设计中的应用很广泛。在设计过程中，木元素的自然属性是时刻需要关注的，对于木元素的表现形式与空间整体风格的打造是需要设计师调研的。企业文化、工作习惯、环境心理情绪、工作效率、生态材料的运用、绿色理念等因素都是设计师需要融合进设计思想与手段中的。注重可持续发展理念、体现人文关怀营造一个舒适休闲的空间才是办公空间设计的发展道路。

参考文献

[1] 么硕.浅析自然元素在室内空间设计中的应用 [J].江西服装学院学报,2014.

[2] 吴思.环境心理学在办公空间设计中的应用 [J].才智,2015.

[3] 石岩.浅析木元素在现代室内空间中的设计应用 [J].大众文艺,2015.

木材在当代建筑表皮中的建构研究

魏敏　丁昶

中国矿业大学

摘　要： 木材是人们最早使用的天然建筑材料之一，具有天然质感、取材方便、易于加工、韧性良好、可塑性强等功能特点，在各地的建筑文明史中起到了难以替代的作用。随着现代社会文化观念更新，建筑设计理念发展和现代科学技术进步，木材在现代建筑表皮中演化出了新的建构方式和方法。从技术建构和精神建构两个方面入手，梳理现代木质建筑表皮多样化的形成原因，归纳木材特性、木质表皮构造及现代建筑表皮中木材结构的新表现，并解读其中的人文诉求与意义象征，从而探索让传统木材与现代建筑表皮设计相契合的新方案。

关键词： 木材　建筑表皮　建构

木材与建筑表皮的融合性极强，建筑表皮以不同种类、不同方式的木材覆面几乎可以与所有的场地和环境相协调，与各类气候、天气条件相适应。木材覆盖在建筑表皮上，发挥其自身的材料真实性和物质性，通过不同的覆盖体系来保护建筑表面，既可以延长材料寿命，也为建筑赋予了标识性的身份铭牌。最初的建筑并不存在表皮的观念，甚至建筑的观念也含糊不清。[1]随着建筑的逐渐发展，表皮开始由从属变得独立，柯布西耶的新建筑五点理论之一"自由立面"彰显了建筑表皮的自我表现。现代主义时期表皮与结构分化，摆脱结构的束缚成为独立的概念，建筑表皮百花齐放。不仅成为审美的对象和信息的载体，在景观社会和视觉文化背景中，也是传达建筑语言和表现审美意向的视觉界面。[2]建构，在建筑学中可以理解为"诗意的建造"，是一种基于物质层面的理性思考，是一种综合反映包括设计、构建、建造等内容的整体过程。肯尼迪·弗兰姆普敦在其《建构文化研究》一书中提到："建筑的根本在于建造，在于建筑师应用材料并将之构筑成整体的建筑物的创作过程和方法。"

现代木质建筑表皮是指创造性的使用木材这一传统而成熟的材料，在质感肌理、造型体量、结构层级等形式方面展现有别于以往的创新，在保温隔热、环保可持续、调节人情感等功能方面有契合时代需求的进化。[3]木质表皮的建构，一方面是从木材、木质表皮构造、表皮结构表达、空间营造之间的关联以及所形成的建造逻辑的综合考虑解读，另一方面是从建造

"诗意"，即木质表皮建构建筑与地形地貌的融合和类型的选择以及对美学的考虑等多个层面的理性思维叙说。因此，讨论木材在当代建筑表皮中的建构，应当从以下几个方面来进行。

1　现代木质建筑表皮的建构发展原因

1.1　社会文化观念更新

最初的建筑表皮是为了满足人类生存的基本需求，利用原始的材料来围合场地，它的目的明确，功能单一，即遮风挡雨，人类对于木材的利用也只是最基本的围合。而木材的进一步发展及其新利用体现了传统观念与进步思想的冲击，随着现代化主义运动的发展，人们受到多样的文化与观念的影响，重新审视材料的用途及其带给人的心理感受。木材从最初的一种"自然"材料被拓展出了更加多元化的含义。今天的木质表皮被赋予了亲近自然、传承文脉、彰显时代的精神。人们开始感受建筑、体会建筑表皮给城市地区带来的新形象。木质建筑表皮也褪去了单一枯燥的外衣，变得个性化、多元化、复杂化、情感化。这都是基于当代人们心理情感与观念的转变。[4]例如，从中国古建筑南禅寺大殿的木表皮构造到当代英国Bedales学院艺术与设计楼的木质表皮设计中可以发现，人们对于建筑之美的观念转变。前者代表着中国传统等级制的皇族威严，后者则彰显了形式与功能完美结

图1 南禅寺大殿(来源http://www.naic.org.cn/html/2017/gjjg_1214/34784.html)

图2 英国Bedales 学院艺术与设计楼(来源：https://mp.weixin.qq.com/s/UCBiOS004MKgBr9iac_v_Hw)

图3 慕尼黑工业大学临时演讲厅——平滑生成的木质表皮(来源：谷德网)

图4 意大利 Bergmeisterwolf Architekten 设计的木屋——折叠生成的木质表皮[5] (来源:HKPIP · 深圳理工.建筑脸谱 2[M].南京:江苏凤凰科学技术出版社,2015.)

合的现代简约建筑思想(图1、图2)。

1.2 建筑设计理念发展

现代建筑理论的出现，冲击了传统的建构手法和审美体系，千百年的工匠经验被计算机严谨的数值计算代替。现代的木质表皮的进步体现在：一方面，它空前性的结构、构造、形态有了与之相匹配的思想理论来解读，达到了理论与实践相统一的新高度，例如德勒兹哲学的"平滑生成"、"褶子理论"等；另一方面，现代社会发展暴露的问题引起了人类的反思，人们重新审视家园与大自然的关系，许多站在时代浪尖的建筑大师提出了绿色设计、环境生态、地域主义、场所精神等设计观念，开始追求材料本真原生态的意味。这时，木材被赋予了环保材料的身份并开始在表皮设计中盛行。例如，运用平滑生成理念塑造的流动木质表皮，利用褶子理念生成的几何折叠表皮(图3、图4)。

1.3 现代科学技术进步

尽管木材作为建筑材料已经被使用了很多年，但由于其受到长度有限性、受力不均、不耐腐蚀、防火性能差、强度难控制等原因并未普及表皮设计领域。随着现代木材物理属性的改良和技术性能的创新，木材防腐和防火技术得到了跨越式发展。现代防腐木主要有人工防腐木、深度碳化木、天然防腐木等。其中，人工防腐木运用真空加压使防腐剂渗透进木材，是现代木质建筑表皮的首选材料。科技木则利用仿生学原理，通过对原生材进行改性物化处理，达到不开裂、不弯曲的稳定

效果。从第一次工业革命开始，迈克尔·托耐特就将蒸汽技术应用到木材弯曲领域，并创造出了性能优良的层积木板材，弯曲木材在造型上有别于传统形式，可以塑造流畅自由的曲线造型。现代胶粘与木材的结合让人造板材不断推陈出新，这些木板材在原生木材的基础上发展出了更高的强度、更坚固的质量和更细腻的纹理，这为木质表皮的造型设计提供了更多可供发挥的空间。近代技术革命还带来了模数化、标准化设计。很多结构复杂，造型多样的木质表皮都可以通过计算机的模拟，三维的打印被分解成单体和组件，提升了制造和施工的效率。虚拟技术也渐渐走上设计领域舞台，将我们脑中的构想直接转变为视觉界面。建筑表皮结构形象可以不通过建造就被感知体验，设计师能根据试者意见和环境氛围的需求做出巧妙的应对。[6] (图5)

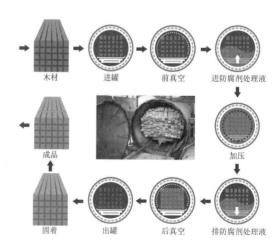

图5 木材防腐工艺流程

2 木材在建筑表皮中的技术建构

2.1 材料性能与构造技术

木材的性能决定木材的构造技术。[7]构造技术反过来又可以改善木材的性能缺陷，发挥其性能的优点。适宜木材特性的加工工艺或构造技术与木材质最终呈现的建构效果是互相影响，相辅相成的。

木材受含水率影响会发生变形，当作为建筑表皮材料时，应当考虑木材的平衡含水率与地区的大气湿度，将木材干燥至建造地区的平衡含水率以下可以有效防止开裂和变形。采用合理的密封性构造，减少外界雨水对表皮的渗透，也可以有效地保护木材。[8]

木材具有良好的韧性与可塑性，木材的承载力与其木纤维的方向密不可分，若是以顺应其木纤维的方向取材利用，甚至可以产生比钢结构和混凝土更大的承载力，这样的力学性能决定了木材可以被应用到现代大型建筑中。木材的柔性可以在木材弯曲中体现，弯曲平滑的木材造型丰富了木质外立面的形式。木材质地较软，易于预制、拼装，在建筑表皮建构中常常以杆材、板材、块材多种形态出现，甚至是组合出现。这些易于加工的性能也推动了木材数字建构的发展，运用计算机对木材单体进行严丝合缝地切割塑形，提高了表皮拼装的准确性，促进了木材新造型主义的繁荣。

近代，木材的耐久性与燃烧性能显著提高。原生木材耐久性差，在选择木材做建筑表皮之前应考虑建筑使用年限。防腐木可以使建筑的耐久性大大增强，但需要考虑经济的可行性。在防火性能方面，木材在遇火燃烧时表面会产生碳化层来阻断燃烧。基于木材的碳化时间对其进行研究，通过加工可以有效降低木材的可燃性。[9]

2.2 结构表达与空间营造

建筑表皮结构体系与表皮建构是密不可分的，表皮结构是指木材作为建筑的功能性内部结构的延伸或是装饰性外部结构的展示，存在的自身编织建造逻辑。与建筑内部结构相结合的表皮一般在体量或层次上显得整体端庄大气，结构直观清晰。而抛开建筑内部结构而独立存在的表皮往往灵活性更强，能精细地通过材质本身的编织搭接来创造表皮整体的肌理，给人以视觉的体验与震撼。木材的结构感知属性和建构感知属性共同作用构成了建筑的空间知觉。现代木质建筑的表皮效果并不是靠木材本身的表面肌理产生，大多是靠木材的构造设计形成的

整体肌理塑造。传统的木质表皮结构大多是原生木材的顺序排列，是发挥防护作用的围合外皮，以二维的平面表现为主。现代的木质表皮结构不仅在外界面中获得自由，几乎可以呈现出设计的任何形式，而且已经跳脱出了平面的限制，常常与建筑内部结构相结合，纳入空间的范畴进行研究。也有一部分木质表皮脱离结构而独立存在，直观地展现其结构的魅力。

木材的形态，色彩、纹理，木结构的比例、尺度是影响木质表皮空间形态的基本要素，例如异形的木质表皮可以给空间带来折叠感，均质木材单体顺序排列形成的表皮能构建出匀质的空间，匀质木材单体间隔排列形成的表皮能为空间增加通透感。木材的特性影响了木材的构造，木材的构造决定着木质表皮的结构，现代木质表皮依据其结构的不同可以分为以下几种：

基于木材柔性性能的条形结构，基于木材质量轻便性能的板状结构，基于木材易于加工性能的块体结构和基于木材强重比高性能的框架结构。建筑师以木材质为基础来获取设计灵感与结构生成规律，最终创造多样结构体系的作品。这些现代的木结构形式有强烈的视觉冲击力和未来主义元素，同时又基于最根本的人的使用感受和对空间需求之上。[10]（表1）

3 木材在建筑表皮中的精神建构

3.1 地域精神与历史文化建构

木材是一种具有强烈的地域特色和历史气息的建筑外墙材料。木材的结构属性与表面属性关注的都是木材本身，但在实际建构中，建筑师对木材的理解和运用都是将客观与感性相结合。人们对木质建筑表皮的理解与阐释更多的是被场所、历史、文化以及其他复杂的概念所包围，而这些概念还要依托于木材自身来体现。[11]木材有其独特的象征意义，代表着生命力、自然、绿色等，因此木质表皮的建构除了要关注视觉的形象之外，还应当考虑建筑使用者的生活方式与精神诉求，与周边自然环境相融合，表达地域特色。地域性是指木材以其强烈的自然性可以与各类地域气候、地域景观、地域文化相融合。各地区气候具有差异性，木质表皮可以如同"衣服"一般围护室内空间，发挥保温隔热作用，将湿度温度等调节到适宜人体的范围。地域景观作为建筑的背景，是表皮建构能否与环境协调必须要考虑的重要方面，天然的木质表皮能较强地回应自然景观，加工后的木质表皮可以针对性地回应城市景观。木材作为中国传统建筑材料还可以显现传统文化，通过塑造个性化的地域"符号语言"，传达地区性、民族性的深沉历史与场所面貌。[11]"漂亮的房子"之木兰围场，是建造在河北省东北部木

木材在建筑表皮中的结构形态分类

表1

基础体分类	结构形态	案例	特点
木条条形排列	平行		视觉上造成极有规律的节奏感，与整木相比节省木料，不同宽度的模板能变换出不同的肌理
	交错		与平行相比稍复杂一些，交叉的结构带来庄重、稳定感，使立面形式更加丰富
	扭曲		弯曲的结构使建筑表皮更加柔顺平滑，木材质色彩肌理 使之更协调三维融入自然环境
木板板材层叠	有序堆叠		堆叠形成的结构肌理感极强，具备优美的体量，声学效果好，但较费木料
	无序摆放		运用无序营造不规则空间，形散神不散，增加空间的多样性，趣味性
	自由拼接		小面积的木板可以更加灵活的打造形体，易于打造非线性，非常规的空间，具有多样性
木块块体砌筑	模数化		利用数字切割形成的块体结构，像砖一样可以用作创造表皮的单体，灵活性极强，并可以快速建造
	自由化		自由的木块堆积打破了模数的严谨，形式更加随意、自由、开放
复合框架复用	直线型		木材交叉形成框架，可以营造严谨、稳定、坚固、大气的特殊视觉效果，又能充分利用光照
	流线型		木材像涟漪一样自然扭曲，营造自由、张扬的效果

图6 "漂亮的房子"之木兰围场
（来源:谷德网）

图7 斯里兰卡 Wild Coast Tented Lodge
旅行营地（来源:谷德网）

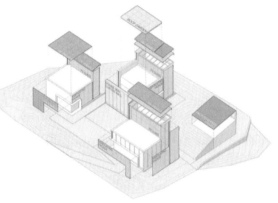

图8 北京旭辉零碳空间示范项目（来源:谷德网）

图9 旭辉零碳空间示范项目维护 结构拆卸图示（来源:谷德网）

兰围场上的社区活动中心，为了将建筑消解到草原中，设计从蒙古包中提取灵感，运用当地的老木梁和毛石块创造建筑立面，通过地域性传统建筑的现代化演绎，形成特色而和谐的表皮，融入当地环境。坐落于斯里兰卡南部的荒野海岸帐篷旅店，紧邻雅拉国家公园，根植于沙地海岸的旱地森林处。帐篷形态的建筑表皮由顺序堆叠的柚木瓦片构成，形成朴素且与周围土地、巨石相融合的肌理色彩，为来访者带来非同一般的雅拉风情，让游客切身体会到大自然的文化馈赠。位于北京的旭辉零碳空间示范项目，是在一片中央公园中为周围居民打造的共享活动场所。建筑设计作为中国北方寒冷地区的零能耗可持续示范项目，外立面采用预制装配式碳化木表皮的双层表皮复合系统，木表皮与内墙之间还留有一定厚度的空腔，在夏季能遮阳，在冬季能防风，并通过上下百叶的开口促进空腔内的自然通风，时刻带走空腔内的热量，避免闷热（图6~图9）。

3.2 人文精神与艺术美学建构

除了营造和技术方面的建构，精神与美学方面也是建构理论中的重要一环，是指在建造和技术将建筑表皮构想转化为现实之后，表皮通过视觉与精神层面的认知、材料肌理与图形符号等的美学形式构建塑造形象和传达信息。当社会发展已经基本解决了人们生活的需求，精神上的诉求成为现代人定位自己的方式，木质表皮笼罩在建筑外立面，普遍影响人们对建筑的直观感受，木材传达出的温馨、朴素、沉默、陪伴，给人带来心理上的安慰与关怀。久而久之，人们对木质建筑的印象不仅

仅只是技术上的，构造上的严谨，而更多地将其视为一种情感安慰，人文精神的寄托。最直观的解释便是纪念性或是象征性的建筑，例如瑞士卢加诺湖畔的教堂模型，是对巴洛克建筑的致敬，这座按照实际大小制作的木制模型展示了罗马San Carlo alle Quattro Fontane教堂的横剖面：近乎空白的外表面包覆着完整的内部细节，运用35000块4.5厘米厚的木板勾勒出优雅、精致且凹凸不平的内部装饰。

木材不仅有它自身材质和构造的精美，而且蕴含着满满的人情味气息。木材以其独特的纹理和质感，展现了大自然的造物神工，唤起人们对于自然的无限遐想，受到人们的钟爱。此外，木材是一种会呼吸的可再生资源。当寿命结束以后，土壤细菌可以对其腐化分解，降解对自然环境的冲击。[11]这在建立资源节约型环境友好型社会的时代背景下，是其他人工的材料所无法比拟的。同时，当今社会，人们基于对特定问题的认知，可以对木材进行创造性地诠释，完善对木材价值的认识。意大利2015米兰世界博览会法国馆，用流线型的木构架打造颠倒过来的农业山区意向建筑，将原本种植在地面上的农作物高高挂起，以山丘形态符号来表现法国食物，建筑表皮成为法国食品标识的一个图像，人们从中可以读出法国的地理多样、文化奇迹、工业技术与美好生活。同样是2015年米兰世博会的爱沙尼亚馆"画廊"，运用木质方盒子的有序堆叠展示这个民主小国的智慧、民主、活力、尊重等。方盒子堆叠象征着爱沙尼亚的集体智慧和集体创意汇聚（图10~图15）。

图10 瑞士卢加诺湖畔的教堂模型（来源：图11 瑞士卢加诺湖畔的教堂细部（来源：谷德网）   图12 2015米兰世界博览会法国馆（来源：谷德网）
谷德网）

图13 曲线木框架打造颠倒的山丘（来源：图14 2015米兰世博会爱沙尼亚馆图片（来源：谷德网）   图15 2015米兰世博会爱沙尼亚馆立面（来源：谷德网）
谷德网）

4　总结与展望

　　木材在现代建筑表皮中的建构是木材自我表现的过程，也是木材利用现代构造技术塑造新颖的结构，迎合人们的美学观念，并促进人们审美创新的过程。从木材本身、结构建构、技术建构、文化建构、精神建构五个层面分析木材作为新时代建筑表皮的创新之处，归纳了木材与建筑表皮在现代建筑中结合的更多方式。有利于将技术和文化作为动力，促进木材这种传统材料的回归。

　　木材的建构研究，并不是对西方"建构"理论的完全照搬，在幅员辽阔的中国土地上发展传统材料的建构，必然要深刻理解中国悠久的木构建筑文化，不同时间地点的木质表皮设计一定有其独一无二的样式与含义，也应当贴切当代的建造现实。当代社会，木材通过与现代技术思想的结合，赋予建筑独特的外观与人情味美感，应当被更加高效而诚实地利用。

参考文献

[1] 李琳.当代建筑表皮多样性表现研究 [D].沈阳:沈阳建筑大学,2014.

[2] 过宏雷.现代建筑表皮认知途径与建构方法研究 [D].无锡:江南大学,2013.

[3] 贺勇.建筑表皮的材料认知与建构逻辑−以慕尼黑的三栋新建筑为例 [J].建筑学报,2009,(07):71−73.

[4] 刘涛.建筑表皮：建构与表达 [D].南京:南京工业大学,2013.

[5] HKPIP·深圳理工.建筑脸谱2 [M].江苏:江苏凤凰科学技术出版社,2015.

[6] 黄瑜.现代建筑语境中的材料策略研究 [D].广州:华南理工大学,2018.

[7] KepczynskaWalczak A，Bialkowski S.A Computational Method for Tracking the Hygroscopic Motion of Wood to develop Adaptive Architectural Skins [J].Computing For a Bettey Tomorrow,2008,(02).

[8] Smoked Wood as an Alternative for Wood Protection against Termites [J].Forest Products Journal,2010,(60):496−500.

[9] 刘超英.经典建筑表皮材料 [M].北京:中国电力出版社,2014

[10] 陈雷.树状木结构在建筑中的建构研究 [D].北京:北京建筑大学,2019.

[11] 郑小东.建构语境下当代中国建筑中传统材料的使用策略研究 [D].北京:清华大学,2012.

[12] 丁俊,过伟敏.构建建筑的"新地域主义" [J].南京艺术学院学报,2019,(05):92−98.

[13] 史洁.未来的建筑表皮−2012第七届能源论坛综述 [J].建筑学报,2013,(02):70−75.

文化造木之——喀什高台民居木构件取样

张琪

新疆艺术学院

詹生栋

乌鲁木齐市同辉艺阳建筑装饰设计工程有限公司

摘　要： 在传统民居保护与传承的背景下，对于传统民居的复兴，应该充分认识到传统民居的核心价值与传承和弘扬文化基因，做到有目地保护历史文化，在相关的历史文化街区有着重点的延续传统民居元素。喀什高台民居沉淀了新疆喀什地区特有的民居形态，作为典型的夯土筑墙木结构支撑的民居建筑，高台民居中的木构件不仅起到理性的建筑支撑、承重、围合作用，还兼顾着感性的建筑装饰作用，发挥营造地域特色居住环境美学，承载地域文化的积极作用。本文围绕高台民居院落中的木构件进行展开叙述，着重展现民居院落中敞廊的木构件造型采集，再拓展至木门及民居局部建筑木构展示，从多个角度记录高台民居中的木构件形态。

关键词： 喀什高台民居　木构件　造型取样

1　取样的意义

喀什高台民居在与现代生活方式相适应的过程中，需要依据民居的现状进行破损程度分类，并给出改造评估和改造方案。目前，喀什高台民居现状可分为三类。第一类，破损较为严重，历史文化价值不高，但占据黄金地段的民居。改造方案为：进行建筑的整体拆除，并在原地址建造商业性建筑以获得更大的实际利益。第二类，对破损严重且存在很大安全隐患的，但具有典型性的民居形态。改造方案为：当它的修复成本高于重建成本时，选择拆除重建，拆除前进行详细的记录及取样，在重建过程中需要复原原有的民居风貌，建筑内部空间也需要进行合理划分，同时满足延续历史文化价值和提升商业价值两个方面的需求。第三类，对有破损但破损不严重的，具有历史文化价值的民居。改造方案为：对民居完整部分进行保留，破损部分进行修复或改造，在节约成本的基础上，保证民居文化的延续性。

在改造方案的落实方面，喀什高台民居建造过程中原有的夯土墙、红砖墙，在应对喀什较频繁的地震现象时并无太大优势，而墙体可替代的牢固材质较多，替换操作容易实现并达成抗震减灾的使用需求。但作为高台民居院落中木构件的形态、

雕刻、彩漆，都是喀什地区长久以来手工艺人的木作技艺与智慧的结晶。因形态种类繁多，需要通过对高台民居中的木构件进行较为详细地记录、分类、取样，整合高台民居木构件资料库，为民居翻新、改造、新建留下参考。

2　敞廊中的木构件取样

在考察过程中可以发现，高台民居较为常见的院落形态为"I"形院落、"L"形院落、"U"形院落。这些院落在居住者使用过程中因为人口的增加或者使用面积的扩增需求，还会进行向上、向外的增建空间，形成不规则的院落形态。虽然每家每户院落形态随现有地形、空地面积及空地形状搭建，在平面布局图上形成以"I"形、"L"形、"U"形位基础的不规则扩增建筑形态。但不论何种形状、何种大小的建筑空间，在建造过程中每户必有院落，凡有院落必有"敞廊"（表1）。

敞廊，即搭建在房屋外墙面与院落之间的半敞开式过渡空间。敞廊在院落中扮演着多重功能。首先，是建筑实用功能。敞廊在院落中具备通风、纳凉的功能，同时给家庭劳作提供了活动的区域。第二，是建筑装饰功能。木结构搭建的敞廊丰富

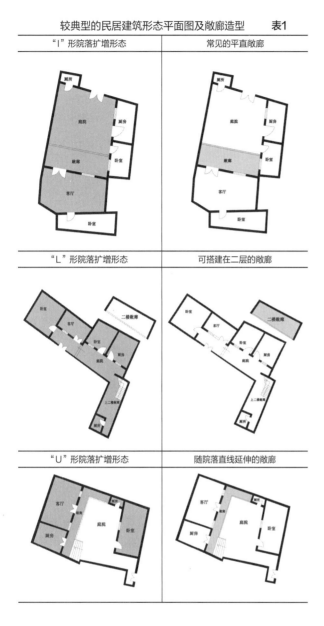

较典型的民居建筑形态平面图及敞廊造型　表1

"I"形院落扩增形态	常见的平直敞廊
"L"形院落扩增形态	可搭建在二层的敞廊
"U"形院落扩增形态	随院落直线延伸的敞廊

喀什高台民居敞廊中的雀替造型取样　表2

名称	雀替立面取样图	文字说明
大雀替		用整木制成，上部宽，逐步向下收分。构建整体放置在柱头上，起到承载作用。装饰方式有三种：第一种，浮雕花草纹喷涂彩漆；第二种：在表面绘制花草纹，并用彩漆描绘；第三种：浮雕上漆与平面彩漆绘制相结合形式
小雀替		在体积上小于大雀替，在柱与梁交接的下部，形态向左、右及下方发展。装饰方式：镂空雕花，以花草纹为主，常见石榴果实造型作后缀装饰
骑马雀替		当两个柱子之间距离较近时，两个雀替会因距离较近而碰撞，因此索性将两个雀替做成拱形相通状态，这种雀替的装饰意义大于使用意义。装饰方式：拱形造型，两侧夹带镂空雕花

了民居建筑的材质感，增强了院落的进深感，木构件上可以做各类雕刻装饰及油漆重彩装饰，敞廊围栏上还可以摆放居民喜爱的盆栽花草，这些元素共同组成了高台民居院落中独具一格的风景，让夯土筑墙的院落内充满缤纷色彩。

敞廊，是高台民居木构件较为集中出现的地方，大到梁、柱造型，小到装饰雕花、贴片，以及最终木构建整体的油漆上色，都需要手工艺人打造，是整个民居装饰过程中工程量较大，花费人工费、手工费较多的地方。为打造出主人家的品位、爱好，展现房屋院落最美的样子，常见民居主人挣一年钱装饰一部分，再挣一年钱再继续完善装饰。由此，可以看出高台民居在建造与装饰过程中花费的心血，也能由此想象到民居中木构件的精美程度。

2.1　雀替

在中国古建筑中，有一个特色构建，宋代称之为"角替"，清代称之为"雀替"，又名"插角"或"托木"。这块出于梁枋与立柱间的短木，主要的作用是减少梁与柱相接处的向下剪力，防止横竖构件角度倾斜。在中国古建筑中，替雀分为七类：大雀替、小雀替、通雀替、骑马雀替、龙门雀替、花牙子。而在喀什高台民居的梁柱之间也有同等功能的木构件，其形态与大雀替、小雀替、骑马雀替功能与形制一致（表2）。

2.2　柱体

在高台民居的敞廊中，柱体是至关重要的承重建筑元素，

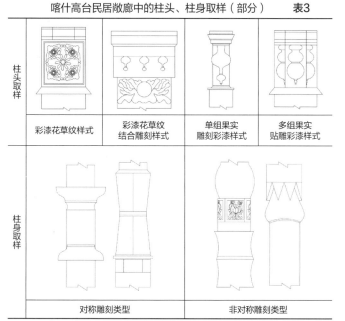

表3 喀什高台民居敞廊中的柱头、柱身取样（部分）

柱头取样	彩漆花草纹样式	彩漆花草纹结合雕刻样式	单组果实雕刻彩漆样式	多组果实贴雕彩漆样式
柱身取样	对称雕刻类型		非对称雕刻类型	

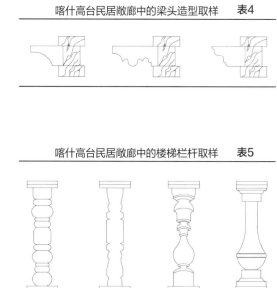

表4 喀什高台民居敞廊中的梁头造型取样

表5 喀什高台民居敞廊中的楼梯栏杆取样

也是院落中不可或缺的装饰元素载体。高台民居中的柱子样式没有固定程式的柱基、柱身、柱头，每家每户会根据家庭经济情况、主人家喜好决定柱体加工、雕刻、彩漆的繁杂程度。

高台民居中的柱体，按照柱体整体造型可分为：对称形、非对称形。按照柱体加工复杂程度可分为：去皮白杨木直接立柱、圆柱体加工、方体加工、多棱体加工、组合几何样式加工。按照柱体木雕处理手法可分为：单层雕刻花带、多层雕刻组花、立体果实、几何形体造型贴雕等方式。按照柱体装饰纹样可分为：花卉图形、果实图形、枝叶图形、几何图形等。

因高台民居中柱子装饰样式繁多，在此文中按照柱子的柱头、柱身造型进行分类取样，以便留存特色装饰样式（表3）。

2.3 梁头

因喀什地区当地气候气候干旱少雨，高台民居在建造过程中房屋皆为平顶，少见隼牟结构，多以立柱，上加横梁、竖枋而构成屋身。木材作为主要的建筑材料，裸露出来的部分必定附加装饰性，因此柱子上伸出悬臂梁承托出檐部分重量的斗栱也出现多种造型样式，常见单一曲线造型、对称曲线造型、非对称曲线造型样式（表4）。

2.4 楼梯栏杆

在高台民居中，因为家家户户都有敞廊、多层楼，因此楼

梯栏杆是民居院落中出现率较高的木构件。当地手工艺人先将白杨木整木加工成粗细、长短一致的木段，在栏杆制作过程中不使用拼接的方式，由手工艺人配合刨制机器一气呵成。造型上较多变化，多以各类几何纹样的不同组合形式呈现（表5）。楼梯栏杆的造型样式在变换了长短、粗细后，也常会应用在护栏栏杆、窗户栏杆、装饰性栏杆上，甚至当地婴儿的摇床围栏上也用到同类栏杆装饰。不论何种功用、造型的栏杆，在安装好后配合主人需求进行单色或多色油漆上色。栏杆的需求之多，让制作栏杆的手工作坊在现在依然存在于喀什的大街小巷之中。

3 木门取样

在喀什高台民居中，木门是每家每户的标准配置，通常情况下，双开木门为入户正门，单开木门为院落后门或储藏室门。在高台民居中，大门的框架建造比较粗犷，由夯土墙与红砖墙搭建的院落外墙留空墙体，架长条整木或木板，构建起大门的框架，木板拼合木门。由于外墙面色调单一，因此外墙面的点缀就留给了可塑性极强的木质大门。高台民居中的木门样式种类繁多，雕刻、彩漆做工也细致精美，很多木门即使经受多年风沙洗礼和使用失去了色彩，但因选材与雕刻造型的精美，仍然结实且耐看。

本文中，对高台民居木门的取样分为两种形式，一种是高台民居中特有的双开木门样式，这种木门用石榴花造型金属压条将厚重的木门板材进行固定，用雕刻与彩漆的方式进行装

喀什高台民居的木门取样	表6

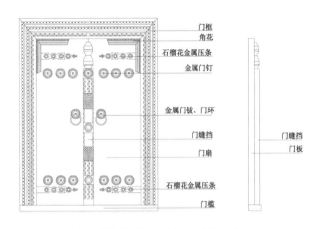

门框
角花
石榴花金属压条
金属门钉
金属门钹、门环
门缝挡
门扇
石榴花金属压条
门槛

门缝挡
门板

高台民居特有木门样式（左图正面、右图侧面）

雕刻彩漆类木门样式

半过街楼与过街楼的建筑木构展示	表7

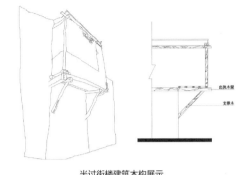

出挑木梁
支撑木

半过街楼建筑木构展示

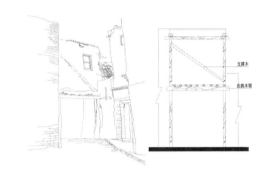

支撑木
出挑木梁

过街楼建筑木构展示

饰。值得一提是，这种门在一侧门板的开合中心位置另外固定了"门缝挡"，这种"门缝挡"的存在，是为了防止木门经常开合、磨损，出现不同程度的门缝，"门缝挡"的存在解决了这一问题，即使木门出现了宽窄不一的门缝，当大门关闭时，从门外也无法通过门缝窥探到院落里的情景。另一种类型的木门，同样是双开木门，有在门板上直接进行雕刻造型的，也有将各类几何纹、花草纹、果实造型、花瓶造型等构件雕刻好，对称贴合在门板上，再进行油漆上色的（表6）。

4 民居局部建筑木构展示

在喀什高台民居中，搭建半过街楼、过街楼，是扩充使用空间的常见方式。半过街楼与过街楼的共通用点是需要占用公共走道的上方空间，通常需要在邻里协商好的情况下才能进行搭建。这种空间的"搭"与"借"，多用不经刨削的去皮白杨木直接构建框架，从外观上看不拘小节，多见裸露的原生态木材曲线，但使用功能上却是牢固可依。随着每家每户的空间拓展，高台民居的街巷上层出半过街楼与过街楼，展现出特有的"无序"建筑美学（表7）。

5 小结

喀什高台民居的木构件均为手工艺制作，在传承演变的过程中不免因为手工艺人、民居主人的审美参与，呈现出形态千变万化的组合。记录、筛选、呈现，最终集合成为图像库，这必定是一项任重而道远的工作。通过对喀什高台民居的木构件采样，用图像的形式加以记录留存，有利于维护传统民居的原生态样貌，让多彩多元的木构元素继续留存在高台民居的建筑中。并以此继续拓展具有标志性木构元素的承载载体，让传统木构元素以新的呈现方式、新的组合样式、新的材料替换，继续展现在当地的历史文化街区中，形成与高台民居环环相扣的环境空间、文化空间。

参考文献

[1] 李群,安达甄,梁梅.新疆生土民居 [M].北京:中国建筑工业出版社,2014.

[2] 严大椿.新疆民居 [M].北京:中国建筑工业出版社,1995.

[3] 陈震东.新疆民居. [M].北京:中国建筑工业出版社,2009.

木在现代空间设计中的语意营造

王秀秀

太原理工大学艺术学院

摘　要：木为万物之源，作为自然界中最朴实的材料，在人类数千年的使用过程中积淀了非常深刻的文化内涵。从构建建筑的基础到建筑表皮的装饰，使得木材从传统文化中演绎出很多具有代表性的设计语意。设计师通过对木材的认识与再设计，让人们去感知木质与其他材料、木质与空间、木质与色调等关系的融合，使得木材在现代室内空间设计中发挥着重要的意义。因此，木材的使用不仅是对传统工艺的传承，更多的是用时代的创新语言对现代空间的文化营造。希望人们去了解木的相关文化并能以绿色低碳环保的生态理念使用木。

关键词：木　传统建筑　现代空间　语意营造

1　木

20世纪现代建筑大师赖特认为：最有人情味的材料是木材。木材有着温润细腻的质感，其纹理也是最贴近自然的。木材的使用，给人一种温暖、亲切、包容的生活方式，让人们对所处的环境感受自然界的美好，没有距离感。从古至今，木材作为人类不可或缺的资源，从构建建筑的基础到建筑表皮的装饰，使得木材从传统文化中演绎出具有代表性的现代设计语言。设计师通过对木材的认识及再设计，让人们去感知木质与其他材料、木质与空间、木质与色调等关系的融合，使得木材在现代室内空间设计中发挥着重要的意义。因此，木材的使用不仅是对传统工艺的再设计，更多的是把传统文化中的建筑构件、文学题材、宗教哲学、地域文化、传统民俗等内容作为设计的理念进行语意的营造。

2　木在现代空间设计中的语意营造

2.1　表皮的自然生态化

木材的色调具有温馨、自然的特征，在自然光线与原木色的衬托下建筑外观的表皮设计显得极为协调。木质的表皮设计可以通过对木块进行自由组合、交错、堆叠进行构图编排，产生视觉的造型感。通过有规律的设计，使得表皮的艺术化处理

更为强烈。隈研吾一直沿用东方独有的木结构元素，在隈研吾之微热山丘——卖菠萝蛋糕的疗愈系建筑中，他的设计语意是要创建一个在繁忙城市中心的森林，来唤起人们对森林的想象。在设计中，使用60毫米×60毫米的木头，以日式工法结合成立体框架形塑空间，阳光透过木棱网格洒进室内。通过木材的天然属性将木条交错叠加，达到乱中有序，并沿用日式格子拉门木条的接榫设计达到牢固的效果，以特殊组装的方法呈现出漂亮线条，被人们称为具有疗愈系的建筑。

2.2　传统元素的符号化

中国传统的房屋形式为木构架建筑，其中斗栱作为我国传统木构架建筑中的一种基础构件，是象征性的代表。斗栱悬挑出檐、层层叠加，将檐口的力均匀传递到立柱上，其目的是将檐口加大而富有美感。斗栱不仅是承重构件，还是艺术构件，呈现出"榫卯穿插，层层出挑"的构造方式。斗栱作为一个传统木构符号，成为2010年上海世博会中国馆设计"东方之冠"的主要理念来源，使人们可以体会传统木文化的精神与气质。

2.3　极简前卫的时尚化

木质的色调有浅色和深色调，在室内使用了大量木质元素，并利用清晰的纹理可以营造自然的氛围。黑、白、灰色调来搭配木色元素，空间中配以简洁干净的线条，就极具简约、

精练的艺术美感。白色为底搭配灰黑色的家具，空间显得沉稳有质感，加入温润的木质元素，可以打破色彩过于单调清冷的感受。空间中以温润的木质地板铺设地面，呈现出温润与舒适的感受，搭配大面积的黑色调金属家具，通过金属的光泽感还可以有沉稳、精致的质感，加上空间布局的通透宽敞，避免了黑色调的压抑感，让人们感受木质自然的净化感。

2.4 细节化提升空间感

对木材的细部需要人性化设计，可以通过图案构图、色调搭配、施工工艺等方式，每个细微的尺寸校对及色差的调整都会给室内空间提升舒适感。隈研吾设计的安藤百福中心，在顶部处理金属屋顶和天花板间设计连续排列的300毫米高的鳍形结构，设计的思路来源于梅窗院设计的150毫米高的鳍形结构演变而来。通过对金属不同颜色的着色处理，尝试与建筑周边的森林环境色调而产生联系。在设计整个建筑的斜坡和场地的倾斜角度保持一致，给人一种身临其境走在土地上的感觉。

2.5 三维软件实现模块化

对于木材模块化需要将体块进行组装化设计，将设计好的单一模块利用计算机软件进行精算及预先组装设计，这样可以预先感受设计效果，具有便于实际组织化生产、提高工效、减少材料消耗、施工速度快、组装灵活等特点。隈研吾利用有机设计理念为东京大学大和普适计算研究楼进行设计，主要以起伏的木板面层来包裹建筑外立面，这些面板由一根根木条组成，来呈现出具有韵律感的几何结构特征。当自然光线照射到内部空间，木板面层的高度韵律就会被打破。在地面上设计了的公共通道，其巧妙地分流了校园内部的光线和气流，避免光线和气流直接破坏木板层面。因此，通过对木材模块化设计，单一的几何形体做体块可以给人一种平静中略有灵动的气势。

3 木在现代空间设计中的艺术表达

3.1 传递含蓄与传统美学

盛唐时期，中国传统的建筑文化和技艺传入日本，日本本土文化经过不断的发展演变，形成了日本特有的建筑文化体系。日式建筑与中国传统建筑有很多相似之处，它们始终遵循着建筑与环境的融合，体现含蓄朴素的自然之美。日本设计师隈研吾的梼原木桥博物馆，可以感受日本传统美学与当代建筑元素的融合。建筑师借鉴了日本和中国传统建筑中的悬挑结构，其中没有使用任何大型构件，而是设计了一个由小型构件

组成的结构体系，小构件组成的大体量的新结构采用本地红杉木，整个结构采用牛腿堆叠技艺来实现，所有结构由底部中心支柱支撑实现了大悬挑。建筑被设计成一个极具雕塑感的三角体量，来传达出一种对周边自然环境中远山和森林的敬意。

3.2 追求自然、回归原本

面对工业化的今天，城市中的钢筋、水泥的坚硬与冷漠以及生活工作压力的繁重，人们越来越向往回归自然的美好生活。利用木材对空间的再设计，建立有助于缓解人们的情绪、压力的自然氛围取向的空间显得十分重要。由John Pawson设计的位于德国西南部的一座路边教堂，代表了当地的悠久传统与精神意义。7座路边教堂项目主要是为骑行者提供休息，也可以用于驻足和冥思。教堂以木结构为主，建筑采用最简单木材的堆叠切割技术，形成了建筑主体及入口形式，人们进入后仿佛有置身于丛林穿梭的感觉。教堂内部，以原木色为主，人们通过切割表面的触感及锯齿纹理，来感受自然最原始的状态。教堂内部的光线柔和，天窗镶嵌在教堂的最高处，使得光线从两边微弱的进入室内，面对墙面的十字架由此产生神秘感。在狭长的空间中及墙面几何形状开口处，人们可以感受室外自然的静谧感。在这样的宗教空间中，利用木材本质的特征让人们体会最真实的内在空间感受。

3.3 体会禅文化的意境

禅，是东方传统文化的精髓所在，更是古人千百年来生活的智慧结晶。禅意，是一种追求内心平静的心境，将自己融入山水，置身自然，达到心静淡然才是最好的心态。以原木为主要材料，搭配选择竹、泥土、石、麦秸等自然材料，体现出注重相互之间及与周边自然环境的呼应关系。原木色泽的朴素美在禅宗思想中，就是其最干净质朴的原生美，透着清雅和淡然的木香味，使人全身心有放松的感觉，以纯粹、简洁的手法来营造一种孤寂、空灵的气氛。

4 木文化在现代空间设计中的发展趋势

4.1 绿色低碳环保的生态理念

木材作为建筑语言中的符号，在现代空间的设计应用中不断的创新演绎，使得空间的设计感受更加返璞归真、接近自然。木头温和自然的特性得到了大多数人的喜欢，它使得城市建筑表皮及室内空间感受更具有亲和力。长期在木质的空间生活，木材所含的有机离子更有利于人的身心健康，有效地增

强人的免疫系统，消除疾病。木材表面的微小孔洞还可以有效地吸收阳光中的部分有害光线，使得空间光线变得柔和避免刺眼。木材还可以对居室的温度湿度有一定的调节作用，对人的身体健康有一定的疗效，还对调节当代人的心理压力起到了积极的作用。

4.2　木在现代空间设计中的传承与创新

在设计中，"木"作为一种传统材料需要其发扬传统文化，更需要适应国际化的发展，只有这样才能立足于世界，真正地将木文化的使用功能与精神功能完美结合。我们需要对我国传统的木文化的过去再学习和思考，更多地去关注和反思多元化设计下的国际大师的创新手法。本着将木文化发扬光大的信念，我们要始终关注木文化所传达出的最基本的特质，强调自然之美、朴素之美、空幽之美，呈现出自然与所处环境的和谐之美。

5　结语

在当今社会中，人们在追求物质生活的同时，对精神生活的需求也越来越高。面对钢筋混凝土的城市以及复杂的社会压力，人们对于回归自然也越来越向往。木可以作为一种设计理念，也可以作为最主要的材料，木的使用会更有利于绿色低碳环保的生态理念，达到人与自然和谐共处。随着木文化设计思潮及设计界大师的影响，期待优秀的设计师能够推陈出新、不断创新，使得木在现代空间设计中的语意营造有更多新的演绎，并能得到更多人的关注与认可。

参考文献

[1] 戴代兴,周铁军.室内装修材料的天然美感:论木材在现代室内设计中的运用 [J].室内设计,1999(03):42-45.

[2] 王庆春,黄大岸,候兆铭,周洋.品读中国木文化 [J].大连民族学院学报,2007(01):24-26.

[3] 田永复.中国园林建筑构造设计 [M].北京:中国建筑工业出版社,2008.

[4] 王其钧.中国传统建筑文化系列丛书 [M].北京:中国电力出版社,2009.

[5] 赵珵.室内空间环境文化生态因素分析 [D].天津:天津大学,2009.

[6] 王其钧.中国建筑图解词典 [M].北京: 机械工业出版社,2011.

[7] 丁宇.利用木材特性营造出回归自然的室内环境 [J].艺术教育,2012(06):168.

木构的意匠·传统梁柱结构对博物馆展陈空间设计的启示

赵囡囡

中央美术学院

1　我国博物馆展陈空间设计之现状

近年来，我国的博物馆事业发展方兴未艾，博物馆及其展览数量持续增长。根据国家文物局发布的《2019年度全国博物馆名录》显示，到2019年年底，全国已备案的博物馆已达5535家，全年举办展览达2.86万个，接待观众数量为12.27亿人次。[①]统计数据还显示出博物馆展览的一个重要变化，即临时展览数量的激增。自2012年开始至今，在每年的全国博物馆展览构成中，临时展览的数量均超过了常设展览。此外，由于常设展览的展期通常达到数年甚至更长时间，因此其每年的数量统计多是重复叠加的，而与之相比，临时展览却几乎全部为新增设状态，临时展览的实际占比也因此远远大于每年的统计数据[②]（图1）。以中国国家博物馆为例，2019年全年举办展览57个，其中常设展览10个，临时展览多达47个。

临时展览对于博物馆发挥其社会功能的作用越来越大。不断推陈出新的临时展览不仅数量上增多，类型也愈加丰富，吸引着越来越多的观众以及媒体的关注，是推动博物馆热度持续上升的主因之一。与此同时，博物馆热度上升的背后却有着不少"成长期的烦恼"，其中展陈空间设计，尤其是临时展览设计便存在不少亟需反思和解决的问题。展陈空间设计决定了一

个展览的最终呈现形式，串联起了空间、观众和展品，其重要性不言而喻。而当下绝大多数临时展览仍处于形式上盲目求变的阶段，展览的"个性"常被夸张放大，形成的耀目效果导致了对展览"共性"的忽视；更重要的是，缺乏深层次的、系统的、结构性的思考和实践。

尽管临时展览在本质上与常设展览没有差异，却存在着明显的特殊性，其中最重要的一个特点是展览的临时性，即展出时间短。通常情况下，临时展览的展期多在15天至3个月。因此，依照展览的展出时间的长短，其营造理念、表现形式应有所不同。事实上，许多临时展览的展陈未能充分、全面地考虑"时间性"因素，导致许多临时展览设计、施工与常设展览无异，展览的效率大打折扣；另一个对展陈设计的"时间性"缺位表现在对"展览之后"的忽视：除了少量的金属展柜等成品设施以外，每年数以万计的临时展览的施工材料在撤展之后几乎都被废弃，难以回收和重复利用，徒增人力、物力等成本，造成了大量的资源浪费。显然，这种展陈设计现状与可持续发展的理念背道而驰。

博物馆的展陈空间营造有其自身的专业特点，既不同于室内设计注重的对人的关照，亦不同于舞台设计强调的对空间氛

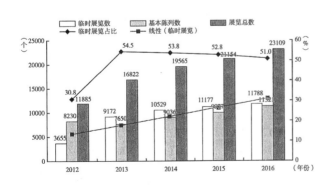

图1　2012～2016年中国博物馆展览数量的比较及发展趋势

图2　河姆渡新石器时代遗址中的木柱

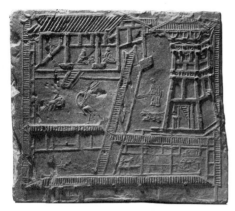

图3 东汉宅院画像砖，四川成都羊子山出土　　　　　　　图4 佛光寺大殿内部结构图

围的表现，而应是介于两者之间的一种空间设计。因为在展览之中，除了人和空间之外，还有一个至关重要的存在：展品。它们之间不断发生着紧密的互动关系，因此，应使用恰当的、准确的语言将三者达到一种平衡。

2 传统梁柱结构的营造特点

传统包含着对当下和未来的启示。尽管中国古代并没有展陈空间设计的概念，但却存在着中华文明独有的、丰富的建筑空间营造意匠可供借鉴。中国数千年来不断发展成熟的木构架建筑结构与现代建筑的框架结构十分相似，但由于传统建筑是一个高度有机的整体，许多在现代建筑中对传统拼贴挪移的尝试多无功而返。相比建筑中现代与传统难以结合的困境，传统木结构建筑中的梁柱系统却可在当代展陈空间设计中大有所为。这是由梁柱系统的营造特点所决定的。

以梁柱结构建造住屋在中国有着悠久的历史和深厚的文化传统，几乎伴随着定居生活的开始而开始，并且连续不断的发展变化，直至成熟。"中国建筑从开始的时候就把主力放在木骨架结构上。"③已知最早的中国木梁柱建筑遗存出土于浙江河姆渡文化遗址，距今约7000年，建筑采用简单的榫卯连接（图2），架构于成排的木柱之上。在同时期的我国其他文化遗址中，也多采用不同形式的梁柱结构建造住屋，此时的梁柱结构已被用来分隔空间和承托屋顶之用。秦汉时期，梁柱结构向独立的系统发展，"全木构架的结构体系已经形成，主要有穿斗式、抬梁式、井干式和干栏式四种结构形态。"④墙倒屋不塌成了可能，建筑形态、类型已十分丰富，梁柱结构被广泛用于建造殿堂楼阁、桥梁栈道等（图3）。至隋唐时期，随着斗栱等建筑元素的完善，使木构架建筑成为一个成熟的有机系统，通过建于唐大中十一年（公元857年）的五台山佛光寺大殿便可看

出唐代木构建筑的恢宏气度（图4）。宋代出现的《营造法式》将木构建筑的规范进一步明确，不仅推动了建筑的标准化发展，也极大提高了施工效率，同时随着垂足而坐的普及，梁柱结构在桌椅等高足家具上也得到巧妙的转换和运用。可以说，梁柱结构是中国传统木构营造中的灵魂。

古代中国采用木梁柱结构营造建筑不是出于偶然，而是基于中国的文化精神所生成的。儒家的秩序观、道家的自然观以及墨家的实用主义通过传统木构建筑均衡地呈现出来。同时，梁柱结构的营造特点保证了这种建筑体系数千年一直保持着旺盛的生命力。李允鉌先生认为："中国建筑之所以长期采用木框架混合结构主要原因就是一直都被确认为最合理的构造方式，是一种经过选择和考验而建立起来的技术标准。"⑤汉学家雷德侯先生则认为："梁柱建筑有三个主要优点：首先是经济，因为木材在中国非常充裕——或更准的说是曾经非常充裕，同时比石材易于运输和加工；此外，木材十分坚固，相比之下，中国人最常用的白柏木具有四倍于钢材的张力和六倍于混凝土的抗压力；第三，梁柱结构有利于向模件体系发展，这也带来了很多优点。"⑥事实上，木梁柱结构还具备更多优点，诸如：施工快速、抗震性好、经济实用、自然生态等，同时我们也必须认识到它所存在的缺点，例如与西方砖石建筑相比，木结构建筑的寿命较短等问题。

3 梁柱结构在展陈空间设计中的运用

那么梁柱结构与展陈设计之间到底存在何种关联呢？梁柱结构可否为展陈设计提供一种模式上的借鉴呢？答案是肯定的。因为梁柱结构完全可以移植到当代展陈空间之中，其特点和优势可以很大程度上解决展陈设计所面临的种种困扰，而其缺点和劣势恰恰是展陈空间所不需要的。传统梁柱结构营造的

图5　"周风遗韵"展览中由梁柱结构构建出的空间　　　　图6　"归来"展览通透展柜内部　　　　图7　"归来"展览通透展柜外部效果

特点和经验对于展陈空间营造而言无疑是宝贵的。

　　传统梁柱结构在展陈空间中的运用大致可以在两个层面展开，一是材料与结构层面，二是空间意匠层面。2019年在中国国家博物馆举办的"周风遗韵——陕西刘家洼考古成果展"就是传统木制梁柱结构在展陈空间中的一次积极尝试（图5）。该展览主要展示的是春秋时期周朝封国"芮国"的一些重大考古发现。展厅中采用了10厘米×10厘米的木方以梁柱结构进行搭建，对原有空间进行了最小的干预，通过对色彩、比例以及空间节奏的整体控制，取得了具有强烈文化张力的空间效果，木梁柱结构功不可没。在该展览中"梁柱结构的空间在本次展览中发挥出极大的优势，例如合理的结构节省了大量资源、快速的搭建节省了大量时间、超薄的展墙节省了大量空间等。墙体可以在梁柱组成的框架结构中随意地分隔，不承重的墙体使其形态与材质更加自由，柔性墙体的运用塑造出了虚实空间的转换。"⑦与此同时，展览闭展后用了很短的时间便完成了撤展，产生的建筑垃圾比同规模其他展览缩减约80%，值得注意的是，展览中的所有的木梁柱均可再重复使用。

　　同样在中国国家博物馆举办的另一个展览"归来——意大利返还中国流失文物展"中，则使用了传统梁柱的空间意向作为主要设计语言。展览采用梁柱结构在空间中构建出一个装置性展柜，创造性的将700余件流失文物置于这个巨大的、通透的"U"形展柜之中，整个展柜由两排立柱支撑，围合的玻璃并不承重，借鉴自"墙倒屋不塌"的传统建筑营造理念。柜内是多层台阶状的展台，这些流落海外多年的文物仿佛拾级而上，回到了它们阔别已久的家。叙事性的图片和文字置于原展厅墙面之上，而这个装置性展柜便是该展览中的全部搭建（图6、图7）。需要指出的是，支撑该展柜的梁柱结构并非木制，而是钢制，呈现出的是一种既有中国意蕴，又有现代特征的空间形态，显然这是对木梁柱结构在空间意匠层面的运用。

　　当我们面对更多不同类型、不同主题的展陈设计时，就不得不思考一个问题：梁柱结构在展陈平面布局上是否会产生同质化的倾向？实际上，这个问题在传统中已经存在一些解决之道。首先，中国传统木结构单体建筑平面看起来确实具有同质化的倾向，但仍然可以通过偷柱、减柱的办法获得一些空间上的变化，这种方式可以在展览中灵活运用，例如"周风遗韵"展览中便采用了这种理念，根据展览的需求自由的调整梁柱的空间尺度。其次，传统木结构建筑平面并非都是均质阵列的状态，还存在许多个性化的平面布局（图8），在现代技术的加持下，梁柱结构的空间形态显然会更加多样。最后，相比单体建筑而言，中国传统建筑营造更擅长于群体关系的组织，这一点在故宫的平面布局中便可见一斑。因此，梁柱结构在展陈空间中既可以处理为一个整体，亦可以处理为若干不同单元，进而可以形成无数种组合方式。

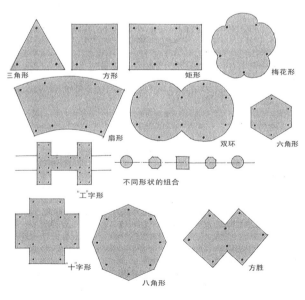

图8　中国传统木构建筑中的各种几何形平面布局

4 传统梁柱营造意匠的启示

对展陈空间设计来说，传统梁柱结构的营造意匠确实存在许多优点，但面对日益多元化的展览，它不可能是一条放之所有展览而皆准的法则。比起梁柱结构在展览中具体的创新与运用，它所带来的启示则更为重要。通过以上的分析，并结合我国博物馆发展现状，当下与未来的展陈空间设计应坚持以下设计方向：模数化设计、时间性设计、生态性设计和具有中国文脉的设计。

首先，模数化是传统木构建筑中的重要的营造法则，因此传统建筑的每个构件都可以按照通用的标准提前预制，既可保证施工质量，又可提高施工效率。在博物馆展陈空间中，模数化设计可以广泛运用在基础结构、展墙、展柜、展板、饰面、灯光轨道等方面，构件的通用性可以使它们重复利用、大幅减少运输、施工成本。因此，对频率越来越高、数量越来越多的博物馆展览而言，模数化设计具有重要的现实意义。

其次，中国传统建筑营造非常注重时间性因素，其内涵在物质、行为、文化层面均有体现。同样，时间因素在许多方面对展览也发挥着重要影响，一个展览从无到有，几乎每个环节都受到时间的支配，因此，展陈设计中，应该让"时间统领着空间，成为空间中一种能动因素。"[8]展览的时间性包括很多层面，不仅体现在观众观展时的节奏把控，还应将展览的持续时间纳入展陈空间设计的重要依据，同时对展览的制作、撤展等多方面进行整体综合考量，以达到一种适宜的状态。

再次，注重生态性设计是传统木构建筑带来的另一个重要启示，因地制宜、就地取材的中国传统木结构建筑与自然一直保持着友好的关系。令人惋惜的是，这种人与自然和谐共生的关系未能在现代社会得到延续，二者的矛盾越来越尖锐，生态逐渐失衡。在这种严峻的形势下，人类需要对自身的各种活动进行深刻反思，并寻求新的答案。具体到规模越来越大的展览行业，仅我国博物馆每年就会举办数万个临时展览，若不注重生态性设计，必然会对自然环境造成更大的破坏。实际上，注重展陈设计的模数化、时间性就是一种生态性设计的具体表现。

最后，可持续发展的展陈设计不仅于生态方面，还应体现在文化的可持续方面。展陈设计是一个相对新兴的专业，尤其在我国，展陈设计在理论上缺乏系统性建构，导致在实践上缺乏有效的理论指导。"事实曾经告诉我们：为传统而去继承传统是一个失败的经验，离开传统而去盲目的创新也是一个失败的经验。"[9]像木梁柱结构这样物化的中华文明还有很多，只有对这些传统积极地继承和创新才能使其真正地活化，以营造出具有中国文脉的展陈空间设计。

注释

①数据来自国家文物局官方网站，《2019年度全国博物馆名录》。

②数据来自王春法主编.《中国博物馆发展研究报告》。

③李允鉌.华夏意匠——中国古典建筑设计原理分析 [M].天津:天津大学出版社,2005.

④翟睿.中国秦汉时期室内空间营造研究 [D].北京:中国艺术研究院,2009.

⑤李允鉌.华夏意匠——中国古典建筑设计原理分析 [M].天津:天津大学出版社,2005.

⑥(德)雷德侯.万物——中国艺术中的模件化和规模化生产 [M].张总,等,译.北京:生活·读书·新知三联书店,2012.

⑦王春法.周风遗韵——陕西刘家洼考古成果展 [M].北京:中国国家博物馆,2020.

⑧孟彤.中国传统建筑中的时间观念研究 [D].北京:中央美术学院,2006.

⑨李允鉌.华夏意匠——中国古典建筑设计原理分析 [M].天津:天津大学出版社,2005.

新疆传统民居建筑木构件的文化基因谱系及数字化保护研究

姜丹

新疆师范大学美术学院

摘　要：本文基于"文化基因"的概念，梳理新疆传统民居建筑木构件中隐含的某些频繁出现的、稳定的、起着重要表征作用的木作构成要素，通过划分区系特点等方法建立文化基因的谱系关系，再结合计算机图像处理与数据库技术，开展新疆传统民居建筑木作建构体系的数字化保护研究，从而为新时代下我国西部少数民族地区优秀建筑遗产资源的挖掘、记录、保护、展示与传播的研究带来诸多启示。

关键词：新疆传统民居建筑　木构件　基因谱系　数字化保护

1　新疆传统民居建筑的土木营建特点

新疆传统民居建筑，是我国西部少数民族地区极具代表之一的乡土居住型建筑，追溯其发展距今已有1500余年的历史。独特的绿洲生态资源以及干旱、半干旱气候环境，使得新疆传统民居建筑具有"架木为屋，覆土其上"的特点[1]，善用地壳表层的天然物质如岩土、原木、草梗作为建筑材料，并普遍采用以土木结构替代大木作的建构方式，注重小木作的灵活诠释，从而使新疆传统民居建筑形成了有别于中原文化的土木营建体系以及人居意识形态。虽在原始落后的生产力条件下诞生，但却记载了少数民族先民顺应自然规律、地理规律，并世代沿袭的建筑学经验，其中也包含了为现代建造可借鉴的生态施工技术、乡土建造技术、建筑美学工艺等。作为传播丝路文化的重要窗口之一，新疆传统民居建筑在多民族共存的历史长河中，以其独特的生态建造智慧，成为我国西域民族社会极其珍贵的人居文化遗产。

2　基因及文化基因谱系概念引介

"基因"一词的概念来自于生物学，对于自然界绝大多数生物而言，基因具有遗传效应，存储着生命从孕育到凋亡的全部信息，支撑着生命的基本构造，就生物学特征而言，基因具有自我复制和变异的特点。

"文化基因"则是有别于生物基因而言的文化概念，由于侧重于主观意向存在，因此当前学术界对文化基因的研究仍普遍处于百家争鸣的阶段，然而虽不具有较为精准的定义，但却均拥有相似的核心价值观。木构件是新疆传统民居建筑建造体系中极为重要的建造基础构件，隐含着某些频繁出现的、稳定的、起着重要表征作用的建筑构成要素，其中所携带的文化基因信息彰显了我国西部少数民族地区建筑发展的特色和价值。这一类文化基因信息将有助于人类在认知场地现象的过程中，进一步剖析新疆传统民居建筑的生成和发展特点，有助于把握复杂的民族社会结构，进而合理地构建人地关系。

新疆传统民居建筑木构件的"文化基因谱系"，则是建立在文化基因信息表述的基础上，梳理木构件中可复制的、创造性的传统文化和可能复活的思想因素，从而开展建筑木构件延续性和关联性的研究方法。通过划分区系特点、判断典型因子等方法，明确新疆传统民居建筑木构件的文化基因形态特征，从而为新疆传统民居建筑木构件的研究带来诸多启示。

3　新疆传统民居建筑木构件的文化基因谱系挖掘与梳理

3.1　新疆传统民居建筑木构件的区系划分特点

梁思成先生曾在《中国建筑史》中提到："建筑之始，产生于实际需要，受制于自然物理非刻意创制形式，更无所谓派别，其结构之系统及形制之派别，乃其材料环境所形成。"[2] 新疆的传统民居建筑多分布于天山山脉南麓的南疆地区，从村落、集镇到古堡、城市，建筑木构件中所携带的文化基因始终因天山南北不同的生产方式和生活方式而形态各异。

以阿依旺民居为例，作为新疆传统民居建筑中土木结构的典型代表，多见于和田、喀什等南疆地区。在温带大陆性干旱气候的影响下，阿依旺民居在建造过程中善于随地形搭建，房屋犬牙交错，建筑密度极高。为应对南疆地区夏季灼热的热辐射以及冬春季的暴雪与风沙，建筑结构多以木构体系为主，外层多为夯筑土墙，并在土墙上设置由木柱网支撑的侧开高天窗，"外观之，方窗二三，围壁休涂泥"。建筑整体形态外封内敞，仅在内部设置天井，天井三面围廊，廊道的柱子、托、梁、椽等均为木作构件，并常见方形、圆形、长方形的木雕彩绘藻井，展现出了我国西部地区少数民族热爱生活、向往美好的思想情怀。

此外，也可以从古建筑遗址中考证新疆传统民居建筑木构件的区系环境特征，位于新疆西南部于田县大河沿乡的圆沙古城遗址，又名尤木拉克库木古城，地处塔克拉玛干沙漠腹地。根据历史资料显示，克里雅河曾在圆沙古城所处的三角洲分枝，犹如护城河一般，使得古城周边常年绿荫环绕，木材资源丰富。据考证古城内的建筑遗址多为民居型建筑，主体多为木构架与密肋相结合，常见木骨泥墙，内层夹胡杨木或红柳枝为骨架，墙体厚、屋檐低、门矮。

大量生动的事实表明，混用土木结构是新疆传统民居建筑的重要营造方式，人们因地制宜，建造了土木坯房、土木顶房等土木结构建筑，其构筑方式兼具显性和隐形基因的特点，在长期的试验过程中逐渐稳定、复制并再创造，经千年锤炼，沿用至今，并伴随文化交流范围的扩大，木材与土、砖、石之间相互补益。

3.2 新疆传统民居建筑木构件文化基因的谱系建构

新疆传统民居建筑是在原始的少数民族社会生产力条件下诞生并发展而来的民间居住型建筑，虽不乏风土民生数千年建筑学的经验积淀，但却没有设计师的参与，也没有轴线、丈量、对称的严格定式，其建造技艺多以师带徒的形式口口相传。由此可见，新疆传统民居建筑木构件的文化基因具有类型丰富、形式自由、变异性强的特点。

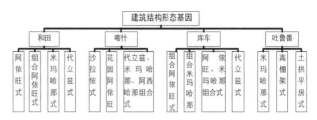

图1 建筑形态的文化基因

（1）建造形态的文化基因

根据新疆传统民居建筑的区系划分特征，笔者前期已开展了具有针对性的田野考察工作，获取了珍贵的建筑测绘资料与历史图本资料，最终筛选了和田古街、喀什历史核心区、库车历史街区、吐鲁番麻扎村这4个具有典型特征的研究样地，并归纳了其建筑形态分类（图1）。

图1中所归纳的均为木结构以及土木混合结构类型。从图中可获知，新疆南北疆的传统民居建筑，基本具有自成一体且文化交织的特点，例如在和田、喀什、库车地区，都可见阿依旺式民居、代立兹式民居、米玛哈那式民居，由此可见隐含的文化基因已构成了相对稳定的逻辑关系。但由于在建造过程中受到不同区系、族别、血亲等圈层的影响又自成一体，与基因自我复制、变异的特点不谋而合。例如喀什地区属暖温带大陆性气候，相对和田地区土壤普遍肥沃，木材资源相对丰富，因此喀什地区土木混合型民居建筑相对和田、库车地区较多，凭借木材就料施工、取材方便、适应性强等优势，喀什地区衍生出了组合花园式阿依旺，布局更为自由灵活、不强调对称、不强调日照方向和入口方位，但十分注重内部院落布置、主体建筑体量与细部装饰。

（2）基础木构件的文化基因

基础木构件是新疆传统民居建筑中极为重要的建造要素，通常以梁、柱、托、檐、椽为代表（图2）。基础木构件的功

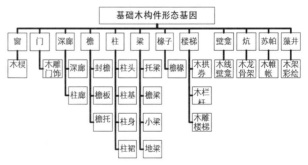

图2 基础木构件的形态基因图

能复杂、形式多样，不仅对材质要求较高，更深谙建造及装饰技巧，例如笔者在库车老城区调研时发现，当地的土木混合型建筑中多见横斜逸出的木制主梁、次梁、楼盖、门和拦板，这一点在其他3个调研样地并不多见，其中门窗、柱式、拱券、栏杆、墙体、墙面、檐口、水落、顶棚都极为重视细部的艺术处理[3]。以入户大门为例，库车民居的入户大门多为双开且门幅相对宽大，由于门幅宽大，因此多使用沙枣木、核桃木等质地坚硬的实木材，采用砍、凿、锯、刨、镶、嵌、贴等工艺精心打造，并在有限的木结构构件范围内，展现出了大量顺应自然、趋吉避凶、彰显独特审美的装饰技艺。例如在门板、门框、门檐处会设置4~6组对称分布的木饰条，饰条造型简约且相互对称，纹样多为象征优美、淳朴，且洋溢着诗情画意和生活情趣的植物纹样或几何纹样。

由此可见，新疆传统民居建筑中的基础木构件，其文化基因通常以特殊的实体符号形式与环境进行信息传递，其中包含了大量的文化因子以及人类对生存及自然关系的理解，展现了高度凝聚的少数民族文明。

4 新疆传统民居建筑木构件文化基因的数字化保护

数字化是信息社会的技术基础，是指利用计算机等设备，将复杂多变的信息转化为计算机度量的数字、数据，从而建立起适当的数字化模型，并进行计算、处理、存储、还原和传播的方法。当前计算机数据库技术、图像处理技术、网络技术、参数化建模技术、虚拟现实技术已经成了国内外建筑文化遗产保护的重要手段。因此，针对新疆传统民居建筑在施工、建材等方面本身存在的脆弱性特点，利用先进的计算机技术开展建筑文化、建造经验、建造技艺的挖掘、记录、保存与传承的研究，是十分紧迫的时代性课题[4]。

4.1 基于超分辨率重建技术的数字化基因识别与提取

本文将采取图像处理中的超分辨率重建技术，针对模糊成像的卫星影像图、历史图像等资料进行数字化识别。超分辨率重建是当今一个比较活跃的研究领域，主要通过计算低分辨率图像融合的方法恢复原始高分辨率图像，能够解决图像系统内部的重建限制等问题，从而改进图像处理的应用效果。

首先，本文采用了"喀什历史核心区——阿霍街区——艾力哈木都拉宅"的卫星影像图作为实验对象（图3），可以看到原始图像在放大倍数时能获得的输入图像较少，部分重要高频信息缺失，图像精准度低，而在应用超分辨率重建技术识别后，放大的图像边缘得以最大限度的保留，并突破了模拟真实图像的视觉复杂性限制，相对准确地还原了精细的纹理，并平滑了图像的阴影，最终获取了高分辨率的卫星图像信息。在获取识别信息之后，使用Auto CAD软件进行图像矢量化处理，直至细化到建筑空间结构（图4）；此后，采用相同方法识别并矢量化该住宅的基础木构件数字基因信息，如：门、窗、柱、梁、檐等。最后，将全部数据导入三维建模软件，对照田野考察数据完成该民居建筑的木构件基础建模及渲染工作（图5~图7）。

图3 "喀什历史核心区——阿霍街区"的卫星影像图　图4 阿霍街区Auto CAD软件矢量化处理　图5 建筑木构件的Auto CAD软件矢量化处理

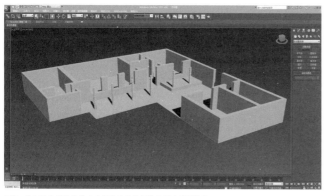
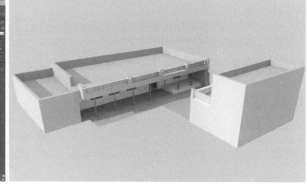

图6　艾力哈木都拉宅的土木混合建筑空间结构3D建模及渲染

图7　艾力哈木都拉宅的3D木构件

4.2　新疆传统民居建筑木构件文化基因库的设计与搭建

　　本文将尝试利用计算机的数据库技术，设计并搭建新疆传统民居建筑木构件文化基因库。首先，依据文化基因特点，拟使用SQL Server数据库管理系统搭建基础结构，并配置管理功能模块；接下来设置基因数据库系统的硬件服务器，并在系统内进行注册登记，对相应的参数进行记录；其次，登记各种资源库的基本信息，如：影像、图像、音频、文献、矢量文件、木构件3D模型文件等文化基因信息资源，并对众多资源进行类型设定与记录，例如登记资源的标识、名称等；再次，配置资源管理功能模块，实现自定义分类功能；最后，针对基因多维度、多属性的特点，实现检索、高级检索、单库全文检索功能，从而提升使用感，便于新疆少数民族区域文化资源的查询、应用、展示与传播。

5　结语

　　随着国家西部大开发战略的不断深入，少数民族优势文化资源的挖掘与信息化建设已被列入了国家议事日程，建设"丝绸之路经济带"构想的提出，更加赋予了"一带一路"沿线各民族文化新的时代内涵，特别是在计算机技术高度发达的今天，文化与科技的融合已经成了世界范围内濒危性文化遗产保护的新趋势。本文所引介的文化基因的概念以及开展数字化保护的研究，只是在新时代下创新新疆传统民居建筑木作构造体系研究的一次尝试，希望以此为契机，助力构建和谐的人地人居关系，探索新疆少数民族传统民居建筑资源资料的保存、保护、展示与传播途径。

参考文献

[1] 李群.新疆生土民居 [M].北京:中国建筑工业出版社，2014:77.

[2] 林崇华,刘璐瑶.传统建筑木构艺术形态构成与审美意境表达 [J].河北工业大学学报(社会科学版),2016,11(2):79–83.

[3] 李晖.新疆少数民族非物质文化遗产保护与传承:问题与对策 [J].西安建筑科技大学学报(社会科学版),2017,36(6):22–29.

[4] 刘洋,米高峰."一带一路"背景下新疆传统美术非物质文化遗产传承与发展策略 [J].湖南包装,2020(3):32–35.

黔东南苗侗族民居建筑特征比较研究

靳文祎 李瑞君

北京服装学院艺术设计学院

摘 要： 苗侗民居同属干栏式建筑，外观整体比较相仿，但由于地理环境、人文历史等因素的驱动，在起源演变、选址入户、空间模式、建筑构造以及发展趋势等方面存在诸多异同。首先，通过对两者比较研究，属于同一地域外观相似的干栏式建筑具有因地制宜和与文化习俗相适的实用性与审美性。其次，进一步论述苗侗民居文化之间的相互渗透与融合，从而形成多元化的建筑体系。最后，本文得出这样的结论，与环境相适应且又不失民族特色的建筑形式是未来区域性民居建筑的发展方向。

关键词： 贵州 苗族 侗族 民居 建筑特征 异同 变迁与互动

黔东南苗族侗族自治州地处云贵高原向湘桂丘陵盆地过渡的地带，气候温润潮湿，林木资源丰富，多民族共同聚居使得这里的民族村寨与建筑具有独特的地域性文化特质，尤其以苗族吊脚楼和侗族木楼最具代表性。

1 苗侗民居的起源和演变

1.1 民居建筑起源

黔东南苗侗族民居是我国古代民居建筑史上穴居和巢居两大文化类型的不同代表，虽然两种民居形式均为穿斗式木结构，建筑形态极为相似，但却有着截然不同的文化起源和发展路径。苗族"吊脚楼"起源于我国古代穴居文化系统，严格地说应为半干栏式建筑，因为干栏式要满足全部悬空的条件。吊脚楼倚山而建，是干栏式木构建筑适应特定地理环境的产物。侗族木楼则起源于我国古代巢居文化系统，木楼凭空而起，是真正意义上的干栏式建筑。其特点"占天不占地"，上大而下小，这在黔东南侗地区尤为突出，木楼层层出挑，下雨时檐上落水抛得很远，起到保护墙脚的作用，每层楼上都有挑廊，其形制及功用均缘起于原始时期的树居经历。

1.2 苗侗民居的演变及关联性

早期侗族原始干栏民居无固定平面形式，布局简单，功能

混合，男女共处，同饮同寝。和一般民居发展过程一样，侗族干栏民居也经历了一个从简单到复杂的过程，通过对现存民居平面的分析，可以判定民居的基本空间单元由一个火塘间和与之相连通的卧室组成，在此基础上可以推测出这一演变过程主要包括两种形式：一种是增加空间单元数量，再由一条公共长廊将各个单元串联，最终形成长屋干栏。另一种则是增加每个空间单元的房间数量，如在单元内增加堂屋、厨房、储藏间等。而苗族根据历史文献记载并不能确定其先民曾使用过干栏，但苗族大量使用干栏确有实例存在，从这些实例可以看出苗居同样经历了由简入繁的过程，通过不断分解细化主屋功能，增加房间数量来实现。这与侗居的发展演变有着相似的路径。但值得注意的是，苗族半边楼在利用地形空间上有自己的独到之处，被认为是全干栏建筑形式在山地的一种创造性发展，是全干栏进一步走向成熟的标志。

通过对苗侗民族地区的历史沿革进行追溯，不难看出两者的演变存在一定的关联性。历史上，黔东南苗侗民族混杂，在苗疆未被纳入汉人统治前，少数民族间同化现象普遍。一方面，侗族在苗疆中地位较高，侗族土司为实际掌权者，从苗侗村寨选址亦可看出，侗族可以"择平坦近水而居"，苗族却只能"择险而居"，实际上是苗族在文化上占弱势的表现。另一方面，侗族掌握成熟建造技术，高耸的鼓楼和横跨水面的风雨桥皆是见证，而苗居常被形容得简陋不堪。因而强势的侗族在建筑文化上潜移默化地影响苗族，或者苗人主动模仿侗族建筑具有很大的可能性；改土归流后，苗侗地区中央集权逐渐强

图1 明黔东南苗侗族村寨分布

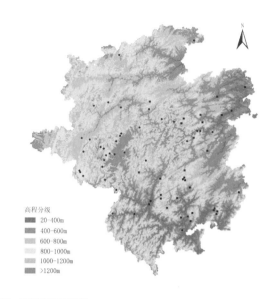

图2 明苗侗村寨高程分级

化，使得苗侗族与汉族间的交往越加密切，汉式建筑文化渗入，一定程度上导致苗侗民居存在同质化发展趋势。

现如今生产力水平提高，侗族多家庭聚族而居为抵御恶劣生存环境的长屋建筑形式逐渐消失，越来越多的苗侗民居通过增加空间单元的房间数来分担单个空间的多种功能，从而满足人们对高品质生活的追求，这也使得苗侗干栏的空间模式越趋复杂。

2 苗侗民居的建筑特征和分布

2.1 民居建筑特征

黔东南苗侗民居常见两层和三层两种形制，木构架体系，底层用木柱架起，离地悬空，用以关养牲畜和堆放杂物等，二层设置火塘、卧室、厨房等供人居住的生活功能空间，同时也是祭祀和族群交往的场所。顶层阁楼则以贮藏、晾晒为主。火塘都设在架空层上层，是整个民居空间的核心。从底层架空的形式看，包括全部架空和部分架空，因此分为全干栏和半干栏两种建筑形式。

2.2 民居建筑分布

苗族村寨在垂直高度上广布于273～1256m的高程范围内，区域分布上主要包括黔东南中西部地区的凯里市、丹寨县和雷山县等地，且多集中于地势高而陡峭的雷公山山地。侗族

村寨垂直高度上广布于244～915m的高程范围内，区域分布集中于东南部中低地区的黎平县、榕江县和从江县等地，山势较平缓，水土条件较好（图1、图2）。

3 苗侗民居建筑之异同

3.1 民居选址

根据苗侗民居建筑分布的地理特征可见，苗居选址的最大特点是"依山建寨，择险而居"，房屋多建在半山腰上，沿山体等高线排列，为了最大限度地争取使用空间，苗民创造了极具特色的半干栏式建筑形态，在竖向空间层次上也造就了苗寨聚落整体上呈现出沿等高线方向，参差错落的寨落形态（图3）。此外，半边楼的形式也蕴含了苗民原始的民族信仰，认为建房必须"粘触土气，接地脉神龙"，只有同土地相接的住宅

图3 明西江千户苗寨

图4　苗居平台式入户方式

才会子孙兴旺；而侗居则大多坐落在河谷盆地、低山坝子和山麓缓坡地带。由于侗民重视中国古代风水观念，以期通过山水要素的配置形成聚落的"风水宝地"，村寨选址环山聚气，河水穿寨而过，人们"依山傍水，聚族而居"，这样的自然条件相比苗族要优越得多。在空间高度层次上，鼓楼高耸于侗寨中心，不管是高度还是造型都对村寨的空间形态起着统率作用，民居建筑群共同簇拥围绕着鼓楼中心，高度一般低于鼓楼，呈现出具有秩序化的内聚向心形态。

3.2　入户方式

苗侗民居依山而建，对地形的处理手法多样，建筑形式丰富，因而致使民居入口空间灵活多变。苗侗民居的入口空间除了连通道路和建筑内部的功能外，还起到抵消道路与建筑高差的过渡功能，是适应山地地形对入口不同高差要求的创造性建筑空间。

在山脚处，入口空间紧邻主体建筑以及入口空间嵌入主体建筑底层的方式是苗侗民族常见且共同采用的布局手法，这两

种方式由道路坡度和建筑内部平面格局所决定。而在山腰及山顶处，由于苗居选址更为陡峭，且苗寨中鲜有类似侗寨鼓楼和戏台这样的公共活动场所，因而部分苗居利用地势缓坡作为过渡平台间接地连通建筑与道路，加强了建筑领域感的同时又为苗民提供了满足日常生产生活的集体性场所，这也是平台式入户方式在苗居中更为常见的主要因素（图4）。而侗居则恰好相反，为了充分利用平地基地，会尽可能减少建筑的占地面积，从而采用架空式入户方式，利用屋顶和楼层的悬挑形成架空通道，以衔接入口和道路，具有一定私密性，同时也达到了丰富空间层次的效果。

3.3　空间模式

苗侗族空间模式的差异主要集中在二楼居住层的功能布局中，苗族以堂屋为内聚中心，面积较大，卧室、火塘、厨房等空间向左右两侧延伸，平面形制呈左一中一右的横向排列。苗居将卧室设于前部架空位置，形成"前室后堂"的功能格局（图5）；侗族则以火塘为中心，由火塘与其纵向分布的若干卧室组成基本空间单元，满足用餐、卧寝等需求，一个单元便是一个小家庭，这些单元通过横向排列构成侗族干栏的生活区域。侗居将卧室置于后部，加之前部的厅堂、走廊形成"前堂后室"的功能格局，空间形制上则为前一中一后的纵向排列（图6）。

作为连接室内外的半户外过渡空间，苗侗民居采用了不同的处理手法。苗居堂屋内退约一到两步，与部分挑廊共同构成退堂，外部加装美人靠，又巧妙地扩展了退堂空间。它既是堂屋前的缓冲地带，又是从室内导至曲廊入口的过渡区域，室内外空间在这里相互渗透融合；而宽廊则是侗居的重要特色空间，因其面积宽大而得名，除了起到串联楼梯和与廊道平行布置的堂屋、火塘间、卧室等的功能外，还是家庭聚会、族群社交、娱乐休闲的公共活动场所。就空间性质而言，宽廊是空间

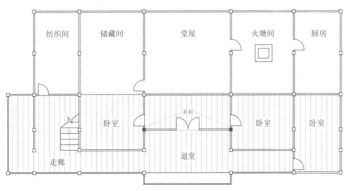

图5　苗族居住层平面图

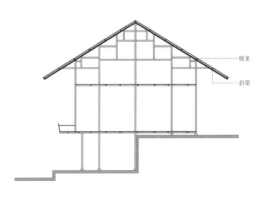

图6　侗族居住层平面图

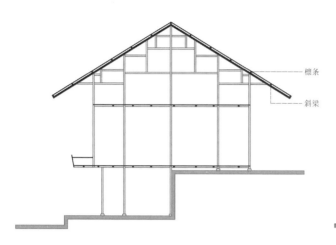

图7 苗居五柱六瓜结构形式

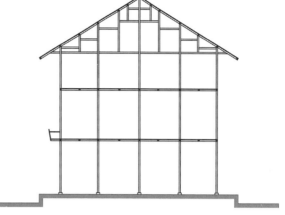

图8 侗居五柱六瓜结构形式

由内到外的过渡、由封闭到开敞的转变，空间界限似围合又通透，是传统侗居中人情味浓郁的过渡空间。

底层空间中，苗侗民居用于畜圈、贮存、杂务等，功能基本相同，但苗居半干栏形式使其使用面积减少，为了提高效率，苗民设置隔断对空间进行有效划分；侗居则保持了早期干栏的特点，底层贯通，较为空旷，四周用杉木板围护。

顶层空间中，苗族吊脚楼的阁楼在横向各构架之间不设隔板，两面山墙处多不封闭，四周墙壁也为半开敞或全开敞，因此阁楼层连通一体，空气流通良好，利于作为谷仓空间进行生产晾晒活动，并兼作防寒隔热和居住的功用。侗居阁楼层高较苗居低，很少用来进行生产晾晒活动，基本用来居住和储物。

楼梯空间的处理上，侗居采取不占用主要使用空间、形式简洁的方法，如楼梯多布置在紧挨主体建筑侧端的偏厦开间内，入口位置多设在山墙面，居住层与阁楼联系的梯子采用移动方便的独木梯。而苗居楼梯空间处理方式多样，并不存在一定的规律。

3.4 建筑构造与装饰

建筑结构上，黔东南地区的苗侗族民居大多为穿斗式木构架体系，以五柱六瓜居多。柱子下方均以石为柱础。苗居中，因夹柱的存在，以中柱所在的两边跨度较大。大部分苗居结构中有斜梁，即在柱子与瓜柱的顶上顺延屋架的方向根据屋顶坡度放置一根延伸至檐口的圆木，梁上放置檩条，这使得檩条不需要一一对应柱头放置，屋架有更大的自由度，室内空间更加

灵活，其形制也更为丰富。在侗居结构上，屋面一般不做举折，以中柱为主，两侧跨度的距离接近。因不设斜梁，檩条需要与柱头对应放置，这种结构形式相对于苗居缺乏灵活性，也是形成侗居平面形制相对于苗居较少的一个主要因素。

建筑形制上，苗族半边楼的底部构架是一种半楼半地形式。建筑的前半部分架空，用房柱作为支撑，后半部直接分落在坡地上，与地面相接，前虚后实（图7）。而侗族木楼不管是在平地还是坡地，底层一律用木柱架起，离地悬空，只不过在山坡上建楼时，地面取长柱，坡面立短柱，是典型的干栏式建筑（图8）。

建筑外观上，苗族吊脚楼采用了架空、悬挑、层叠等多种工艺手法，二层出挑形成吊脚，屋顶是颇具曲线美的弧形悬山式，屋角轻盈起翘，造型生动。侗族的干栏木楼质朴，最具特色的地方是重檐以及"倒金字塔"形状，房屋每层都在前一层基础上悬挑60厘米左右，逐步加大直线的宽度与比重，形成层层出挑、上大下小的轮廓，充分利用了上部空间。同时挑出去的宽大屋檐可以遮蔽风雨、悬挂衣物，还能当作谷物的临时晒场。

建筑装饰上，苗侗民居强调简洁的装饰效果和重点处理的装饰手法。装饰重点集中在入口、门窗、吊柱吊瓜、屋檐口及屋脊等处，题材上以几何图案、花虫鸟兽、吉祥纹样以及神仙人物为主，整体上以灰黑青瓦搭配灰褐木墙，白色点缀其间，呈现出浓郁质朴的乡土民居色调。但在部分结构装饰上也各有侧重，如苗民信仰枫树图腾和牛图腾，会把以枫树和牛头为主要形式元素的动植物图腾作为装饰图案运用到建筑装饰中。侗

居装饰艺术的象征美则表现在鱼崇拜、日月崇拜、葫芦崇拜、蜘蛛崇拜等。此外，苗居大门及房门的形制和装饰别具特色，大门上宽下窄，房门上窄下宽，苗民认为这便于财宝进屋，佑护产妇。侗居入口大门上方的门楣常有类似菱形的雕饰，有的还挂有驱邪避恶的吉祥之物，寓意迎进彩喜、挡住灾祸。

4 苗侗民居建筑的变迁与互动

随着社会经济条件的发展和生活习惯的转变，人们对居住环境的卫生、安全、质量和居住舒适性要求越来越高。传统的苗侗族民居为适应当代需求，发生了诸多变化，因衍生于不同的社会文化体系和风俗习惯，使得苗侗民居的发展趋势存在共性的同时又具有差异性。

4.1 发展共性

新的生活方式介入，导致苗侗民居的空间模式变得越来越复杂，功能空间的数量不断增加，原来单个空间解决用餐、卧寝、待客、储存等多种功能，现在则由多个房间来承担。如厨卫空间从主房抽离，单独修建，功能分区更加细化，并多采用砖砌结构，提升居住环境质量的同时降低火灾发生率；火塘间引入汉式建筑"厅"的功能，增加诸如电视、音响等现代娱乐设施，传统烧木取暖的方式被电能取暖所替代，家庭活动的中心由火塘间向现代客厅转移；底层畜圈外迁，单独设置在主房外部。底层成为存放农用工具和杂物的场所，有的还作室内生产之用；顶层改为客房，可用作接待游客的家庭旅馆，以适应旅游业的发展。

建筑结构上新材料的运用使民居形制不断发生变化。穿斗式木构架的结构体系被砖木体系和钢筋混凝土的砖混结构替代。砖木体系采用底层砖木或砖墙、上层全木的结构形式，使得建筑更为牢固。新的砖混建筑以平屋顶为主，整体外观与城镇建筑类似。

材料上，传统苗侗民居的地面处理方式为木板铺制和黄土夯实，屋顶梁架裸露在外，现在大部分民居将居住层地面做水泥硬化处理，少部分首层也采用相同处理方式。屋顶使用木板为吊顶，遮盖暴露的屋架；部分苗侗民居改传统木窗格为现代的推拉窗，与木板墙形成鲜明对比。但是由于使用新材料的构造手法并不熟练，致使砖在围护结构中的使用以及门与窗户的替换只涉于局部的处理上，并没有形成一套完整的改造体系。

4.2 发展特性

家族人口变化导致苗侗民居功能布局的演变，但这种平面变迁的形态却截然不同。苗居多数是在原有平面基础上进行新建，而侗居只在原有的基础上进行功能的重新调整，在不得不新建的情况下，侗居选择在横向空间上延伸，增加更多的附属房。

苗侗民居的特色空间也存在着不同的发展趋势。苗居开放式的美人靠，不防风雨，冬天无法保温。随着人们生活水平的提高和传统交流功能退化，苗民采用玻璃窗将美人靠上部进行封闭，既能起到保暖、防风雨的作用，也利于楼板的防腐；新建的侗居中宽廊有变为窄廊道的趋势，这主要是由于现代社会丰富的娱乐方式取代了传统的家庭聚会、歌唱活动等，宽廊作为容纳这些休闲活动的功能逐渐丧失。另一方面，人们采用木花格门窗对宽廊加以封闭，避免冬季寒风进入。与之相对应的是二楼的卧室面积逐渐增大，功能增加，不但有梳妆台、沙发，有的还将卫生间纳入其中。

此外，黔东南作为众多少数民族世居的区域，伴随着民族文化交往的日益加深，苗侗民居在继承本民族传统建筑文化的同时，也注重借鉴吸收其他民族的建筑文化优点。在建筑形式上，由于地形气候的影响，部分侗族民居也采用底部架空的苗族传统"半边楼"形式；苗居同样采用侗居的建造手法，在山墙的一侧或两侧增加披檐，下设楼梯作为由底层进入二层的通道，运用逐层出挑的方式，扩大使用空间面积，形成类似侗居"占天不占地"的格局；在平面布局上，侗居也发生了进深变浅的变化趋势，使传统前一中一后的纵向序列逐渐向苗居左一中一右的横向序列转变，以改变靠山面房间的通风、采光状况。

由此可见，苗族、侗族与汉族民居建筑文化之间相互影响，相互渗透，相互融合，彼此取长补短，积极创造与自身居住环境协调的新的建筑文化体系。

5 结语

干栏式建筑是我国人民在长期生活实践中摸索出来利于生存的居住模式。尽管苗侗民居外观造型、空间模式和功能布局有所差别，但在地理、气候和使用防御等方面，都符合当地居民日常生产生活的需要，因地制宜，极具地方特点和民族色彩，在中国传统民居建筑史上，具有颇高的建造工艺和艺术价值，更独具生态环保性，值得保护和传承。另一方面，苗侗民居作为地域性民居建筑，在传承自身民族气质的基础上，积极地与周边其他民族多元建筑文化相互交织、相互借鉴，以创造出与不断变化的环境相适应的且又不失民族特色的建筑形式，这也必将是未来区域性民居建筑的重要发展方向之一。

参考文献

[1] 陈鹏. 苗侗传统木制民居外观造型个性化定制研究及应用 [D].贵阳:贵州大学,2016.

[2] 卢现艺，朱海波.贵州民居吊脚楼 [J].当代贵州,2004.

[3] 蒋珊丹.雷山县苗寨建筑的保护与传承研究——以郎德上寨吊脚楼为例 [D].北京:中央民族大学,2013.

[4] 吴正光.深入发掘民族村寨的文化内涵——关于贵州民族村寨的保护与利用 [J].中国文物科学研究,2007.

[5] 中国新疆文物考古研究所,日本佛教大学尼雅遗址学术研究机构,中日共同考察研究报告 [M].北京:文物出版社,2009.

[6] 蔡凌.侗族聚居区的传统村落与建筑 [M].北京:中国建筑工业出版社,2007.

注：本文为北京市教育委员会"长城学者培养计划"资助项目《中国传统地域性建筑室内环境艺术设计研究》的阶段成果，项目编号：CIT&TCD20190321。

悦彩城营销中心室内外装饰设计

陈任远　张大为　郭小冬　刘志明　侯江涛

深圳瑞和建筑装饰股份有限公司

优秀作品 · 专业组

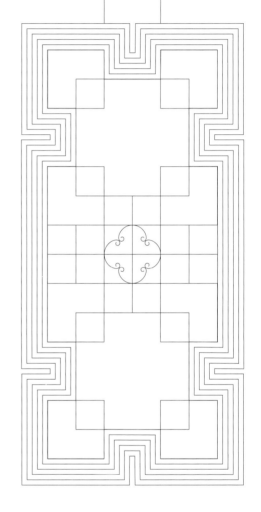

本项目是老金威啤酒厂旧改项目，深圳作为新兴城市，高速发展却难觅历史沉淀，因此设计中保留了啤酒厂的生产发酵罐等工业遗存，并对营销中心的外形进行设计改造使二者遥相呼应。营销艺术中心以"有形的艺术馆，无形的营销中心"立意，设计中融入了"鲁班锁"的榫卯结构，解构重组以方形的艺术穿插形式组合呈现，通过空间的巧妙转换，将大体块分割，在设计师的精雕细琢之下，将世界的眼光重新拉回到这个极具人文情怀的地标之上。

高楼今语
——高楼金站空间一体化设计

郭立明　张俊青　王哲　牧婧

北京央创空间艺术设计有限公司/北京科瑞迪国际文化传播有限公司

木，一种建筑材料，木构作为一种构筑技法在历史长河中展示出其强大的生命力，在匠人高超技法中演绎出柱梁枋檩斗栱等重形态，展示出宏伟壮丽、轻盈通透、灵巧婉转不同的木构气质。北京地铁 7 号线高楼金站站点位置靠近通州副中心，设计方案整体装修风格以"政务新风"为概念，"万物生长，皆以木为本，政务清廉，皆以人为本"，是其"木"精神演绎的一种尝试，以形之意，传神之韵，是一种"形"的技法演绎，更是一种"神"的精神传承。

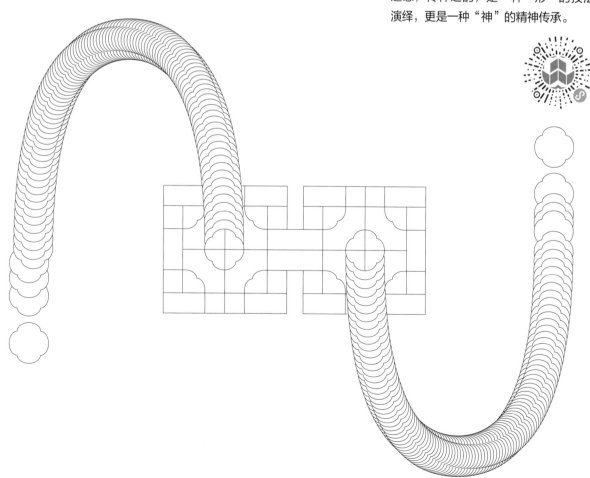

归巢

韩风　李楠　李学慧　陈志康

赫纳（北京）设计事务所有限公司

现代都市中的人们向往一处能让身心栖息的归宿，能让我们从都市的喧嚣中归隐，与自然相融合。"巢"的概念应运而生，以木为主题，通过自然元素来营造一种由丛林、阳光与巢构成的梦幻空间。这个巢从天而降，由木而成，木孕育着生命，象征着新生。在这宁静而灵动的书吧空间之中，人们打开了心扉，冲破了都市的堡垒，与自然无限的接近。

大木之美

——2019"一带一路"国际茶产业发展论坛暨第五届中国茶业大会主会场室内设计

何凡　付强　黄曦

湖北美术学院

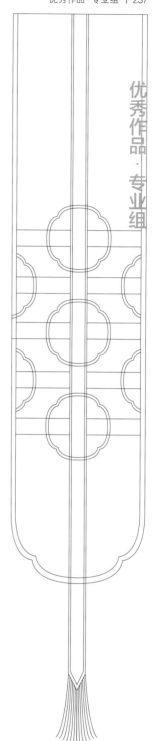

《大木之美》为2019"一带一路"国际茶产业发展论坛暨第五届中国茶业大会主会场室内设计，项目位于湖北省赤壁市羊楼洞新镇，建筑面积约2000平方米。在建筑空间具备中庭及较高斜屋面坡顶条件下，运用中国传统的木构斗栱形式，既保留原有空间优势特点也符合快速施工的时间要求。仿木型材作为室内屋架造型，斗栱构建作为立面檐口装饰。整体空间运用木色系装饰面材突出大木之美，通过中国传统工艺、色彩，构建具有新时代特征的中式文化空间，突出大国工匠之传承精神。

优秀作品 · 专业组

听 · 苏酶艺术空间设计

李建勇　陈超　张建勇　王兆宗　李鹏

西安美术学院／西安建筑科技大学

项目位于张家口市大境门——西太平山旅游区，票号是整个仿古建筑群落中最具特色的建筑，为一座完整的木结构四合院建筑，合院露天庭院呈窄长方形，总建筑面积为 690 平方米。

票号属典型的北方四合院，内庭院呈窄长形，作为经营咖啡及演艺艺术场所稍显呆板，缺少潮流动感元素，故在设计中加入了黄色构筑物，以打破传统建筑的沉闷。主要的还是突出其店面的昭示作用。考虑功能的需求，要求大开敞空间，所以在设计中对内庭院的窗户门扇基本拆除，以获得开敞空间，设计中通过设置五个月亮门将整个空间联系在一起。

红墙咖啡 Red Wall Cafe

梁雯　周芸　谢俊青　郭铠瑜　魏建雪　杨文浩

清华大学美术学院

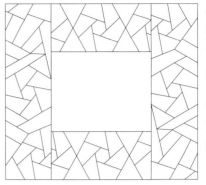

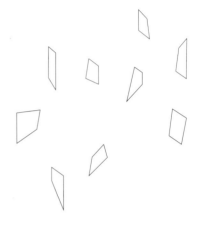

红墙咖啡是一个关于"时间"的叙事空间。使用"家"的五个场景，带有所指的色彩和元素，希望能唤起人们内心深处的某个记忆，构建自身与外在环境交织重叠的意象世界。

人们对于 20 世纪的家和生活有着不可抹去的共同记忆，通过对这些记忆元素的提取、拼贴，创造了构成红墙咖啡之"家"的五个场景："组合柜"、"庭院"、"起居室"、"衣橱"、"花房"。场景之间呈现相对独立、割裂的关系，而其中的关联则是与餐厅功能组织的对应。

景观的"在地性"表达作为意境传递的内在逻辑，场域设计随"日、月"旋转、叶脉延伸之势而展开，与之相适。在当代城市文化脉络中，设计要素彰显"广汲日月光华，尽显人杰地灵"之意味。乡土建筑中有形的显要素（历史传闻、寓意象征、风土民俗、自然生态等）在此进行了形式的抽象与串联，实现了现实空间与情境的境生象外。

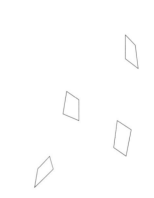

优秀作品·专业组

归棋

刘哲

深圳画院

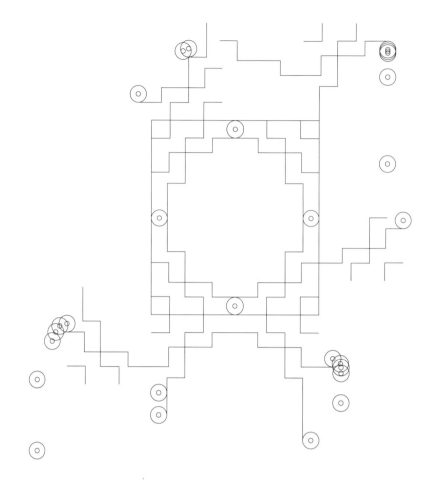

《归棋》，源于对大山、树木的深切情怀。

作品以"木"为主要媒介，以佛教寺庙建筑为构成要素，并将其精神内涵与传统美学相融合。通过重新建构"棋"的艺术表现形式，进一步解读"木"，在现代文明社会发展中的不同意义。

木制的棋，18 颗树木的种子（棋子），在细柔的沙间，在手工刻制的木线棋谱上，演绎着人与自然的水乳交融，人与人之间的和谐友爱。

我与你，相对而坐。心与心，一同感受"木"的清香，体验回归自然，回归自心的宁静。

泗溪桥屋
——浙江泰顺县泗溪镇文化中心设计方案

马浩燃　徐思维

西安美术学院

　　项目泗溪桥屋位于浙江泰顺县泗溪镇，地理位置优越。建筑用地为长方形地块，前方有河流经过。泗溪桥屋主要分为七个部分，建筑层数为二至四层。本项目的规划设计目标是利用地块和周围环境特点建设同时满足游客与村民的活动空间。此次设计，在室内外，都以当地传统木拱桥结构为基础进行再创造，以改造过木拱桥结构作为建筑结构，空间内部连接和细部，以木拱桥为基础提炼出三角负形，作为室内的格栅及扶手，加上现代的家具和材料，达到融合现代和传统的效果。

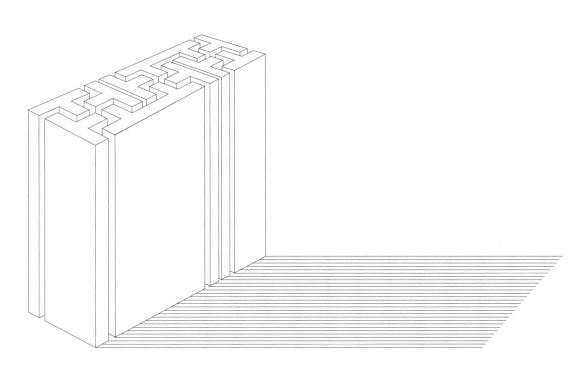

优秀作品·专业组

未知已至

彭一名　郑斌

湖南理工学院

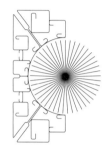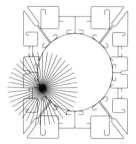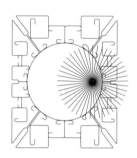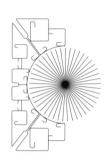

　　展厅以大湾区建设为背景，数字化展示了广东省肇庆市在各方面取得的优秀成果。展厅设计成可实时跟踪、更新、会商的智慧城市指挥中心。为更好、更效率化的城市建设与服务提供新的监管平台。

　　展厅结合了顶尖大数据互联网公司、室内展示团队，在开放的政府支持下，运用先进、前沿的智能化系统技术，从"木"元素的提取开始，将信息化设备与室内空间有机结合。整个展厅仅需一块智能平板操控，实现全智能化展厅的深度实践。这是室内装饰与多媒体时代的有机磨合与成品，提供未来更多展示手段的可能。

小木大作

——中国传统木营造研究基地

孙艳鑫　王蓉　刘健　王海亮

鲁迅美术学院

木营造研究基地作为木文化传承和展示的最重要的场所之一，在搜集保护、学术研究、科普教育、实践教学等方面发挥着重要作用，也是木文化学习与宣传的主要载体和重要阵地，其建设也应与时俱进。本方案建筑主体结构采用钢木结构－钢结构混合系统，屋顶概念来自中国传统古建筑的瓦片抽象表达，突显建筑的魅力，屋顶为开放空间，模糊室内外空间的边界。屋顶设计了生态雨水循环系统用于灌溉植物，让建筑融于环境之中；室内空间大跨度的建筑木梁作为室内空间形态的一部分，横向开窗，光的纵横交织构成轻盈和诗意的建构形态。将梁柱所形成结构体系多"功能化"，它不仅扮演结构支撑体系的角色，也参与到诸如空间、形态、功能和装饰层面中，建筑成为有机的一体化系统，如同中国传统建筑结构美、形式美、装饰美有机结合为一体，结构等于形式。强烈的序列感与秩序感，带给人不同的视觉感受。屋顶开洞处理将自然光引入室内，室内空间营造自然感，让室内空间通透且丰富。建筑成为一种对环境做出反应的有机体，建筑仿佛源于自然秩序而生成。

景德镇市御窑周边配套提升装饰项目
——遗产酒店设计

王志勇 曹雅楠 崔晟铖 刘筠慧 郭玥妮

北京清尚建筑设计研究院有限公司

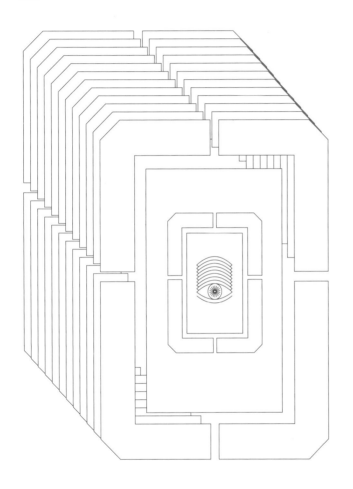

对于这个古建筑群的修缮与再利用来说，"和而不同，最小干预"是基本原则。项目的定位是高端"遗产酒店"，室内设计的原则是：完整保留木架结构，用隔墙改变室内空间划分，新结构依附于原结构，顺势利用。保留必要的历史信息，修复但不做旧，现代与传统并存且相得益彰。新建构造、隔声保温材料、空调与地采暖等保证居住品质的设施设备整合隐藏在空间中，重功能、轻修饰，家具配饰尽可能简洁收敛，视觉重心让位于特色鲜明的院落空间和木架结构。

密林探险
——亲子酒店室内概念设计

许牧川

广州美术学院

设计以"密林探险"为故事线作为设计主题与创意导向，以温度、成长、好玩、创新、温馨、趣味作为设计出发点，结合周边森林与湖泊的自然环境，打造可以与自然环境共同创造一同成长、与木质生态一起体验的可以住的密林游乐园，也是城市近郊短途一站式亲子休闲度假目的地。

设计以"密林探险"传达自然之美、体会木构之美、感受绿色环保生态之美。

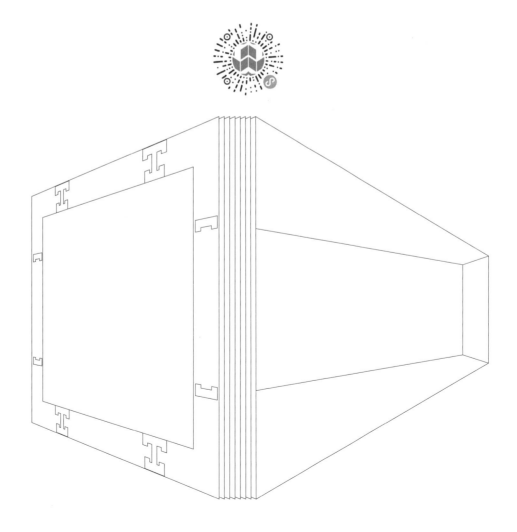

喵町汤泉生活馆空间设计

薛晓杰 张豪 吴雪 牛佳欣 刘中山

项目位于西安城墙小南门内，空间使用均为包间形式为主，还包括顶层的露天餐厅。设计师尽力于每个独立空间中打造出不一样的亮点，各个空间彼此独立又统一于整体氛围。包间内营造日式枯山水景观，丰富了空间的内外互动。每个包间配有单独观景窗口，给予客人别致的空间感受。

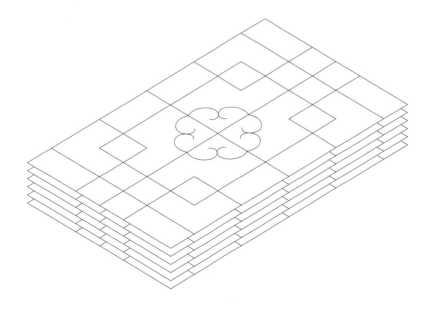

古代水利博物馆
——大运河展厅空间及展陈设计方案

杨满丰　金常江　赵时珊　王泓月

鲁迅美术学院

中国大运河作为中国的世界文化遗产，是世界上距离最长、规模最大的运河，代表了中国古代建造的伟大成就。水运的畅通刺激了造船业的发展，"木"则是古代造船的核心材料。我国在木船时代的舟船制造技术上已取得不少成就，水密隔舱、钉接榫合、机械动力等木材技术工艺推动了造船业乃至国计民生的发展。本展厅以"木"为切入点，以木船模型为核心，以木材料为空间构造及装饰元素，生动展现了中国大运河这一人类文明的无价瑰宝中。

优秀作品·专业组

中国泛土家博物馆（彭家寨）
——游客换乘中心室内设计

张贲　贺诚　尹传垠　晏以晴
湖北美术学院

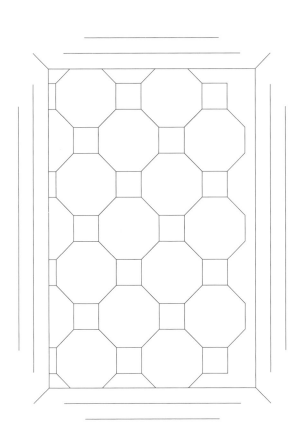

　　泛土家博物馆的游客换乘中心及停车场项目集游客接待、餐饮、娱乐、民族文化展演、商业配套为一体。总规划用地6.08公顷，游客中心总建筑面积13236平方米，建筑占地5757平方米，游客中心建筑单体面积7000平方米。本项目从土家族建筑的木建形态，构造材料，文化信仰，生活记忆中提取土家族地区的原型意向，以传统土家族地区建造风格为参考，结合现代室内设计，在人与自然中寻找平衡点，融入自然在地景观与文化景观，与人工设计互相共生，穿插渗透。土家族人民与自然的关系成了设计的灵感来源，设计力求将室内设计与建筑、自然环境结合起来，意图营造以"室内土家景，容于山水间"的室内设计意境。

南京市芳草园小学架空层改造设计

张菲　洪淼

南京多义文化传播有限公司

芳草园小学空间架空层改造设计将原有的柱体与柱体之间的座椅拆除，使空间开敞最大化。以"小草与大树""六年多读100本书""阳光播种人""能豆豆探索数理几何之美"等板块构成整体架空层。空间的亮点是大树的造型，8根柱体改造为大树造型，形成一片森林的意象，树枝上有猫头鹰、小鸟、小松鼠、狐狸这些可爱的动物造型，加强了空间内自然的气息，给学生营造一个童话般的活动场所。

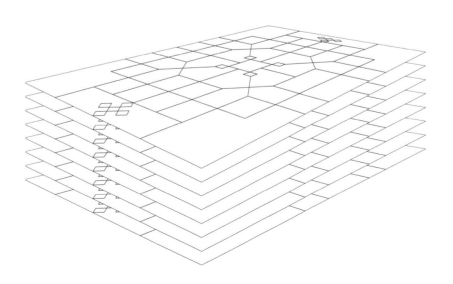

根号三·艺术商业新生综合体设计

张旺　胡歆可

鲁迅美术学院

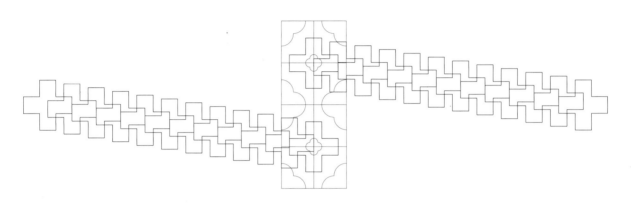

　　本方案项目名称为根号三·艺术商业新生综合体设计。旨在打造一座追求卓越未来体验的艺术商业新生综合体，具备了餐饮、购物、展览、休闲等多项功能，也可以称为小型的综合艺术博物馆。该项目将创新业内领先的商业和艺术文化模式，倾听内心最深处的声音，真正成为一个独具魅力的公共场所，并在一定程度上引领人们新的生活方式和品位诉求。提倡发现美好的核心理念，将艺术元素以创意有趣的方式深入空间每个细节，创造独有且充满艺术氛围的立体空间。

神木博物馆
"中国传统木文化特展" 展陈设计

骆佳

清华大学美术学院

神木博物馆展陈内容为中国木文化，展陈内容从木在五行中思想精神延至大小木作、榫卯、雕刻等技术与美学内容，旨在解码木文化中激发对未来生活的思考，以木文化的思想智慧倡导环保科学的生活方式。CBD 中的博物馆更丰富首都的文化功能。空间设计融入木的气质与形态符号，体现木文化的形式与思想内核。

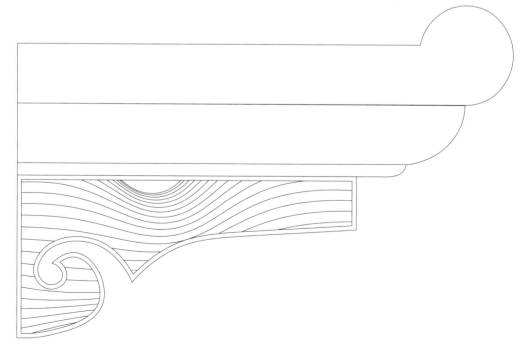

"随园食单"火锅料理店

沈泳男　张玉雪

云南艺术学院

优秀作品·学生组

　　此次设计以营造时尚、舒适的进餐环境为设计目标。为大众化的百姓在消费的同时体现一定的火锅文化主题，为室内赋予更有层次的文化内涵。因此在环境和空间的设计上充分考虑其独特性、新颖性，体现品牌的特点和优势以吸引更多的消费者。经典而不古板、舒适而不平庸。设计风格：本火锅店以具有设计感的房舍木结构形式进行装饰，平面布局采用规则式的布局方式，格调高雅，造型简朴优美，色彩浓重而成熟。

云山墨戏
——云山文化中心场馆设计

白文昊　王乐怡

西安美术学院

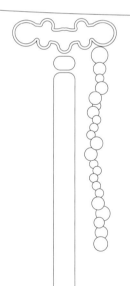

本次项目位于贵州省锦屏县茅坪镇一个拥有历史悠久并且有独特文化的苗族村落。因为此地处于山谷之中、常年被云雾浸染，因此得名为"云山文化中心"。建筑在建造工法上遵循了当地特有的传统穿斗式木结构工艺并在结构上运用钢筋混凝土和部分木结构，这样便是对乡村匠人智慧的尊重和传统建造技艺的传承，也是提倡一种再循环和在地化的乡村营造理念。

入围作品·专业组

森海文屿

——云南省沧源佤族自治县翁丁村文化综合体设计方案

丁向磊　陈博闻　郭仕德龙

西安美术学院

　　森海文屿建于云南省临沧市沧源佤族勐角傣族彝族拉祜族乡的翁丁村，平衡于城市化进程与原始村落保留，使当地能够在不破坏建筑群落整体面貌的情况下，加入当代的生活空间类型。

　　建筑总平面布置由西向东分别为：村卫生所，餐饮店，图书馆以及超市，建筑群落以半圆形布置面向村落，为避免破坏原有的村落面貌，建筑结构以传统木构架进行拼接，形成建筑的主体结构，顶部采用与村落建筑相同的茅草顶，使其自然融洽地依附于村落环境。

书店"+"
——基于旧教堂改造的现代书店空间设计

姜民　马丽竹
鲁迅美术学院

旧建筑承载着历史的印迹，对于城市而言具有更加深刻的含义和艺术性。基于旧建筑改造的现代书店作为社会公共活动空间，除了售卖书籍，更是为人们提供文化交流的场所。"书店＋"内部空间基于功能进行划分，以书籍阅读、展示和售卖为主要功能的空间细分为杂志陈列区、当季书籍展示区、画册收藏区和影像资料阅读区；以交流互动为主要功能的空间细分为咖啡区和讲座活动区。新空间和旧建筑形成对比，以营造空间的趣味性和艺术性。

入围作品·专业组

山水谣
——沁源韩家窑精品民宿设计

姜鹏　李惠楠　焦惠洁　刘婕
太原理工大学艺术学院

　　本项目为山西省长治市沁源县景凤乡的一个古村落改造设计。设计的出发点是因地制宜，从前期的设计调研就立足于当地的地域特色以及人文精神，同时设计者也希望在设计中融合当代元素，在改造过程中平衡新与旧的关系，在建筑的改造过程中设计者思考了如何进行批判性、反思性的怀旧，不是纯粹的修旧如旧，也不是完全颠覆过去，而是寻找一个平衡点，能让设计带给人新鲜感的同时，也给人以熟悉感和安全感。

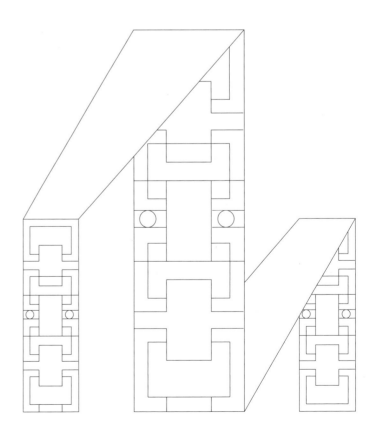

万物生长　生生不息

李博男　肖宏宇　巴云燕　孙悦
东北师范大学美术学院

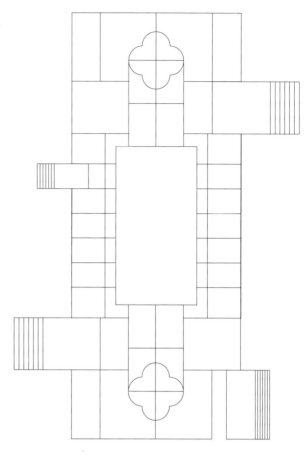

　　在城市待久了，总想找一个远离城市的喧嚣洗涤心灵浮躁的地方去游玩一番，把自己融在温暖纯净的水里，让尘嚣被一洗而尽。古木葱茏，清水潺潺，把世界搬进森林里，在慢生活里，遇见初夏的诗和远方。本案设计汲取"木"元素，运用细节的力量，注入匠心的精神，沉心静气雕琢的空间，才是属于这个时代的心中世界，理想国，不是简单的铸造，而是必须考虑体验者的需求，只有这样才可以创造美好的生活空间，顺其自然，万物生长，生生不息。

苗与"木"

——中国苗木科普博物馆概念方案

李永昌

南京林业大学

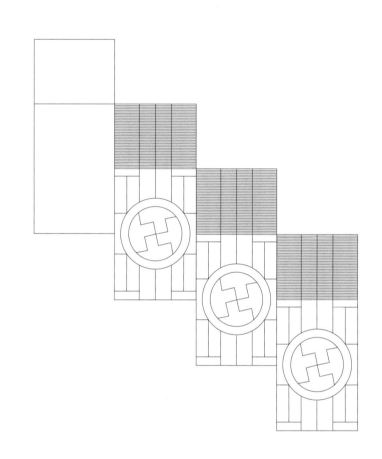

一、理念与定位设计原则：高定位、高起点、国际化技术及科技支撑市场引导原则坚持因地制宜，多产业结合。功能定位：（1）核心功能：行业互动交流、产研开发、示范带动；（2）附属功能：科普、合作、培训、展示、游赏、艺术、品牌、展示；（3）室外博物馆主要功能：研发＋交流合作、引领＋示范、旅游＋科普、生活＋康养。项目定位：以国际、国内苗木展示为引导，以汤泉苗木展示为核心。宣传汤泉特色与文化。发展校企合作，推动产学研开发。带动全国苗木销售，引领汤泉苗木产销，发展汤泉乃至浦口经济。

二、总体设计主题创意：以道路为花，苗木为托，形成博物馆的主体框架，花、托相互穿插呼应，形成丰富的功能空间。功能分区：入口形象区、诗意苗木区、旅游科普研发区、新优特示范、生产示范区、生活艺术康养区、自然生态群落区。交通流线：交通组织充分结合地形、利用现有资源，并依据场地分区合理规划设置。道路共分为三个等级。一级道路宽度5～6米，三大片区各自独立成环，既能沟通，亦不干扰。二级路宽度3～4米，通往主要景区。三级路1.2～2米不等，以人行为主，形式多样，包括园路、栈道、汀步等。

入围作品·专业组

以史而新
——川南大安寨民居风貌承续与再生设计

卢睿泓
四川旅游学院

曹洧铭
西南财经大学天府学院

通过大安寨传统民居的元素提炼和空间模式介入，首先研究和分析大安寨传统民居的现状，对大安寨传统民居的空间结构、材料等进行了概括分析，确定了其地域性的价值，其次分析了大安寨传统民居所处困境及原因。通过风貌承续还原建筑木结构及外立面风貌，再以模块置入、空间整合、结构拓展等方法再生设计，达到在原有历史文化的根基下，探究地域化本土设计方法，实现传统与现代相兼容的本土化设计，从而使新的民居空间激发活力。

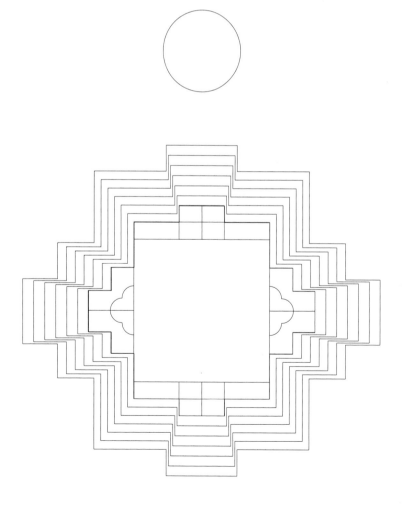

入围作品 · 专业组

子午 · 良栖
——窑洞民宿设计

路艳红 脱涛涛
太原理工大学

窑洞是中国西北黄土高原上居民的古老居住形式，该项目位于庆阳市西峰区显胜乡的毛寺村，是对村内一处窑洞旧址的改造。保留有依托崖体原有窑洞，并针对窑洞采光问题，设计采用大面积开窗的形式，发挥窑洞生土塑性特点，利用当地环保材料与生土结合塑造空间。整体功能布局包括接待厅、书吧、餐厅、客房、凉廊、庭院等，功能空间精简紧凑。设计思路采用园林造景手段，营造曲折多变的空间效果，使原本狭小的院落结构富于变化。

以木之名绘造乡村

罗夏　徐博雅

四川美术学院

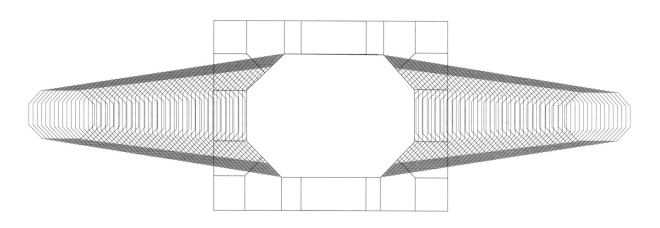

本设计项目受邀于重庆石柱县中益乡平坝村村政府，为村民自主改造民房提供设计服务。本项目试图打破传统自上而下的设计施工过程，而是通过让村民都能看懂的手绘本形式，自下而上的提供设计建议和建设。在绘本中分别从乡村房屋、院落、周边环境及基础设施进行统筹设计，努力寻求乡村中特有的质朴、纯净的设计元素，结合现代设计手法予以体现，彰显以"木"为本的传统营建智慧。本设计提供了设计助力精准扶贫的新模式。

入围作品·专业组

麒麟金狮

钱缨

广州美术学院

《麒麟金狮》陈设作品包含立屏、挂屏、桌屏、案几、礼盒。

当珐琅邂逅数字艺术，以玻璃珐琅为载体重构，以数字美学的范式再现"非遗新造物"的时代趋势。经过四个月的试验、尝试，作品中的 3000 多个线条是由人工智能 AI 辅助描绘线条。

《麒麟金狮》的设计灵感源于醒狮的舞步，提纯了场景的感觉，变成了数字化的演绎方式。"跨越传统文化的领域，获得多重的当代经验，看到中国文化坚韧生长的力量。"在变化与开合着的"缝隙"中，寻求更多元的文化，以及更多维的空间陈设艺术。

创作历程：①手工勾线立线、自然干却。②用液态琉璃进行大面积底色上色。③十余次结晶与色彩呈现，结晶效果随温度、湿度而千变万化。

觅云巢

汪行雨　黄沁　周婕
湖北商贸学院

在此次设计中将传统建筑进行拆分与重组，寻找它们之间有机结合的可能性。区别于传统的闭合建筑，我们大面积地使用玻璃幕墙的形式，使传统木质结构可以直观地显示出来。本设计以"云、帆、檐"等元素进行发散思维的联想，形成斜置片状玻璃表皮顶层，使整体形象突出，地域景观表达完善。区别于传统酒店民宿设计，本案中设置了大量公共空间，不局限于居住功能，希望这个空间的休憩、娱乐功能被放大，让人们在室内可以倚靠窗边看云卷云舒。

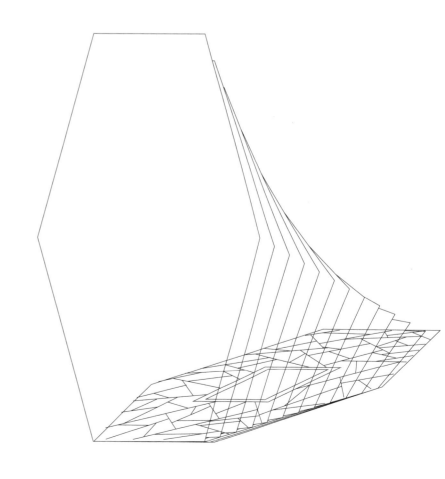

圆明园观澜堂复原设计

王欢　李文　谢明洋

首都师范大学

作为嘉庆时期圆明园重要工程之一，观澜堂的建筑装修反映了三连卷五开间大殿的空间特点，而至今园中仅存遗址，复原的难点莫过于木结构建筑的尺寸权衡。本设计通过综合运用圆明园的样房图档、营造档案、匠作则例等营造史档，梳理建筑的布局和形式，推测建筑的构件尺寸和空间格局；再基于建筑的关键尺寸和则例权衡，进而对内外檐木装修的布局、类型、格局和样式等进行复原设计。设计过程借助三维建模和数字媒体艺术技术呈现，可实现 VR 体验，旨在丰富圆明园室内空间复原的研究，助力中国传统"木"营造文化的推广。

生生不息
——中国国家博物馆母婴室空间设计

王欣然

中国国家博物馆

国家博物馆母婴室于2019年竣工并投入使用。母婴室位于西大厅南侧，分为哺乳室、尿布台和盥洗三大核心功能区，间接照明营造和谐温暖的视觉环境；室内音乐打造舒缓亲切的听觉享受；所及之处柔软自然触感安心、空气干净清新。传统木构屋顶及哺乳室拱门形式意在唤起中国文化记忆，为母婴营造"家"的温馨。墙上的婴戏图装饰灯及壁纸纹样均取材自馆藏。国博母婴室一经开放，便获得广泛好评，成了妈妈们口中的"来自国博的温柔"。

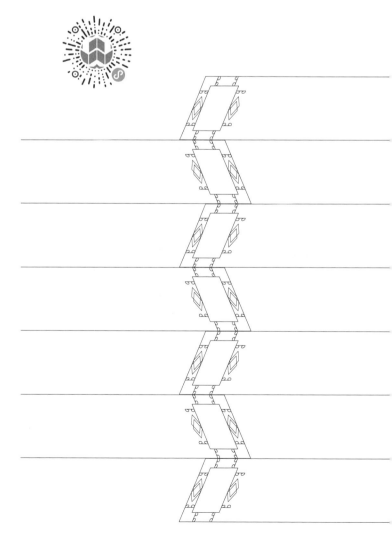

入围作品 · 专业组

东方新意
——素本道净素茶餐厅设计

王秀秀　沈沛

太原理工大学艺术学院

　　设计的过程就是根据建筑的现有条件，分析空间与功能的关系，找出设计中需要解决的问题，从而推敲出一套合理的平面布局。而空间的精神属性、项目品质与造价的协调是设计项目中十分重要的部分。为此，以"素食餐厅"展开联想，基于东方传统美学与现代审美之间的碰撞，成了本案的落脚点。

"森林木语"
——重庆铁山坪度假别墅室内设计

魏婷　李正阳　韩雪玲

四川美术学院

　　该项目位于风景如画的重庆铁山坪森林公园内，因此，其室内设计注重内部空间与外部环境的交融，注重人与自然的协调。现代材料的发展，俨然为室内设计带来生机和多样化，而传统材质"木"以它固有的温度和内涵，浸润着空间。本设计利用木材的不同运用形式，如墙面、天棚、地面、家具、饰品、造景等，将"木"介入空间，结合精良的工艺及多变的空间组合，旨在创造宁静致远的空间意境，打造现代人的心灵居所。

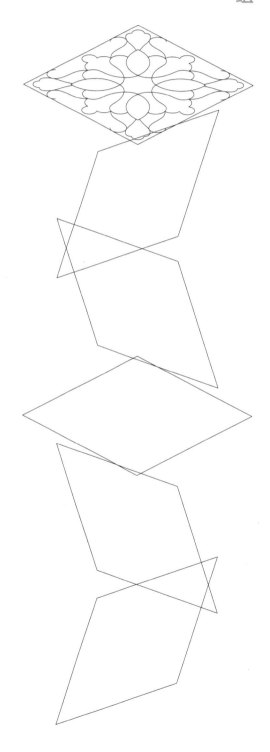

黄河之势
——旅游综合体设计

魏言哲　范蒙　戈力平

内蒙古师范大学国际设计艺术学院

入围作品·专业组

"冰破"。顾名思义就是冰凌破碎，河水流淌，更表达了黄河勇往直前破冰前行的坚韧的品质。每到冬天为了防止凌汛，会把黄河里的冰清理到岸边，像一个纯粹、孔武有力的巨人站在面前。将河流、山势、冰块，流沙图形化，概括出几何图形，应用到空间中，使整个空间统一有序，同时又富有当地的文化印记。

溯·橼山西历史文化木构艺术展览馆

文一雅　刘蔓

四川美术学院建筑与环境艺术学院

"溯源历史长河，橼唱千古经典。"本次设计的内容主要是围绕山西的古建木构艺术来展开的，结合山西的历史文化来更好的展现木构的魅力。溯源前人文化瑰宝，领略精妙绝伦的木构艺术。展览馆设计以展览和教学活动的开展为主，希望通过设计向国人，向世界展现中国传统木构艺术的珍贵价值，体现我们的民族精神；以木为舟，载希望驶向未来的时代洪流。

入围作品·专业组

中铁安居文旅城冠子山度假酒店室内设计

夏青　李刚　邹建　刘偲

重庆大学／重庆市设计院

　　本案的主旨是将重庆安居古镇木结构老建筑的美浸染到屋中，将室内的气息蔓延到屋外。景、屋、山、水，分割的只是窗隙间画下的阳光斑驳。而梁宇间的精致处，是设计者对中国木结构建筑文化的深沉致敬。安居古镇的龙文化隐藏于酒店之间，意而不行，行而不露，与古镇相辅而行。"居安居龙城开门以见山，临窗以戏水"，便是设计者呈现的酒店方案。

嘉兴湘家荡君澜度假酒店

肖莺　林春莉　艾嘉　姚荣楠

广州集美组室内设计工程有限公司

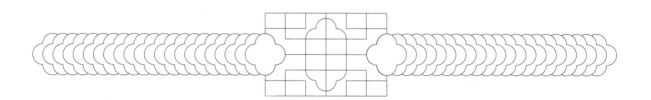

嘉兴湘家荡君澜度假酒店以民国风为建筑装修风格，外观古朴典雅，内饰精美逸秀，既糅合了民国时期建筑沉稳、大气、低调、平和的特点，又用现代的设计语言还原了民国建筑的场所精神。室内设计也紧扣"江南民国印象"的主题，再现江南独特的民国文化风尚，创造一种悠闲祥和、宁静舒适的空间氛围，让宾客暂忘城市喧嚣，尽享舒心自在的假期。

西安市沣东新城诗经里城市精品民宿酒店

杨剑峰

西京学院

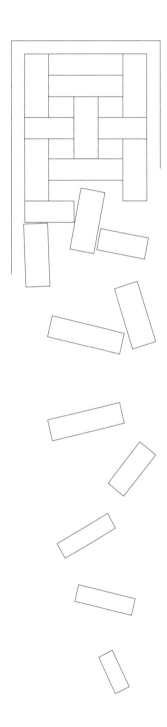

诗经里城市精品度假酒店项目，坐落在西安市沣东新城风景如画的诗经里小镇。以现代建筑的技术和材料演绎高品质田园度假别墅，营造以"木构"舒适性能的同时，追寻东方气质的哲性美学。酒店业主希望项目在材料上可以自然地融周边环境，仿佛从周围环境"自然生长"延伸；沣东新城上位规划中，又能与城市短途旅行目的地思路相连。木、石、砖、土本身就生长于土地，无论从建筑到室内，空间营造更符合项目所在地的气质。希望空间本身的乐活自然之感，能带给居住者通透的旅居体验，提供心灵栖所，暂时告别城市的喧嚣嘈杂。木结构、木饰面是无形中便能予人温暖、平静的材料。人们仿佛能感受到从林中延续的生命力。

入围作品·专业组

土木同构，别有洞天
——山西大寨国际旅行社旧址石锢窑活化改造记

杨自强　相静　王春雨　刘宇轩

太原理工大学艺术学院

　　此次受委托对大寨国际旅行社建筑群进行活化改造。项目距离县城 5 公里，背负太行山余脉，平均海拔 1000 余米。需要活化改造建筑群是一组具有历史价值的旧有建筑群，主体建筑基本建于 20 世纪 70 年代，包括此次改造的窑洞群窑洞改造分为两大部分，一是窑脸木作为主的小木作部分改造，二是窑洞本体的改造。窑脸的改造基本上以修复原有木作样式为主，进行传统木作技术修复。在此次改造中，我们使用现代的建筑技术对传统的窑洞做了空调、新风、上下水、照明等的特殊改造，以期在保证建筑传统的基础上实现室内空间的宜居特性，同时进行了专业的声学设计，使得观影效果达到专业影院的声学特性是此次改造的亮点。

《老家》民俗生活馆

张璇　范蒙　韩海燕
内蒙古师范大学国际设计艺术学院/武汉理工大学艺术与设计学院

入围作品·专业组

保护古建筑的再设计。当下农村问题是一个很大很漫长的问题。年轻人外出打工，老人留守，各有各的乡愁。当今社会快速发展，使民俗变质，文化消失，乡愁没了载体。现在古村落发展部分是破坏性发展。原有的木结构因为维修费用昂贵，直接拆除。定为方向：保护之，建设之。利用时间和空间唤起截然不同的人的乡愁。让空间有时间的感觉。人们通过自然打磨的木构、石墙等找到他们的集体记忆，激起他们的情感，唤起他们的联想。

周风遗韵
——陕西刘家洼考古成果展展陈设计

赵囡囡
中央美术学院

　　展览于 2019 年 12 月在中国国家博物馆展出。被强调的中轴线及通透的空间处理将展厅边界打破并且外延，不仅使展厅内部空间利用更加有效，其外部空间也被纳入了展览的语境。梁柱结构的空间在展览中发挥出极大的优势，墙体可以在梁柱组成的框架结构中被随意地分隔，不承重的墙体使其形态与材质更加自由，柔性墙体的运用营造出了虚实空间的转换。作为本次展览中一个重要的空间元素，柔性的织物贯穿始终，统一之中存在变化。

入围作品·学生组

"道尽兴声，破而后立"
——大理漾濞博南古道振兴改造项目

曾晖　林嘉伟

云南师范大学美术学院

古道千年沧海桑田，诉说着历史的变迁，重走丝路记忆轴线，忆往昔峥嵘岁月稠。通过对项目背景现状及展望来贯穿项目设计的过去、现在与未来，而后引入声波的概念，将古道千年曲折绵延的历程以波段变化的形式体现。古道虽无声，但其历经千年的史诗却通过凝固的波段得以展现，似无声的倾诉。

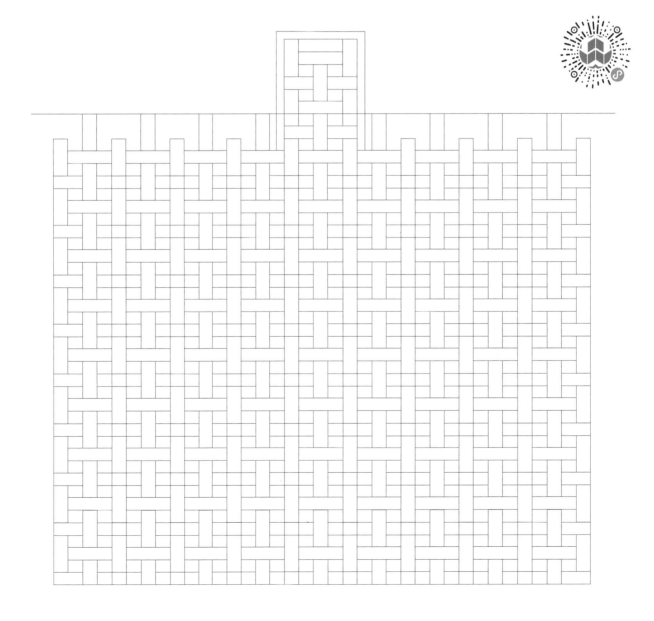

积木社区
——基于美院学生的众创社区设计

丁琳铭　林忆琳　戴佩慈　代学熙

西安美术学院

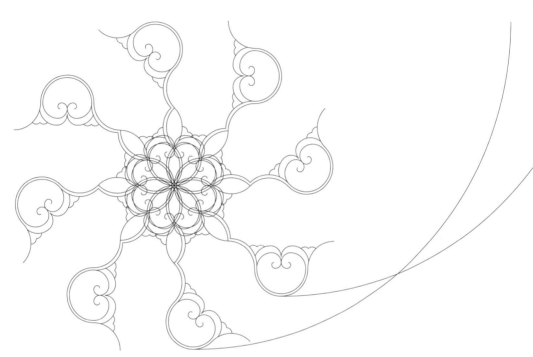

现代木结构是一种采用绿色、可再生建筑材料。同时可实现工业化加工、装配化施工的建筑结构形式，符合我国建筑业发展的需要。在推广绿色生态理念的绿色共识趋势下，绿色公共建筑的设计比重也逐渐被重视。基于此，我们面向广大学生群体，聚焦大学校园，对现有大学生活的运动场所及休闲生活进行了分析，并结合木结构的优势在大学校园内安置集休闲、娱乐、运动等为一体的公共建筑设施，为学生提供一个文化交流平台及小型运动空间。

入围作品·学生组

合

——师生共享咖吧

费陈丞

上海大学上海美术学院

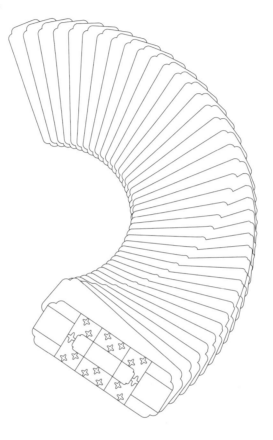

　　上海大学延长校区上海美术学院改扩建项目于 2018 年开始动工，其中一块建筑面积为 203 平方米，层高九米的空间被划定为供师生休憩交流的咖吧。该咖吧以混凝土与木材为主要材料，以榫卯元素为设计灵感。榫与卯的结合寓意着师生和谐的关系，携手并进，共同进步。根据美院师生的需求，该咖吧包含了沙龙讲座、会议讨论、休闲交谈、自主学习等多个功能。在满足基本服务的同时，也是师生们展示作品，学术交流的空间。

观·和
——陕西袁家村民俗艺术公社环境设计

郭贝贝　降波　屈炳昊　毛晨悦　张豪
西安美术学院建筑环境艺术系/宝鸡文理学院美术学院

　　本案位于陕西省礼泉县烟霞镇袁家村东侧，为典型关中合院式民居建筑，双层砖木结构，借助关中四合院式建筑的特殊地域性与精神性，在空间中融入传统装饰元素进行整合式设计。空间结构上塑造区域围合性与景观中庭概念，通过中庭的透光、亲和与生态感渗透到各区域，以中庭景观为主导划分各功能空间，形成彼此独立又相互串联的双院落。使它们得到良性的保护和传承，以此来坚守民间技艺传承者的初心，履行本土设计师的使命。

入围作品·学生组

召合柒善酒店设计方案

韩海燕　武英东　苑升旺　李娜
武汉理工大学艺术与设计学院/内蒙古财经大学旅游学院/内蒙古师范大学国际设计艺术学院

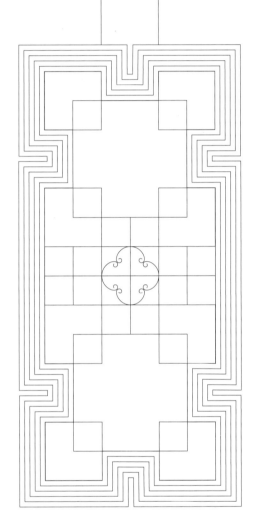

柒善酒店，由一座百年的徽派老式建筑改造而成的具有徽派意境的休闲民宿酒店，设计以木为核心，体现徽文化的艺术审美，在木营造、木构架、木雕刻及木装饰等方面表达着徽文化"尚木"的精神情节。设计遵循"老宅为魂，新建留韵"，精心修复老宅呈现其木结构的美，后院新建建筑融入了现代美学，将老宅中的木雕、木构元素在新的结构体系中得以新生。房屋设计满足客人的私密空间和私属景致，公共空间种类齐全，刻意促成人与人之间的偶遇和交流，设计让人与建筑、人与环境和谐共生。

南宁梅花艺术中心

李其舟　柯惠雅　陈家莲

广西演艺职业学院

入围作品·学生组

中国书画艺术具有悠久的历史，它传承着华夏文明，是中华民族文化的重要载体，也是人们交流思想、传递信息的工具。从美学的角度而言，它是孕育和发展一个人的文化素质和道德修养的起点，书画艺术也是精神文明建设的重要内容。书画不论作为实用艺术还是欣赏艺术，他都备受社会各界人士的喜爱。

守望"四点半"

李秋云　方毓文

中南林业科技大学家具与艺术设计学院

关注留守儿童，关注四点半后留守儿童的学习和生活。留守孩子放学后因为缺少成年人的陪伴与学习生活指导，在学习上和精神上造成的落后和关爱缺失，期望能建造一个留守孩子们的理想国，为那些拥有太少的孩子们创造一个可以帮助他们成长的公共活动学习空间。方案中也结合当地木材和木构建建筑特色等设计出此方案，希望此方案可以让"留守儿童"在童年中多获得一些关注和童年乐趣。

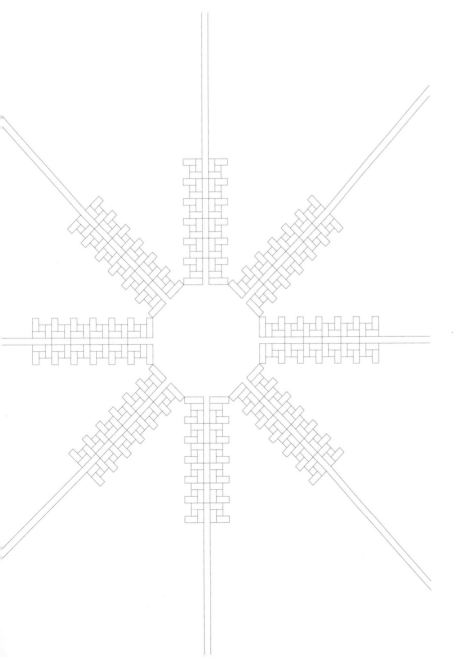

良栖·乌院

廖杨　李欣蓉　陈思梦
西南科技大学

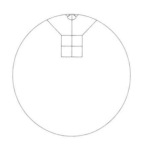

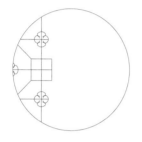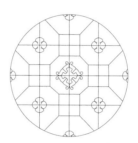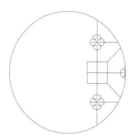

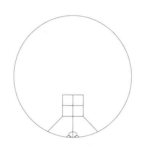

　　结合自然，选择能够契合当地本土文化的材料，打造寻乌特色民宿酒店。建筑外观提取坡屋顶形制，材料以当灰砖和小青瓦为主，屋盖都是专门用黏土烧制成青色的瓦，在隐于自然的同时延续传统生活与文脉。

　　内部以木材拼接为主，采用客家人中原传统建筑工艺中最先进的抬梁式与穿斗式相结合的技艺，充分展示客家建筑文化和中国古建筑文化。最后以大面积落地窗结合自然古树群资源，营造明亮、通透的空间氛围。室内营造温馨、舒适的氛围，使游客在体验中找到家的归属感。结合原生资源、绿色经济以及文化复兴，实现乡村振兴，打造本土文化。

木本水源

刘高睿　项泽　李浩宇　董倩雯
湖南工程学院

创客空间在人们刻板的印象中，是作为创客们进行交往沟通和汇集思想的一个协作空间，是一个现代化的商业场所。此次的设计意欲打破以往传统办公场所单调和死板的空间形态，将创客空间与木质结构相互结合，摈弃人为的琐碎，返回事物最初的简单状态，打造出具有流动性和开放性的静谧环境。在设计中，更为注重艺术感染力，通过相互错落的木制构造，来打造独特的环境氛围，将室内外看作整体，来营造具有活力的和谐环境。

择木而栖
——木构民宿设计

罗媛　赵子杰　张哲睿
鲁迅美术学院

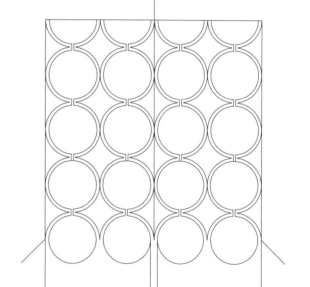

　　该项目选址选在云南省玉溪市抚仙湖小湾村，依水而静，意在"让建筑消失在自然之中"。周围有玉笋山、麒麟山等。所以建筑在整体上采用山体连续的形态，更好地和周围景色融合在一起，用山形建筑代表连绵起伏的山脉。因在该地以前船舶众多，建筑体在设计时加入了船舶的意向，以微微倾斜的墙体，来象征着古老的船舶停留在陆地一样，在整体加入木构，让山水与木更好的相互融合，木结构的深度营造出白天的光影效果如同坐在树下一样的平和氛围。

遇见最美的本草
——中医药类文化展示空间设计探索

米悦

东北师范大学美术学院

两个区域的造型以弧形为核心。主题为"心的开心"，对于人民来说新型冠状病毒肺炎的伤害是非常大的伤害，包括病毒的伤害和谣言传播的伤害。所以，两个区域的外形都是散播集中式的流线形式。

上半个区域以新型冠状病毒为原型进行外观设计，并且以大的弧形走廊表示口罩阻挡了病毒的袭击。在冠状病毒的触角区域设计了参观者留言墙以示警诫纪念。

下班各区域设置了高低坡度走向纪念碑，主广场与辅广场的结合以及休息活动区域。

《觅陶》陶艺体验店概念设计

沈理　吴柳红

四川美术学院

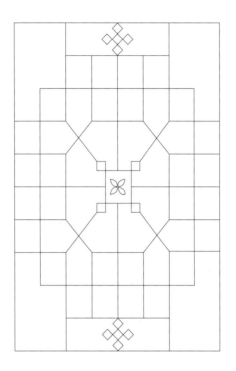

　　设计方案目的是为了传播和传承陶艺文化。力图打破传统陶艺展示的单一形式，将安陶的特征贯穿于整个空间，从听觉、视觉、触觉等感官更新大众对陶艺的认识。

　　体验：①实践操作，制作的体验；②身心感受，空间的体验。根据安陶自身特征又分为三种：薄如纸、声如馨、亮如镜。

　　与现代文化共融以传统地域文化为主，借助现代材料，创造出符合当代人审美带有地域特色的陶艺体验店，主要材料是运用陶土、陶片、木材，色彩主要是荣昌陶土蕴藏丰富，泥色为红色和白色。提取其原有陶土色彩以及木梁原有色彩。

入围作品·学生组

"归苑"禅修中心建筑室内设计

谭亚利

北京服装学院

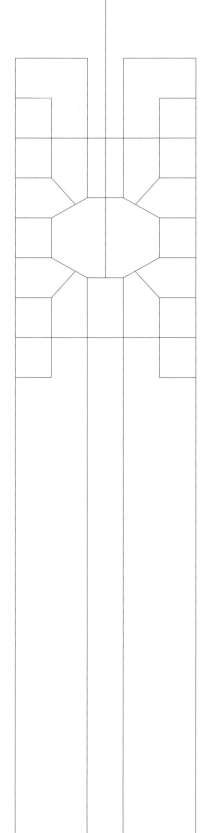

本方案将以潭柘寺民俗风情的宗教文化为切入点将地域文化作为文化本底，秉承着"以当代致敬东方"的筑宅理念，溯源千年文脉，将山、海、园等东方意境，融入现代建筑语系，以"木"为主题纳入原生的自然，重拾"风雅东方，诗意栖居"的本真生活。建筑将东方的文心墨韵、高宇飞檐与现代的设计风格相结合，简化样式的檐垣、浅山雅韵、起承转合，兼容东方美学与现代主义的极简法则，构建起清池之上悠远雅致的禅修馆。重新定义了的禅寺的生活方式，简单质朴而源远流长，自在而随性。

城市儿童活动中心叙事性空间设计
——塔西儿童梦境世界

王治锟　李金阳　崔铭娜
云南师范大学美术学院

本方案是将建筑叙事性的设计实验融合进儿童艺术中心室内设计。本案设计整体分成三个拥有不同原则性功能划分的大空间，且由于整个场所的装置将不同功能的大空间连接起来，作为上层空间的交流作用；通过故事情节中反复出现的元素阐释关于下层空间的互相连通性。功能充分表现的同时，增强了梦境的艺术表达，使空间本身就是一次梦境幻想国度的呈现，使儿童的艺术教育不再是一味的固有程式化的呈现方式。

天府星站

——成都地铁18号线天府新站室内设计

王梓宇　赵睿涵　何嘉怡

四川美术学院

为体现其面向世界、面向未来的特性，本次站内设计的整体风格是极具简洁大气的未来高科技风格。充分利用层高的优势，打造出一个视野宽广的空间，顶棚以不规则三角形作为元素，站厅中部以高低起伏的三角形铝板来增强空间的丰富性。站厅两侧则采用统一的设计手法，以三角形的孔铝板来打造两侧相对低矮的顶棚，站内顶棚的灯光设计，根据三角形的造型布置点状的灯，通过线性的灯带来作为连接，打造出一个模拟星空的幻境（站内灯光动画）。站台沿用站厅的设计，呼应车站主题定位"世界窗口，魅力川蜀"。站名墙页采用了相对简洁的风格，利用不锈钢材质的特性加上三角形灯光相互配合，通过增加不同的细节设计使乘客体验到科技感、未来感（站名墙）。

陶源记
——基于陶文化体验视角下景德镇天宝龙窑陶塑工坊设计更新

谢啊凤　赵建国
东华大学

天宝龙窑陶塑工坊从陶文化体验出发，以观光者陶文化体验的方式，了解陶塑、认识陶塑、重新赋予其新的意义。以发扬传统文化、保护传统手工业、带动当地旅游业、推动美丽乡村建设、落实亲子教育意义、有基础教育带动全民发展、活态传承非遗文化为研究目的。

整体设计以"陶园拾趣"为线索，制陶工艺流程的互动体验为设计主线，进行项目整体规划、建筑构筑、空间营造，完善园区功能，激活园区活力。通过设计整合园区资源，提升园区影响力。促进传统制陶工艺的活态传承，带动乡村经济转型发展。

空间设计遵循绿色生态理念，运用地域木材料、传统工艺、局部结合新材料新工艺、新增建筑借鉴当地民居和环境特点，结合抽象手法营造融合统一，新旧共生的木质工坊结构。创新传承木构营造体系。

木伴酒语
——汾酒文化苑博物馆设计

张龄月　吴和平　梁雅祺　武一杰
太原理工大学/大连理工大学

内街支巷空间梳理，形成清晰的传统街巷肌 突出街巷中前院后宅、前商后园的空间特征。主街建筑立面风貌统一，对 D 级建筑进行排危处理，形成连贯的线性人文景观线索。以点带面，用触媒效应局部增设公共活动空间、商业文旅业态空间与艺术人文场所，增强区域活力，提高人群聚集性，满足空间商业功能需求，形成更有能量的有机更新空间。结合南山大片区旅游品味，尊重黄桷垭历史文脉，打造古风犹存的"老街新景"。

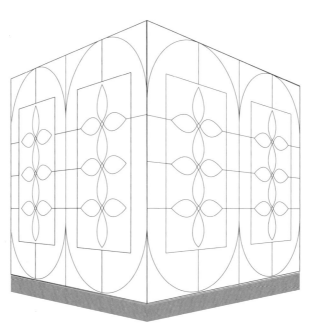

古木新舍
——废弃工厂餐厅改造项目

张毛毛　牟紫菡　张艺琼　闫光宇
鲁迅美术学院

在这个废弃工厂的院子里有一棵老树，直径接近 100 厘米，经过与甲方的沟通与方案的修改，这棵老树最终保留，继续见证它身边的一切。围绕这棵老树，做了一个通透的大落地玻璃窗，树自然便成了每一位坐在它身边的顾客的朋友，与他们分享喜悦与幸福。空间以低成本为主旨，在做好屋顶防水后将原屋顶结构中的木作人字架全部适度翻新喷白，不仅大量节省了施工资金，也重新赋予了老木在新的商业空间中的意义与价值。设计周期 16 天，施工周期 100 天。

悦木之源

——咖啡店的"木"营造

张美娜

东北师范大学

以"木"的温润、亲切理念为引导，在北京市南锣鼓巷打造出一处有温度的咖啡店空间，同时在空间中引入老北京剪纸文化。水为生命之源，木为生命之灵，文化为生命之魂。本次咖啡店设计是我们"木"营造的载体，也是一次思考和探讨。思考人们在"木"空间下是时的心境感受，思考地域文化与"木"营造之间的关系。

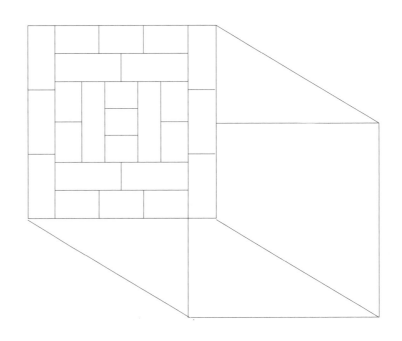

竹缘
——创意居住空间设计

张梦姚　程蓝翔　陈子豪　李姝彤
上海师范大学

本次方案是为竹居酒店空间设计，设计地点为四川省的青神县，设计采用了现代化的设计风格其中主要运用到的材质有：竹子、环保纸张、清水混凝土、大理石等环保材料，同时采用了日式的改良型家具，追求典雅、宁静的空间环境效果。本设计始终贯穿着"绿色建筑理念"的设计哲学，因地制宜，充分利用了当地的原材料，代替钢筋、玻璃等传统现代建筑材料，运用最低的成本，将地域材料竹子和现代建筑设计结合，打造出最具特点的竹居空间。

记忆与传承
——闽西客家民居空间再生设计研究

张楠翔　吴嘉楠

四川美术学院

文化地域性是一个人、一个村落乃至一个地区的共同记忆，同窗之谊则更是伴随一生都无法遗忘的部分，带给人美好的回忆。在设计表现中，本次设计以书院文化复兴为目的，借助文化振兴的背景，运用物质重塑与精神延续的设计方式将传统文化元素具象化，作为唤醒书院记忆的催化剂。通过对建筑、环境景观与内部氛围的处理，营造出集文教、耕读、游学、休闲为一体的学堂体验式空间，借助设计达到传统书院甚至传统村落复兴的可能性。

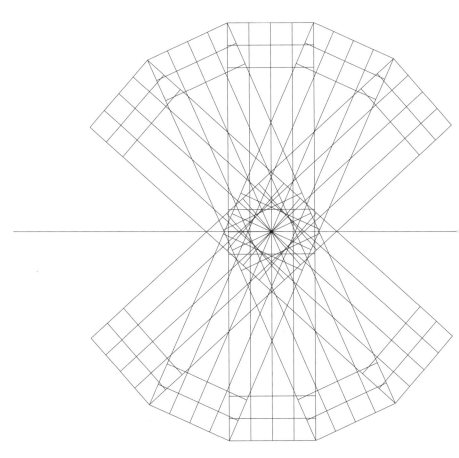

木垣艺韵

——安居古镇游客接待中心

张一飞　孟琳

太原理工大学

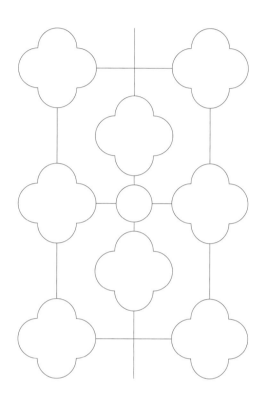

本项目为重庆安居古镇游客接待中心设计，面积约为1994平方米，主要包括接待中心的A区（茶餐厅）、B区（游客接待大厅）、C区（匠艺书店）。主要采用现代中式的风格设计，以土、木、石为主要元素来进行设计，并且结合中国古典的造景手法，以极简为表达方式营造出惬意舒适的游客接待空间，使整个空间更加有文化韵味；在木作上主要采用了格栅和竹这两种具有重庆当地特色的元素去点缀空间，并辅以土元素的衬托，产生更浓的地域特性。

入围作品·学生组

时间不止·空间共生
——沈阳莫子山城市书房设计

赵腾达　李艳　杨娅琴

东北师范大学

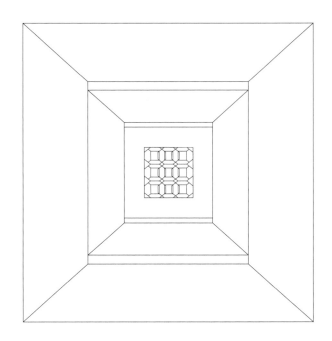

在全民阅读的时代背景下，越来越多的城市文化综合体形成，"城市书房"成为服务人们阅读体验的重要空间。"城市书房"的出现，更加贴近、契合了市民百姓在精神文化方面的现实需求，并通过阅读氛围的营造赋予人们精神的享受，寻找心灵上的共鸣。

本次设计，以"时间"和"空间"为主题，旨在将建筑与时间的永恒性和空间的多元性相结合，营造一个多维度、沉浸式、现代化的城市书房新体验，关注市民文化需求，赋予未来阅读新概念。

暮春山间

周晟

上海大学

本设计整体以三个标准 40 尺集装箱为基础，构成上下两层，屋顶拥有开放式花园，通风采光良好。建筑外立面采用几何切割的手法，打破原有集装箱四方规整的造型，使建筑富有动感韵律，同时以切割线为基础进行大面积镂空处理，内外通透，在为室内引入自然光线的同时，增进与自然风光的接触。

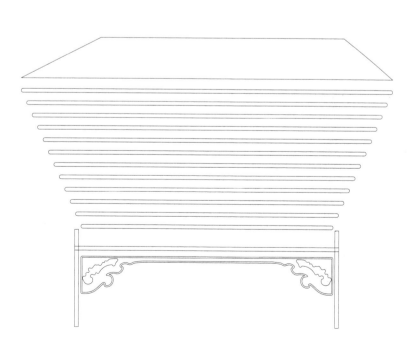

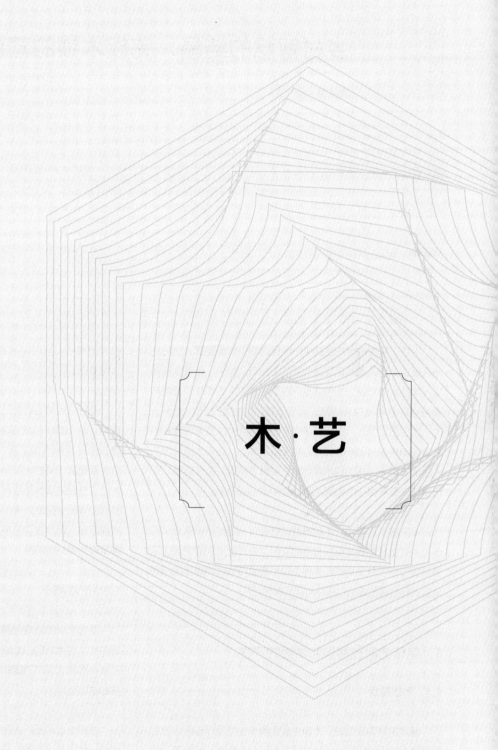

木·艺

乡村智慧的结晶：羌族木锁的营造解析

龚博维　杨一丁

广州美术学院

摘　要： 运用田野调查的方式，对汶川县东门寨羌人谷的木锁进行研究，探讨羌族木锁的制作工艺与开启方式，并以木锁为线索了解羌族村落基于自然环境下的防御系统，展现出成型和根植于当地文化技艺的羌族木锁所具有的乡村智慧。

关键词： 羌族　木锁　防御系统　乡村智慧

木锁，是羌族传统民居用于闭锁门扉的安全装置，在川西地区岷江上游的羌族聚居区有着广泛分布。如今，随着铁制品与科学技术的发展，木锁逐渐由防御外敌的生活物件，变成博物馆中的非物质文化遗产，其传统技术与制作工艺也逐渐流失。羌族历史悠久，是我国最古老的民族之一，羌人在长期的战争环境中滋生了一套完整的村寨防御体系，羌族木锁是集羌人生活防御于一体的纯木质物件，与村寨布局、生活环境、传统技艺关系密切，是羌族人民集体乡村智慧的结晶。

本文基于作者第一手的田野调查资料，通过研究羌族木锁作为乡村智慧如何去影响村落的发展，去解密木锁的制造工艺与开启方式，并发现羌族人民是如何借助特殊的地理环境防御外敌，在村落的建造过程中对此又有何呼应。

1 羌族的时代背景和木锁的产生

1.1 木锁现状

通过田野调查发现，木锁主要运用于主门客厅庭院以及牲口房两种空间类型，反映出牲口对于当时羌族人民而言是极其重要的家庭财产，也凸显了羌族崇尚自然的民族信仰。村落的建造按照时间发展顺序可分为早期、中期、现代三个阶段，木锁的分布也主要集中于早期建造的古村落区域。在20世纪80年代以后，随着社会经济的发展，人们生活水平的不断提高，铁锁因其小巧便捷的特性，逐渐取代了木锁成为村民的日常生活用品[1]。2008年的5·12汶川大地震中羌族聚居区受灾严重，大地震不仅对羌族人民的生命财产安全造成了

极大的威胁，同时对羌族文化艺术的传承与发展也造成了极大的冲击。

在村落的整治修复过程中，对羌族木锁的保护仍需进一步努力。5·12汶川大地震导致村落中众多房屋破损，古房屋修复技术难度与费用之高，导致许多村民搬迁到附近的城市居住，被遗留下来的不仅是古老的房子，还有与房子共生的千年木锁。村民的离开导致房屋物品闲置，木锁是羌族人民在生产劳作的过程中衍生出来的生活用具，它无法脱离生产者和使用者而存在，现存木锁的损坏以及制作技术的丢失是许多羌族村落所遇到的共同问题。

1.2 形成原因

羌族木锁的形成与其民族历史以及地理环境有着密不可分的关系。纯木质的门锁设计巧妙实用，具有很强的民族特色，反映出羌族人民在特定的地理环境中，为了防御外敌而体现出来的生活智慧。

在历史上，羌族人民由于常年受战乱的影响，民族形成了团结一心应对外敌的心理。羌族民风淳朴，本族人民都能熟练地掌握这种独特的开锁技巧，便于族人在村落中交流互助。由于外族人不了解木锁的开启方式，即使拥有钥匙也难以开启，因此木锁能有效地防止外族入侵，并使本族人之间的生活交流得到有效的保障。由于羊在羌族信仰中有着崇高的地位，因此，羌族人认为门锁的设计与羊有关，开锁的过程与羊羔吃奶的过程极为相似，具有朴素的现代仿生学原理[2]。这种设计想法也体现在羌族人民的服饰、图腾以及生产生活中。

在地理环境方面，由于羌族村落大多位于"刚卤之地"，没有铁矿出产，但木材与石材资源丰富。自古羌族的铁制品需要与生活在其他地区的汉族人进行交易而得来，因此铁器在羌族地区显得格外珍贵。羌族匠人只能将目光转向身边的自然资源，便于加工的木材能确保木锁的差异性，同时木材能与由石块垒砌而成的羌族房屋更好地匹配。在建造房屋的同时需要将木锁一同置入墙体中，木锁与碉楼始终依附在一起，而碉楼通常能伫立千百年而不倒塌，因此，精巧耐用且不易腐烂的羌族木锁就被冠以"千年木锁"的美誉[3]。

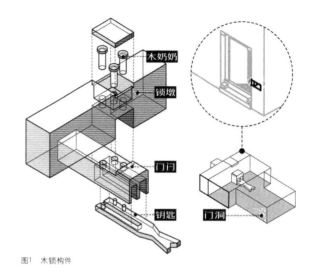

图1 木锁构件

2 工匠技艺、羌族木锁和村寨防御系统

2.1 制作工艺

本次研究通过邀请羌族当地匠人师傅制造木锁，得以还原记录木锁的制作过程。匠人师傅有着四十多年的木匠经验，曾为自己的房子多次制作木锁，本次却是师傅首次为他人制作木锁，村中老人也从鲜有见过木锁的制作过程，可见木锁技艺的传承正受到重大的考验。

羌族门锁为全木制品，制造过程着重于整体性这一特点，使木锁不易复制且具备独特的开启方式。匠人首先与使用者沟通木锁的款式，款式根据木奶奶的数量、钥匙的形状、房屋墙体的厚度来决定，工时约为2~3天。根据构件的不同选取各种木材进行加工，如体块较大的锁墩与门闩多使用桦木、槐木等；需要细致雕刻的钥匙选取核桃木；体型最小且最关键的锁心选取坚硬的铁砂木。即使山区落后工具缺乏，匠人仍能通过手艺打造出精密的木锁。运用墨线盒弹线定位，斧头开凿并塑造形体，锯子和木工刨反复调试每个构件，最终打磨成形。

2.2 构造特征

木锁通过锁墩、门闩、木奶奶、钥匙四个主要构件组合而成，并安装在墙体内形成门锁洞（图1）。开启过程中每个构件承担着不一样的角色，但相互间环环相扣，缺一不可。

锁墩，是门锁的主体，起到连接门锁与墙体的作用。锁墩整体呈长方体，置于门口一旁的墙体内，因此锁墩的长度根据墙体的厚度决定。锁墩内部会开凿用于拖拉门闩的插槽，高度与门闩高度匹配。插槽正上方有方槽，槽内开洞用于放置木奶奶，方槽深度略短于木奶奶长度，上方盖有木奶奶盖以确保在开启木锁的时候，木奶奶不会因为被敲打而出现弹出脱落的情况。

门闩，头部用于挡门，尾部可插入钥匙。门闩头部略小于尾部，便于在锁墩内拖拉，尾部底端挖槽，长度约为门闩整体长度的二分之一，用于插入钥匙。同时槽内开洞，与锁墩内部木奶奶位置匹配，洞眼厚度约为15~20毫米。尾部设计为凸起，便于拖拉门闩后使门闩回复到正确位置，不会与木奶奶错位。

木奶奶，可固定门闩，是门锁的重要组成部分。由于羌族人民认为木锁的开启过程与羊羔吃奶的过程相似，故称为"木奶奶"。木奶奶放置在锁墩的方槽内，顶部有帽，防止木奶奶从洞孔掉落。木锁的工作原理与木奶奶密切相关。闭门时，木奶奶串联锁墩与门闩，锁墩被固定在墙体内部，门闩也因此无法被移动，门也就无法开启。开启时，使用者通过钥匙敲起木奶奶，使木奶奶处于悬空的状态，与门闩脱离，在木奶奶因重力再次掉落之前顺势拉出门闩，门也就开启了。同时，木奶奶的数量与位置也决定了木锁不会相同，确保了每个木锁的独特性。

钥匙，插入匹配的门闩内，通过敲击木奶奶拖拉门闩，起到开启门锁的效果。有的钥匙头部为平面，也有根据对应的木奶奶数量与位置设有凸起的木齿。尾部供使用者手握，常雕刻成符合人体工学的形状。钥匙的形状也决定了开启门锁的难度系数，有的木匠会将木齿刻意打磨短一点，使开启时钥匙更难将木奶奶敲起；有的会将钥匙设计成双轨，确保外人难以将其他物品插入门闩内仿制钥匙；有的会将钥匙与门闩的插槽设计成"J"字形，使用时需要将钥匙插入旋转方能敲击对应的木奶奶达到开门的效果。

门锁洞，供人开锁的区域，是人与建筑、门锁的交汇空间。设置在开门一侧的墙体内部，连通内部与外部，让使用者即使在房屋内部也有操作的区域。由于羌族地区房屋建筑大多

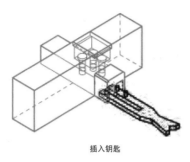
插入钥匙

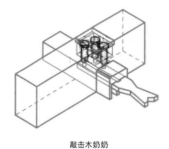
敲击木奶奶

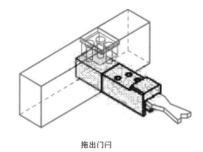
拖出门闩

图2　开锁步骤

使用石材，门锁洞的造型也普遍为正方形。洞口尺寸刚好便于人手出入，一侧放置木锁，另一侧内部开洞，使开门时可有充足的空间放置钥匙与门闩。门锁洞藏匿在墙体内部，开锁时全程在黑暗的洞内进行，可以有效防止羌族独特的开锁手法被外人发现模仿，即使外人拥有钥匙也难以开启，开启时屋内的人也可以在内部进行防御，使木锁真正地与周边环境融为一体。

2.3　开启方式

开启木锁，需要将钥匙插入门闩，快速敲打木奶奶，与此同时顺势拉出门闩。整套动作需要快速连贯，在木奶奶因重力再次插入门闩之前将门闩拉出（图2）。木钥匙由于难以复制且尺寸较大不易携带，一般藏在锁洞内或门外某个角落，这种方法能解决当时一间房屋内居住人数较多的问题，同时也只有本族人或本家人才知道藏钥匙的位置，因此羌族人出门一般不携带钥匙。

如同现代化的面部识别与指纹解锁一般，木锁为羌族人民设定了独特的生物识别系统。为确保高强度的安全保密功能，现代化科技的面部识别与指纹解锁可以为人们制定专属的解密方式，这种方式不会随岁月流逝而改变，更不会被轻易盗取。羌族木锁也有着异曲同工之妙。藏匿在门洞中进行的开锁手法通过族人之间口耳相传，手握钥匙，在门洞中连续敲击木奶奶并顺势拖出门闩，这一套动作需要反复尝试，用身体去牢记每一个细节。不为外人所知的开锁手法可识别出羌族人与外族人，同时每一把木锁配对有且仅有的一把木钥匙，可识别出本家人与外家人。在黑暗的门洞中，用手与木钥匙编织出的舞蹈，正是属于羌族特有的防御识别系统。

2.4　防御系统

在战争防御上，一体化的建筑形式与村落布局都有利于族人之间的交流互助。羌族在我国自古就是强大好战的民族，由于战争的发展，民族逐渐从高原地区向中原地区迁徙，同时也衍生出一套属于羌族独有的防御系统。羌族村落大多依山傍水、据险而居，羌族人更是利用特有的建筑材料与自然环境防御外敌，达到整体防御的目标（图3）。

由于羌族聚居区自然资源丰富，山上的片麻石与当地的黄泥混合垒砌而成的羌族建筑强度较高不易倒塌。房屋石墙厚度可达70~80厘米，内侧与地面垂直，外侧向上收分，顶端厚度约为40厘米[4]。

同时房屋的窗户大量使用斗窗式设计。即窗户外小内大，不但在日常生活中可以有效地遮挡风雨，让更多阳光进入室内[5]；更重要的是在战争时期，可便于族人在房屋内对外射击并防御敌人的箭攻。独特的木锁设计也能够起到抵御外敌、拖延时间的效果。

碉楼作为最重要的军事防御设施，起到了串联村落的作用。碉楼高度可达20米，当遇到敌情时，村落中最高的建筑物碉楼，就会放狼烟通知村民。旧时每个羌族村落都会有好几座碉楼，根据不同的使用功能分为寨碉、官碉与风水碉。据村民描述，羌人谷村落内最古老的碉楼建于1400多年前。

羌族村落依山而建，整个建筑群高低错落，形成了错综复杂的路网系统。房屋间距窄，部分区域建有过街楼，在战时便于族人在房屋之间穿梭交流，使全村有机地联系起来，形成整体防御。道路狭窄且拐角众多，任何一个拐角处均可伏击来犯之敌，颇有"一夫当关，万夫莫敌"之势。巷道与过街楼组织成路网，族人进退自如，外人却如入迷宫。

村落在选址上巧用地势，形成自然屏障。羌族人大多生活在山区，这种区域风大干旱，耕地面积较少，但能很好地防御外敌入侵。村落背靠群山，河流将其半包围起来，进村的方式除了过桥就只能攀爬高耸的山体。族人挖掘水渠，将山上的清泉引入村落中，形成给排水系统。流经各家各户水渠能为族人带来源源不断的干净用水，避免被敌人断水投毒的困境，同时使村落免遭火灾威胁。

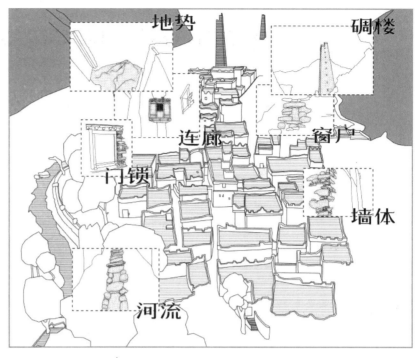

图3 防御系统

水渠、路网、房屋、过街楼和碉楼，构成了羌族村落地下、地上、空中立体交叉的防御系统[6]。这种复杂、完整的防御系统能有效地保卫村落防御外敌，体现羌族人民团结互助，在资源有限的地理环境中，对空间环境进行巧妙改造利用的乡村智慧。

随着社会的发展，羌族人民在生产生活过程中，积累发展出了勤劳淳朴的设计思维。如今羌族木锁虽然失去了战争防御的作用，但这些历经岁月传承下来的非物质文化遗产值得被延续下去，其承载着羌族重要的历史记忆与民族文化。即使在科学技术发达的今天，远离城市的乡村智慧也不应被人们所遗忘，那些更贴合日常生活，更能基于自然环境作出反应的智慧，也许会给我们理解乡村带来更多的可能性和多方面的影响。

3 结论：羌族乡村智慧的木锁

羌族木锁的乡村智慧不仅体现在民族匠人的传统技艺上，更反映在羌族人根据自身的需求对周围环境进行有针对性的改造设计中，形成了羌族独特的造物观。同时，木锁为我们展示了羌族精湛的造物技术，以及蕴含其中的中国传统民间艺术创作的丰富内涵，羌族人民的聪明才智在木锁的选材、制作与使用上都得到了充分体现。

木锁之所以被视为羌族乡村智慧的结晶，是因为其不仅具有作为客观生活物件的基本功能，同时汇集了羌族人民的生活习惯、民族文化与造物思想。羌族人围绕木锁所开展的村落防御系统建设，更是体现了他们在传统文化与自然环境的背景下，巧妙运用木材料解决日常生活难题的乡村智慧。

参考文献

[1] 马宁,周毓华.羌族非物质文化遗产——"千年木锁"的保护研究[J].阿坝师范高等专科学校学报,2008,24(4):4-6,17.

[2] 张犇.四川茂汶理羌族设计的文化生态研究[D].苏州:苏州大学,2007.

[3] 张犇.羌族门锁的造物特征与文化成因分析[J].艺术百家(z1):11-13.

[4] 任浩.羌族建筑与村寨[J].建筑学报,2003(8).

[5] 杨光伟.羌族民居建筑群的价值及其开发利用[J].西南民族大学学报(人文社科版),2005(05):337-338.

[6] 谢荣幸.岷江上游古羌寨防御体系解析[J].装饰,2018,No.300(04):122-125.

佛寺建筑中平棊与藻井的曼荼罗图像设计美学

杨婷帆

中国美术学院

摘　要： 通常意义上的"曼荼罗"是一种佛教常用平面图像的代指，但是是否曼荼罗图式就缺乏空间特性？现代文明对建筑领域的强烈冲击，导致缺乏情感的建筑和脱离文脉的城市随处可见，历史和传统在现代建筑中被不断的剥离。笔者通过对中国古典木构建筑中"藻井"结构与曼荼罗空间图式演变的共同分析，意在提出一种基于荣格"集体无意识"原型理论的建筑空间"曼荼罗母题"，将曼荼罗原型图式运用于现代建筑创作之中，为当代中国建筑空间创作提出一种新的视角与可能。

关键词： 曼荼罗空间图式　藻井　集体无意识

1　解读曼荼罗

1.1　曼荼罗溯源

通常意义上的"曼荼罗"是一种佛教常用平面图像的代指，追溯其来源是梵文 Mandala 的音译，意为"坛"，起源于印度教，后发展为佛教密宗的一种宇宙模型图式①。曼荼罗图式所展现了佛教密宗的理想宇宙画面：以须弥山为世界中心，使用方、圆、佛陀等形式要素，所表现的十字对称的图式概念化的表达了曼荼罗在密宗佛教的修行方式。

关于密宗佛教修行对曼荼罗的使用可以追溯到印度的初期密教，信徒在修行过程中借助曼荼罗所表达的佛教极乐世界以

冥想的方式内视于心，曼荼罗图式便从概念转化为实体形象，以便于僧侣观想修行。

1.2　曼荼罗图式分析

5 世纪左右，佛教"曼荼罗"宇宙图式已经形成：世界以帝释天居住的被七重山所包围的须弥山为中心，山上有正方形善见城，其中央是正方形宫殿殊胜殿，七重山之外才人类居住的世界，再外侧是铁围山。

密宗佛教认为僧侣通过修行成佛，需在身体、言语和思想上做到与佛祖释迦牟尼一致，僧侣需要通过曼荼罗辅助修行冥想，在脑海中构建西方极乐净土，在"藏传佛教密宗曼荼罗艺

图1　法曼荼罗

图2　羯磨曼荼罗

图3　金刚界曼荼罗

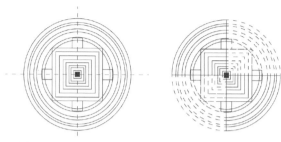

图4 时轮金刚曼荼罗图示构图秩序分析（来源：苗本超.曼荼罗空间意向启迪的藏区城镇与建筑设计初探[D].西安：西安建筑科技大学，2014：23.）

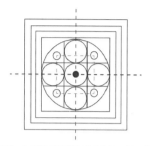
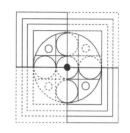

图5 金刚界曼荼罗构图秩序分析（来源：苗本超.曼荼罗空间意向启迪的藏区城镇与建筑设计初探[D].西安：西安建筑科技大学，2014：23.）

图6 襄樊市出土的汉代陶楼

图7 印度桑奇大塔

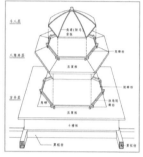

图8 斗八藻井半框结构示意图（来源：潘谷西，何建中.《营造法式》解读[M].南京：东南大学出版社，2005：128.）

图9 曼扎曼荼罗

术探秘"一文中，曼荼罗的画面细划为六部分：最外侧是绘满了云彩、花卉、宇宙星空、菩萨、护法等图案的凡人世界；然后是火焰、风、金刚杵、莲花四道墙组成的第一道护法墙；而内是代表僧侣门徒所居住的外院场所；再是绘满法器与守卫的第二道护法墙，城阁外侧绘幢幡、伞盖等吉祥以及飞天供养的乐器；最后才是佛陀居住的城阁与佛教传说中的佛陀形象。

曼荼罗表达了佛教密宗语境下的人类共有的原型结构，其以一系列的方形、圆形等几何图形构成向心轴对称的图式，这些图形最终按照一个固定中心布局形成了丰富的层次，其强烈的向心构图秩序同时体现了佛教宇宙观中的等级制度（图1~图5）。

1.3 荣格与曼荼罗

1916年荣格通过一些简约图形母题组成的图像来帮助自己观察潜意识变化，确立了人类具有共同思想渊源的观点，即"集体无意识"与原型理论，荣格认为曼荼罗图式揭示了人类心理共有的原型结构，并且提出不同文化原始意象高概率出现的五种几何母题：中心点、圆、方形、三角形及十字形。

荣格指出，曼荼罗之所以呈现出这样的表现形式，是因为其基础为人类集体无意识，这是深藏在人类经验下的本能，同人类生理构造一样古老。这也解释了为什么曼荼罗的几何母题在不同文化的许多建筑中都能被看到，也可以理解为，荣格所定义的"曼荼罗"本身是集体无意识的心理体现。

由于受到荣格心理学对"曼荼罗"的平面几何母题的描述，在惯有的研究中常忽视了对其空间维度的解读，如果回归到曼荼罗原有的佛教密宗语境中，可以曼荼罗作为密宗法器不仅表现在绘画的平面，也表现在经幢法器、祭坛、佛寺园林中。

2 佛寺建筑空间中的曼荼罗形态分析

2.1 曼荼罗空间的内化

根据汉至唐以来佛教的演变发展史，佛寺建筑从东汉传入中国始以佛塔为中心逐渐演变为唐中后期以供奉佛像的殿堂为中心，曼荼罗空间逐渐由外向转变为内向。早期的佛教中缺少偶像崇拜的信条，佛塔一开始被视作僧侣修行中"身、口、意"之首要，僧侣围绕佛塔进行修行礼拜，《魏书·释老志》云："九宫塔制度、犹依天竺旧状而重构之，从一级至三、五、七、九"（图6、图7），汉代佛塔是依照印度佛教中的"窣堵波"以木构形式构建的，佛塔在传入中国后依然是作为佛教世界观所描绘的"曼荼罗"的空间形态。

后佛教受希腊化影响，佛像从阿育王朝所统治的印度地区开始流行起来，人们开始用希腊人的雕刻技法创造心目中的佛祖神像，佛像最初便是从阿育王朝所统治的区域开始的。上文提到过，修禅首先必须要谛观西方极乐净土，才能达到与佛交融的境地，早期僧侣为了辅助修行绘制"曼荼罗"来构建脑海

图10 巴米扬石窟西区第5窟天井(来源:http://blog.sina.com.cn/s/blog_4d40cc3d0102e2ds.html)　图11 巴米扬石窟西区第14窟叠涩天井(来源:http://blog.sina.com.cn/s/blog_4d40cc3d0102e2ds.html)　图12 北周第428窟窟顶平棊式图案(来源:http://blog.sina.com.cn/s/blog_4d40cc3d0102e2ds.html)

图13 北周第428窟窟顶平棊式图案(来源:http://blog.sina.com.cn/s/blog_4d40cc3d0102e2ds.html)　图14 苏州虎丘云岩寺塔第三层通向塔心内室过道上的斗八藻井(宋)　图15 山西应县净土寺大殿斗八藻井(金)(来源:潘谷西,何建中.《营造法式》解读[M].南京:东南大学出版社,2005:128.)

中的佛教宇宙。所以,当偶像崇拜盛行后,汉代早期石窟中又雕凿了配合观像需要的佛教偶像,佛教造像的产生使得供奉神像的大殿取代佛塔成为佛寺建筑的中心,佛陀们生活的极乐净土的构建从抽象的表达转变为围绕佛像的具象展开。

曼扎曼荼罗是藏传佛教放置在佛堂供桌上作法事时使用的供器,也是曼荼罗空间意向的一种,一般放在金属、陶或木制成的盘基里,盘内放进五谷杂粮、各色宝石等物,以象征佛教净土世界中的四大洲、日、月、如意树、七珍八宝等,盘上置下大上小塔状形式的五层螺塔"曼扎",象征佛教宇宙中心须弥山(图8)。

2.2 石窟藻井中的曼荼罗意向

藻井之名始见汉赋——张衡《西京赋》"蒂倒茄于藻井,披红葩之狎猎",薛综注云:"藻井,当栋中,交木方为之,如井干也。"在空间意义上,藻井最初可能只是建筑内部一种叠涩天井的结构,用于提高建筑内部空间以获得更高的空间感(图9),现存的巴米扬汉代石窟中可以看到,藻井在这时被用作承托屋顶的结构功能(图10、图11)。

"斗四"是汉代藻井发展初期的一种主要藻井形式,底部承托枋的构建为方形,方形上旋转45°再上叠方形,魏晋南北朝时期的藻井也延续这一结构,此后便逐渐向隔断装饰构件转变,不再作为承重结构承托屋顶重量。

在北周第北周第428窟窟顶图案中可以发现,这时石窟顶部不再使用"井干"式的藻井结构来承托石窟顶部重量,作为结构的藻井变为装饰的平面图案;在图12中可以发现,最外侧四周描绘了走兽、云彩、飞天与"曼荼罗"最外侧绘满云彩、花卉、护法等图案的凡人世界相呼应,内部互为45°的两个方形很可能代表了"曼荼罗"中内外两道护法墙,墙间的夹角处绘满的卷草纹可能代表的是僧侣居住的内院,中心的莲花图式象征着佛陀,圆形则代表古人"天圆地方"世界观中的"天",即佛陀生活的极乐净土。

2.3 宋至明清木构建中的藻井

《营造法式》中提及的宋代木构建筑承尘方式一共有平暗、平棊、藻井三种,此时的藻井单指承尘中用于寺庙神佛主像或者殿宇帝王宝座上方以突出室内中心空间的结构,此时藻井已经成为遮挡草栿等构架的一种装饰性隔断,其基本模式为算桯枋上加箱式斗槽板,再上施覆斗形结构。

图14~图16列举的宋、金、明三朝佛寺建筑中的斗八藻井,其斗心样式又与北周石窟天顶的斗四藻井不同,箱式斗槽板上的铺作数增多,装饰花纹更加繁复,斗心也从宋虎丘云岩寺塔上单纯的八条阳马变成了金代的双龙戏珠画像,再变成明时期的团龙浮雕。在结构上体现了宋代以后建筑结构装饰化的特点。曼荼罗图式意向在宋代藻井中与结构结合表现为简单的

图16 北京智化寺大殿斗八藻井（明）

图17 北京智化寺转轮藏（明）（来源：https://zhuanlan.zhihu.com/p/52499942）

图18 《考工记》所述理想城市

几何式样，发展到金元后逐渐与象征皇权的"龙"结合，佛像上方的"天"不再是早期石窟天顶藻井中莲花纹或者简单的几何图案所代表的极乐净土世界，代表皇权的"龙"成为凌驾于极乐净土之上的天的象征，侧面体现了宋以后君主专制中央集权制度的进一步加强。

根据荣格"集体无意识"的理论基础，即使是在僧侣生活修行的石窟中用于承重的"藻井"，其本身所内涵的原型与撇开宗教寓意的曼荼罗的表现形式在结构上的相似性正是建立在这种"集体无意识"上的，也就是说，"藻井"结构与用于帮助教徒内心中再现净土世界的"曼荼罗"平面图式逐渐融合，成为曼荼罗空间图式的一种表现形式，并且在唐宋至明清时期随着木建筑结构的装饰化，曼荼罗逐渐融入中国古典木构建筑空间中是一种必然的结果，宋代以后君主专制制度的进一步加强，曼荼罗图式所代表的宗教意向逐渐与专制皇权下的社会意识形态相结合。

3 当代中国本土建筑：曼荼罗与木构的现实思考

通过上文的研究，简述了在藻井从结构部件到装饰部件的演变过程中与曼荼罗图式意向的结合，得出了曼荼罗作为人类的一种"集体无意识"的图式，翻过来也在对政治与社会意识形态进行表达。

根据杰洛尔的观点，原始野蛮人在森林空间中搭建四方平面的具有遮蔽功能的处所，不同于穴居，这是人类真正意义上拥有建筑的概念，故所有建筑均是以此茅草屋为原型生成的类型。探讨曼荼罗的图式意向与建筑空间的关系，也需要一个"茅草屋"原型作为它们共同的起点与锚点，曼荼罗空间意向下的"茅草"屋，是一个虚拟的三维形体，它并非真实存在的绝对空间。通过对曼荼罗的符构与符义的解读，才能进行"曼荼罗母题"形态的延伸设计，最终的建筑形式将是包含中心点、十字、三角形、方形或者圆形的"曼荼罗茅草屋"。

3.1 几何图形

中国传统藻井样式由于材料与结构方面的特点，对建筑平面与空间上的营造都借助方形、圆形等几何图形的旋转重复进行表达；同样的曼荼罗图示也可分解为方形、圆形或者三角形等基本图形。这些由欧几里得几何图形展现的"曼荼罗母题"与藻井的平面样式都存在一种几何意义上的完整性，在"曼荼罗茅草屋"平面的布局中，几何的特征理应得到一定程度的展现。

3.2 色彩关系

曼荼罗主要包括红、黄、青、白、黑五种色彩，这样的组合使得曼荼罗的图示丰富而协调，在密宗佛教的教义中，不同的色彩象征了不同的中央主尊及四方诸尊，并能够表现出不同效果的心理暗示。曼荼罗中在"大日经"中甚至还明确提出了五色绘制的顺序，色彩既象征了菩萨佛尊也用以区别佛尊形象。

中国古典建筑的彩画与曼荼罗常用的五种颜色并无冲突，曼荼罗的色调与建筑的色调都出自于宗教及自然环境的影响，二者在类型的层面上存在着内在的延续性。

3.3 构图秩序

曼荼罗图示中体现出了中心、层次、对称、平衡这样的秩序，从二维图示中不难发现，在西方近代欧洲学者提出的"理想城市"城市规划设计方案中，广义曼荼罗原型意向被广泛运用于城市规划，表现为等分的向心式圆形或接近圆形的曼荼罗图案。中国古代的城市建设中亦有"匠人营国，方九里，旁三门，国中九经九纬，经涂九轨，左祖右社，前朝后市，市朝一夫。"的理想城市规划。

曼荼罗原型图式作为沉淀在人类集体无意识中的最古老审美情趣之一，目前其原型图式已经作为一种建筑装饰艺术和心理治疗的手段，广泛地进入大众的视野，但对曼荼罗"集体无

图19 金刚界曼荼罗的九宫格形式

意识"的研究大部分仍旧停留在平面图式的分析上。

上文提到,在曼荼罗空间图式演变的历史进程中,随着汉传佛教的世俗化,儒释道教条的相互渗透,曼荼罗在中国古典建筑中的图式意义从对西方佛教极乐净土的描述转变为皇权的标志,结合通常与之一同出现的藻井对单体建筑的空间视线引导,强化了建筑空间内聚力,使得建筑重心如佛像、君王宝座等得到突出与强调。

本文理论研究的价值主要在提出了中国密宗佛教的曼荼罗与中国古典建筑中的藻井结构基于同一集体无意识而发生共同演变的现象,引入荣格分析心理学中的"集体无意识"与原型理论,简要分析了"曼荼罗"在建筑设计领域中与建筑创作相结合的可能性,证明"曼荼罗"对于建筑内聚性空间创作的实际指导意义。

注释

① 意"曼荼罗是梵文 Mandala 的音译;曼荼罗又译"曼陀罗""慢怛罗""满拏啰"等;曼荼罗意译"坛""坛场""坛城""轮圆具足""聚集"等;藏语 dkyil-vkhor,音译"吉廓",意译为"中围"。是密教传统的修持能量的中心。"参考:唐颐《图解曼荼罗》。

参考文献

[1] 杨旦春.甘肃妙因寺多吉强殿曼荼罗图像内容及其布局考述[J].西藏大学学报(社会科学版),2020,35(01):88-96.

[2] 梅晨曦,顾心怡.佛教宇宙观在中国庙宇建筑中的本土化——以义慈惠石柱为例[J].建筑学报,2019(12):48-54.

[3] 陈锦航,张正雄,姚皓杰.有意义的地下空间:博物馆地下展厅的文化生产——以法门寺博物馆唐密曼荼罗展厅为例[J].东南文化,2019(S1):67-71,66.

[4] 陈捷,张昕.永乐大钟五方佛曼荼罗及其在建筑空间中的运用[C].中国建筑学会建筑史学分会,北京工业大学.2019年中国建筑学会建筑史学分会年会暨学术研讨会论文集(上).中国建筑学会建筑史学分会,北京工业大学:中国建筑学会建筑史学分会,2019:360-369.

[5] 张昕,陈捷.智化寺曼荼罗的内容设置与布局重组[C].中国建筑学会建筑史学分会,北京工业大学.2019年中国建筑学会建筑史学分会年会暨学术研讨会论文集(上).中国建筑学会建筑史学分会、北京工业大学:中国建筑学会建筑史学分会,2019:370-378.

[6] 阴怡然,赵万民.基于曼荼罗图式的汉传佛寺规划营建研究——以成都与峨眉山佛寺为例[J].建筑学报,2019(S1):169-174.

[7] 陈捷,张昕.宣化辽墓与阁院寺:密教仪轨影响下的符号体系和神圣空间[J].美术研究,2018(06):25-32,41.

[8] 杜戎,魏琼.河湟地区的曼荼罗艺术——妙音寺万岁殿天顶研究[J].美术,2018(05):144-145.

[9] 苗本超.曼荼罗空间意向启迪的藏区城镇与建筑设计初探[D].西安:西安建筑科技大学,2014.

[10] 王瑛.建筑趋同与多元的文化分析[M].北京:中国建筑工业出版社,2005:115.

[11] (意)布鲁诺·赛维.张似赞译.建筑空间论[M].北京:建筑工业出版社,2006.

[12] 刘先觉.现代建筑理论[M].北京:中国建筑工业出版社,1999.

[13] 郭俊杰.建筑·语言[D].天津:天津大学,2007.

[14] 唐颐.图解曼荼罗[M].西安:陕西师范大学出版社,2009:39.

[15] 黄瑜媛.基于宗教涵义的西藏传统建筑空间解析[D].成都:西南交通大学,2009.

[16] 李震,刘志勇,高介华.中国古典园林意境美探源[C].建筑与文化论集.北京:机械工业出版社,2006:324.

[17] 赵大鹏.曼荼罗原型图式与现代建筑创作[D].北京:中央美术学院,2013.

[18] 汪丽君.广义建筑类型学研究[D].天津:天津大学,2002.

[19] 沈克宁.建筑类型学与城市形态学[M].北京:中国建筑工业出版社,2010:23.

[20] 罗小未.外国近现代建筑史[M].北京:中国建筑工业出版社,2008:364.

[21] (挪威)诺伯格·舒尔茨著.场所精神[M].施植明译.武汉:华中科技大学出版社,2010:19.

[22] (挪威)诺伯格·舒尔茨著.场所精神[M].施植明译.武汉:华中科技大学出版社,2010:19

[23] 刘敦桢.中国古代建筑史[M].北京:中国建筑工业出版社,2005.

[24] 李诫.营造法式[M].北京:中华书局,2015.

[25] 潘谷西.何建中.《营造法式》解读[M].南京:东南大学出版社,2005.

新疆维吾尔民居建筑中的木制装饰艺术初探

刘菲

济南大学美术与设计学院

摘　要： 新疆的少数民族一代代的繁衍生息，一辈辈的勤劳耕耘，为我们流传下来了宝贵的传统文化和精神财富，新疆的民间传统装饰语言的丰富性也显现出新疆各民族的文化创造才能，体现出精湛的工艺水平，对中华民族传统文化的传承与发展做了重要的补充。历史的发展就一直是不断学习继承、融会贯通、创新发展的过程，完全是历史自然选择的结果。

关键词： 新疆民居建筑　木制装饰艺术

引言

新疆地处亚欧腹地、古丝路要塞，自古以来历经几千年的文化交流与融合，形成了独具特色的艺术样式。在南疆维吾尔族聚居区的民居建筑中也蕴藏着丰富的装饰艺术，其中要数木制装饰最为多见。

新疆虽比内陆干燥，但并不都是沙漠地区，可供使用的木材并不少见。最为常见的木材树种有山中海拔较高的落叶松、云杉，沙漠附近的胡杨、红柳，以及最为常见的白杨树和各类果树。新疆雨水相对少，因而民居建筑多采用木料与生土建造。木材被加工成房屋合适的木料，既有起房屋结构承重作用的主干榫卯框架，也有起装饰作用的辅助结构，再配以夯土成型，近乎现代钢筋混凝土的加固技术。建造起的房屋结实牢固且不失民族特色的审美趣味。

1　构件分类及装饰

新疆地区，尤其是塔里木盆地区域的民居建筑装饰主要集中藻井顶、柱头以及墙壁壁龛、门窗等细节施以独具特色的雕刻和彩绘。以下本文就根据房屋构件的位置功能划分，将民居建筑中的木制装饰艺术分类展开论述。

1.1　藻井装饰艺术

藻井是中国古代建筑装饰特有的构造，因其大气的构造，多被运用于庙堂寺宇宫殿之中，古代高级墓葬中也有使用。追溯藻井之源起，早在汉代的墓室中就有了藻井装饰的使用。东汉张衡在《西京赋》中出现了藻井这个名词，并且对藻井的精美造型结构有详尽的描述。且我国历代对建筑有着严格的等级制度规定，不能越级建造藻井。《稽古定制·唐制》规定"一凡王公以下屋舍，不得施重栱、藻井"。宋代、明代也规定藻井只能运用在宫殿或寺庙的建筑中。而皇家宫殿中尤以故宫太和殿藻井为名。

而民间民居中至今仍有较为简化的藻井装饰，民间戏台戏楼也有运用藻井结构起到收声扩声的作用。按其材质藻井可划分为石雕藻井、砖砌藻井、木结构藻井，也有砖木结合的；按其造型可分为方形和圆形两个大类，其中也有演化出六角、八角、螺旋形的。并且在中国古代建筑中设置藻井结构并不仅是装饰用途，从其名称的来历也可见其对防火避灾的镇宅功能；而藻井构造比起当代天花板而言，还有冬暖夏凉、防灰尘的实用功能。

此外留存至今的石窟壁画中，由于藻井在石窟天顶的缘故，藻井彩绘是保存最为完整的，著名的莫高窟石窟壁画中藻井彩绘就有400余处，新疆龟兹壁画中的藻井也有多处留存（图1），其建造年代从北凉至元代延续千年。显而易见在丝绸之路沿线古代遗迹中能够有大量藻井的留存，可见藻井与古丝路中原文化的传播交流密不可分。

新疆民间建筑中的藻井多是以砖、木为材料的叠涩结构的屋顶构造，且也多用于清真寺的建造结构之中。清真寺的藻井

图1　　　　　　　　　　　　　　图2　　　　　　　　　　　　　　图3　　　　　　　　　　　図4

一般以方形套菱形造型最为典型，它是受到石窟中套斗式藻井影响，魏晋时期克孜尔石窟藻井就与清代的库车大清真寺藻井相同。这足以证明了新疆地区藻井工艺的传承。而今当地影响力最大的几座清真寺大殿中也都以此类藻井为顶部装饰。

由于新疆少雨，民居多为平顶，普通民居屋顶同样采用房梁、椽子、望板、檩条的结构，且将檩椽合一处理。藻井结构多出现在"阿以旺"（带有天窗的大厅）夏室中，兼顾了通风和美观的双重功能。它采用"瓦斯屈勒普"替代传统望板（图2），即将直径5厘米的细短树干纵向对半剖开，圆面向上，平面向下紧密的排列在间距为50厘米左右的密檩间，且在藻井中又区分出层数，每层又有自己的排列特点。不同的层级木条摆放的走向会有调整变化，仰望时形成排列整齐且古朴简洁的节奏美感。而且这种做法还利用了较为细小的木材边角料。大多数装饰时还会在屋顶梁上雕刻装饰花纹图案，再施以彩绘，藻井经过这样的装饰让内整体显得富丽堂皇，而且美丽的装饰不仅局限于此。

1.2　墙体装饰艺术

（1）门

维吾尔族旧有重内部装饰而轻房屋外部装饰的传统，很多外地游客在新疆游览民居时看到的大多是其貌不扬的土坯房，殊不知内部都别有洞天，而作为唯一展示给大家的门的装饰来说，就成为最深刻的第一印象，通常也是一家实力地位的显现，装点门面自然也是必不可少的。新疆尤其是南疆地区的门多采用厚度为10厘米的杨木板材，而对门的装饰就有重雕刻无彩绘木门和轻雕刻重彩绘木门。南北疆不同地区对门的审美偏好也有差别。北疆东疆地区更偏好彩绘，南疆地区重雕刻。

南疆维吾尔民居大门通常会在门板、门框、门檐上运用线雕方式刻制装饰花纹（图3）。保持木色原色，通过锯刨、雕刻完成。门板大多是双开木门，整体通常运用槽线先划分为几个区域，上方有呈拱形的，也有常规长方形的门板，还有运用旋花木柱作为镂空装饰镶嵌于门上半部分的。中段是装饰的重点，多运用四方连续图案作为主体的凹凸木雕花纹装饰，其花纹多与门檐相呼应。也有见用金属门饰结合木门镶嵌的大门。在门框上则采用三到四个几何装饰纹样组合的二方连续图案平均整齐排列于整个门框。带有门檐的则与门框的图案相互呼应且富有变化。根据每家不同审美和经济条件，也有无门檐的，门的大小高低以及图案的繁简也有区别，整体造型和纹样都极具民族特色。

（2）窗

筑墙壁上必不可少的组成部分，起到通风净化室内空气的作用。由于新疆气候干燥、日照时长、风沙天气的原因，窗口尺寸均相对较小。

传统民居建筑的窗扇是由窗边和窗棂组成（图4），传统窗棂通常是木制，因桑木质地硬且坚固，可裁得很细。窗棂多出现在富裕人家，且窗棂图案富于变化，在同一家绝不重复。其装饰通过棂条的排列组合形成镂空图案花纹，且间隔较小，是考虑到既能通风又能保护屋内隐私的作用。窗棂格花纹主要是横竖交叉和倾斜交叉两种布局形式。横竖交叉布局有"米""十""井""亚"字等图案；倾斜交叉的主要是菱形图案的组合。窗棂拼接图案与中原地区大多相同，可见中原风格传入的影响。

（3）壁龛

在墙体的装饰中，还有新疆民居特有的壁龛装饰（图5）。它的形制来源于佛教石窟中的佛龛。主要用于摆放书以及器

图5

图6

图7

具，称之为"吾由克"，维吾尔人又赋予其装饰功能，常见有方形、拱形、菱形。其外部演化的木制壁龛装饰则突出了室内空间的立体效果，也节约了木制家具的占地位置。相当于嵌在墙中的置物架，且颇具装饰性。此类壁龛在清真寺中也较为常见，就是从宗教建筑扩展到民宅领域的。

1.3 柱体装饰艺术

新疆传统民居的柱体多为木质结构，作为支撑房屋的实用功能，但柱的装饰性在新疆民居中的地位丝毫不亚于其实用性，它不似中原传统建筑中简约朴素，而重装饰雕刻，也不似现代观念中将柱尽可能隐藏的建筑思路，而是在其实用性的合理构建疏密关系的范围内尽可能发挥其装饰性。柱体以四边形为主，通体有雕刻纹饰，柱式装饰分柱头、柱身、柱基三部分。另外其中小型柱体——旋木栏杆亦是柱体装饰的一个重要组成部分，多分布于院落围廊边缘，其装饰性亦超出了实用性而存在。

此外民居中常有檐廊，结构中有很多支撑柱。檐廊结构延伸了房屋空间，防日照、防风沙。富裕家庭会使用上好木材对檐廊的柱头、梁托以及围栏进行精细的雕刻，图案多为几何纹样或植物花卉纹样。这些细节装饰既是家庭财富地位的显示也是传统民族文化的传承。

（1）柱头装饰

在我国传统建筑中，柱头是连接多个建筑构建的位置，新疆传统民居中，柱头多为十字交叉结构，以连接支撑顶梁。柱头的装饰占有相当大的比重，虽不是在柱头本身进行繁复刻画，而其连接的梁托部分呈现了最为精美的装饰纹样，颇似古希腊风格柱头形式（图6）。

（2）柱身装饰

中原地区传统建筑中，柱子按材质不同也有不同的装饰倾向，石质的柱子重雕饰，木制柱子粗壮而简约，也是因为其实用性承重因素的考虑。在新疆民居中，柱身通体雕刻，多为四边形、六边形或圆形。雕刻纹样多为较浅的几何纹样组合。且上部雕刻繁复，下部雕刻简约、与装饰精美的柱头形成对比和呼应（图7）。

（3）柱基装饰

此部分主要重在实用功能，而较少考虑装饰性。中国传统建筑中多采用石基作为柱基，以防止地面潮湿对木制柱身的腐蚀。而新疆民居虽不用石基间隔，则采用与其他家具连为一体的处理，如将屋内的木柱通常链接土炕边缘，或连接其他结构，以保证相互的支撑和稳固性，同时让柱子不再成为"碍

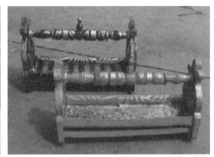

图8　　　　　　　　　　　　　　图9　　　　　　　　　　　　　　图10

事"的结构而在屋内"隐身"。且柱基的装饰亦随着其他家具的装饰进行相呼应的雕刻或装饰，浑然一体。

1.4　室内家具装饰

此类内容丰富，种类繁多，并不能在此一一尽数，只能略述。新疆民居家中必不可少的就是木床、木桌、木箱最为常见。其他木制器皿以及木制乐器的装饰工艺亦是可以研究挖掘的民族宝藏。它们不仅以其实用性存在于普通民众的生活之中，而且以其独具特色的装饰工艺作为礼品成为新疆的旅游名片之一。

（1）床

家具中床自然是不可或缺的，其中也分为木塌、带栏杆木床以及婴儿摇床几个种类。木床多为杨木材质，木榻在室内多按照房屋大小定制其满铺的尺寸，通常在床边与室内柱子链接，其装饰只出现在床的正侧面，运用较浅的雕刻构成几何纹样和植物花卉纹样的二方连续及四方连续图案的穿插组合。带有镟木栏杆的木雕床也有所区分，有只在床的三面有镟木栏杆的"卡塔尔"（图8），还有四面都有栏杆且有柱有顶有桌的装饰精美的大床，通常都是放置于院落中招待客人休闲纳凉（图9）。此外，还有特殊功能的婴儿摇床，尺寸和功能均符合幼儿发育要求，外观也兼顾了美观和使用的属性（图10）。

（2）桌

此类家具虽为家中必备，但并不与其他民族和地区有何差别，使用的均为常规桌子造型，仅小桌（放置于木床之中的小炕桌）别具特色。其大小不超过1米，多为长方形桌面，在桌面下方有连接储物抽屉，也有没抽屉的，四个方向的侧面都刻有简单但细小的图案花纹，而桌腿都不是直上直下的规则四方外形，而被赋予流线型的曲线造型或几何造型。

（3）箱

并不是汉民族的常规家具有衣柜之类储物，而是打造精美的木箱承装物品，都摆放于床头，因而更加重视其装饰性。将箱体示人的正侧面进行繁复的雕刻、镶嵌、彩绘等工艺，将其划分成大小不同的区域，在其中填有装饰花纹，图案依然以几何图案和植物花卉纹饰为主，是室内最为吸引人眼球的亮点（图11）。

还有很多家中常见实用木器，如可折叠书架、可折叠果篮等甚是精巧，在此不逐一冗述了。

2　装饰特点及其成因

2.1　图案的抽象性

新疆维吾尔族民居木雕装饰纹样多为几何纹样和植物花卉抽象纹样构成。究其原因是伊斯兰教义严禁偶像崇拜，在艺术创作中不能将有生命的人物、动物形象进行具象刻画，因此自伊斯兰教传入后的新疆美术研究中，写实性雕刻和绘画艺术完全是空白。但也因此把重心投入大量的抽象装饰纹样中，其装饰图案纹样是运用自然与抽象的结合，再通过艺术加工处理，运用线条的排列组合演化出各种图案。纹样源自自然，同时也蕴含着普通劳动人民寄情于此的美好期许和吉祥的寓意。是来自民间劳动而产生的智慧的结晶。

2.2　装饰的繁复性

维吾尔族民居木雕雕刻装饰具有饱满、繁密、凸凹有序，装饰效果华丽而富有节奏感的特点。其纹样既有整体的统一，也有细节的变化，因而整体与局部既有对比又很和谐，纹饰间的变化富有节奏感。而这种图案装饰特点在其他器物诸如地毯、布料中也很普遍。（图12）

图11

图12

2.3 成因

从前文所述木雕装饰中可以看到希腊、犍陀罗、中原文化、佛教、伊斯兰教等多元文化的身影。装饰花纹均较为繁复,且多为几何纹样和植物花卉的抽象图案纹样。这些特点是多方因素综合作用而形成的,具有典型的多元性地域特征。例如古希腊爱奥尼亚柱式、窗棂的钱币纹、四瓣花等,这些模仿吸收创新都是经历了历史岁月的选择,是普通民众在劳动过程中吸收多方影响并与地域文化融合而形成。就如仲高的《丝绸之路艺术研究》中说:"本土文化在有选择的吸收外来文化之后,一旦本土文化成熟,你再也找不到效仿的痕迹,而真正成为本土化、民族化的西域艺术。"

传统游牧民族的生活习惯在定居生活中仍有着很深的影响。家具的便于携带和建筑中借鉴草原文化元素是显而易见的,也体现出对游牧生活的纪念,且多数游牧民族在迁徙过程中,将所见所闻的各地民俗包括审美融入生活也是文化传播和交流的规律,作为一个东西方多元文化自古至今频繁交流融汇的地区,有着如此的文化艺术特征也不是偶然。

3 结论

新疆的少数民族在故土一代代的繁衍生息,一辈辈地勤劳耕耘,为后人流传下了宝贵的传统文化和精神财富,新疆的民间传统装饰语言的丰富性也显现出新疆各民族的文化创造才能,体现出精湛的工艺水平,对中华民族传统文化的传承与发展做了重要的补充。同时,全国各民族的艺术特色共同构成了中华民族的整体的文化艺术属性,更有利于各民族兄弟姐妹实现切身的文化认同和中华民族归属感。

研究是为了更好地继承,那么继承是否允许改变。有的支持原汁原味的古法工艺,有的一味追求变化创新,那么到底怎样才是正确的发展方式呢?其实历史已经用现实给了我们答案,因为历史的发展就一直是不断学习继承、融会贯通、创新发展的过程。它没有设计师的指挥和人为刻意的引导,完全是历史自然选择的结果。那么我们就可以欣然地各自发挥创造力,无需太多牵绊。因为你就是未来艺术史的参与者。

参考文献

[1] 常书鸿.新疆石窟艺术[M].北京:中共中央党校,1996.

[2] 李春华.新疆风物志[M].乌鲁木齐:新疆人民出版社,2003.

[3] (日)羽田亨,耿世民.西域文明史概论[M].北京:中华书局,2006.

[4] 李安宁.新疆民族民间美术[M].乌鲁木齐:新疆人民出版社,2006.

叠合的时空
——传统长窗环境营造的透明性研究

黄迪

中国美术学院

摘　要： 小木作长窗广泛应用于我国传统园林的建筑中，尤其在江南一带，长窗因其实用性强且美观等优点，在园林环境营造中起着重要的作用。由于我国建筑、景观等设计领域越来越重视传统木作工艺的复兴，关于长窗的构造技艺层面的研究也有了一定的理论成果，在实践方面，长窗也越来越多地被借鉴于现代建筑园林的设计当中。但由于长窗在园林环境营造中的景观作用与空间意义等方面的研究与认知相对较传统，以至于大量的设计作品对长窗的学习借鉴还停留在表面。那么，对传统长窗在环境营造方面的研究是否可以从新的视角出发呢？本文尝试以建筑理论家柯林·罗提出的透明性理论为基础，首先对研究对象长窗与相关的透明性理论进行概述；其次进一步探索长窗在园林建筑中是如何组织营造空间、景观的，找到其与透明性理论的关联性；最后再对长窗独特的透明性进行深层、客观地分析与总结，以期为传统木作的空间营造向现代化设计的转译引发新的思路与启迪。

关键词： 小木作　长窗　透明性　空间　环境营造

1　概述

1.1　透明性理论

柯林·罗与罗伯特·斯拉茨基共同撰写的《透明性》，是20世纪后半期对现代建筑研究最具有影响力的理论之一。透明性的出发点是"探寻与现代建筑原则相匹配的可靠性设计方法"，专注于"形"的研究，主张在自身的范围内认识和研究建筑问题。透明性关于建筑形式的观点源于对立体主义绘画的研究，文章分析了从塞尚的《圣维克多山》到德劳内到《共时到窗》，再到毕加索、莱热、莫霍里等多位立体主义画家的作品，再结合对比三维空间——包豪斯校舍和柯布西耶的加歇住宅等实际建筑，最后明确透明性可以分为两种：物理透明性与现象透明性。本文的研究内容也将围绕两者展开，接下来首先进行简单的概述。

（1）物理透明性

物理透明性又被称为"字面的"透明性，可从物质的角度来理解，如物质的本来属性：建筑门窗的玻璃、薄纱等材料的通透性，一种允许透过光的物质属性；又可以从感性的角度来理解，如容易被理解、感知的、一目了然的、浅显易懂的文学

作品或某些事物之间的关系。本文主要以此方面来探究长窗的特殊纹样产生出的不同的光影效果，对环境氛围的营造所起的积极作用。

（2）现象透明性

具有多重含义，在视觉与空间方面，通过某视角中叠加的图形所产生的视觉矛盾，人会通过自发想象来假设一种可能不存在的空间形态，以此来解决这个矛盾，这些图形被柯林·罗认为是现象透明的。它们能够互相渗透，保证在视觉上不存在彼此破坏的情形。此外这些图形还充满暗示，使得空间秩序在想象中得到拓展，空间位置被不停的感知摸索，空间趋于层级化，超越了简单的物理的透明性。本文将重点分析长窗在空间组织与环境营造中所体现的现象透明性，并总结其特点。

1.2　传统长窗

（1）长窗的定义

长窗广泛使用于江南地区的园林与民居中，最早开始是门的一种变体形式，所以长窗也被称为格子门。因为兼具了窗与

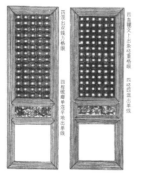

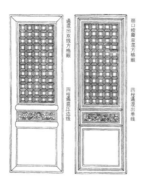
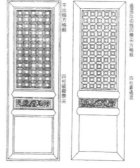

图1 格子门样图（来源：《营造法式》）

图2 冰裂纹长窗光影效果（来源：网络）

图3 纸隔长窗（来源：网络）

门的功能，所以又可称作落地长窗或者落地门窗。而其在北方术语中又称隔扇。在计成的《园冶》中又称长窗为"长槅式"的"户槅"。

（2）长窗的组合方式

长窗的应用较广，在园林中厅、堂、殿、轩等建筑的明间位置上都能看见，其组合的形式与数量也由建筑的级别、规模和明间的尺度来定夺，四扇、六扇为较常见的规模，更大到八扇甚至数十扇。长窗的设置也会根据建筑具体的功能而产生差异，通常设在单立面、双对立面、四立面，甚至六边形的六个立面上，透明性的程度也会因此而不同。

（3）长窗的窗芯样式

长窗物理透明的程度主要由窗芯的样式决定，窗芯一般是由各种不同图案组成，这些图案是透空的便于采光通风，根据窗芯组成图案构图形式的不同，主要可以分为满布式、连锁类、同(回)端纹类、波纹类、冰裂纹类、什锦嵌花类等。图1为边框出线不同的方格眼纹样长窗，属于满布式纹样。

2 长窗环境营造的透明性表现

透明性在江南园林中的体现可以通过对一些造园手法的分析得知，借景就是这样的手法之一，其中利用长窗来借景的方式可分为框景、透景、分景、组景等。此外，彭一刚的《中国古典园林分析》中的部分章节提到的"引导与暗示""藏与露""渗透与层次"等园法也表现出了现象透明性。接下来文章将详细探讨长窗空间的物理透明性与现象透明性表现。

2.1 物理透明性的表现

长窗的物理透明性主要表现在其基本的功能上。江南园林中，长窗几乎都是木质的，由于占立面的面积较多，极大地减轻了建筑的体量，同时，窗芯通常由边长1~2厘米粗细的方木条组成图案纹样的形成，其疏密程度决定了"透明"的面积——纹样之间空白处通常会夹着纸隔、玻璃等透光性的材料用于建筑内部的采光（图2、图3），大面积的透明玻璃也可以使观者的视线在室内外流通，使得观景不存在过多障碍。但是，对大多数"走马观花"的游者来说景象的"一览无余"，同时，也使他们失去了感受表象空间和潜在空间所产生的对立统一的时刻，从而无法去主观解读长窗透明玻璃后的多层景象，

拙政园听雨轩

拙政园海棠春坞

狮子林古五松园

● 路线
↑ 视线

图4 长窗庭院空间组织图（来源：根据《江南园林图录》改绘）

丢失"深入阅读的乐趣"。以柯林·罗与罗伯特·斯拉茨基对包豪斯校舍研究分析的观点来看，这就是物理透明性的表现。

2.2 现象透明性的表现

柯林·罗对于建筑现象透明性的研究成果，是建立在大量的格式塔心理学的研究基础上的。格式塔心理学认为人在观察建筑时，具有一些本能的重要的视觉认知原则，其中"抽象完形定律"表达了人的知觉具有偏好完形的倾向，也就是说，人在观察一个接近我们常识的物体形态时，会不自觉的先考虑整体形态应该会是怎样的，而忽略该物体本身的形态，并自动排除掉"完形"之外的障碍物。受到格式塔心理学的影响，感知建筑、景观的现象透明性，需要建立在观察者的主观意识对视觉系统所接受的客观信息的能动性上，而不像物理透明性一般容易直观接收到。这一点在中国的写意山水画与园林的特点中也有所表现，山水画是空间的艺术，园林是时空的艺术。山水画具有可居、可游、可观、可读的特点，同样在精通山水画理的造园家手下，能利用园林要素营造出相同的特点的园林环境。

（1）宅院空间的组织

长窗的设置使室内外空间相互渗透，特别是将庭院的景观引入室内，由于长窗本身的物理透明性，室内可透过长窗的玻璃部分或直接开敞的空窗将庭院空间的景观摄入，从而使内外空间相互渗透。长窗作为建筑与庭院的交接界面，在建筑体量较大的情况下，通常有间接交接的形式，该建筑作为路线的交汇点，外围还附有廊道空间。例如，海棠春坞为单面临廊道，长窗位于整个立面的左半侧，隔着廊道正对庭院的叠石树池，而拙政园的听雨轩，建筑南北两个立面共有三处长窗，向外皆临廊道，这样无论从室内还是室外向对面看都多一个层次，而从较暗的室内向外部明亮的空间看，层次会相对丰富，室外的景观也会显得明快（图4）。狮子林古五松园上侧长窗对景，同样在隔了一层长廊的灰空间后，对景的庭院孤峰置石像展览中灯光下的艺术品。这个画面与《透明性》中最开始研究的塞尚画作《圣维克多山》的构图方法有相似之处，即垂直向与平行向的网格轮廓支撑，而变化的斜线与曲线则表现在画面中心的多层次景观上（图5、图6）。

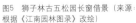

图5 狮子林古五松园长窗借景（来源：根据《江南园林图录》改绘）　　图6 圣维克多山（来源：塞尚）

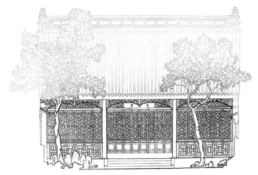

拙政园玉兰堂

狮子林五松园西视剖面

留园冠云峰庭院北视剖面

壶园北视剖面

图7　长窗衬景实例（来源：根据《江南园林图录》改绘）

（2）长窗衬景

　　柯林·罗通过分析塞尚作品《圣维克多山》等构图特点引出了对透明性的思考：画面由多层次的景象叠加而成，分别有直线、斜线、曲线等元素，解读该画的人需要通过这些线条的穿插、叠合以及画面的色彩之间的反差来形成自己视知觉上的完整景象。这一点与立体主义画派典型的通过多元素制造矛盾，引发人们对画面的想象相一致。在园林中，长窗作为建筑立面上的一部分木作构造，因其排列规整，每扇形制尺寸纹样都相同，所以整个建筑立面线条横竖规整统一。在造景或设计立面时，造景家似乎有意的让长窗与景物之间形成疏密对比，在较疏的景物背后，选择纹样密集的长窗，如拙政园的玉兰堂与狮子林的古五松园；而在景物较为精彩密集的庭院，建筑立面选择用较为简约的长窗，如留园的冠云峰庭院和壶园的庭院（图7）。所以，我们在对庭院景观进行观察时，若没有一个简约或线条规整的立面做衬托，景物丰富的层次以及前后关系暧昧模糊，其组织秩序会更难察觉，而有了长窗这个界面，前面的园景就有了构架支撑，观者容易构成超越物理透明性的画面。

（3）"平面性"与浅景深空间

　　具有现象透明性的空间属于浅景深空间，强调的是平行透视，消除有灭点的透视，且是在观察建筑或景观的立面时，重视画面中图块的层叠秩序和组织结构，才能感受到空间多层次

的暗示。在江南园林中几处典型的长窗借景的空间里，观者需保持"平面性"的静止状态，通过长窗框景、透景、分景、组景所定格画面，并将窗中景像解读成不同要素叠合的图块，找到其组织的规律性，由此感知长窗取景的透明性。

　　拙政园的枇杷园庭院、玉兰堂庭院以及留园的五峰仙馆南庭院，景观与建筑都存在取景的关系，取景手法都为落地长窗框景。三个建筑的尺度规模都不一样，所以长窗数量、取景范围、景观深度也不同，图示从左到右都依次递增（图8）。

　　画面左侧枇杷园庭院的玲珑馆为三开六扇长窗，长窗前庭院较为硬质铺装的空地，距离对景的树石大约10米，且层次较少，依次为湖石树池、枇杷树、小体量孤石及白色围墙，可归类为较常见的景观。从现象透明性的特点来看，由于观者与景之间处于立面对视的状态，该处长窗的框景近似于一个平面的浅空间，由于层次较少，近乎清晰与确定，模糊性较低，故可阅读性较弱。

　　画面中间的玉兰堂为四开八扇的长窗入口，长窗前为走廊过道，台阶为庭院硬质地面，窗框所取最近的景物为空地左右两侧的桂花树和玉兰树，距离约为4米（图9），离第二层景物一对石墩与第一组草石距离约为8米，后植物与置石组合的山林小品主景可分3层，主景的前两层空间距离较大，空白或较低的左侧部分恰好露出后两层的植物与置石，就像山水画中烟

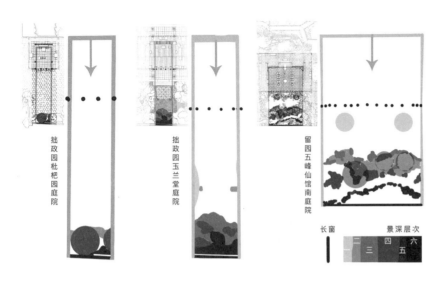

图8 园林长窗取景景深示意图（来源：根据《江南园林图录》改绘）

图9 玉兰堂长窗取景第一层（来源：《江南园林图录》改绘）

图10 玉兰堂长窗取景主景分层（来源：《江南园林图录》改绘）

波后的隐约可见的山林，呈现出"藏"与"露"的效果，最后衬景的白墙也是耦合了山水画的留白手法，为景象保留想象空间。从现象透明性的特点来看，将该处长窗所取景的三维的树石小品构思转换为二维平面化的山水画，是设想成了一种新的视觉形式，每一层景物图像都能够相互渗透，彼此的空间秩序排列和谐，呈现出层层山林远景的图景(图10)。

中国传统山水画之所以表现出"平面性"，是因为山水的动态难以用"近大远小"的透视方法表现出来，所以画家提出以高位视点和散点透视来进行创作：通过长途跋涉的采风三维的山水景观，然后运用一些观法抽象出的画作的草图，最后进行二维图形按照山水呈现出的动态特点将之组合成一幅完整的山水画。而传统园林中山水的创作过程也是通过画家或造园家将游历过的三维山水空间转译成二维山水图形，最后在园林中利用树石模拟营造出假山水空间。那么在分析园林山水景观的透明性时，观者的空间感受容易在二维与三维之间来回转换，从而产生空间的暧昧感、模糊感。

留园的五峰仙馆南立面长窗规模较大，共有20扇长窗，整组长窗都对应着横跨在庭院中的假山组群，最短距离5米左右。由于距离近且横跨幅度大，视线需退到一定距离才能看见完整的假山石形态（图11），图中模糊性假山空间视角显示出的长窗本身虽然带有透视，但假山由于距离的原因整体趋于"平面性"，经过笔者的层级分解，过滤了假山组群前后连续的空间模糊性，大概可以将其分为6个层级。通过模糊性假山空间（原图）与分层后假山空间的对比，我们可以更为容易地感

受到两者之间是既区别又联系的，山石之间可以相互遮挡，也可以由势相连，山石与草木也相互渗透。此外，十组长窗每个单组皆可独自呈现出一个单元的浅空间景深的二维山林图，而根据对整体山林动态的把握，即使其中某一扇长窗关闭，或是原图右侧长窗隐去了山体，也不难引发观者的想象，在脑海中自行修补消失的山林空间。所以，长窗的开合隐含着对空间的引导与暗示，具有现象透明性。

3 长窗透明性总结

3.1 空间的引导性

为了在有限的空间中创造丰富的观景方式，避免物理透明性带来的一览无余，园林通过长窗借景作为游线组织的手法之一，引人入胜，观者通过不断的"静止"观景的状态与游园的动态相互交替，在这过程中建筑与各个庭院空间之间的网络化联系得以加强，窗中的"藏"与"露"使得人在游园的过程中会处于一种不断对空间推测与证实的状态，趣味性油然而生。

3.2 空间的渗透性

为了创造层次丰富的园景，长窗的设计具有物理透明性的基本特点，透光的材质与构造，向环境较好的方向设置，无论开敞还是闭合，向室外可以形成深景观空间或浅景观空间，向室内通过屏、帘、照壁等同样可以形成不同层次空间，室内外

模糊性假山空间

分层假山空间

层级示意

图11 五峰仙馆长窗取景层次对比（来源:《江南园林图录》改绘）

景象皆会渗透至长窗的另一侧。

3.3 空间的多义性

长窗所借之景由不同造园要素叠合而成，而空间的叠合属于透明性的表现，各个景物重叠的部分容易引发观者的联想与推测。多层次的景象叠合，重叠部分可以看作是两个或更多的空间秩序体系，最终透明性诞生在了空间组织的方法中，其多层次的空间秩序必然带来解读的多义性。

4 结语

综上所述，本文对长窗这种小木作只进行了简单概述，也未用传统的理论方法来研究长窗造景，而是旨在以透明性理论的角度去分析小木作长窗在园林营造中的作用，以及长窗空间具有怎样的透明性表现，诸如此类的传统园林建筑元素，需要当代设计师更进一步地仔细创新研究与分析，并找到传统的精髓才能正确地指导当代设计。希望本文能对其他木作的环境营造研究起到抛砖引玉的作用。

参考文献

[1] 彭一刚.中国古典园林分析 [M].北京:中国建筑工业出版社,1996.

[2] 计成.园冶(中华雅文化经典) [M].刘艳春,编著.南京:江苏凤凰文艺出版社,2015.

[3] 童寯.江南园林志(第二版) [M].上海:同济大学出版社,2018.

[4] 李迪迪,蔡军.《营造法原》中"窗"的设计体系研究 [J].华中建筑,2008(12).

[5] 朱伟.江南园林的窗 [D].重庆:重庆大学,2005.

[6] 柯林·罗.透明性 [M].北京:中国建筑工业出版社,2008.

[7] 陈少明.园林光与影的审美价值探讨 [D].福州:福建农林大学,2008.

[8] 康玉杰.透明性设计方法研究 [D].北京:中央美术学院,2012.

[9] 郝喆.基于现象透明性的岭南私家园林空间研究 [D].广州:华南理工大学,2016.

[10] 刘先觉,潘谷西.江南园林图录[M].南京:东南大学出版社,2007.

[11] 姚承祖.营造法原[M].张至刚,增编,刘敦桢,校阅.北京:中国建筑工业出版社,1986.

[12] 王抗生.园林门窗[M].天津:天津大学出版社,2007.

清代家具委角形态的传统造物观

周志慧 刘铁军

清华大学

摘 要： 委角——中国传统家具上常见的装饰形态，具有东方美学特征，是中国传统家具营造中形制上独特的设计语言。本文的研究重点集中于对中国清代家具委角形态的研究，从委角形态在清代家具上使用的普遍性角度出发，调研多地博物馆留存的清代家具实物，收集大量实物样本用以量化分析，以大数据的研究结果来剖析委角，以形态学为研究视角，把委角分为二维与三维形态，结合设计学、考古类型学等多角度综合交叉进行研究。理论探讨与家具实物考察结合，来剖析"委角"这一具有中国特色的家具营造形态语言的形成深意。透过委角形态，映射出中国传统器物的造物观，来寻找中国传统家具局部形态的设计学价值。

关键词： 清代家具 委角形态 造物观

引言

中国有5000多年的历史文明，深厚的传统文化底蕴产成了具有中式审美特征的设计理念。中国的造物观念在这种理念下逐渐形成中式特色，其中，中国传统家具的形态设计就深受这种造物理念影响。

漫漫历史更迭下，中华民族在生产、生活中逐渐重视家具的舒适性，强调并完善家具的功能性，同时，追寻家具的造型之美及装饰之美，家具的功能发生了改变，从主要用来满足人们的基本生活需求的器物转变为实用性与艺术性相结合的实体，这使中国传统家具快速并高度的艺术化，具有了独特的东方美感，委角形态应运而生，语言简洁，设计形式精炼，为中国传统家具装饰增添灵巧一笔。

目前学术界关于中国传家具中的微小形态"委角"的研究甚少，众多学术专著中寥寥几笔一带而过，忽略了委角形态为传统家具所带来的实用功能与装饰功能。笔者认为，中国传统家具设计不能忽视任何一处细节，研究委角形态可以更加清晰认识中国传统家具设计成因。

本文研究范围界定为清代家具，清代是中国传统家具发展的鼎盛时期，家具的设计、结构、制作工艺、装饰等极为成熟，且清代留存的家具实物众多。笔者利用课外时间，对北京、天津、山西及上海等地区的一些博物馆进行了实地考察的工作，对博物馆中留存的清代传统家具进行样本采集，收集并筛选出带有委角形态的清代家具实物样本370件，通过查阅国内相关文献和绘画资料，采集绘画中带有委角形态的清代家具的作品，收集并筛选出绘画作品10幅，画中家具这一部分可与家具实物进行对比分析，作为佐证。运用设计学中的文献法、史料分析法进行委角信息的采集与解析；运用考古类型学对比委角在不同类型的清代家具上的不同部位、不同形态的应用；用形态学的研究方法来分析委角在清代家具设计中功能性、装饰性特征。

1 委角的定义

"委"在现代汉语中有"曲折"之义，古代字义也有曲折之义，《说文解字》解释为"委随也。从女从禾"[1]，"委"字在"曲折"的字义上古今意义相同。而"倭字读wō"[2]，只有当作对古代日本的称呼之意，在文物名称中之所以读为（wō），可能是代替"窝"字。不同的专著中用到"倭角"或"委角"[3]，还个别使用抹角、圆角。"委角"——这一造型名称，是在中国传统器物上大量存在的一种形态，马克乐所著《可乐居选藏山西传统家具》一书中对委角的形态进行描述："委角是山西家具的常见特色，它呈现虚、实一体两面的轮廓美；从实面观有界之洼，由虚面察其空灵之形妙，它也可用来塑造线脚。"[4]故宫博物院器物部的任万平，在《浅析器物类文物定名的科学性与规范性》一文中，提到了"委角"与"倭角"的叫法问题，"建议写为"委角"。有些方形文物的四角，抹去其尖角，如同把角折起来"⑤用"窝角（wō）"有口语化倾向，赞同使用"委wei角"一词。

委角的定义从狭义上来说：有些方形器物的四角，抹去其尖角，向内收缩，如同把角折起来，形成圆弧状拐角，对这类器型的角部命名"委角"，它是器物的形态描写用语，也是工艺术语。

委角的定义从广义上来说：从形态学角度研究分析，委角形态是对自然物形态的模仿，如甜瓜、葵花、海棠、梅花等自然物，提取出自然物的形态语言，弯曲转折，使线的形态变化丰富。这些弯折曲线运用到建筑、生活用品、家具的造型设计中。随着时代的变迁，这种形态语言不断的简化、精炼，成了各式各样的委角形态器物语言，完善设计的功能性及装饰性。

从形态学角度分析，"形态按维度分为实体形态和空虚形态"⑥，本文研究的家具委角形态为"实体形态"中的二维实体形态和三维实体形态。二维委角形态不会改变家具的整体形态，只对家具局部形态产生影响。三维委角形态会对家具整体形态造成影响，委角线会影响家具的外围形态，故委角线形态为三维委角形态（图1）。

图1 委角形态概念从属图

委角形态呈现出委屈、婉转的轮廓特征，用微妙的变化给予中国传统家具点睛的一笔，精致的弯曲造型使得硬质线条的中国传统家具充满灵巧感。

2 委角形态发展史

1973年河南省三门峡市陕县宜村出土的五铢铜钱，为西汉时期郡国初铸"五铢"时所制铜子范，该范形似长铲，范身为长方形，在范身下面，两端出现了小方形的委角，这是中国出现得最早的一件带有委角形态的器物⑦，西汉时期的青铜器上已有委角出现；唐代，委角形态开始出现在青铜器和家具中。"唐代以前，铜镜形制只有圆、方两种，唐代铜镜的形制，在此基础上出现了突破，呈百花齐放的姿态，造型丰富多彩，葵花形、菱花形几乎与圆形三分天下，另外还有菱花、葵花、委角等其他形制，委角形态唐代在青铜器上开始广泛使用。"⑧在唐代周昉的《宫乐图》中，绘有杌凳与大桌案配合使用的宴饮、奏乐场面，在图中出现的大桌案，案面四角边沿向内凹，形成委角形态，这是现存绘画作品中最早出现的带有委角形态家具，从画中可以看出，委角形态可使家具轮廓更加精致；宋代开始，委角在瓷器、家具上已经开始普遍使用。瓷器上出现这种六边、八边边角内凹的形态器型，也称为葵口型、海棠型。宋代绘画《维摩图》⑨、《靓妆仕女图》⑩等作品上，可以看见一些塌、床、椅和大型屏风的边角刻意做成委角形态，宋代玉器四边角处也经常使用委角形态；元代建筑永乐宫，在三清殿内的壁画《朝元图》中，绘制有大量的人物和家具，其中后土皇地祇宝座、东华帝君宝座的扶手及靠背处，都有委角形态出现；到明至清晚期，留存的大量的家具实物上各部位均装饰有委角形态，说明这一形态在当时社会已经被广泛使用（图2）。

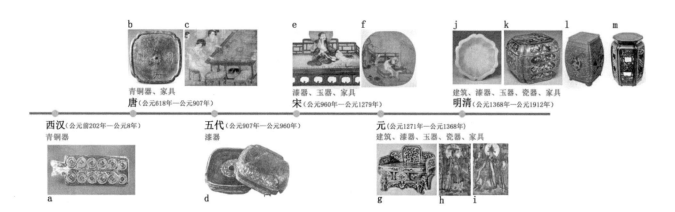

图2 委角发展沿革图（a.河南省三门峡市陕县宜村出土西汉五铢铜钱铜子范；b.唐代"千秋万岁"委角方镜；c.唐代《宫乐图》；d.常州五代墓出土银平脱花卉纹委角漆镜。e.宋代《维摩图》；f.宋代《靓妆仕女图》；g.元墓出土釉里红瓷床；h.元代建筑永乐宫三清殿内的壁画（东华帝君宝座）；i.元代建筑永乐宫三清殿内的壁画（后土皇地祇宝座）；j.清代委角盘；k.清代黑漆嵌螺钿委角盒；l.清中期剔红雕夔纹方墩；m.清中期紫檀透雕龙凤盘肠纹六角方墩。）

委角形态在清代家具各个部位的应用表　表1

形态	委角装饰位置		数据	占比
二维委角形态	支撑结构处	框架处转折部位	36	9%
		扶手处转折部位	61	16%
		靠背处转折部位	65	17%
		束腰部位	37	9.7%
		托泥部位	18	5%
	辅助支撑结构处	腿间枨	11	3%
		牙子、牙条外轮廓转折部位	27	7%
		壶门轮廓	92	24%
		卡子花轮廓转折部位	12	3%
	非支撑结构处	面板内部装饰的外边框转折部位	172	45%
		开光部位	41	11%
		亮脚部位	16	4%
		金属部件轮廓转折部位	58	15.2%
三维委角形态	支撑结构处	顶平面转折部位+束腰+腿足+托泥	38	10%
		腿部委角线（单独出现）	69	18%

二维委角形态在清代家具各个部位的应用分析表　表2

形态	委角装饰位置	清代家具典型图例（实物线稿图）	数据	应用比例	特征
二维委角形态	支撑结构外边框转折部位	框架处转折、扶手处转折、靠背处转折、束腰、托泥部位		217	58.6%	1.过渡，衔接两边直线，改变原来的90°直角边 2.使家具充满弹性、律动与节奏 3.提供部件结构形态张力，弥补直线相交接形成直角的视觉审美不足，完善家具造型
	辅助支撑结构外边框转折部位	腿间枨、牙子、牙条外轮廓转折、壶门轮廓、卡子花轮廓转折部位		142	52.5%	
	非支撑结构外边框转折部位	面板内部装饰的外边框转折、开光、亮脚、金属部件轮廓转折部位		287	77.6%	

3　清代家具的委角特征

清代家具在历史上有着极其重要的地位。清朝手工业繁盛，家具的产量和种类得到空前发展，家具的设计、结构、制作工艺、装饰等极为成熟。通过实地考察调研，收集了370件装饰有委角形态的清代家具实物，无论是古朴隽永的硬木家具还是雍容华美的漆木家具，目及之处可见委角，以二维和三维的形态出现在清代家具的支撑结构处、辅助支撑结构处、非支撑结构处，其应用范围之广泛，具有使用的普遍性特征。通过370件家具样本的定量分析，得出委角形态在清代家具各个部位的使用比例（表1）。利用这些数据，总结出带有委角形态装饰的清代家具的特征：

3.1　家具形态更具有层次感

中国传统家具是线条、框架形式的家具。一件家具由无数个构件组成，主要结构简明扼要，辅助部件利落，他们的形态各异，恰到好处地展现线条的流畅舒缓，线型丰富。委角形态为"曲线"，与直线搭配使用，讲究曲直兼重、虚实并蓄。

家具支撑结构常用直线，以获得力量，曲线本身具有轻快动感之美，常作为传统家具装饰精髓的核心体现，承载了其整体造型美感和动态走势。作为曲线的委角形态在线条、框架的转折、结合部出现，用以过渡，衔接两边直线，改变原来笔直的90°直角边。直线为主的家具加入曲线委角形态，再结合家具本身柔和的质感，使得家具充满弹性、律动与节奏。有机形态的曲线不仅为家具提供造型，还提供部件结构形态的张力，弥补直线相交接形成直角的视觉审美上的不足，完善家具造型，增加二维平面轮廓的变化和层次感（表2）。

3.2　家具造型既变化又统一

一些清代家具整体轮廓线流畅，修长直挺，顶平面转角处多用曲线凹凸过渡，顶平面与垂直立面衔接，立面也随之产生凹凸变化，形成三维立体委角形态。三维委角形态会对家具整体形态造成影响。在清代家具中，很多墩和凳的上面，经常会制作成各种各样的形状，有的上面形状借用自然形态，如运用海棠、梅花等自然物的仿生形态进行设计，这种形态大多是有不同程度弯曲的曲线构成，形成很多内凹委角形态，也有在矩形和六边形、八边形基础上，拐角处有微小变化而形成的委角形态。凳和墩上面如果有委角形态，那这种形态大多会自上面开始，向下顺延，直到底部，带托泥的家具更会延伸至此。这种具有三维立体委角形态的家具，直线条虽占据视觉的主体，但在加入了大量曲线形态后，自凳面开始，束腰、腿足均施以

三维委角形态在清代家具各个部位的应用分析表　　表3

形态	委角装饰位置	清代家具典型图例（实物线稿图）	数据	应用比例	特征
三维委角形态	支撑结构外边框转折部位 顶平面转折部位+束腰+腿足+托泥；腿部委角线（单独出现）		107	28.9%	1.整体呈现 2.以点带线，以线代面，自上到下，完全改变家具的整体体块的轮廓 3.弱化方体家具整体的硬朗感，使得器形方中寓圆，视觉上既变化又统一

仿生与委角形态表　　表4

自然物		形态提取		形态样式的应用		基础委角形态
甜瓜		瓜棱线	对自然物形态进行模拟仿生	瓷器	设计创作、社会认可、总结归纳	提炼符号
南瓜		瓜棱线		玉器		
葵花		葵形、葵口		金属器		
海棠花		海棠形		漆器		
梅花		梅花形		家具		
				建筑		

委角延至腿足底部，委角形态的加入，打破单体方块的单调，以点带线，以线代面，自上到下，完全改变家具整体造型的轮廓（表3）。

在家具的造型设计中，只用一种线条组合，对比较弱，常常会显得单调乏味，比如只用直线组成会使人感到生硬呆板，仅用曲线组成又会使器型软弱无力。清代家具中，使用三维委角形态使方体家具的整体造型发生改变，委角的加入弱化了方体家具整体的硬朗感，使得器形方中寓圆，圆中有方，整体造型透出端庄而又秀丽之感，从而获得既变化又统一的艺术视觉效果。

3.3　家具使用功能更加完善

二维委角形态在清代家具中频繁出现，在坐具、卧具的外轮廓的转折处、扶手转折处、靠背板转折处，庋具、屏具的框架转折处的装饰中随处可见委角形态，这些位置通常接触人的身体，经常与身体产生摩擦，委角的加入，使原来的直角转折

变为平滑的圆弧曲面转折，结构向内凹，形成了温和曲面和圆滑拐角，委角形态的运用使家具这些外围部位的轮廓变得圆润、舒适，这些圆润的外围边角在接触人体时，不会对皮肤造成戳伤，有效的防撞击和刮碰。

除了美观，家具这种细节的设计更注重人的使用感受，提高了硬材质家具的安全性、舒适性，使家具使用功能更加完善。

4　清代家具委角形态体现的中国传统器物的造物观

4.1　"以制器者尚其象"

"形态按其生成方式不同，可分为自然形态和人工形态两种"[①]，"自然形态是指在自然界中客观存在的形态，如树木、花草、山川等。人工形态是指人类为满足生存、发展、实用和审美的需要，吸取自然形态的营养创造出来的形态。"[②]《易经·系

辞》上有："以制器者尚其象"⑬的主张，"象"可代表"形象"，根据具体形象来制作工具，通过对自然事物形态的模仿制作器物。早期的人类模仿植物果实的外形，制作水器，模仿植物形态制作食器、用器，例如模仿茅草边缘尖锐的细齿来制作锯。人类在不断地适应和满足变化的社会，不断进行生活实践，人类向自然学习的进程从未停止过，器物形态设计模仿自然界万物的形、色、音、功能、结构。

委角形态是人们从自然形态如"花、果"中吸取的曲线元素，提取出的曲线弯曲成不同的弧形角度重新进行构成，设计创作的器物投入生活使用，随着社会的认可、接纳，曲线形态不断的归纳、简化，形成了各式各样的委角形态。委角形态是对自然物形态的模仿，为自然形态仿生（表4），是有主观意识、有使用目的而创造出来的器物形态。

"以制器者尚其象"，物理现象对于器物形态的设计有启示作用，古人善于观象制器，所以在研究传统家具形态中，我们要透过形态追根溯源，展现事物形成的真实样貌。很多传统器物造型都饱含人类"观象制器"的丰富的想象性、创造性、敏锐性。

4.2 "曲则有情、器以载道"

《广雅·释诂》注释："曲，折也。"⑭南朝顾野王在其《玉篇》⑮注释："曲，不直也。"古籍中对于"曲"的解读为与"直"相对，有委曲、委婉之义。中国古代哲学家、思想家老子的名著《道德经》⑯中有文曰："曲则全。"这句话解释为：只有委曲、委婉，方能达到最终的圆满。东晋时期书法家王羲之在其作品《兰亭宴集序》⑰中写道："引以为流觞曲水，列坐其次。"文人雅士喜袭古风之尚，饮酒作乐，纵情山水，清淡老庄，作流觞曲水之举，感受大自然的情趣，这里"曲水"有更多精神层面的内涵深意，古人认为它能拔除邪祟，带来吉祥。"上善若水"⑱：与人无争且又容纳万物，而不与万物发生矛盾、冲突，人生之道，莫过于此。"以柔制刚"⑲：柔中带刚、弱中有强。中国人在处事上含蓄低调，思想表达上委曲尽意，中国人有如水一般的委婉、含蓄的品性，思想深邃圆融，这种独特的思想影响中国的造物。

中国古代，作为大木作的传统建筑在营造上多讲究"吉气走曲，煞气走直""曲则有情"，中国古人认为直冲煞，曲则生吉，故中国传统建筑大多表现出自然的、伸展的形态，蜿蜒曲折的建筑弧线，变化丰富，极大地避免了建筑造型的僵直、冷峻。在木作构件的加工中，直线框架中加入曲线形态，不失功能感的同时更增添了温暖的人情味。作为小木作的中国传统家

具在营造中，器型往往避免锐角，不表现为纯几何化的方形和圆形，而是在方与圆中求变化，线与面的交接产生凹凸效果，既增添了家具形体空间上的条理感，又丰硕了线条在家具设计中的艺术感召力。平直框架与弯曲的委角形成了沉稳与流动之间的对比感。

"曲则有情"的制器理念产生了"委角"这一传统器物形态，富于情感的自然造型，婉转曲折的形态，体现出中国人与环境融合、避免冲撞、温润如玉的民族性格。如果说西方现代工业设计在功能方面表现出更多对适用、舒适的关注，那中国传统造物则在形态方面表现出更多对人、对物、对情、对境融合的关注，造物理念凝聚着民族精神、人文理念，即器以载道。

4.3 "坚强者死之徒，柔弱者生之徒"

《老子·七十六章》中写道："坚强者死之徒，柔弱者生之徒"。"柔"是生命之初的外象，富有无限的潜力。这种柔美的哲学赋予了清代家具无限的生命力，给人一种无限的想象空间。委角形态使清代家具中具有弹性的直线中增添一抹柔和曲线，极具回转灵动的气韵，显露出一种古典之美。以"柔"制刚，"柔"的线条蕴含韧性，留有发展的余地，使家具的形态美和实用性等生命力延续得更加持久。中国哲学思想对传统造物有较深的影响。

5 结语

中国传统器物是精神的载体，承载着中华民族的情感和精神，始终从侧面影响着人们的生产、生活，满足人们的功能需求和精神需求。委角形态在清代家具的装饰使用中具有普遍性。通过清代家具委角形态外延层面功能性、装饰特征的研究，来挖掘家具委角形态语义的内涵层面，研究视角不再局限于狭义定义下的委角形态，而是从形态学的独特角度出发，重新定义、研究委角形态。

中国古人在造物过程中，从自然形态中吸取曲线元素，提取出形态符号，再按所需把不同的形态符号进行重构，呈现出形态各异的曲线，随着社会的不断发展、需要，把曲线形态进行归纳、简化，形成了各式各样的委角形态。委角形态是有主观意识、有使用目的而创造出来的曲线形态。通过清代家具委角形态的研究，由表及里地解析传统器物所映射出中国传统器物的造物观。器物表象形态设计崇尚自然，效法自然形态仿生，并与中国民族精神、传统文化、哲学思想的内质相互渗透，凝聚着中国传统造物观中的哲学智慧。中国传统美学含蓄

而内在，境中有意，形中带神，器物委角形态具有独特的东方美学特征。

注释

① 《说文解字》[卷十二][女部]，"委随也。从女从禾。於诡切[注]臣铉等曰：委，曲也。取其禾谷垂穗。委，曲之皃。故从禾。"

② 《辞源》："倭"字音"wō"，名词，（形声。从人，委声。本义：古称日本）人种名。中国于汉、魏、晋、南北朝时称日本为倭。其后倭和与日本两名并称。

③ 王世襄.明式家具研究 [M].北京:三联书店,2008,此书在名词术语简释中提到了委角，从造型和制作角度提出定义。

④ 马克乐.可乐居选藏山西传统家具 [M].太原:山西人民出版社,2012,3:21.

⑤ 任万平.浅析器物类文物定名的科学性与规范性 [J].故宫博物院院刊,2014(06):139,"委"字在"曲折"的字义上古今意义相同，今人使用最为方便易懂。而"倭"字读为窝（阴平wō），只有当作对古代日本的称呼之意，在文物名称中之所以读为（wō），可能是代替"窝"字，使用了其中的一个义项，即"使弯或曲折"。倭有第二个读音，读为微（阴平wēi），按照《说文解字》的本义"顺皃。从人委声"可以释通，即在角的部分不折而是顺圆的样子，但其字义太古，并无今义，很多人见此字基本读为窝（wō），那其意义就完全错误。鉴于今人使用"倭角"、"委角"频度很高，并未使用"入角"，我们建议使用"委角"一词，而用"窝角"则未免有口语化倾向。

⑥ 战杜鹃.综合造型基础——形态篇 [M].杭州:浙江大学出版社,2019,8:38.

⑦ 崔松林.一件珍贵的"五铢铜钱范" [J].中国钱币,2015(06):49.

⑧ 深圳市文物管理办公室,深圳博物馆,深圳市文物考古鉴定所.镜涵春秋——青峰泉·三镜堂藏中国古代铜镜 [M].北京:文物出版社,2012(09).

⑨ 维摩图,(宋)佚名,现于台北故宫博物院藏。

⑩ 李宗山.中国家具史图说 [M].武汉:湖北美术出版社。

⑪ 战杜鹃.综合造型基础——形态篇 [M].杭州:浙江大学出版社,2019,8:35.

⑫ 战杜鹃.综合造型基础——形态篇 [M].杭州:浙江大学出版社,2019,8:35.

⑬ 南怀瑾,徐芹庭.周易今注今译 [M].长沙:长沙岳麓书社,1988,《易经·系辞上》，"易有圣人之道四焉：以言者尚其辞，以动者尚其变，以制器者尚其象，以卜筮者尚其占。"

⑭ [清]俞楼杂纂 [M]//春在堂全书.清光绪二十五年(1899年).

⑮ [南朝]顾野王.玉篇 [M].

⑯ 王弼.老子道德经注 [M].北京:中华书局,2011,1.

⑰ [东晋]王羲之,《兰亭宴集序》，"又有清流激湍，映带左右，引以为流觞曲水，列坐其次。"

⑱ [春秋]老子 (李耳)，《道德经第八章》，"上善若水，水善利万物而不争，处众人之所恶，故几于道。"

⑲ [三国]诸葛亮,《将苑》，"善将者，其刚不可折，其柔不可卷，故以弱制强，以柔制刚。"

参考文献

[1] 王世襄.明式家具研究 [M].北京:生活·读书·新知三联书店,2008,8.

[2] 田家青.清式家具 [M].香港:三联书店(香港)有限公司,1995.

[3] 杨耀.明式家具研究 [M].北京:中国建筑工业出版社,2002,10.

[4] 胡德生.明清家具图鉴 [M].杭州:浙江古籍出版社,2011,8.

[5] 田家青.明清家具鉴赏与研究 [M].北京:文物出版社,2003,9.

[6] 朱家溍.明清家具 [M].上海:上海科学技术出版社,2002,12.

[7] 张金华.维扬明式家具 [M].北京:故宫出版社,2016,12.

[8] 陈增弼.传薪——中国古代家具研究 [M].北京:故宫出版社,2018,10.

[9] (明)文震亨.长物志 [M].汪有源,胡天寿,译注.重庆出版社,2008,5.

[10] 李砚祖.造物之美 [M].北京:中国人民大学出版社,1993.

[11] 李砚祖.工艺美术概论 [M].北京:中国轻工业出版社,1999.

[12] 中国家具史图说 [M].李宗山.武汉:湖北美食出版社,2001.

[13] 王琥.中国传统器具设计研究卷三 [M].南京:江苏美术出版社,2010,1.

[14] 吴翔.设计形态学 [M].重庆:重庆大学出版社,2013,1.

[15] 陈慎任.设计形态语义学——艺术形态语义 [M].北京:化学工业出版社,2005,7.

[16] 辛华泉.形态构成学 [M].杭州:中国美术学院出版社,1999,6.

[17] 杜游.意趣与法度——中晚明文人与匠人合作下的家具设计 [D].南京:南京艺术学院,2016.

[18] 何燕丽.中国传统家具装饰的象征理论研究 [D].北京:北京林业大学,2019.

[19] 姚健.意匠、意象与意境——明式家具的造物观研究 [D].北京:中央美术学院,2014.

[20] 程艳萍.中国传统家具造物伦理研究 [D].南京:南京林业大学,2011.

[21] 胡俊红.中国家具设计的民族性研究 [D].长沙:中南林业科技大学,2007.

建造的诗意——传统农耕木作器具的重构实验研究

张浩

南京艺术学院设计学院

摘　要：从传统的犁到耧车，从立轴式风车到龙骨水车、织机等中华农业文明所孕育的传统木作农耕机械器物在中国传统手工艺造物领域的角色至关重要。现代文明致使这些木作器物的文化逐渐消失。本文以"诗意"为主题，通过实际建构案例以现代科技手段追忆农耕文明，重拾木作文化，对逐渐消失的木作传统机械器物的结构形式和运作原理进行研究，以装置交互手段重塑内心文化记忆。

关键词：建造　木作器具　诗意　装置

引言

科技的进步使得设计正在成为一种涵盖不同学科背景，各种知识领域相互交织的发展型学科。两千多年前的《考工记》中提到"知者创物"，中国本就重视"造物"文化传统，到现代的设计学更应该注重"本土设计理论"。"造物"的设计理念在这样的知识背景下其价值得到彰显。机器从远古时代简陋的石器发展到现如今智能的机械时代，取代了人类的许多实践和思考。现如今，我们被先进的工业文明所包围，手工业逐渐被淡忘。世界趋同化的背景下，文化也逐渐融为一体。木作文化是我国经久不衰的建造文化，这样的本土文化在此时代下最能彰显艺术魅力，重视本土文化，重拾祖先的发明创造并加以演化，对木作传统器物文化进行再设计，使逐渐消失的传统农业器械重获生机。

现代高校的环境设计教学应当将实验操作与现代设计理论教学相结合，注重实体建造的观念，构建专业设计与传统工匠的桥梁。对其材料、肌理以及空间等形式语言整体把握，工艺过程保证精工细作。建造过程不仅只是对传统器械的模仿再造，公共建构不能仅限于欣赏的范畴，而是对其结构的深入探索，使其在体验过程中能与观众产生交互，加强与环境的协调，这正是新时期对于现代实验设计培养的正确方向。

1　机器与"诗意"的异质同构

1.1　"诗意的机器"工作坊

"空间"的体验通过身体完成，"营造"则必须通过自身操作。木构器具在中国所体现的便是一种符合"自然之道"的生活方式，这便是中国传统的"建造诗意"。此次中外合作的实践工作坊目的便是通过器物与建造结合，探寻"诗意"的空间组织。机器喻指活动的机体，可用于变换能量，产生功能的器具，现代工业催生的机器美学甚至可以成为一个时代的形式美学范畴，人类生活在不同的机械容器之下，对于机器崇拜而又敬畏。工作坊中的Thom教授对机器有着极为浓厚的兴趣，他的主要研究领域便是机器美学、雕塑、木工艺、公共艺术等。"诗意"是贯穿于中华几千年的传统文化中的一个重要哲学内涵，中国古代先进的生产力离不开"机器"，传统的器具很多因地制宜，自觉性的选择建造材料，仅以自然资源为动力，传动原理和哲学内涵都值得为其深入研究。

现代机器传动形式往往通过齿轮、凸轮、轴承、传送带、链轮等机械常用零件进行能量转换。在此方面，传统工匠也通过自己的智慧诠释"诗意"的机械原理。《营造法式》和《天工开物》等书籍便是古人对器物建造手段的记载，古人的建造哲学为"有定法而无定式"，在李诫所编著的《营造法式》提出

图1 "诗意的机器"工作坊课程场景

图2 中华农业文明博物馆参观学习

"变造用材制度",从而突出一种变化造作之意。宋应星所编著的《天工开物》和当时艺术家们的作品使得传统机械信息得以留存。例如宋代所绘制的《闸口盘车图》使得闸口盘车这一传统器物的形式得以保留。古人木作器物的营造手段、机械原理以及取之自然、用之自然的观念形态成为工作坊实验建构的研究方向(图1)。

1.2 "诗意"的构成

南京的中华农业文明博物馆和南京云锦博物馆中保存了大量完整的传统木作器械结构,通过对其参观研究,掌握了一些基础的木工结构和传动原理。博物馆内展示的农业器械大多已经不能正常运作,只能根据工作人员的讲解了解其工作原理以及实际用途(图2)。在《考工记》《天工开物》等典籍中均可找到关于传统器械的描述,现代研究学者也通过对前人记载的总结和探索,使得传统器械和工匠的手艺中得以保存的内容更为丰富。如国内学者刘先洲所撰写的通史性著作《中国古代农业机械发展史》、王振铎复原了大量机械装置并将成果收入到文集《科技考古论丛》等,西方学者李约瑟(英国)在国内学者协助下撰写了《中国科学技术史》,使得中国传统器具技术被更多外国学者所了解。此外国内学者通过田野调查法深入乡村对大量木作传统农耕器物进行调查,研究成果记录在《中国传统工艺全集》中,这也是本文论点的主要来源之一。

通过调研学习,了解"诗意"建构所需的结构与形式基础,明确了对诗意性的建构表达,运用不同的农具机械器物原理,将古典的诗意性建构重现,并加以现代化的表达,将传统的器物的形态结构进行解构重组。"异质同构"是格式塔心理学所描述的核心理念之一。在格式塔心理学中,几种不同领域的形式美感结合在一起,所产生的作用一致,能让体验者产生审美体验,类似于贝聿铭设计的巴黎卢浮宫玻璃"金字塔"所产生的审美情趣,便可以称之为"异质同构"。通过这种"异质同构"的形式美学与情境体验,观者才能与之产生共鸣,体验其中的运动、平衡。[1]现代的机械结构与中国传统的"诗意"结构组合而成的形式结构,正是这种异质同构的形式美感。

2 形式生成:基于能量流动的建构形式

2.1 理法传承:立轴式风车与龙骨水车的结构演绎

立轴式风车是传统木作器械的典型之一,逐渐消失在历史的洪流中,其传动原理是利用气流推动扇片,将气流的直线型运动变为扇片围绕轴心转动。立轴式风车是我国主要的风车种类之一,除此之外还有卧轴式风车,主要作用为水车的动力源,风车叶片类似于帆船上的布帆式叶片。鉴于此类风车已经绝迹,只能依靠现存的典籍去查阅其资料。在《中国传统工艺全集·传统机械调查研究》这部著作中记载了立轴式风车的部

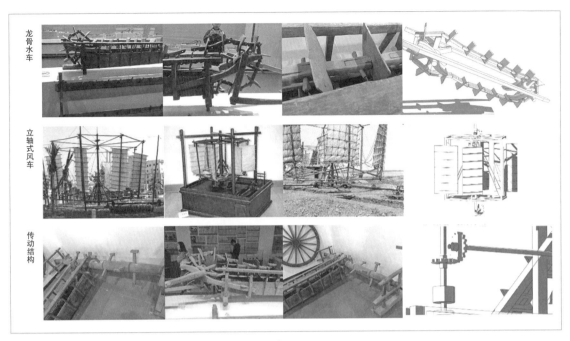

图3　风车、水车结构演变

分资料，为保证立轴式风车源源不断地转换动力，风帆的设计也极为巧妙，风帆会通过风力轻微转动，自动调节到与风向相垂直，从而保证接受最大程度的阻力，而这一原理也使风车不受风向的变化而改变其旋转方向。[2]

在古代农具器械中，风车偶尔与水车配合使用，建造材料皆以木材为主。"水车"一词在古代有着不同的含义，一般指提水的机器，又称"筒车"，另一种作用为驱动水的流向，又称之"翻车"或"龙骨水车"。本文主要研究对象为龙骨水车，通过调研以及手工艺人的描述，得知龙骨水车的提水原理类似于传送带的工作原理，以链动实现运动的传递，通过刮板传送水流，从而用持续不断的作用力实现水源持续不断的输送。Thom教授在课堂上讲述了链轮配合链条的传送原理，龙骨水车与其类似但又有区别：龙骨水车中的龙骨（链条）与同其配合的大轮、小轮通过龙骨的每根关节处弯曲产生的凹槽与轮齿的相互咬合，不同于现代机械链条，从而降低了工艺制作难度，适合木制材料的加工。其驱动的原动力可来自足踏、手推、牲畜拉动，以及自然风力。方案不可能完全复原风车和水车，只能将形式简化，提取其主要传动结构以及形式感加以制作。

驱动龙骨水车根据不同的原动力就会产生不同的传动形式，较为简单的是足踏式、手推式，利用牲畜和风力则需要通过传动结构将水平旋转方向转换为垂直选择方向，装置中考虑到加工工艺难度，方案中采用了更为便捷的"伞齿轮"，转换旋转方向（图3）。

2.2　抽象继承：机器与诗意的结合

装置中材质不同的呈现也会有不同的态度，从材料的表面属性以及空间角度研究装置的艺术属性。史永高在《材料呈现》中归纳材料的两个特性，即"本性"和"真实性"，"本性"是对于材料自身的思考，是关于材料的思考和讨论的始点，与此相对的"真实性"则是相对于建造而言的。[3]不同材料在不同时期的表现取决于当时社会的经济条件以及工业水平。中国传统器械以木制为主，木制材料易于得到，便于加工，从历史角度而言，木制工艺品大多能代表中国古代"诗意"建造。现代材质机械成熟，工业水平较古代不可同日而语。材料主要使用柏木材、草纹纸、不锈钢以及亚克力板，将中国古典传统材质与现代材质相结合，实现现代机器与古典诗意的重构表达，形式借鉴传统器物形态，表达对于本土文化的情感（图4）。

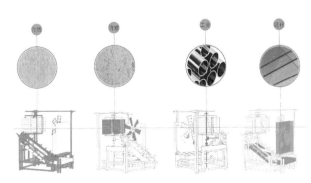

图4　材料隐喻不同的情绪

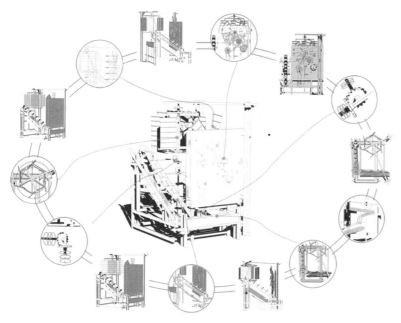

图5 "洄游" OUROBOROS永动概念示意

图6 装置"洄游" OUROBOROS工艺制作细节

风车和水车代表中国传统的"诗意"建构，与之对立的亚克力材质的齿轮组合在同一件作品之中同时呈现出来，即代表了现代机器与"诗意"建构的异质同构，二者虽然有不同的形式意向，但却十分和谐。这也正是格式塔心理学所强调的形式感受。

2.3 形式转译："永动机"的艺术构想

"洄游"是鱼类的一种周期性行为，每到繁殖季节，便会逆流而上，穿越过悬崖峭壁，进行产卵，繁殖下一代，循环往复，起点亦是终点。洄游这种行为所表达的思想观念与西方图腾"OUROBOROS"——衔尾蛇类似，蛇头吞食蛇尾，环状形式代表了无穷尽的循环往复。

将传统的立轴式风车通过风帆传递动力源，产生动力供给整个装置运作，如同整个空间装置的心脏一般。立轴式风车产生的水平旋转方向依靠齿轮转换为垂直旋转方向带动水车，水车产生的动力拉动链轮从而带动链条，传动齿轮进而转动风扇，产生了最初的动力。水车带动了水槽内部的水，从下游流到上游，然后上游的水通过下降的滑道流到下游，生生不息，循环往复。艺术装置所蕴含的哲学观念即代表风与水生生不息的能量流动与循环。灵感理念借助了"永动机"的概念，机械的运作初始动能即为最终结果。但众所周知，永动机对于现实中是不存在的，机械原理必须有原始的动能。整个机械像是一个自给自足的有机生命体，在这种看似无用的伪循环中安静地

运转。这甚至是一种关于自相矛盾的起始与终点的讽刺，也是世间万物的哲学归宿。

3 "洄游"OUROBOROS的互动性实验装置生成

3.1 制作过程：实体建造的模式回归

实验工作坊在方案初步生成后进入到小组合作手工模型制作阶段，得益于不同专业之间的交叉学习，学院提供了模型工作室以及工艺车间等环境进行实体建构。选用柏木材因为其硬度较高，有较为自然的木纹肌理，通过工厂机床将其切成较小的立方运回学校，再对其进行打磨、切割、挖孔等加工手段，木材之间先用木工夹对其点位固定，关键承重点皆使用螺栓搭配螺母进行硬连接，局部钻孔螺丝钉固定。亚克力板材硬度较强，手工加工难度较大，最终采用激光切割的方式进行加工，钢材用切割机和打磨机都可以完成制作（图6）。

3.2 体验模式："交互式"的艺术体验装置

"洄游"OUROBOROS最终由于亚克力板材花纹激光切割较浅，导致一些细节只有很近的情况下才能注意到，作品的线性层次性稍显不足。装置不同"情节"的构成为其带来一定的空间叙事体验，空间的情节再现了一种人类认知过程中的场

图7 装置〝洄游〞OUROBOROS结构细节

图9 装置〝洄游〞OUROBOROS展览效果

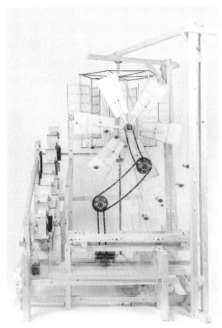

图8 装置〝洄游〞OUROBOROS实体效果

所意向。不管是龙骨水车、立式风车还是工业齿轮，之间不同形式的编排组合如同电影蒙太奇的闪现一般，不论是结构还是其内涵，均来自生活体验。由于整体的结构形式以及透明材料的运用，装置整体空间的流通性较强。

装置作品最终没能借助自然动能使其产生运动，实际展陈的空间也没有能提供动能的场所，最终展览形式采取电机带动的手段使其实现接连运动，考虑到发电提供动能不同于自然资源的动力，一直持续运动会大幅度缩短装置寿命。同时考虑到装置与观众的互动趣味性，所以请到了专业人员为其电源设定编程，依靠其周围人员参观的遮挡感应系统，采用电子编程的手段实现装置的自动运转，能与观众产生互动，建立了人与机器间的互动性（图9）。

4 结语

从海德格尔的"存在"现象学思想到梅洛庞蒂"知觉"现象学思想，对于主体参与感的观点逐步得到重视，人和环境的基本关系来源于一种逻辑关系，"诗意"的哲学构思其形式感也是来自本体的具身认知。此次"诗意的机器"工作坊所包含的传统木作农业器具正是日渐消失的中国传统工艺，而这种传统工艺在当今社会如何传承是我们艺术研究工作者所要考虑的。

传统工艺美术是中国传统文化的一部分，手工艺是源自于生活的艺术，传统木作工艺产品的背后都蕴含着非物质文化，包括其工艺手段和结构基础[4]，这些都是我们应该传承的。传统农耕木质器物所彰显的文化诉求与快节奏社会形成互补，而这也需要国内的设计研究者通过实验性设计弥补正在流失的文化现象，让传统以一种能被更多人交互体验并且认知的手段回到现代视野。

当代工艺不如同古代传统工艺，社会的转型之下，我们更应该思考工艺的传承和艺术品应适应现代新的文化需求，经济发展以及应用技术的革新所带来的工艺的巨变应该适应新的不同层次的需求与认知，但同时又不能违背材质自身所表达的"自然性"。

参考文献

[1] 魏春雨,许昊皓,卢健松.异质同构——从岳麓书院到湖南大学 [J].建筑学报,2012(3):6-12.

[2] 路甬祥.中国传统工艺全集·传统机械调查研究 [M].郑州：大象出版社,2006.

[3] 史永高.材料呈现:19和20世纪西方建筑中材料的建造-空间双重性研究. [M]南京:东南大学出版社,2008.

[4] 李砚祖.社会转型下的工艺美术 [J].装饰,2014(5):26-29.

借古开今，盛木为怀——刍议榫卯技艺对博物馆展陈的影响

崔仕锦

湖北美术学院

摘 要： 木，其质感温润，使人感到亲切舒适；其色变沧桑，令人感叹岁月滂沱。木元素具备无穷的东方魅力，木构建筑已成为中华民族的象征符号和认同载体，成为增进文化认同和民族感情的纽带。中国传统木结构建筑营造技艺于2009年入选世界非物质文化遗产，榫卯技艺作为木结构建筑营造技艺的重要组成部分，其重要意义自不待言。当下所探讨的榫卯技艺，是匠师们对其功能的物以致用，是基于功能与生活方式下的形式美法则的集中体现。

关键词： 榫卯技艺　博物馆展陈　展陈营造

1　榫卯的技艺之美

榫卯结构展现着木构架风韵和温润，是中国传统结构的科学设计语言，亦是中华民族智慧的传承瑰宝。作为东方造物的独有技艺，榫卯是中国古代社会木质建筑物、构筑物、家具陈列和器物器械的主要结构方法，如同四大发明一样源远流长。[1]距今六七千年的新石器文化河姆渡遗址中，就发掘了应用大量榫卯结构的干阑式建筑，究其科学原理，可理解为"凸"为榫，"凹"为卯，木质构件通过凹凸联接的方式，将榫头插入卯眼[2]，旋转咬合并固定，无需加钉或上胶，便可使得木质构件之间紧密契合，极具科学性和灵活性。中国古代匠人通过榫卯技艺，建造出众多卓越优美的木质建筑和家具，达到功能性和装饰性的和谐统一。

榫卯技艺集简明精湛、实用美观的特点影响着当下全世界的相关设计领域，中国传统建筑无论是建筑园林、古寺庙宇还是传统民居，均以木质材料为主，木构架之间主要通过榫卯技艺进行衔接和固定。李明仲的《营造法式》在喻皓《木经》基础上发展，对宋代木构建筑的经验与技术进行整理汇编，阐述了榫卯技艺在建造中的逻辑方法，即榫卯联接梁柱交叠搭建形成整体框架，再以榫卯拼接叠加斗栱，上层荷载经由梁架和斗栱传达至立柱再到底层基础。

不同地域建筑的传统木构件榫卯营造技艺也不尽相同，例如广西侗族建筑中的风雨桥、鼓楼、凉亭和井亭等，为满足居民们祭祀庆典、民俗活动和日常生活起居，其构筑物设计者会根据选址进行功能布局和选材制作的规划，以模数制的尺度设计进行榫卯技法的营造。再如江西婺源的传统木构架民居建筑，主要分为柱承梁头、梁头承檩的抬梁式和梁插柱内、柱升梁直承檩的穿斗式，其柱、梁、枋、檩、椽等木构件均由特定的榫卯进行衔接，体现了居住稳定性、审美艺术性和婺源浓厚的文化底蕴。而谈到云南丽江纳西族传统木建筑，具备符合该地域风貌最为科学的结构体系，在不断经历着山区地震滑坡等恶劣自然灾害的过程中，其木建筑的建造工艺吸纳着中原官式建筑和白族榫卯技术的经验，选用山架穿斗、中架抬梁的构架形式，[3]扣榫精良、卯眼严密，且适时顺应自然条件，采用出檐深远的悬山屋顶，体现了纳西族卓越的建造技艺和匠心精神。

正如隈研吾所说"建筑的永恒，或许不是外在的，而是出自其使用者的向死而生，才能生生不息"，在城市混凝土夹缝求生的木构件，恰如其分地贴合其"向死而生"的建造灵感。从家具践行该理念，在"CHIDORI"概念家具设计中，木条以榫卯连接拼合成一个标准空间单元，使用者可以视需要将多个空间单元组合，形成不同规格尺寸的多种家具实体。此后他将其概念融合到建筑肌理营建中，打破传统外墙的壁垒，将木榫卯编织形成立体网格系统，亦满足自由拆改、重复建造的"生死观"。经过不断尝试和革新，在梼原木桥博物馆通过正交木梁层层叠加，将重力荷载传递到少数与地面接触的支点上，实现了"漂浮"视错觉；在热海COEDA HOUSE中将建筑核心区域的木构件叠拼搭建成柱，向上向外编织出整个屋脊屋檐；在天满宫星巴克首次尝试斜交的榫卯技艺，体现空间纵向伸展力；在静冈县平梦观景

台实现了榫卯组合的八角形屋檐，集装饰美与力量感为一体，体现出木结构的秩序之美。

古代家具形制由矮式的"席地而坐"向高式的"垂足而坐"全面转型同样与榫卯技艺密不可分。[4]工匠们借鉴了木构建筑体系，榫卯联接各部件，一方面在提高家具高度的同时增加稳固性，另一方面利于组装运输和拆卸，加速了高式家具的传播。正如田自秉学者将明式家具归纳为"意匠美、结构美、材料美、工艺美"的集合，明代注重"重节俭、轻繁缛"的文化品质，[5]盛行"百姓日用即道"和"以民生日用为技艺"的思潮，使得明式家具经久耐用且科学合理，明式家具各部件组合简明、结构与功能统一、实用且美观，突出表现出当时人文风貌和审美情趣，是顺应社会思潮的物化体现。此外，中外设计师利用传统榫卯技艺设计理念进行着木作家具的创新设计和实践。如丹麦设计师Hansj. Wegner于1944年设计的"The China Chair"，融合了中国明式家具圈椅的简洁优雅，将东方传统榫卯技艺与西方曲木技术相结合，外扩内敛的线型形制严谨缜密，工艺考究且节省木料，被《Interiors》评为"世界上最漂亮的椅子"。

随着社会变迁和技术变革，当代学者和设计工作者们将榫卯技艺"古为今用"，沿袭着传统匠心的工艺，探寻本土化艺术价值的重生，将榫卯结构融合博物馆展陈空间，进行创新的变通和改良，赋予其更多符合功能美学的时代精神，以弘扬传统文化，振兴当代设计。

2 博物馆展陈的营造之法

博物馆作为重要的信息与文化交流场所，近年来随着社会公众文化素质的提升，已经引起社会各界的关注。博物馆已经成为公众主要的信息来源和接受教育的场所，是展品的视觉美学最大化观感的物化载体，也是公众沟通传达的多重媒介。营造出可供观展公众直接对话的展陈空间，有利于实现博物馆运营价值的最大化体现。

但在现阶段的博物馆展陈营造方式中，存在诸如展陈空间不合理、展陈内容不匹配、展陈能源浪费等问题，导致展陈空间编排、铺叙及形象展示的缺陷。展陈路线需要跟随展品进行安置和调整，通过不同改造减少内部空间过大过宽的弊端。在针对现阶段新建博物馆空间，存在大面积玻璃幕墙的使用，存在不适合进行展品围合布局的内部光环境，而旧建筑改造的展陈空间则会反复出现对墙体的改造，调整暖通照明的负荷，不但浪费着博物馆的有效使用面积，也增加了相关资金的投入。

以上不科学的博物馆空间营造方式，在面对瞬时出现的观展人群高峰时，会出现公众视觉休息缺口、观展距离不足和观展路线拥堵等问题，严重时候会危及公众及展品的安全。

博物馆展陈的营造之法，应从"两观两性"进行展开和传导，即超以象外的整体观、由表及里的外显观、易识易用的便捷性和空间拓展的生长性。

首先，"超以象外的整体观"。确立展陈内容的脉络，凝练凸显地域性的主题元素，以新颖趣味的表现手法来营造民风民俗的个性化表现。顺应观展群体的多元化观念，以适应快速多元的时代背景，这就要求我们不能以微观视角去探究某类空间的特质，而需要提取与当下审美思想相吻合的整体观。在博物馆展陈工作的伊始阶段，确定规模、展品类型、展厅布局、空间尺度等数据，实形文本先行、统筹调校的原则，对重点展区进行详密策划和空间构思，预留公众休息区域和观展起伏路线。其次，"由表及里的外显观"。不少博物馆展陈会陷入刻意强化视觉冲击力的错误循环，导致适应性无法紧随不断变化的空间功能。包豪斯创始人格罗皮乌斯强调的"技术与艺术的统一"，就提醒我们在进行展陈设计布局的时候，要注意功能上形式美的提升。增加空间内部结构的形式语言，增加内部功能和材质的多元置入。此外，除了要尽可能消除展览过程中的一系列预设困境以外，还应充分考虑后期的实际运营，给予内部展陈设计预留一部分想象和创造的余地，比如按照收藏的展品性质进行调整，以使得内外部设计的契合。再次，"易识易用的便捷性"。营造便捷的展陈空间序列，空间导视系统的易读性和交通动线的通达性显得尤为重要。每个空间的参观顺序、参观方向和浏览路径，都由视觉动能和功能布局决定，要达成辨识度高、参与感强、逻辑顺序合理且符合行为习惯的便捷路径，需要强化序列指向性，形成疏密有别、起伏有致的视觉中心，设计合适的空间尺度，体现层次感和韵律感，使观者在或空旷或异形或狭长或常规的空间中，感知或震惊或肃穆或压抑或愉悦的不同心境。

最后，"空间拓展的生长性"。生长性在此可理解为新兴技术手段对于展陈空间营造的提升，以体现展陈内部与外部的可变性特征。多媒体数码科技、虚拟仿真漫游、电光声乐置入等，都在改变博物馆展陈的单向叙事情节，转为高效互通且直观多维的交叉互动关系。对于空间的定位，可从开篇、节点、转折、递进和终曲进行布局，考虑不同年龄、不同层次、不同阶段的观者需求，在满足视觉听觉触觉等感官体验的同时，传递信息、促进交流、寓教于行、触发共鸣，成为大众沟通的媒介，引导人们精神层面的交流与互动。

3 榫卯技艺与博物馆展陈的融合与革新

榫卯技术的美体现在人们对于不同空间和物体的审美过程的知觉感受。突出符合主题的场景营建，突出与木构件相符合的环境氛围，使用更为直接的空间语言来深化榫卯艺术，结合实体和实景，准确铺设榫卯技艺的主题气氛。在进行主题营造的过程中，注重直观性、艺术性和科学性，并对当下中国设计的社会和自然形态进行考证，传达最为本真的人文信息。科技的革新下新型材料层出不穷，但始终无法企及木材在建筑建造中的地位，作为榫卯技艺的载体，木材也反之为榫卯的革新发展提供了无限可能，简约外形包裹着繁缛的结构，成就了审美与意匠的融合，淳朴且平淡，实属"道器合一"的典范。

作为纯粹技术层面且没有独立艺术样式的榫卯技艺，或蛰伏于屋檐之下，或隐匿于家具之间，其功能性远大于艺术性。当下的博物馆展陈空间，无外乎通过多重视觉样式去剖析事物内在结构，让观者感受展品的内在之美，又或是将空间进行肢解拆分，并对空间进行美学层面的重新定义，这便是拆解传统性、剔除功能性、强化艺术性的行为，通过展现榫卯技艺的结构特点，将其转变为艺术化的视觉样式。例如，2010年的上海世博会中国馆的案例，参照了中国传统建筑的营造法则——榫卯穿插、层层出挑，将斗拱元素放大并简化，将其符号性转为艺术性，将其有序排列形成独有的建筑肌理。此外，中国当代家具中也出现诸多榫卯外露的装饰样式，其结构成分降低，取而代之的则是材料更替和尺度调整，榫卯不再承担联接和承重的作用，而逐渐成为结构外露的装饰元素。再如艺术家傅中望的"榫卯"系列作品，他受中国古建结构启发，将装置艺术材料用异化的形制进行拼凑，产生对立无序、矛盾游离的状态，实现了传统雕塑与现代艺术的结合。搭建榫卯技艺与博物馆展陈相结合的主题框架，需要将其起源、发展、进阶、成熟、转型等历史进程进行横向梳理，在展陈结构上以立体三维替换平面二维的叙述方式，将榫卯与代表性行业的演变进行联接，讲述榫卯技艺在过去、现在和将来的生息演变。

在将榫卯技艺置入空间序列的阶段，要进行展陈脉络的全面梳理。先提出关于榫卯起源论的"时间空间交错"版块，通过中华传递到世界各国的双线叙述。而后，进入中国古建的3D打印微缩模型展台，通过对唐宋、明清的建筑，如佛光殿、圣母殿等的实体爆炸模型剖切透视来感知榫卯在古建局部的科学奥秘。随之而来的是解析中国传统家具陈设器物，以巧匠、器用、材质三方面进行展示，同样以纵向拆解的爆炸模型进行佐证和阐述。最后便通过榫卯在各类不同行业的例证，将目光放回到当下榫卯技艺在建筑景观、家具制造和陈设美学研究的继承和弘扬。第二大版块是"科技艺术融合"，可以通过趣味性

较强的鲁班锁模型、榫卯偏旁部首、榫卯组合字、坐具收纳家具的模型等陈列，结合滚动播放且可以进行人机互动的电子屏幕，来讲述榫卯技艺的设计理念。第三版块亦是最后"传统现代结合"部分，回归到博物馆展陈的环境设计层面，梳理气氛烘托和规划动线的环境氛围，聚焦博物馆观展人群的年轻化现象，可采取模块化的榫卯装饰，布局在休息区、视觉中心和顶棚墙面，在墙面采取开窗和格栅形制，打造框景半开放、对景围合式的步移景异的感官体验。此外模数化榫卯模块可以反复搭建和拆卸，随意组合布置，降低预算，增强互动。

榫卯技艺在博物馆展陈空间的践行，是契合东方造物理念和西方创作理念的物化体现。在博物馆展陈结合榫卯技艺的过程中，中国艺术工作者们一味的"拿来主义"和仅浮于装饰表面的修缮是无法传递中国文化情感共鸣的。榫卯技艺须着眼于中国元素和中国精神，从纹样挖掘入手，结合整体空间布局，使用创新工艺和材质，顺应当下文化环境相通艺术语言，凝结祖先智慧和民族审美，才能继承和发扬立足本土的中国艺术。

4 结语

榫卯令我们处于传统技艺、古典艺术、现代材质的交叉点，凭精巧的"凹凸"与"阴阳"，贯穿建筑园林、家具陈设、器物器具等众多领域，探讨东方古典哲学思想的深刻和匠心技法的高超。透物见人，通过榫卯技艺在博物馆展陈规划的尝试，提炼其中的力学与科学，进而思考中国工匠精神背后的民族情怀。

参考文献

[1] 李晴.浅析榫卯之美[J].美术教育研究,2015(1):66—67.

[2] 徐嘉莉.中国传统元素之榫卯结构在现代灯具中的应用研究[J].大众文艺,2018(11):86—87.

[3] 吴宇晨,贾东.丽江纳西传统民居之蛮楼类木构架营造技术研究[J].华中建筑,2015(7):155—159.

[4] 张嫱.由起居方式的变化浅析中国传统家具的发展[J].城市建筑,2019(20):152—153.

[5] 李孙霞,王菁菁.基于榫卯结构方式的现代实木家具设计研究[J].设计,2014(7):18—20.

基金项目: 2018年湖北省高校教学研究项目《微建造艺术下的陈设设计教学适应性研究》，项目编号: 2018417; 湖北美术学院2018年度科研课题《"产学研"模式下的陈设设计人才培养研究》(项目编号: 2018XJ24) 阶段性成果。

木构建筑彩画在当代艺术设计中的创新应用探索

韩风 李沙

北京建筑大学建筑与城市规划学院

摘 要：中国建筑彩画是传统木建筑色彩体系营造的重要组成部分。本文以探究木构建筑彩画的设计规律在当代艺术设计领域的创新应用为目标，尝试在艺术设计所关注的城市建设、活动庆典、日常生活三大现实领域中，将木构建筑彩画的形态要素和关系要素融入当下社会，使建筑彩画艺术从古建筑和博物馆中走出来，通过创新转化，成为更加贴近当代人生活的艺术表现形式和文化衍生品，服务于公众，从而探索中华优秀传统文化的保护、传承与创新应用的有效途径。

关键词：木构建筑彩画 彩画要素 艺术设计 创新应用

1 木构建筑彩画的创新应用意义

"木"在中国传统建筑中承担着不可替代的作用。与西方以砖石为主的建造方式不同，中国传统建筑是以木材作为主要建造材料，以木柱梁为承重骨架结构的建筑形式，即木构建筑体系。木构建筑是随着中国历史逐步发展和演化的，由于中国历史是一个相对连续进化的体系，并未发生过重大的突变，因此，中国木构建筑得以延续并形成了特色鲜明的建筑特征。

传统建筑彩画作为附着于木构建筑构件之上的装饰艺术，其主要功能有四点：一是保护木构架，二是装饰美化，三是区分建筑等级，四是弘扬吉祥文化。北方木构建筑彩画以彩画的形式出现，南方则以木雕加彩画的组合形式出现。木构建筑彩画的构图、内容、色彩、纹样中蕴含着深厚的华夏文明的智慧和传统文化精神，成为最具代表性的传统装饰元素。梁思成先生认为，世界各地的古建筑中以中国古建筑的色彩最为丰富，可能是因为中国古建筑主要是以木构为主并加以彩饰的原因。[①]而新时代传承与弘扬传统文化，应注重内涵挖掘和活化利用相统一、保护传统和融入时代相协调。建筑彩画的时代价值不仅体现在修补、复原古建筑的过程中，也在于如何通过创造性转化和创新性发展将其融入我们这个新的时代，为今天的社会和大众所服务。[②]

在这样的背景下，探讨将木构建筑彩画的设计规律和美学观念纳入环境艺术设计所关注的诸多实践领域之中，如在当今城市建设的旧城街区改造与功能提升、历史文化街区重塑及城市环境美化过程中；在节日庆典、体育赛事、大型会展等活动综合形象策划设计过程中；在日常生活相关的居住空间与文创产品的设计过程中，都需要建筑彩画这样典型的传统装饰素材来构建新时代国家形象，从而突出中华民族的文化特色。因此，应探索建筑彩画创造性转化和创新应用的新途径，使其从古建筑和博物馆中"走出来"，转化为更加贴近当代社会和百姓需要的艺术表现形式和文化衍生产品，体现彩画的时代价值和现实价值。

2 木构建筑彩画创新应用元素

木构建筑彩画历史悠久，不同历史时期彩画各具特色。宋代《营造法式》中对"彩画作"包含的内容，从彩画作制度、料例、功例、图样等方面都做了详尽的论述。按上、中、下三等级提出了彩画形制的概念，并对应不同等级的建筑之上。建筑彩画成了木构建筑体系内，表现力和文化内涵最为丰富的装饰语言。

明清两代建筑彩画是中国彩画艺术的巅峰时期，尤其是清代官式建筑彩画，在彩画的种类、规制和内容上的发展愈加成熟。包括有彰显皇权的和玺彩画，庄重雅致的旋子彩画，适合园林与住宅建筑的苏式彩画，炽烈奔放的宝珠吉祥草彩画，以及木构建筑室内吊顶所采用的天花彩画，所运用的形态要素和

图1 市政配套设施井盖上的彩画应用

图2 城市交通设施上的彩画应用

关系要素通过不同的排列组合，构成异彩纷呈的木构建筑彩画的形式美体系。

与民间建筑彩画相比，官式建筑彩画在结构、色彩、形制和纹样等形态要素方面规定都十分严格。如结构方面，将木构檩枋分为"三停"，即居中的枋心与两侧的找头与箍头按照1：1：1的比例分割。再通过箍头线、皮条线、岔口线、枋心线、合子线这"五大线"，清晰地呈现出了极具秩序感的设计理念，突出了彩画的层次感和中央枋心内的重点。在色彩方面，强调了石青、石绿两大色彩体系的对比与协调原则，即同一木构架相邻部位的彩画颜色必须青绿相间互换，如斗栱之间、大小额枋之间均遵循青绿相间的设色原则，形成完整而井然有序的色彩设计体系。木构建筑彩画的形制和纹样亦体现出非常严格的设计原则。如和玺彩画需采用沥粉贴金工艺，图案则以象征皇权的龙凤纹样为主，因此仅呈现于皇家宫殿正殿、敕建坛庙等核心位置的主要建筑之上。旋子彩画则细分成八个等级，可适应不同等级建筑功能的装饰需求，多用于皇家宫廷的配殿和次要的殿堂、坛庙、陵寝、王府、园林、敕建庙宇或官衙等建筑之上。而苏式彩画则在皇家园林建筑和私家园林建筑被广泛采用，以枋心式、包袱式为主，题材丰富多样，文化内涵深厚，呈现轻松飘逸的审美情趣。

在木构建筑彩画形态要素的基础上，建筑彩画的关系要素亦不容忽视。如龙和玺彩画体系中，大小额枋找头内的龙纹需分别以降龙、升龙形式出现，此种升降关系处理方式使其在变化的同时又有呼应关系；再如和玺彩画由额垫板部位的行龙要遵守向心原则，即每一条龙纹的头部应朝向建筑开间的中心点而排布，形成了左右对称的组织关系；而旋子彩画中找头部分青绿旋瓣也遵循方向相反的设计规律，旋花头路瓣上半部分沿顺时针方向旋转，下半部分则沿逆时针方向旋转。而二路瓣旋转方向又与前者相反。由此形成了上下对称的组织关系；苏式彩画中包袱的烟云托子，通过由深及浅的退晕处理方式，可使观赏者仿佛透过窗口观赏窗外画面景色

的透视感，这与古建园林中的"借景"构景手法如出一辙，从而实现二维画面向三维空间转化的奇妙效果。再而苏式彩画软硬卡子之间的对比关系、宝珠吉祥草的对称关系，无不透射出建筑彩画形态要素与关系要素之中，蕴含着对比协调的设计理念与美学原则。

木构建筑彩画的关系要素与形态要素是彩画艺术的精髓所在，两大要素相辅相成，一同勾画出了中华传统文化精神和审美特征，也成了木构彩画在创新应用设计过程中的基本元素。

3 木构建筑彩画创新应用设计

中国建筑彩画的演变与迭代是一个漫长的发展过程，而创新并非一味的求新求变，彩画艺术的基本要素在一个历史时期中是不能胡乱篡改的。在联合国教科文组织有关世界遗产保护的《威尼斯宪章》和《奈良真实性文件》中，明确提出了"需要保护原文物的真实信息"的文物保护原则。因此，我们的创新应该是建立在尊重传统的基础上，根据当下社会和人民的物质和精神需求，从科学、人文和艺术视角出发，将建筑彩画的基本要素转化为在城市建设、大型活动、日常生活等领域中能够贴近现代人生活的艺术表现形式和文化衍生品，服务于当下，探索彩画艺术的现代应用途径。

3.1 城市建设领域中的彩画创新应用

今天的城市发展日新月异，木构建筑彩画被广泛应用于传统建筑复原、修复以及仿古风格建筑之上。但除了在特定传统建筑上能欣赏到建筑彩画之外，在城市中就很难再寻觅到其他与建筑彩画相关的信息。而城市建设的方方面面都需要体现自身的文化特色，如在城市雕塑、植物景观、市政配套设施、城市交通工具和城市家具设施等领域，都可以探索将木构建筑彩画形式要素与关系要素融入上述设计领域。

如在城市雕塑的创作过程中，将夔龙方心金琢墨旋子彩画以金属镂空雕花的形态进行处理，青色镂空部分装设青色LED灯光，通过虚实、明暗的对比形成旋子彩画的形态特征。在植物景观设计中，选择图案相对平面化、颜色相对简洁的彩画图案以植物花卉进行表达。如提取由红、绿、青三主色和黑、白两辅色构成的旋子彩画锦纹图案。其中红、绿、青三个面积较大的颜色可以通过植物花卉来塑造，而黑、白两个线条较细的颜色则通过黑、白不锈钢来实现。这种植物花卉与硬质不锈钢的搭配，既保证了彩画色彩的真实还原，又实现了结构的强度和区域的划分。又如在市政配套设施的井盖设计中，可以选取建筑枋头、箍头、找头等部位的矩形图案或天花彩画中的圆形图案来进行装饰（图1）；在交通工具的旅游大巴以及城市家具系统中的电话亭、指示牌、照明灯杆、座椅等设施上，同样可以融入建筑彩画要素，让人们从城市的细节中感知到彩画艺术（图2）。这些方面的创新设计，是对木构建筑彩画全面应用于城市建设领域的有益尝试，增添了城市的传统文化特色，通过艺术设计的手法塑造了极具传统文化特色的城市新形象。

3.2 活动庆典中的彩画创新应用

弘扬木构建筑彩画这门优秀传统文化，就要进一步做好交流和推广。各类节日庆典活动、国内外大型体育赛事活动以及会议展览活动，都是交流和推广建筑彩画艺术的窗口。如何在这些大型活动中融入建筑彩画要素，展示出建筑彩画新的时代内涵和现代表达形式，体现建筑彩画的当代价值。

中国传统的春节、中秋、清明、端午等传统节日，以及五一劳动节、十一国庆节、元旦等节假日都会举办如晚会、庙会以及阅兵等隆重的庆典活动。在这些庆典中的舞台布景、彩车、彩灯等设计中，可以选取木构建筑彩画中苏式彩画具有吉祥寓意的要素来进行装饰设计。如聚锦壳中的仙桃、佳叶、香圆、葫芦等植物果蔬以及蝙蝠、仙鹤、鸭子等动物形态代表着吉祥如意、福寿安康。也可以选择苏式彩画包袱心中"海晏河清""玉堂富贵""富贵白头""万福流云"等吉祥画作来营造喜庆的活动气氛。

举办国内外大型体育赛事及会议展览活动是中国向世界展示中华文明和国家形象的机会。在这些活动的会场布置、展览设施、会议宣传及纪念品设计等内容中也都可以运用旋子彩画、苏式彩画中的典型要素来体现中国传统文化特色，树立良好的国家形象。同时，活动中的建筑彩画创新应借助当代BIM、VR等数字化展示技术，以全息投影、幻影成像、互动投影、多点触屏及虚拟翻书等多媒体互动方式，将彩画要素知识以创新的手法传递给观众，普及和推广建筑彩画艺术。

3.3 日常生活领域的彩画创新

建筑彩画创新应将彩画转化为更加贴近现代人需要的艺术表现形式和设计产品，服务于当代百姓的吃穿住用等日常生活。其创新应用围绕着住宅室内装饰陈设、文化创意产品等领域而展开。

以往的建筑彩画在室内领域多应用于天花和墙面的界面装饰之上，属于纯装修的范畴，是对传统建筑室内彩画的单纯复制。而将彩画与室内家居艺术陈设、家具相结合，可实现彩画的活化利用，为室内多元化发展趋势提供思路。随着百姓审美水平和生活品质的提升，对室内装饰中的艺术陈设和家具设计的要求日趋风格化、多样化，尤其对具备传统文化特色的设计青睐有加。可以提取建筑彩画要素中井口天花彩画中的团鹤、夔龙、西番莲、百花等图案结合在地毯拼花之上。也可以将苏式彩画中包袱式彩画的图案应用于靠枕设计之上，由软、硬烟云景框衬托出包袱心中传统绘画作品的美感。还可以将旋子彩画聚锦中的图案设计为家居餐厅中餐桌上的桌布，或将旋子旋瓣、椽头、飞头等部位圆形和方形的彩画转化为餐垫、杯垫等饰品。吉祥的寓意、别致的纹样、靓丽的色彩，使这些饰品成为室内艺术陈设中的点睛之笔，形成极具传统文化韵味的艺术陈设饰品，营造吉祥和谐的家居氛围和艺术气息。

木构建筑彩画衍生设计出的文化创意产品涉及百姓生活日用品、文化旅游纪念品等领域。如与现代电子设备相关的手机壳、平板电脑套、鼠标垫等配套产品设计中（图3），可以将旋子彩画找头部分内的旋瓣团花图案或苏式彩画包袱图案等最具代表性的彩画要素应用于产品设计之上，为现代电子产品装点上传统文化的外衣。在与文化遗产相关的旅游纪念品设计中，可以将建筑彩画典型要素设计在书签、冰箱贴、扇面、智力拼图等用品之上（图4），如在书签上选取旋子彩画中烟琢墨石碾玉锦纹或大小额枋上的和玺、旋子和苏式彩画，一方面使书签具有浓郁的文化特征，另一方面也可以在背面通过文字对彩画进行相应的说明，达到普及彩画知识的文化推广作用。

图3 手机壳上的彩画应用   图4 智力拼图游戏中的彩画应用

4 木构建筑彩画创新应用设计原则

木构建筑彩画是中华文化瑰宝，其创新应用并非一味求变，创造性转化是以传统彩画要素为基础，根据当今城市建设、大型活动、日常生活等领域的现实需求进行的创新思考。在创新的过程中，应遵从以下几点原则：

4.1 真实性原则

木构建筑彩画的应用必须尊重历史，坚持对于文物保护真实信息的要求，对于彩画基本形态要素和关系要素不能随意篡改，无论创新应用的形式如何，都应该保证建筑彩画的真实性。因此，在设计创作的过程中，不宜任意删减要素或缩放比例，也不宜任意篡改内容。应该根据既定物体的形态、比例和功能限定，对建筑彩画要素进行合理组织，最大限度地保留原有彩画的意蕴与真实性，将正确的信息传递给观赏者，做好建筑彩画的保护传承和创新转化的工作。

4.2 整体性原则

木构建筑彩画创新应用是围绕城市建设、大型活动、百姓生活等领域而展开的，在各领域进行设计创作的过程中，必须考虑新创作的事物与原有环境的整体关系。对于一个城市、一场活动或一处室内空间来说，创新设计要服务于整体、适用于整体。建筑彩画作为一种传递传统文化的载体，其创新设计作品中彩画的造型、色彩等要素都应符合整体定位和风格，营造出极具文化特色又协调统一的文化有机体。

4.3 实用性原则

木构建筑彩画创新应用最终要落实在应用实践之上。在城市建设领域的雕塑、景观及各类设施建设中，在节日庆典、体育赛事、展会领域的场景布置、文化推广及新媒体展示中，在住宅室内装饰陈设以及文创产品的设计中，建筑彩画创新设计都应该能够体现出对现实生活具有审美价值或使用价值，使建筑彩画艺术成为当代人在城市、活动和日常生活中可以看得到、用得好的具有实用功能的艺术设计作品。

5 总结

弘扬木构建筑彩画艺术，一方面要做好保护与传承，挖掘其要素特征及其蕴含的文化内涵，尊重建筑彩画的"根"与"源"；另一方面更要重视创新转化与应用，要让建筑彩画开花

结果，发挥其对于当代的价值。笔者提取建筑彩画的形态要素和关系要素，探索其在推动城市建设、活动庆典、日常生活等现实层面进行创新应用设计的途径，归纳出真实性、整体性和实用性三大原则。希望能够为木构建筑彩画注入新的艺术生命力，通过活态利用和普及推广，使这一优秀传统艺术形式在新时代给人民生活带来更多美好体验。

注释

① 孙大章.彩画艺术[M].北京:中国建筑工业出版社,2012,8:111.
② 2017年1月25日，在中共中央办公厅、国务院办公厅印发的《关于实施中华优秀传统文化传承发展工程的意见》中明确提出"创造性转化和创新性发展"的基本原则：坚持辩证唯物主义和历史唯物主义，秉持客观、科学、礼敬的态度，取其精华、去其糟粕，扬弃继承、转化创新，不复古泥古，不简单否定，不断赋予新的时代内涵和现代表达形式，不断补充、拓展、完善，使中华民族最基本的文化基因与当代文化相适应、与现代社会相协调。

参考文献

[1] 蒋广全.中国清代官式建筑彩画图集[M].北京:中国建筑工业出版社,2016.
[2] 孙大章.彩画艺术[M].北京:中国建筑工业出版社,2012.
[3] 何俊寿.中国建筑彩画图集[M].天津:天津大学出版社,1999.
[4] 楼庆西.中国传统建筑装饰[M].北京:中国建筑工业出版社,1999.
[5] 杨宝生.中国建筑彩画粉本[M].北京:中国建筑工业出版社,2017.

项目资助: 北京建筑大学教育科学研究项目：针对首都"文化中心"功能定位需求的传统建筑装饰设计人才培养研究 (项目编号：Y1823)；国家社科基金艺术学一般项目：天安门建筑群彩画艺术与国家形象设计研究 (项目编号：16BG094)；北京建筑大学研究生教育教学质量提升项目：《西方历史建筑与室内设计》教学手段与形式创新 (项目编号：J2019011)。

养心殿后殿内檐木隔断设计手法研究

郝卫国 牛瑞甲

天津大学建筑学院

摘　要： 从养心殿后殿内檐隔断设计手法入手，对软性罩类隔断及中性碧纱橱类分型，并分析空间组合及装修手法，描述各类隔断形态及纹样细节与艺术特征，总结后殿内檐隔断工艺特点及室内设计手法，分析当时代内檐设计的空间审美及文化追求。

关键词： 养心殿　内檐隔断　装修手法　罩　碧纱橱

传统木框架围合的建筑样式，使空间划分具有更多的灵活性与动态特征，隔断的内檐设计手法就是在开阔规则的建筑平面中做出了虚涵的空间划分。内檐隔断营造的空间是传统写意文化的物化，如同含蓄内敛的精神、山水画的气韵、园林中的曲径通幽，在内檐设计中同样讲究模糊与含蓄带给人的空间想象。其既是空间分割的标志，也是空间联络的纽带，承载了情怀与秩序，兼具装饰与实用功能。明清时期随着手工业的发展，室内隔断在选材和制法上更加考究，尤其集大成于清朝时期，北京故宫代表了我国古代建造工艺的高峰之一，其内檐隔断设计手法体现了皇家建筑极高的艺术水准。

1　养心殿后殿内檐隔断分类及空间组合

1.1　内檐隔断分类

隔断的形式多样，《清代宫廷内檐装修设计问题研究》描述内檐装修"主要包括室内罩隔、门窗、壁子、床张、屏门、天花、藻井等内容，并涵盖地、宝座、屏风等重要陈设辅助手段……"[1]清代嘉庆时期修葺养心殿时在《养心殿联句》注写"是处正殿十数楹"，"其中为堂、为室、为斋、为层隔、为书屋。所用以分割者，或屏、或壁、或纱橱、或绮拢，上悬牌匾为区别。"本文以故宫养心殿后殿内檐作为研究对象，侧重于其相对固定的中、软性隔扇及罩类隔断营建手法研究。

1.2　养心殿后殿内檐动态多层隔断空间

养心殿位于故宫内西路西六宫南端，明嘉靖十六年六月"丙子新作养心殿成"[2]经过明清两朝八代王朝修葺，据《明宫

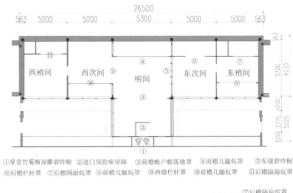

①穿堂竹菊梅混雕碧纱橱　②进门须弥座屏障　③前檐毗卢帽落地罩　④前檐几腿炕罩　⑤东缝碧纱橱　⑥后檐栏杆罩　⑦后檐隔扇罩　⑧前檐几腿炕罩　⑨西缝栏杆罩　⑩前檐几腿炕罩　⑪后檐隔扇炕罩

图1　养心殿后殿平面图及隔断位置

史》载："过月华门之西曰膳厨门,即遵义门,向南者曰养心殿。前东配殿曰履仁斋,前西配殿曰一德轩。后殿曰涵春室,东曰隆禧馆,西曰臻祥馆。"[3]养心殿于清康熙十七年（1678年）改为造办处[4],雍正帝即位后，养心殿成为"寝兴常临之所，一切政务如批章阅本、召对引见、宣谕筹几，一如乾清宫。"[5]

养心殿分前殿和后寝，前殿三间，分为中正仁和殿及东、西暖阁，正殿迎面壁雍正与乾隆的汉装像后有一暗门与后殿相

通，俗称"穿堂子"[6]。养心殿后殿五间，分别为明间，东、西次间及东、西梢间。后殿左右耳房分别是燕禧堂和体顺堂。

养心殿后殿内檐使用11槽碧纱橱、罩等形式的隔断形成围中有透的空间。通过木质雕花的隔扇炕罩丰富了单调的矩形空间，也避免了厚重的空间隔离感，虚实围合，使空间灵活流动。从前殿通过穿堂碧纱橱进入后殿明间，穿堂子北进门须弥座屏障，前檐毗卢帽落地罩将前厅分成两个空间，前檐毗卢帽落地罩与西缝栏杆罩、前檐几腿炕罩、东缝碧纱橱形成隔而不断的开敞空间。西缝前檐栏杆罩与西次间前檐几腿炕罩连接，明间与东次间以东缝碧纱橱相隔，形成两个独立空间。东次间后檐栏杆罩将东次间分为两个空间。东西梢间为寝室，东梢间后檐炕上装饰隔扇炕罩，前檐炕上装饰几腿炕罩，西梢间后檐炕上装饰隔扇炕罩。（图1）

2 养心殿后殿内檐隔断文化意象

内檐隔断营建的兴盛发展，不仅使分割的空间灵活轻巧，同时也有突出的艺术效果。受传统文化影响，内檐设计非常讲究"天人合一"，孔子曰："智者乐水，仁者乐山"，老子曰："道法自然"，庄子曰："与天和者，谓之天乐"。内檐隔断同样具有寄情山水，向往自然的情怀，材料选择上也秉承"以物为法"的务实精神，取之于自然。雕刻纹样及装饰字画都具有文化的隐喻表达，以植物花卉图案、飞禽走兽图案、吉祥组合图案、吉祥母题图案以及几何类装饰图案，寓意着吉祥如意、福禄等希冀与愿景，也是阶级文化的直接体现。在宫殿内檐装修元素中，为了体现建筑等级的正大宏伟，常见有兰竹松柏所代表的风骨品格；鹤鹿龟蝠所代表的寿福祥瑞；龙凤仙兽的尊贵庄严；海水云气的波澜壮阔，方胜纹、万字纹、龟背纹、拐子纹、回纹、冰裂纹、缠枝纹、连钱纹、连珠纹、双距纹等从自然演变而来的几何抽象纹样，也体现了皇权、礼制、等级及祈福文化。

3 内檐隔断的表达方式

3.1 软性隔断——罩

明清宫殿和民间都大量使用"罩"来分割空间，这种隔断的运用使空间有了含蓄的气质。"罩"的形象呈"n"形，或倒"凹"形；其既有隔景、隔声的作用，又作为内檐的装饰，突出更多"缺省"的部分，赋予空间隐喻及暗示。罩的形态阻上不阻下，倒的"凹"形，上有通透，下有留白，既隔断了空间，又联系了空间，既遮又透。罩具有"虚"空间的营造功能，作为内檐装饰的"软性隔断"，其形式是传统哲学中"气"的物化表现。

几腿罩、栏杆罩、落地罩、落地花罩、炕罩等都是罩的类型。栏杆罩一般分割大跨度空间或者进深较大的空间，整组罩分为三樘，由上槛、横披、中槛、抱框、立框、花罩、栏杆组成。落地罩又称"地帐"，由山槛框、横披、隔扇、花牙子组成，用来隔开小面积的空间。几腿罩因形同几案得名，由上槛、横披、卡子花、花牙子、抱框组成，装饰简洁。炕罩装饰于炕沿，包含几腿罩、隔扇罩、落地罩等多种样式。

养心殿后殿内檐共有8槽罩，分别为明间前檐毗卢帽落地罩、明间前檐几腿炕罩、明间西缝栏杆罩、东梢间后檐隔扇炕罩、东次间后檐栏杆罩、西次间前檐几腿炕罩、东梢间前檐几腿炕罩、西梢间后檐隔扇炕罩。

后殿烫样信息整理　　　　　　　　　　　　　　　　　　　　表1

位置	构建名称		特征装饰主题	材料及工艺	吉祥寓意
明间	穿堂碧纱橱		竹菊梅	紫檀木浮雕	梅花献瑞，竹报平安
	前檐几腿炕罩		卷草葫芦缠枝纹	蓝地缂丝书画贴；紫檀木双面透雕	多子多福
	前檐毗卢帽落地罩	西立面	龙凤纹、如意头、夔龙纹、拐子龙纹	紫檀木高浮雕	高贵吉祥，皇权至上
		东立面	云纹、如意纹嵌寿桃、蝙蝠文	蓝地缂丝匾额及书画贴紫檀双面透雕	福多寿长
	东缝碧纱橱		卷草葫芦缠枝纹	蓝地缂丝书画贴；紫檀木双面透雕、浮雕	多子多福
	进门须弥座屏障		莲花纹	传统糊裱；紫檀木浮雕	佛教文化，清廉高洁
	西缝栏杆罩		灵芝纹嵌桃、蝠纹、万字纹；牡丹葫芦卷草缠枝纹；荷叶卷草净瓶	蓝地缂丝书画贴；紫檀木双面透雕	福多寿长，子孙绵延
东梢间	后檐隔扇炕罩		卷草葫芦梅花缠枝纹	蓝地缂丝书画贴；紫檀木透雕	喜庆长寿，多子多福
	前檐几腿炕罩		梅竹缠枝纹点缀松石	蓝地缂丝书画贴；紫檀木双面透雕	夫妻生活美满
西梢间	后檐隔扇炕罩		梅竹缠枝纹；葫芦缠枝纹	蓝地缂丝书画贴；紫檀木透雕、浮雕	多子多福，夫妻生活美满
东次间	后檐栏杆罩		牡丹葫芦梅花卷草缠枝纹；葫芦卷草净瓶	蓝地缂丝书画贴；紫檀木双面透雕，紫檀木浮雕	喜庆长寿，多子多福
西次间	前檐几腿炕罩		卷草葫芦梅花缠枝纹	蓝地缂丝书画贴；紫檀木双面透雕	喜庆长寿，多子多福

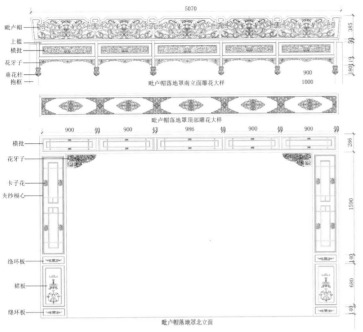

图2 明间前檐毗卢帽落地罩测绘及雕花大样

图3 明间前檐毗卢帽落地罩北立面

图4 明间前檐毗卢帽落地罩南立面

明间前檐紫檀木毗卢帽落地罩位于后殿明间门口，运用高浮雕手法以突出尊贵的地位，落地罩西立面以龙纹为主题，6个垂花柱将横批分为5扇，毗卢帽、横批、花牙子、绦环板、群板、卡子花均以夔龙纹、拐子龙纹木雕为主要装饰纹样，西立面隔扇心裱有4幅字画贴落，以山水花草为主题。东立面正中横批"与物皆春"为清雍正三年（1725年）御笔匾额，东西隔扇心为蓝地金字缂丝匾联，曰："心天之心而宵衣吁食，乐民之乐以和性怡情。"明间前檐毗卢帽落地罩西立面是以蝙蝠、寿桃为主题的云纹透雕花牙子，与明间西缝栏杆罩木雕装饰主题相似。（图2~图4）

明间西缝栏杆罩花牙子在后殿众多罩子中，最为繁复精巧，其使用双面透雕的手法，中心罩口欢门牙子东西立面雕刻构图不同，以灵芝纹嵌蝠纹为内容，表达"万年福寿"，飞天龙凤在中祥云中飞舞。南、北欢门牙子东西立面雕刻牡丹花纹辅以其他花卉缠花纹，可辨识的植物有牡丹、葫芦、兰花、葡萄等，有些为植物的抽象卷草纹，整体板面一朵花为中心，四向伸展枝叶，整体纹样形如蝙蝠，似乎暗合福寿的寓意。双重雕花创造了立面不同感受的立体感。北栏杆腰枋和梐杖扶手间置荷叶卷草净瓶，绦环板及群板花雕牡丹花纹，在众多的罩子中有突出的特点。（图5~图7）

明间前檐几腿炕罩、西次间前檐几腿炕罩、东梢间前檐几腿炕罩以紫檀为主要材料，有5扇蓝地缂丝横批心，横批心用楔条拼做灯笼锦形式，装裱花卉书画贴。其中明间前檐几腿炕罩花牙子与西次间前檐几腿炕罩的卡子花、花牙子以葫芦为主

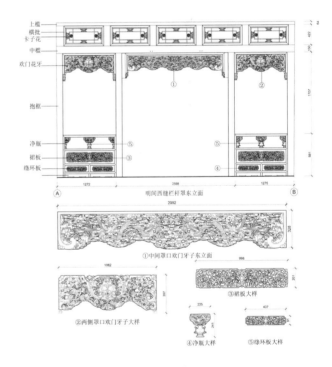

图5 西次间前檐炕罩测绘图（来源：荆松锋 绘）

图6 西次间前檐炕罩西牙子

图7 西次间前檐炕罩东立面

图8　后殿东梢间后檐隔扇炕罩西花牙子　　图9　后殿东梢间前檐几腿炕罩西花牙子

后殿现存内檐装饰罩装饰母体统计表　　表2

名称		净瓶	裙板	绦环板	牙子	楣心雕花
明间前檐毗卢帽落地罩	北	无	拐子龙纹	拐子龙纹	拐子龙纹；	夔龙纹
	南	无	拐子龙纹	拐子龙纹	蝙蝠、寿桃、盘结	夔龙纹
明间前檐几腿炕罩		无	无	葫芦	无	葫芦
明间西缝栏杆罩		北: 蝙蝠云纹； 南: 梅花、葡萄、葫芦	牡丹、葫芦、梅花	牡丹、梅花	中: 龙凤云纹； 南北: 牡丹、梅花、葫芦、葡萄	葫芦、梅花
东梢间后檐隔扇炕罩		无	无	无	葫芦、梅花	无
东次间后檐栏杆罩		葫芦、荷叶	牡丹、梅花、葫芦	牡丹、葫芦	牡丹、梅花、葫芦、葡萄	葫芦、梅花
西次间前檐几腿炕罩		无	无	无	葫芦、梅花	葫芦
东梢间前檐几腿炕罩		无	无	无	梅竹、松石	葫芦
西梢间后檐隔扇炕罩		无	梅、竹、石	梅、竹、石	葫芦、梅花	梅、竹

后殿现存内檐装饰槅扇类装饰母体统计表　　表3

名称	横批雕花	裙板	绦环板	楣心雕花
穿堂碧纱橱	竹	梅菊	梅菊	竹
明间东缝碧纱橱	葫芦	葫芦	葫芦	葫芦
西梢间后檐隔扇炕罩	葫芦	葫芦、松、石	葫芦	葫芦
东梢间后檐隔扇炕罩	无	玻璃	玻璃	无

西梢间后檐隔扇炕罩净房隔扇心　　后殿明间东缝碧纱橱

图10　隔扇扇心及形态

① 穿堂碧纱橱　② 西梢间后檐隔扇炕罩东隔扇　③ 西梢间后檐隔扇净房东隔扇
④ 明间东缝碧纱橱隔扇西立面

图11　碧纱橱隔扇裙板绦环板雕花

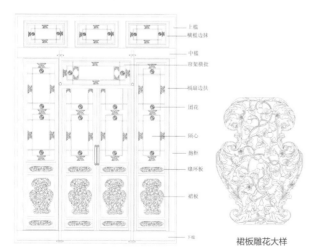

图12　明间东缝碧纱橱西立面

题，葫芦取"福禄"和枝繁叶茂、多子多福的文化寓意。花牙子透雕疏密有间的梅花葫芦藤蔓缠枝纹中点缀圆润丰满的葫芦花雕，东梢间前檐几腿炕罩为横批以下为透雕梅花缠枝纹花牙子，点缀数簇竹叶松石。（图8、图9）

3.2　中性隔断——碧纱橱

碧纱橱的形制源于汉人住宅内的隔断制式，因隔扇中心覆蝉翼般的薄纱得名，清康熙年间逐渐发展为新的内檐装修形式。隔扇为偶数，中间两门自由开关，其余为固定隔断，隔扇分上下两段，下段由裙板与边框组成，板面分素平和雕刻。除硬木雕刻外，还饰有漆、玉、珐琅、彩瓷、描金、螺钿等，又有书画、织锦点缀。[7]

养心殿后殿内檐碧纱橱使用大量精细雕刻，紫檀木面，做工考究，在隔心、裙板及绦环板雕刻或描绘山水花鸟、诗词歌赋等。明间穿堂竹菊梅混雕碧纱橱，是一槽四抹紫檀花雕可拆卸碧纱橱，扇槛浮雕竹叶竹节、抱框透雕竹叶，绦环板及裙板雕刻菊梅元素，裙板的画面主题为花篮，其中盛放各异构图的梅花及菊花，篮底雕刻如意，棂格心装玻璃。

东缝碧纱橱安装在明间向东次间进深方向，为一槽四扇碧纱橱，整体共有15幅字画贴，批扇花雕及帘架花雕、绦环板花雕、裙板花雕及卡子花均为葫芦纹样，裙板卷草缠枝葫芦纹雕成宝瓶样，寓意枝繁叶茂、多子多福，棂条拼成灯笼锦样式，装蓝地缂丝植物花鸟类书画贴（图10~图12）。

4　养心殿后殿内檐隔断工艺特点及装饰风格

4.1　隔断工艺的繁复与入微

由于养心殿后殿是寝兴常临之所，因此，在隔断的空间尺度上更加温暖体贴，贴近与人的尺度，纹样装饰更加表现人文关怀，满足于人们对空间的心理需求及审美追求，象征生命活力、福寿绵长的纹样是主要装饰纹样。在空间上，无论是软性的罩或是中性的碧纱橱，其形态来源都是传统空间对于庇护场所与天人合一的空间追求，既向往开阔的正大光明，又希望"曲径通幽"，使"围""透""虚""实"的空间关系变得举足轻重。

在养心殿的内檐装饰中，体现了统治阶级的审美趣味，隔断的设计及制作要求工艺、材料规格极高，对审美的要求甚至超过了对实用功能的强调。养心殿后殿隔断无论在层层空间中，还是在制作的工艺中既体现了传统写意构图中散点透视或鸟瞰式透视的构图方式，也受到了西洋绘画构图中"近大远小""近实远虚"的影响。装饰性是清代纹样构图的特征，以雕、镂、嵌、描的制作工艺精雕细凿，以紫檀木为主要的制作材料，其主要装饰手法有木雕、书画贴、匾额。透雕层次繁多，见于花罩牙子、卡子花，木雕纹样形态结合，有梅、松、竹、菊的团花、缠枝纹，也有通透流动、充满弹性、疏密有致的牡丹、葫芦缠枝卷草纹，蝙蝠、寿桃云纹等具有吉祥意义的图案。浮雕多见于绦环板、裙板花雕及毗卢帽，雕刻的内容画面饱满、重心居中，主要有象征皇家的尊贵等级的龙、凤图腾和葫芦、梅花缠枝卷草纹，也有梅、竹结合刚柔并济的纹样。书画贴多见于横批及隔扇心，以蓝地缂丝山水花鸟为主题。这些装饰纹样及元素经过匠心的组合，表现出严肃、活泼、细腻、豪放的繁荣生机。

4.2　隔断空间的分割与连通

尺寸不大、通透性好、有间隙、可移动的隔断对空间的限定度低，无论是碧纱橱的空间围合或罩类的空间界定，都是对空间的进一步补充，使空间层次更加丰富。并作为空间的标志和引导，隔而不断，保持空间良好的流动性。

隔断的分割与连通空间的功能性是内檐装修的又一特征。如养心殿后殿明间前檐毗卢帽落地罩与几腿罩、东缝、西缝碧纱橱围合而成的堂厅，东缝碧纱橱对明间与次间的空间分隔，西缝栏杆罩对明间与西次间的空间界定，东西梢间隔扇炕罩分割出净房与卧榻等，使每一层空间都具有不同的功能与形象，使空间更具有表现力。

4.3　隔断空间的整体意识

隔罩式室内分割是传统内檐设计的典型手法，隔断的不同组合方式赋予了空间不同的层次、功能及文化语义，隔断也不只是单一的单元，而是整体的组合，从古典内檐装修可以看出空间的划分始终要以结构为前提，统一于整体，在尊重结构的前提下，隔断的运用才能够充分发挥空间的"曲折、掩映"。运用不同功能的隔断单元通过衔接、组合，形成整体的动态流动空间。

在养心殿后殿内檐隔断中，后殿内檐明间、次间、梢间界面开间尺寸不等，但通体高度保持一致，并不会破坏室内的立面效果，影响视觉均衡，使整个空间庄重、通透。层层罩子和碧纱橱，是营造"围""透"空间层次的关键，隔而不断的空间相互渗透，穿插更迭，造成重重帷幕的感觉，通过透雕、浮雕的工艺，营造影影绰绰，朦胧模糊的空间，别有一番久远的意蕴，一步一景，使人在时间中感受空间。

5　结论

本文以故宫养心殿后殿内檐隔断及营建空间为研究对象，通过对内檐罩类、碧纱橱组合的空间序列、各个单元的结构和装饰手法进行描述和分析，总结出其内檐隔断的工艺特点及装饰风格，清代的内檐审美中，纹样的繁复华美是隔断装饰的首要追求，隔而不断的虚实围透是内檐室内划分的标准，同时人尺度的空间关怀更是内檐隔断尺度制定的保证。养心殿后殿内檐设计手法代表了当时工艺的最高水准，也表现了那个时代的文化追求。

参考文献

[1] 刘仁皓.万方安和九咏解读——档案、图样与烫样中的室内空间 [D].北京:清华大学,2015.

[2] 何蓓洁.附:养心殿的历史沿革 [J].紫禁城,2016(12):52–53.

[3] (明)刘若愚.明宫史 [M].(清)高士奇.金鳌退食笔记.北京: 北京古籍出版社,1963:14.

[4] 郭福祥.康熙时期的养心殿 [J].故宫博物院院刊,2003(04):30–34.

[5] (清)章乃炜.清宫述闻 [M].北京:北京古籍出版社,1988:340.

[6] 傅连仲.清代养心殿室内装修与使用情况 [J].故宫博物院院刊,1986(02):41–48.

[7] 叶聪.中国传统装饰元素"罩"的功能与艺术性研究 [D].南京:南京林业大学,2008:22.

宝瓶莲花图像在中国家具中的应用

徐小川

清华大学美术学院

摘　要：宝瓶莲花（亦作"满瓶莲花"）作为一种宗教符号最初起源于印度，在纪元四至五百年间形成于中印度秣菟罗佛教文化中心与东南印度阿马拉瓦蒂和纳加尔朱纳康达佛教文化中心。其中，中印度文化中心以巴尔胡特窣堵波和桑齐窣堵波为代表。其后在漫长的历史演变过程中，笈多时代的宝瓶莲花图像因为印度佛教建筑的功能性变化由窣堵坡装饰转化为寺庙建筑石柱，图像风格与之前发生变化，莲花的比重减少，瓶口两侧垂下蔓草。随着佛教艺术的东传，中国本土文化受到了中亚地区文化的交流与影响，宝瓶莲花图案在中国大地得到广泛传播并形成了中国的本土化发展，在古代中国诸多绘画、造像、建筑与家具等实例中得到应用。本文致力于阐述印度宝瓶莲花图案在东传过程中在中国家具中的实例考证以及宝瓶莲花中国古代家具造型的变迁。

关键词：满瓶莲花　中国古代家具

1　宝瓶莲花图像的由来

1.1　宝瓶莲花图像的出现及其寓意

宝瓶莲花图像史料最早出现于印度，在纪元前后四五百年间形成中印度和东南印度两个中心。在中印度相继产生巴尔胡特窣堵波、桑齐窣堵波两处佛教文化中心（表1）。在东南印度，先后建立阿玛拉瓦蒂、纳加尔朱纳康达两个佛教文化中心。中印度与东南印度满瓶莲花图像一脉相承，又呈现两种有别的地域风貌。宝瓶莲花图案在笈多时代由窣堵波装饰转化为寺庙建筑石柱（柱头与柱基）装饰，这种转变取决于印度佛教寺院建筑功能的变化（表2）。

1.2　宝瓶莲花图像寓意

水是生命之源，宝瓶作为盛水之器，承载了生命的源泉。作为佛教教花的莲花，则是旺盛生命力的表现，据说佛祖的诞生与莲花有关，《楞严经》[①]："尔时世尊，从肉髻中，涌百宝光，光中涌出，千叶宝莲，有化如来，坐宝莲上……"《阿弥陀经》[②]第三十讲："如来净华众，正觉华化生。"所谓"正觉"乃得悟极乐净土，所谓"华化生"乃莲花化生，为弥勒如来正觉所成之时，故莲花化生也。莲花为湛然常开的正觉之花，从佛教不生不灭的涅槃妙心中化生，极致美好而超然的生命。莲花生长于淤泥之中，出淤泥而不染，莲花生于炎热的夏季，在烦躁之中带来一丝清凉，象征佛教提倡的清凉之境。佛教尚因果，莲花为"因"，莲子为"果"，众多佛教经典中，莲花化生童子的形象即暗含因果轮回也代表涅槃化生。宝瓶中插满生长的莲花，使得宝瓶莲花丰饶多产不断繁衍，其深层寓意在于象征佛教的繁荣与生生不息。

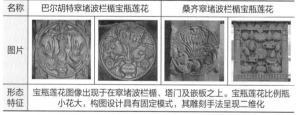

中印度地区宝瓶莲花图像　　　　　　　　表1

名称	巴尔胡特窣堵波栏楯宝瓶莲花		桑齐窣堵波栏楯宝瓶莲花	
图片				
形态特征	宝瓶莲花图像出现于在窣堵波栏楯、塔门及嵌板之上。宝瓶莲花比例瓶小花大，构图设计具有固定模式，其雕刻手法呈现二维化			

注：图片由清华大学美术学院史论系李静杰教授提供

笈多时代的宝瓶莲花图像　　　　　　　　表2

名称	阿旃陀第24窟立柱柱头宝瓶莲花	大菩提寺石柱柱脚宝瓶莲花	奥利萨邦寺址石柱柱脚宝瓶莲花	鹿野苑遗址石柱柱基部位宝瓶莲花
图片				
形态特征	宝瓶莲花出现在寺庙建筑石柱的柱头与柱基部位，雕刻手法丰富并更加立体，瓶口两侧加以蔓草下垂，宝瓶之上方莲花比重减少			

表3 中国境内宝瓶莲花图案早期案例

名称	尼雅遗址出土的家具标本	十六国佛像	龙门莲花洞南壁四十一龛龛内雕刻	北齐佛像背光宝瓶莲花图像	唐昭陵长乐公主墓壁画宝瓶莲花图像	敦煌莫高窟晚唐第9窟天井壁画宝瓶莲花图像	大足长松山石窟宋代碑记宝瓶莲花图像
图片							
位置	家具前侧雕刻	佛像须弥座中间	菩萨身后	佛像背屏处雕刻	侍女手捧供奉	佛像下方宝瓶莲花座	石刻碑记下侧

2　宝瓶莲花图像在中国家具中的传播与发展

2.1　宝瓶莲花图像东传在中国的出现

宝瓶莲花图像在东传过程中不断汉化，在南北朝隋代出现成都系、建康系两个群体，两系分别用于佛像台座，以及南朝墓葬画像砖和北朝佛像背光，丰饶多产意涵与装饰功能各有侧重。

根据当前资料显示，宝瓶莲花图案在中国最早出现于尼雅遗址（公元前2世纪～公元5世纪）出土的家具标本。如表3所示，在这件家具正面出现了一个带有十字交叉纹饰的球形花瓶，莲花与莲叶自瓶口向两侧垂坠而下。在此之后，哈佛大学福格美术馆藏出土于河北石家庄的西晋3世纪末十六国佛像中，同样出现了完整的满瓶莲花纹饰。如表3所示，在佛座的底部有一圆形供瓶，荷花与荷叶自瓶口舒展而出，形制上烘托起整个底座。足见此时人们在造像时已经树立起以瓶花供奉佛像的意识。这一特征为后期佛教东传过程中宝瓶莲花的宗教特质奠定了基础。

2.2　宝瓶莲花图像在中国家具中的演变

宝瓶莲花图案在中国家具上的演变并不是一蹴而就的，其图像由早期传到中国的二维化至后来在家具中的三维形式发展，其造型更是与构件加以结合。家具作为建筑的有机组成部分，属于小木作或更准确地说是细木作一类。因此，这些图案最初呈现在一些建筑的装饰结构之上。宋代《营造法式》（以下简称《法式》）对于楼阁栏杆结构（表4）就有详尽阐述，其多用于楼阁亭榭的平座及室内胡梯上③，这一点在宋元时期的绘画作品中既有所体现。现实中的案例更是不胜枚举，例如山西芮城永乐宫三清殿、纯阳殿的拱眼壁以及山西太原窦大夫祠东西配殿梁架结构的装饰。而后，由大木作演变到具细的家具个体，笔者将在下文以案例的形式呈现。另由于本文主旨在于阐述宝瓶莲花这一图案在东传过程中的嬗变，因此宝瓶莲花不免一定程度上脱离其本体的原始样态，具有了一定的东方尤其是中国审美色彩。我们可以看到，中亚美术中热情奔放的、抽象的莲花，具有了含蓄、具体的图像形态。家具中的瓶花造型同

表4 宝瓶莲花图像在建筑钩栏中的实例

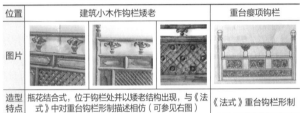

位置	建筑小木作钩栏矮老			重台瘿项钩栏
图片				
造型特点	瓶花结合式，位于钩栏处并以矮老结构出现，与《法式》中对重台钩栏形制描述相仿（可参见右图）			《法式》重台钩栏形制

样受到插花文化的影响，就这点而言，学术界有一定争议——中国传统家具中瓶花图案受到中国传统插花的影响。《宋代花瓶》："瓶花的出现，早在魏晋南北朝，不过那时候多是同佛教艺术联系在一起……并与同时发展起来的文房清玩共同构建起居室布置的新格局。"④但笔者认为，由于中国古代插花源于佛前供花的传统，因此，家具中瓶花图案的中式样态就是印度宝瓶莲花的中国化。其发展过程随着佛教的东传而来。下面笔者将举一些具体案例来剖析中国古代家具中的宝瓶莲花图案。

3　宝瓶莲花图像在中国家具中的实例分析

印度佛教中演变出的宗教符号宝瓶莲花（以下简称"瓶花"）随着佛教的东传在中国大地完成了其本土化的图像转换，早期出现于宗教建筑、造像、画像石、画像砖以及墓葬壁画装饰等艺术形式之中，其后在中国传统家具中也有出现，并作为重要的宗教家具装饰形式流传下来。

瓶花造型作为立体的家具构件出现，在中国卧具中主要呈现于床体围栏处的矮老结构（表5），拉长的宝瓶莲花近似西方的柱式造型，其装饰语言相似度极高，展现出这一装饰符号出现在家具中的程式化演变。六件卧具传达出浓郁的宗教文化色彩，其上瓶花造型语言生动，与其所在的家具风格保持协调，其整体面貌显然受到了宋元时期建筑影响，其形制与《法式》中造楼阁殿亭的钩栏之制⑤基本吻合。东传后瓶花图像在家具中的表现更加具体化与程式化，犹如佛教艺术汉化，瓶花图像东传受到中国本土文化的影响与传承，其间包括中国插花文化等多重因素交流影响，使其造型更加优雅端庄。

卧具宝瓶莲花图像实例　　　　表5

位置	卧具围栏处矮老					
图片	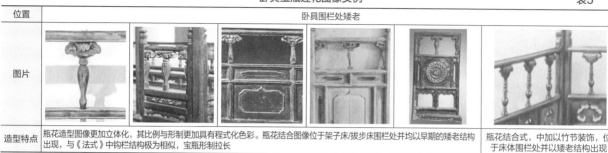					
造型特点	瓶花造型图像更加立体化，其比例与形制更加具有程式化色彩。瓶花结合图像位于架子床/拔步床围栏处并均以早期的矮老结构出现，与《法式》中钩栏结构极为相似，宝瓶形制拉长					瓶花结合式，中加以竹节装饰，位于床体围栏处并以矮老结构出现

皮具宝瓶莲花图像实例　　表6

位置	皮具亮格围栏处矮老	
图片		
造型特点	瓶花结合式，位于多宝格前侧围栏处并以矮老结构出现	瓶花结合式，位于万历柜亮格两侧围栏处并以矮老结构出现，其造型比例相对矮小精致，手法同样与《法式》中钩栏叙述相符

坐具宝瓶莲花图像实例　　表7

位置	后腿搭脑连接处	皮具亮格围栏处矮老	
图片			
造型特点	瓶花结合式，位于靠背椅后腿与搭脑连接处装饰固定	瓶花结合式，中加以竹节装饰，位于坐具扶手下方并以联邦棍结构出现，整体形制风格装饰寓意更加丰富，其造型与佛塔相近，可以看出瓶花图像出现与宗教关系密切	

宝瓶图像家具实例　　　　表8

位置	坐具联邦棍	
图片		
造型特点	瓶竹结合式，位于坐具扶手下方并以联邦棍结构出现，其莲花图像已不存，竹节与宝瓶结合起来，赋予了一定的新层意义	完全独立宝瓶式联邦棍结构出现，图像更加简化

以上四件皮具（表6）实物中的瓶花装饰同样以矮老结构呈现，兼具装饰与实用功能。表格左一中的花瓶部分保留了中亚地区常用的涡卷形装饰，加之描金工艺的渲染，具有浓郁的异域风格。莲花部分依旧作为花瓶与横撑间的连接，其形貌类似于上文卧具中出现的图样，而这种样式在后续的叙述中依旧颇为常见，可见它已经变成了宝瓶莲花东传之后家具装饰中的特定样式。所谓矮老，就是短柱，清代《则例》称之曰"折柱"和"童柱"，宋《营造法式》既有"侏儒柱"之称。[6]四件皮具上的瓶花造型规范周正，仿佛瓶花实物真的陈设其上，可见此时宗教文化已融入现实生活之中，可以看出此时宗教图像的世俗化转变。

六件坐具同样出现瓶花造型（表7），其中左一[7]形制最为特殊，为山西地区发现年份较早的靠背座椅，此靠背椅的椅背部分可以看出早期中国古代木构建筑的具体形态，而整个椅背更是模仿建筑的大门而造——椅背中清晰可见石鼓、压杆石、门槛、立柱、斗栱等建筑结构。而宝瓶正是位于建筑的立柱部

分，与上方近似斗拱的莲花样式有机结合在一起，形成了一组婉约又不失庄重的装饰形态。

实例中其余五件坐具的瓶花造型均在瓶花之间设以竹节状装饰连接，竹子与佛教渊源颇深，《一切经音义》[8]中既有记载，竹林精舍为佛陀的供养之地，其后诸多佛陀的弟子陆续来到竹林精舍形成大规模的僧团组织，相传"竹林精舍"即为佛陀的早期初创精舍。可以看出此时竹节瓶花造型寓意还是与宗教文化相关并使其家具整体面貌更富仪式感。

瓶花造型的出现经历了早期的瓶花一体式与后期瓶花分离的形式转换，其造型多以辅助支撑结构出现，使其同时具备装饰与支撑功能。以上七件坐具已完成了前述瓶花一体造型的分离（表8），单以宝瓶形制出现，一定程度上受到了宗教文化世俗化的普及，其寓意更加受到了中国儒家文化的影响，瓶竹造型的联邦棍具有"竹报平安"的寓意（译注：在外求取功名的

莲花图像家具实例   表9

位置	卧具卡子花		坐具卡子花	卧具束腰处装饰
图片	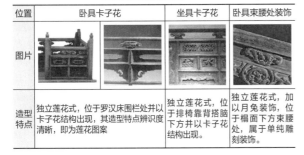			
造型特点	独立莲花式，位于罗汉床围栏处并以卡子花结构出现，其造型特点辨识度清晰，即为莲花图案。		独立莲花式，位于排椅靠背搭脑下方并以卡子花结构出现。	独立莲花式，加以月兔装饰，位于榻面下方束腰处，属于单纯雕刻装饰。

文人士子以竹笔家书报平安），显示着孕育仕宦的儒家思想体系，追求学而优则仕的功成名就美德。⑨表中最后两件圈椅的椅圈至座面同样具有对称的瓶状联邦棍，其上并未出现莲花图案，但宝瓶样式犹存，是典型的上述第二种演化形态。

上图四件家具实例（表9）中以莲花作为"卡子花"结构出现，所谓"卡子花"，实为装饰化了的矮老，即用雕花的木块来代替短柱。由于它是卡夹在两根横材之间的雕花构件，故北京匠师称之为"卡子花"。⑩栏杆上宝瓶形态已然不在，但莲花形式犹存，并增加了整件禅床宗教的威仪感。

4 总结

从印度佛教中演变出的宗教符号宝瓶莲花随着佛教东传的路径在中国完成了它艺术形象的本土化，并不再局限于宗教建筑和造像，而是在中国传统家具上也有所体现，其图像家具造型具有宗教家具的独特性与仪式感，瓶花造型由最初的宗教图像向后期的家具装饰构件演变，主要出现于家具矮老（卡子花）、联邦棍、柱子与腿足之中并作为重要的宗教家具装饰语言被保留下来。中亚地区热情奔放的、抽象的宝瓶莲花图案与中国传统佛前供花结合之后形成了本土化——优雅的、端庄的、具象的宝瓶莲花图案。宝瓶莲花图案在中国传统家具上的继承，经历了早期完整的莲花与宝瓶共存的阶段和后期二者仅存其一的演化。

宝瓶莲花图案在中国传统家具上的装饰角色同样随着时间和装饰的需要发生改变，其主要变化有二：其一是宝瓶图案的消失以及莲花图案的独立存留。其二是莲花图案的消失和宝瓶图案的独立存在，且随着人们的理解与需要，宝瓶的样式也时常发生改变。但无论是以上任意一种情况，它们都有一个共同的特点，就是使用在具有宗教意味的家具之中，这也是笔者认为即便是不再完整的莲花或宝瓶的图案仍旧属于宝瓶莲花这一宗教符号的缘由。不论是完整或是局部，我们既可以从符号本身去佐证家具的宗教身份，也可以从家具的宗教身份去反证局部符号的宗教归属。中国传统家具中的瓶花造型其装饰源头来自印度宝瓶莲花的宗教符号语言。

注释

① 赖永海.楞严经[M].北京:中华书局,2012,8.

② 印光法师,鉴定.黄智海.阿弥陀经白话解释[M].上海:上海古籍出版社,2013,12.

③ 潘谷西,何建中.营造法式解读[M].南京:东南大学出版社.2017,3:131.

④ 扬之水.宋代花瓶[M].北京:人民美术出版社,2013,9:1.

⑤ （宋）李诫.营造法式注释与解读[M].吴吉明,译著.北京:化学工业出版社,2017:165.

⑥ （宋）李诫.营造法式注释与解读[M].吴吉明,译著.北京:化学工业出版社,2017:113.

⑦ 刘传生.大漆家具[M].北京:故宫出版社,2013:70.

⑧ 徐时仪.一切经音义三种校本合刊[M].上海:上海古籍出版社,2000.

⑨ 马可乐,柯惕思.可乐居选藏山西传统家具[M].太原:山西人民出版社,2011:90.

⑩ 王世襄.明式家具研究[M].北京:生活·读书·新知三联书店,2010:26.

参考文献

[1] 冉万里.西部考古[M].北京.科学出版社,2017,10.

[2] 李静杰.鄯善古国木雕家具图像外来文化因素分析[J].敦煌学辑刊,2019(9).

[3] 罗世平,齐东方.波斯和伊斯兰美术[M].北京:中国人民大学出版社,2010,6.

[4] 王镛.印度美术[M].北京:中国人民大学出版社, 2010,11.

[5] 马可乐,柯惕思.可乐居选藏山西传统家具[M].太原:山西人民出版社,2011,12.

[6] 刘传生.大漆家具[M].北京:故宫出版社,2013,1.

[7] 李静杰.印度满瓶莲花图像及其在中国的新发展[M].2014敦煌论坛——敦煌石窟研究国际学术研讨会论文集,兰州:甘肃教育出版社,2016:783—828.

[8] 马书.明清制造[M].北京:中国建筑工业出版社,2006.

[9] （法）杜邦.欧洲旧藏中国家具实例[M].北京:故宫出版社,2013,7.

[10] 潘谷西,何建中.营造法式解读[M].南京:东南大学出版社,2017,3.

[11] 扬之水.宋代花瓶[M].北京:人民美术出版社,2013,9.

[12] （宋）李诫.营造法式注释与解读[M].吴吉明,译著.北京: 化学工业出版社,2017,10.

新疆柯尔克孜传统游牧民族家具文化内涵探究

郭文礼

新疆师范大学

摘　要： 运用文献、资料、调研等方法对新疆传统游牧民族的生活环境及生产方式的特征、习惯轨迹进行梳理与归纳其游牧生活下对其家具的影响与今后发展的策略。新疆传统游牧民族（哈萨克、蒙古、柯尔克孜、塔吉克）在党中央政策的关怀下与自治区政策部署下，传统的游牧民族游牧及生产方式逐步发生变化。因生产的先后不同造就其家具之间发展的形态、装饰也有所不同。在不同时期应根据不同的生产生活方式而改变其所需家具并与时代共行。

关键词： 新疆　游牧文化　家具

家具发展史与人类发展史是相辅相成、相融共存的，既是生活的一门工艺艺术也是文化的特征之一。家具发展是与人不同时期生产、生活、环境相协调发展而来具有功能、文化属性的生活用具。作为具有典型新疆传统游牧民族之一的柯尔克孜主要长期居住在与外界联系少之甚少的塔什库尔干地区从事游牧生产生活。在该地区生产的环境中形成了自己独特的生活艺术，而恰恰这种环境下的生活艺术督促了柯尔克孜的家具及艺术的发展，形成了自己独特的家具艺术特征，也成了我国家具发展史中独树一帜的家具文化。

1　新疆柯尔克孜生活现状

柯尔克孜是新疆境内第二大游牧民族，主要分布在新疆的柯孜勒苏柯尔克孜自治州。牧业主要在塔什库尔干地区进行放牧，在20世纪80、90年代时期依据国家退耕还林的政策，畜牧业生产经营方式也有所改变；自治区为改善牧区生活状况逐步完善，游牧生产生活的牧民进行定居点与抗震安居房的建设，目前多数牧民以轮牧的形式进行畜牧业生产；随着传统型的放牧之外逐步也实现了圈养方式，从而自治区游牧民族也逐步开始了定居生活方式，一般在冬季生活在政府给予建设的定居点，进行圈养或半放养，到夏、秋季的时候进入草场进行放养式畜牧业生产。自治区柯尔克孜定居点是以老人、部分妇孺与家庭主妇长期生活在定居点，随着柯尔克孜的生活方式的不断改变，对生活中不可缺少的用具家具的形态、装饰也在发生变化。由以往一年四季的"搬家"而逐步改善成以定居点为中心进行周边草场的轮牧，不仅使自治区柯尔克孜人民有了家园归属感，还有了更浓厚的中华民族认同感。柯尔克孜在生活幸福感与日俱增的同时，对其家具的形态、装饰的审美情趣也随之变化，而这些改变不是完全颠覆性的改变，是随着柯尔克孜人的传统游牧与现代生产生活方式的改善而逐步发展而来。

2　新疆传统游牧文化在柯尔克孜家具中的呈现

家具伴随着人类改造自然世界过程中不断进行演变，承载着当地居民对居住环境认知的传承性。柯尔克孜家具代表着在时代发展下智慧的结晶，是在生产生活下不仅改变自己的生活状态，而且是对当地环境客观认知的总结。本文在研究过程发现家具是人类社会文明的一个典型，从其形态的发展与装饰特征的出现使在每一个特定环境下居住的群体都产生特定的认知，从而创造不同的人类文明。因此柯尔克孜家具不只是以功能来表述，追溯本源要从其家具的形态、装饰方面进行新疆传统游牧民族家具对其文化的物化反映。

2.1　家具形态方面

首先，从柯尔克孜家具形态中彰显出柯尔克孜游牧生活为了顺应生活环境的同时，也在适应性的改变自己的家具形态，用以提高生活的便利性与生活的质量，从而促进柯尔克孜生活文明；其次，从柯尔克孜家具的形态中也能得知在每个特定的时期，工匠在当时社会生产生活下的敏锐观察与技术的总结，创造出适合每一个时期的家具，用以满足日常生活的需求；最后，柯尔克孜家具的形态突显出柯尔克孜的生活状态不是一成不变的，而是通过对客观事物不断认知、不断汲取总结而来。

2.2 装饰方面

首先，柯尔克孜家具的装饰是其对文化表现的重要特征，在长期游牧文化中，为祈福美好生活，柯尔克孜先民在生产与生活的客观认知下，总结与归纳了可为而不可为的生产生活的行为准则，用以在特定生存环境的良性发展；其次，柯尔克孜工匠对生产生活敏锐观察与归纳之外，还在文学创作、神话故事、寓言故事等中进行采集福祉元素运用于家具的装饰上，用以满足柯尔克孜人对美好生活的向往；最后，随着柯尔克孜人生产生活水平的不断提高，在其先民对生活环境客观认知的积累下，柯尔克孜人的认知也不断的改变，对审美不断地进行萃取，从而丰富了柯尔克孜审美内容。

总之，从游牧文化中对柯尔克孜家具的陈述，有利于发现其家具在嬗变过程的影响因子，从而发现其存在的价值与未来的发展方向。

3 新疆柯尔克孜家具的形式逻辑

柯尔克孜家具的演变与发展和当时社会的其他领域状况有着十分密切的联系，他们之间相互依赖、互相促进，处在一种互动的过程之中。在柯尔克孜人不断对世界认知的积累下，其家具形态、装饰呈现的结果都是必然性和偶然性的统一。因此要想深刻地理解柯尔克孜家具设计的形式、表现方式、手法及创作思想与理念的深层内涵，就必须对当时社会生活方式等有较全面的了解。

3.1 柯尔克孜家具形态

家具形态形成是每一个地区长期居住的居民在生产、生活、环境等因素经过世代积淀发展成当地居民的生活必需品，且形成适合当地居民独特的家具形式。

首先，柯尔克孜在历史长河的发展过程中是以游牧生产为主，其生活与畜牧生产相伴随。在此生产条件下举家搬迁（一年达3~5次）是柯尔克孜人一年中不可缺少的部分，势必要求其家具适宜于搬迁频率较高的形体，促使其家具在造型上简约、轻巧、耐磨等特性，而方形成为该特性的首选；其次，在转场的过程中柯尔克孜人逐水草而居，在人类客观生存中

柯尔克孜先民在该过程中携带的是生活必需品（食物、衣物、被褥、毯类等生活物品），该过程决定了家具的类别主要以储藏类家具，实用于搬迁过程中生活必需品的防潮、防虫等的保护；再次，转场过程中以马、牛、骆驼等为搬迁工具，为方便畜力运输与装卸的要求，促使这类储藏家具在造型上规整，尺寸上不易过大（长80~90cm、宽45~55cm、高45~55cm左右）；最后，柯尔克孜人在水草丰美的大自然中，形成了席地而坐、席地而卧的生活方式，在日常的交流、饮食过程形成了一定的盘腿而坐的生活习俗，为适应这种生活习俗，该家具的形式上具有低矮的要求，方便人起居要求。

由此柯尔克孜先民在游牧生产中形成的家具主要以储藏类家具，在利于生活的情况中家具的造型为箱、柜、桌，在习俗中形成家具的形式以低矮为特征。

3.2 柯尔克孜家具装饰

生产生活方式影响着人对客观的事物的认知，柯尔克孜人的生产以放牧为主，在游牧的生产方式下形成了自己的游牧文化。《玛纳斯》史诗便是游牧文化创造的典型之一。该创作的过程除前辈们的经验还增加自己的思想与个人认知思维，从而对客观事物具有归纳、分类总结的思维模式，并以叙事性进行分章节梳理逻辑。从而体现出柯尔克孜家具工匠对装饰图案与纹样的采集、创作、构图、色彩搭配、选材等具有叙事性、自然崇拜的特点。

首先，游牧文化的一个重要特性便是顺应自然、尊重自然，从而决定了在神话创作中具有一定的局限性，因此柯尔克孜人在家具图案、纹样的采集与创作过程中都是以生活环境相关的动物、植物、自然物像、民俗禁忌为素材，且图案构图不重复；其次，在文学创作中多以英雄为创作典型例如《玛纳斯》史诗，是力量、勇气和智慧的化身。从而成为柯尔克孜人在民间祈福与禁忌中有了自己独特的辨别与选择的特点，形成了专有寓意的色彩：蓝色象征天空、红色象征火焰，黄色象征沙漠等；再次，在民间寓言故事中，木具有着魔力神话，更多的是在生活中就地取材，利用不同的木来制作生活中的一些必需品，也是制作家具的最优选择材料。随着铁艺的发展，以木作为本体，在外包铜或铁亦以宝石作为点缀将寓意更加神话用以生活的祈福。

4 新疆柯尔克孜家具的文化内涵

柯尔克孜家具的发展也是人类的一部文明史，实用中成就

了家具的形态，文化的发展造就了家具的装饰，在传承的过程中承载着柯尔克孜人的智慧与审美情趣。在党的领导下柯尔克孜人如今的生活达到小康的状态，由传统的逐草而牧，逐水而居的生活状态发展到今天的定点、定时轮牧，柯尔克孜人民不再"四海为家"，有了定居点。同时在传统的游牧文化与农耕文化的相互影响下，柯尔克孜家具具有静态和动态的双重特征，兼具机械复制性以及非虚构性的推演优势。在该特征的演绎下柯尔克孜的家具具有自己特殊的文化内涵。

4.1 柯尔克孜家具的价值

柯尔克家具经过历史长河的洗涤，循序渐进的演变，人们对客观事物的认知下不断改进而形成，其家具的形态、装饰成了柯尔克孜在顺应自然生活条件而进行改造其生活用具的历史印记；这一印记不但增添我国多元文化流传下的家具史，而且是中华民族游牧文化与农耕文化相辅相成的历史印证；柯尔克孜家具的价值远远不是一个"家具"的价值，而是有更多的内涵价值。

（1）实用价值

在党的领导下，中国的经济、文化不断的提升，改革开放以来国家对农、牧民生产生活的惠及政策的实施与九年义务教育的推广，柯尔克孜由单一的游牧生产生活方式逐渐形成为农耕等多种生产并存的生活方式。生产生活方式的改变对其家具的形态、装饰随之必然有了新的改变来满足于日常生活。但在长期的游牧生产生活方式下形成的生活习俗已经根深蒂固于每个柯尔克孜人的血液里，家具的形态还会长期存在于今后的生活当中。例如，柯尔克孜人盘腿而坐就餐、交流还是现代生活现象的一部分。

（2）文化价值

柯尔克孜在传统游牧生产生活的方式下构建了自己的文化体系，例如著名四大史诗之一的《玛纳斯》，其文化创作的方式已根植于柯尔克孜人民的心里；在特定的生活环境里对美的"想象共同体"充满了精神向往，将兽类、植物、几何形体等图案、色彩、选材的物化现象运用到柯尔克孜家具装饰上进行表达。例如为增加其效果，矮桌为兽类的足部为主要支撑、桌沿以植物和几何纹样作为辅助装饰。

（3）归属价值

在历史纬度中，中华文化是由农耕文化与游牧文化相互交融、相互影响而形成，由我国56个民族形成的中华文化共同

体。在中华文化下，柯尔克孜由于生产生活的方式、环境不同从而形成了个性的柯尔克孜文化；从游牧到多种生产方式，其家具的形态与装饰的物化，都无不在中华文化共同体下随着生产方式的转变而增添其内容；通过生活中的家具的形态、装饰的更替能达到柯尔克孜的认同与理解，来以传递其生活经验的感知、心理与审美情趣增加其在中华文化的归属。例如"箱"在柯尔克孜重大的民俗活动中的婚姻中是陪嫁与订婚的必须物品之一。

综上所述，柯尔克孜家具是一种可被感知的物质对象，其家具的形态、装饰等均是柯尔克孜的历史生活的真实写照，是其文化对社会物化投射的一部分。通过柯尔克孜家具的形态、装饰的投射联系到社会群体中，创作出有着生活、精神的归属属性的柯尔克孜家具是对我国传统游牧生活进行现代生活转型发展的必然要求。

4.2 柯尔克孜家具的社会服务

家具作为人类文明发展的见证之一，对社会的服务的内容不仅仅是满足于功能，更多的服务于对每个时期生产生活下产生的人对客观世界的认知与改造客观世界思维创作的过程，从而家具服务的体系主要包括：学术服务、教育服务、实用服务、调查服务等方向，依据其服务对象的不同，对应研究的方向、方法、目的、意义等也有所不同。

首先，家具史也是人类发展史的一部分，我国的家具史是56个民族的家具史。而家具作为人类生活的一部分，其生产生活方式不同，对世界客观事物的认知也有着偏颇，从而产生的家具形态适合生产生活的特性，装饰有着自己对客观事物认知的鲜明特色。柯尔克孜家具在中国民间工艺全集中还处于空白阶段，是我国多民族大家庭中工艺美术中的一个重要的研究对象，其工艺是中华民族的智慧的结晶。柯尔克孜家具的形态、装饰的方式用于诠释我国农耕文化与游牧文化相互促进、相互融合下形成的审美情趣特征，对于研究艺术创作、社会现象有着不可磨灭的价值。

其次，柯尔克孜家具在其长期生产生活条件下对其生活态度的总结。随着生产生活的认知不断提升，家具的形态、装饰也不断改进，它是柯尔克孜人智慧产物。因此柯尔克孜家具在生活中除去起居的实用功能外，还兼具工艺艺术审美的教育意义，增加中华民族在顺应自然条件下对世界客观事物改造智慧的崇拜，普及对中华文化的集体认同感，增强对中华民族人文的归属感与荣誉感，从而促进柯尔克孜人的安居乐业，提升柯尔克孜人的幸福生活指数。

5　结语

柯尔克孜家具文化也是中华民族家具文化的一分子，对柯尔克孜家具文化内涵的论证，不论是实用价值、文化价值还是社会价值都有着不可替代的作用。柯尔克孜家具从我国民间工艺的纬度来讲具有保护性，从民俗文化角度来说有着传承性。基于以上观点对柯尔克孜家具传承与保护发展来论证，其传承保护和发展不能是原有模式的原地踏步，必须在保留柯尔克孜家具文化内涵的基础上，依据时代发展对其家具的需求而进行创新发展。在此基础上柯尔克孜家具的形态、装饰的设计才具有时代的生命力，才能更好地创造出服务于柯尔克孜、的家具。

参考文献

[1] 钟敬文.中国民俗史·汉魏卷 [M].北京:人民出版社,2008.

[2] 乌丙安.中国民俗学 [M].沈阳:辽宁大学出版社,1999.

[3] 倪建林.装饰之源 [M].重庆:重庆大学出版社,2007.

[4] 仲高.丝绸之路艺术研究 [M].乌鲁木齐:新疆人民出版社,2009.

[5] 中国新疆文物考古研究所,日本佛教大学尼雅遗址学术研究机构,中日共同考察研究报告 [M].北京:文物出版社,2009.

[6] 王凡.新疆柯尔克孜族织绣艺术 [M].北京:中国建筑工业出版社,2015.6.

双鞋·鱼

胡耀宇

广州美术学院

一直很纳闷，怎么就很少厂家制作生产换鞋的坐具？

在生活中，生活者说："更好啦！看着都艺术呢！"

于是就"艺术源自于生活"一下吧。

CHAIR U

于历战

清华大学美术学院

优秀作品·专业组

官帽椅是中国传统家具的代表，其功能是通过约束人的坐姿来体现端庄、中正、仁和的儒家礼仪。

现代社会中更尊重人的个体感受，更强调座椅所提供的舒适性，因此，坐具设计是以人体工程学和人类行为学为主要依据。

CHAIR U 这件坐具试图在传统与现代之间找到某种平衡，在保留四出头官帽椅主要特征的同时，依据行为学原理呈现出符合现代生活习惯、行为习惯的坐具。

能量木

周洪涛　张小彤
同济大学设计创意学院

仅仅一块木方能做什么？

仅仅一块木方可以达到何种表现极限？

仅仅一块木方如何表达中华木工技艺的突破？

《能量木》通过对一块木方的高难度切割，爆炸性的释放出木材纤维的动能活力，通过突破性的常温常湿弯曲（独家专利），让木纤维在无模具环境下随意弯曲，形成丰富的空间、形态和光影，最大化的传达了一块木料的表现力，通过光影展示木材纤维的独特魅力。该作品基于弯曲技术的国际性突破，实现了现代木工的创新和突破。

椅·房

戚诗潇

中国美术学院

优秀作品·学生组

　　生存在钢筋混凝土铸成的一个个方盒子中，现代的人们似乎已经很难在日常生活中感受到过去坡屋顶木构建筑……在都市中，木构气息的住宅似乎已经成为过去生活的一种缩影。山西平遥古城鳞次栉比的木屋顶蕴涵着中华人民大量的思考与智慧，如何让木构智慧融入现代人钢筋混凝土构成的环境之中？能否将这种气质与记忆以家具之尺度重现并时刻唤醒城市化进程下人们对传统木建筑的回忆？椅子和木房子的对冲产物，能否成功融合？

木之格

施灏

上海大学上海美术学院

　　木之格讲的是木头的故事，但更多
的是想探寻木头和中国传统设计的关系。
古希腊用各种石料来建造人们生活的环
境，我国的古人更偏爱木头。我认为现
代的中国设计师多少有些崇洋媚外，那
么反之我想用"现代的，外国输入的"
手法勾起年轻人的兴趣，去了解那些经
典的属于中国自己的瑰宝。

入围作品·专业组

归一

丁晓峰

苏州市得趣居红木家具股份有限公司

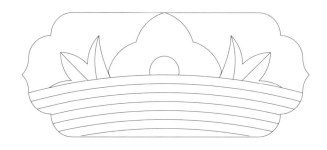

　　天地之间、自然万物都是一根根管道，相互联系、彼此流动、息息相通。管道纵横交错，聚焦于一个点，都会找到往多种方向、不同平行空间的折射，亦如世间万物都有着正向、负向、纵向、横向的发展可能，异同结果。再细数，横向、纵向各有九根立柱，象征九九归一，从起点到终点，升华、再造、涅槃。这81根柱子相互承载、相互包容，正反作用力形成平衡和谐的力量，聚集起来，坚不可摧。

入围作品·专业组

土木乡愁
——基于山西传统民居生活情境营造的系列家具设计

郭宗平　王佳丽

太原理工大学

本方案旨在探索黄土高原传统营造智慧对当下和未来家具设计的价值，设计概念源于作者在采风中捕捉到的传统民居生活场景，也有对儿时生活情景的回忆。方案通过两组茶几坐凳组合和一组博古架，营造了黄河渡口的木船、母亲忙碌其间的锅灶、黄土窑洞老宅院的残垣断壁等典型情景。黄土作为一种取之不尽的材料来源，具有绿色低碳的特点，添加有土壤固化剂的夯土塑形工艺能够满足家具表面对坚固、防水、易清理的要求；木材选用有瑕疵的材料，能让每一块被遗弃的"废料"都发挥作用。

入围作品·专业组

静涵虚清

江文

太原理工大学艺术学院

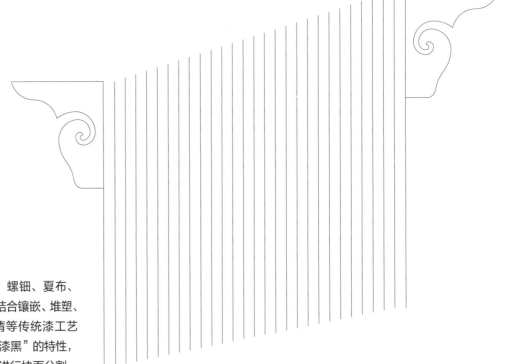

此六曲屏风用大漆、螺钿、夏布、瓦灰、金箔等天然材料，结合镶嵌、堆塑、罩明、打磨、推光、揩清等传统漆工艺完成。构图时巧妙利用"漆黑"的特性，"计黑当白"对黑色背景进行块面分割、精心髹饰。作品中白色的蛋壳冰裂纹，熠熠生辉的螺钿条，流畅的瓦灰弧线、粗糙的凹凸压痕，均匀细致的夏布纹理，璀璨夺目金箔彩绘……都是作者梦寐以求的静心涵泳、淡泊明志的心性印迹。

境物——人椅

梁靖　肖爱彬　肖雯晨
同济大学设计创意学院

"人者，其天地之德、阴阳之交、鬼神之会、五行之秀气也。"——《礼记》

"人椅"提取了传统圈椅的精髓，却又与之不同，全身以北美黑胡桃木及现代榫卯结构加之软包坐垫，展现当代中式家具的风范。椅背上的支撑结构是由汉字"人"化形而来，又有"仁义"的意思，这是我们做家具的初衷——以人为本。家具是要给人使用的，舒适感、人性化是最重要的。如果一把椅子既有舒适的使用感，又有美好的形象，还能有自己的独到之处，那就完美了。

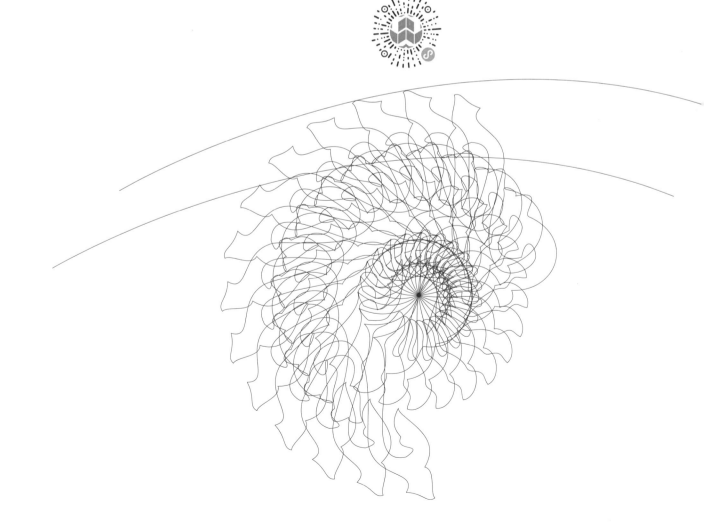

太湖石装饰柜

莫娇

同济大学设计创意学院

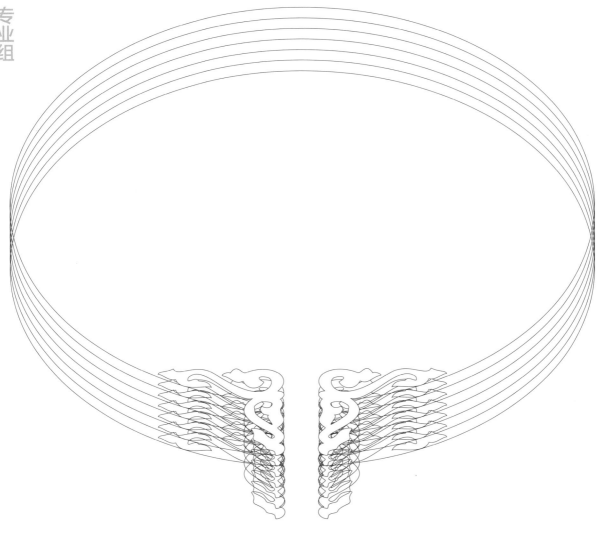

设计灵感源于太湖石面面玲珑的生动气韵，将置物功能设计为具有装饰性的家具。古代造院者好以太湖石点出一方庭院的灵气，石头变幻莫测的造型，好似活物一般。其"瘦、皱、漏、透"的特点也诠释了现代时尚风格，让人们痴迷至今，就源自其富有变幻的生命力。太湖石装饰柜生动的造型就意欲捕捉这样的活力，营造家具在人和空间中"神思悠悠"的情感交流。以 UPM 的 GRADA 板材的绿色属性，为家具注入有机的生命力，将对自然的敬仰带入生活。

拱

王俊磊　张一品

浙江工业大学

　　榫卯，作为一种文化构造，既关乎传统，也关乎中国本土当下的设计语言。作为中国人的造物法则，它既可以表现为局部、细小的构造节点，也可以表现为一系列繁复精妙的结构组合。

　　设计者希望将榫卯的构造法则，融入这个作品。利用榫卯本身的结构特征，以小料大构的方式，实现一种空间大跨，并以此解决结构支撑问题。我们希望这不只是一个独立的支撑构件，而是能够以此为基础，扩展和变化的空间结构体系，它的意义和形式可以被不断定义。

入围作品 · 专业组

拆一根销，解得一件家具

薛文静

北京城市学院

设计创作从传统榫卯结构入手，侧重研究榫卯构造间结构秩序与行为互动的关联性。榫卯结构中的各部分结构件分开制作，单体构件间需要契合和组装才能实现其功能意义，组装过程实际上是生产行为，在设计创作中通过单体构件、活榫活卯、拼合拆解等方式将生产行为推导出使用者对行为秩序的规范，实现结构的互动拆解，传递家具审美与使用的多重信息。使用者通过行为参与，感受"拆一根销，解得一件家具！"

山 · 水

——茶艺家具

张念伟

青岛理工大学琴岛学院

《考工记叙》云："天有时，地有气，材有美，工有巧，然后可以为良。"废弃的老樟木、红椿木经常被当作废品处理，这是一种资源的浪费。本设计以樟木、红椿木的朽木为主要材料、松木为辅助材料，以中国传统榫卯粽角榫为主要连接方式，结合现代的艺术技法与树脂材料工艺，经过传统纯手工工艺制成案几、座椅、花架三个茶艺家具。天然的树木纹理与极具表现力的树脂，勾勒出温润细腻的风景，未必朽木不可雕也。

入围作品·学生组

当代大学生社交回避心理的公共家具设计

曹琳

清华大学美术学院

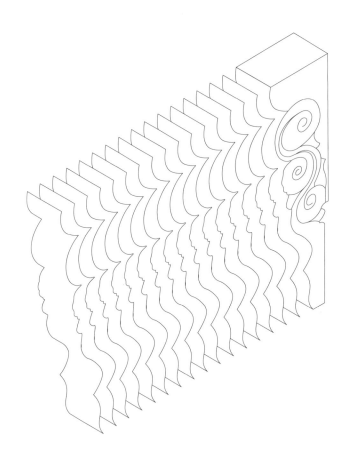

　　回避型人群心理中所向往的封闭性、独立性和现有其所处的公共社交空间被迫的开放交流属性相矛盾。回避椅让使用者在公共空间中通过最小的动作行为控制能够达到座椅遮蔽程度的改动。

　　功能上对于回避型心理人群使用更加方便且自然，避免了公共空间的尴尬特性，对于大众人群也提供了可选择的个人私密空间，既可以开放使用，也可以单人回避使用，设计便于使用组装，适合规模生产。

圈中凳

黄柏杰　刘石保

五邑大学艺术设计学院

该设计将家具视为一个空间来重新定义，将传统的圈椅视作一个围合的半空间，为凳子建造一个可以休息的家。同时，通过设计消解传统圈椅所代表的等级和阶级性，重新定义圈椅在当代的使用方式和寓意。

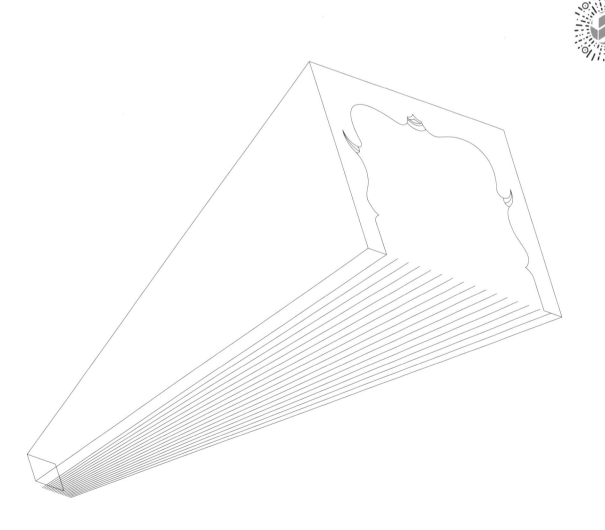

入围作品·学生组

和合而生

柯曼　陈亮　刘石保　何慧琳

五邑大学艺术设计学院

　　该设计以"和合而生"为主题，通过榫卯结构在材质、形态和结构上的革新，探索榫卯结构在现代生活方式下的传承与创新，实现对传统文化与传统工艺的新演绎。同时，该设计为便于租客搬家、运输，利用家具本身的存贮空间放置拆卸的家具零部件，实现榫卯可逆性，在装配过程中感受传统文化、传统工艺的魅力。材质方面采用橡木、亚克力、拉丝黄铜三种材质的搭配，家具以亚克力材质的透明性将榫卯结构外露，在一定程度上增加榫卯结构的装饰性。

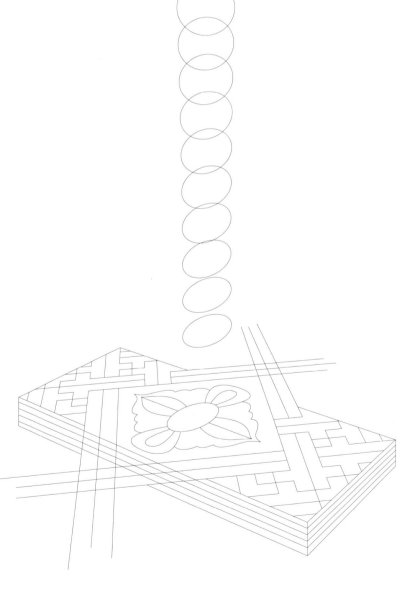

鹤风

林婉玲

五邑大学艺术设计学院

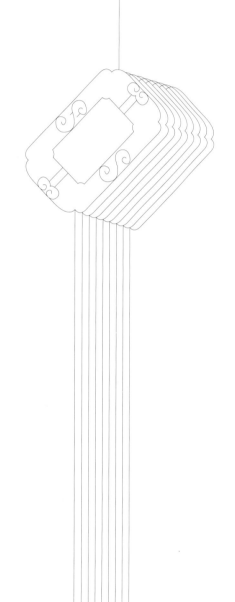

在中国古代，鹤蕴含吉利、忠贞、长寿的意味。设计者从鹤的具体形象当中提取极具代表性的简练线条构成椅子的大轮廓，干练利索而不失飘逸及张力，给人以自由飞越的感觉，结合古代文化底蕴和现代人的审美要求进行创新，使得这套家具在极具创新特色的同时领悟东方精神的韵味。

入围作品·学生组

"传统与当代共生"百家姓交互式灯具设计

罗浩月　魏雪

四川美术学院

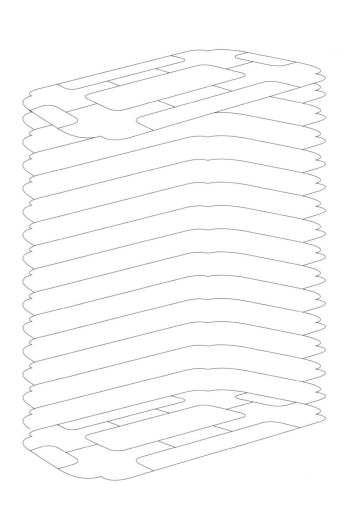

　　手提灯笼与人身体之间有互动性，被加上允许用户控制计算的计算系统，依靠人类的潜意识动作即可完成交互行为。每一个灯笼针对百家姓设计了不同的木质编织形式，不同智能灯笼可通过直接操作进行交互。若同样姓氏的人拿走灯笼直接触摸智能灯笼，灯光颜色也会从理性冷酷的荧光蓝变成炙热激情的大红色，以表达自己对于人类喜爱之情的欢快反应。在夜景照亮过程中，在照度比较强的地面，它可以根据人的指令进行亮度的调整，以达到省电的目的。

樱原

肖少鹏　陈亮

五邑大学艺术设计学院

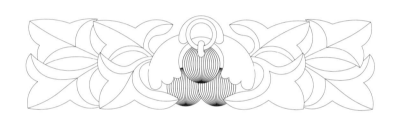

　　探究日式审美对家具设计的影响。日本的诗词《花筏》：花筏、落樱、飞樱。将樱花落到水面的水波纹刻画进自己的家具当中，打造出属于自己独有的东方韵味的茶室家具系列。

木体
——装配式移动摆摊街区装置

姚林周　顾文浩　尹祥至　徐廉发
西安美术学院

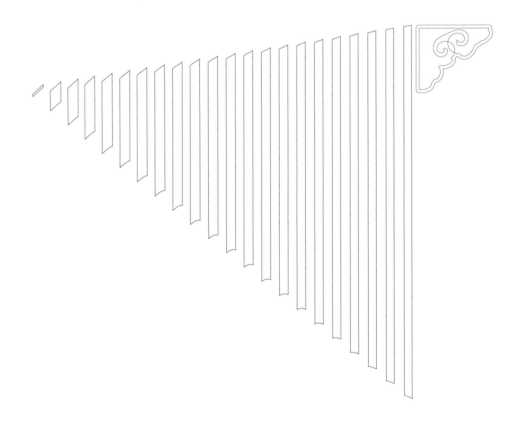

2020 突如其来的疫情打乱了城市生活的节奏，为了加快经济的复苏，国家开放了有组织的地摊经济。面对地摊杂乱差的情况，我们试图在空间上进行控制，运用固定的模块，根据不同的地摊需求，进行组合从而使地摊空间更有规划。另外试图创造网红打卡点，促进地摊经济的良好发展，以及解决地摊经济所造成的社区的社会问题。

归来榻

张权臻　陈振益　梁洽维
五邑大学艺术设计学院

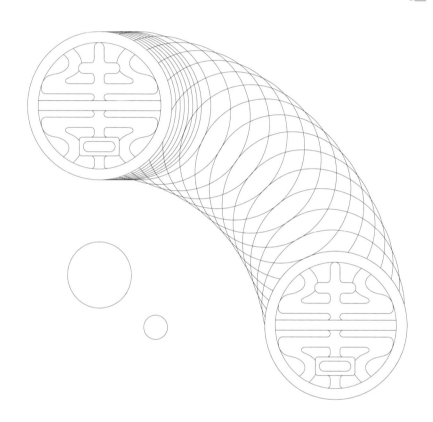

该设计将家具视为一个空间来重新
定义，用传统的圈椅视作一个围合的半
空间，为凳子建造一个可以休息的家。
同时，通过设计消解传统圈椅所代表的
等级和阶级性，重新定义圈椅在当代的
使用方式和寓意。